地下矿围岩压力分析与控制

主　编　杨宇江　常来山
副主编　唐烈先　张治强

北　京
冶金工业出版社
2014

内容提要

本书在简要叙述岩石和岩体的基本性质、岩体原岩应力及其重新分布、巷道围岩压力、采场地压及支护工程的基础上，以“沂南金矿地压活动规律及控制方法”、“玲珑金矿中厚破碎矿体高效采矿技术”、“露天转地下开采境界矿柱稳定性分析”和“塔山煤矿特厚煤层采动压力控制”等工程研究项目为主线，介绍了井下矿地压工程项目在设计研究与生产管理等方面的基本技术和前沿性技术的应用，如岩层地压活动规律分析、巷道变形机理分析、采场地压监测技术、锚杆支护设计方法、诱导冒落技术、岩石破裂微地震监测技术、矿柱动力稳定性数值模拟等，着重培养学生分析、解决工程问题的能力。

本书除作为高等院校采矿工程教育的教材外，还可作为采矿工程和岩土工程专业研究生的教学参考书，也可供从事采矿工程和岩土工程研究设计、生产管理等工作的技术人员参考。

图书在版编目(CIP)数据

地下矿围岩压力分析与控制/杨宇江，常来山主编.—北京：冶金工业出版社，2014.8
卓越工程师教育培养计划配套教材
ISBN 978-7-5024-6660-2

Ⅰ.①地… Ⅱ.①杨… ②常… Ⅲ.①矿山—地下开采—围岩压力—高等学校—教材 Ⅳ.①TD803 ②TU456

中国版本图书馆 CIP 数据核字(2014)第175704号

出 版 人 谭学余
地　　址 北京市东城区嵩祝院北巷39号 邮编 100009 电话 (010)64027926
网　　址 www.cnmip.com.cn 电子信箱 yjcbs@cnmip.com.cn
责任编辑 张耀辉 美术编辑 吕欣童 版式设计 孙跃红
责任校对 李 娜 责任印制 牛晓波
ISBN 978-7-5024-6660-2
冶金工业出版社出版发行；各地新华书店经销；北京慧美印刷有限公司印刷
2014年8月第1版，2014年8月第1次印刷
169mm×239mm；18.5印张；358千字；283页
39.00元

冶金工业出版社 投稿电话 (010)64027932 投稿信箱 tougao@cnmip.com.cn
冶金工业出版社营销中心 电话 (010)64044283 传真 (010)64027893
冶金书店 地址 北京市东四西大街46号(100010) 电话 (010)65289081(兼传真)
冶金工业出版社天猫旗舰店 yjgy.tmall.com

前　言

地下矿围岩压力分析与控制是岩石力学理论在地下采矿工程中的应用和实践，是矿山井下开采的关键技术问题。“地下矿围岩压力分析与控制”是卓越工程师教育培养计划的核心能力培养课程，是2012年国家专业目录指导书中采矿工程的课程体系内容，也是辽宁科技大学采矿工程专业培养方案中的专业成组课。

本书系辽宁科技大学采矿工程专业卓越工程师教育培养计划建设项目的系列教材之一，内容体系在强调基础理论、基本知识和基本技能教学的同时，更重视强化工程教育，着眼于卓越工程师教育培养计划的实施，注重现场工程实践，结合科研、设计工程实例阐述井下矿地压分析与控制技术的基本方法和应用过程，寓知识教学、能力培养于工程实例研讨、分析之中。

本书共分9章：第1章介绍岩石的物理力学性质、岩体结构面和结构体、岩体质量评价等；第2章阐述原岩应力及其测量的相关理论；第3章介绍巷道围岩应力及位移分布规律、巷道地压计算、冲击地压及其防治等；第4章阐述采场地压活动机制、空场法采场地压、采空区治理及充填法采场地压等；第5章介绍支护材料、临时支护及永久支护等；第6~9章为现场工程实例。

本书第1~3章由常来山负责编写，第4章由唐烈先负责编写，第5章由张治强负责编写，第6~9章由杨宇江负责编写。

本书付梓得到了很多同仁的关心帮助，在此谨向他们表示诚挚的感谢。

由于编者水平所限，书中疏漏之处，敬请批评指正。

编　者

2014年5月

目　录

3 巷道围岩压力 …… 30

1 岩石与岩体

1.1 概述

岩体是岩石的集合体，是处于一定的地质环境中，被各种结构面所分割而形成的地质体。成岩之初，岩体是连续的，之后由于构造运动的影响，而在岩体中形成各种地质界面，因此被各种结构面切割是岩体的主要特征。岩体是由结构面和结构体（被结构面包围的岩块）两个基本单元组成，岩体的物理力学性质取决于结构面和结构体的力学性质。从总体上说，岩体具有以下几个主要特征：

（1）岩体是预应力体。在进行开挖工程前，岩体中已存在初始应力场，开挖岩体形成的应力集中势必叠加到初始应力场上。

（2）岩体是一种含有多种介质的裂隙体。

有两种极端情况，一种是弱面极少或几乎没有的整体，可视为连续介质；另一种是弱面充分发育的松散体。在这两种情况之间有松散体—弱面体—连续体的一个系列。将这由连续到不连续的系列划分为几种力学介质，即为连续介质、块体介质、松散介质等。

岩石是岩体的基本组成，是矿物的集合体。不同矿物的强度不同。许多岩浆岩的原生矿物很坚硬，可以经受现代采矿深度的岩体应力。某些原生矿物如Na、Ca、Mg等的化合物，易溶于水，为风化的不稳定矿物，强度随时间而减弱。岩石矿物软，岩石强度便不会大；但矿物硬，岩石强度却不一定大，因为岩石的强度还取决于矿物或颗粒的组合特征。矿物或颗粒的组合有两个特征：结构和构造。前者是指矿物结晶程度、颗粒大小、形状及相互之间的关系等，后者是指矿物或颗粒的空间排列关系。

岩石，作为一种工业材料与力学研究的对象，与其他材料（如钢材）相比，具有明显的不同特点：非均质性，即各质点的力学性质不同；各向异性，即沿不同方向的性质不同；不连续性，即岩体作为一物理场，其性质变化往往是不连续的。岩石的构造有定向与非定向之别。定向排列如层理、片理、页理、流纹等，使得岩石的强度有方向性，沿层理等方向的强度比垂直方向低许多。

而岩体又不同于岩石，由于结构面的存在，其中不连续性、非均质性和各向异性较岩石表现得更为明显。岩体力学性质取决于岩体大小尺度（尺寸效应）和赋存条件（地质环境）。其影响因素有结构体力学性质、结构面力学性质、岩体结构力学效应（实际是结构形式）、地质环境（尤其是水和地应力）。

当岩体强度很高时，结构面的力学性质控制了岩体的力学性质；反之则是岩块的力学性质控制了结构体的力学性质。已有的研究表明，岩石小试块的力学性能，例如强度，往往比自然岩体的强度高出几倍甚至数十倍；一个小试块的无侧限抗剪强度足以筑起数千米高的稳定边坡；而岩体中若存在不利方位的弱面，则很低的边坡也可能失稳。因此，需在室内岩石力学试验的基础上，研究岩体中各种自然软弱面的特征，调查其几何形态、尺寸及其空间分布，从而估计其对地下工程稳定性的影响。

1.2 岩石的物理力学性质

1.2.1 岩石的物理性质

岩石与土类似，属于三相介质，即由固相、液相和气相三相组成。表述岩石物理性质的指标和参数主要包括岩石的质量指标、水理性质指标、抗风化指标等，本书中仅介绍岩石的密度及孔隙性这两项基本指标。

1.2.1.1 岩石的密度

岩石的密度是指单位体积的岩石的质量，单位为 kg/m^3。它是岩石的基本参数之一，按岩石试样的含水状态，可分为天然密度（ρ）、干密度（ρ_d）和饱和密度（ρ_{sat}），在未说明时一般指岩石的天然密度。

天然密度（ρ），即岩石在天然含水状态下单位体积内的质量。

$$\rho = \frac{m}{V} \tag{1-1}$$

式中，m 为岩石的质量，kg；V 为岩石的体积，m^3。

1.2.1.2 岩石的孔隙性

岩石的孔隙性即岩石具有由各种孔隙、孔洞、裂隙及各种成岩缝所形成的储集空间，其中能储存流体。岩石的孔隙性可用孔隙率和孔隙比来表示，孔隙率可按下式计算：

$$n = \frac{V_V}{V} \times 100\% \tag{1-2}$$

式中，V_V为岩石中孔隙的总体积，m^3。

岩石的孔隙比（e）是指岩石的孔隙体积（V_V）与固体体积（V_S）的比值，即：

$$e = \frac{V_V}{V_S} \tag{1-3}$$

孔隙率与孔隙比之间存在如下关系：

$$e = \frac{n}{1 - n} \tag{1-4}$$

岩石的孔隙指标实测不易，大多通过密度及吸水性等指标进行换算。

1.2.2 岩石的力学性质

岩石的力学性质是指不同荷载作用下岩石的强度特征与变形特征。岩石的变形特性通过岩石的弹性模量 E，泊松比 μ 及全应力-应变关系来表述；岩石的强度特征主要指岩石的单轴抗压强度 σ_c，抗拉强度 σ_t，内聚力 C 及内摩擦角 φ 等。

1.2.2.1 单轴压缩条件下岩石的力学特征

A 单轴抗压强度

岩石在单轴压缩条件下所能承受的最大压应力称为岩石的单轴抗压强度（σ_c），其大小等于岩石试样达到破坏状态时的最大轴向压力 P_c 与试样的横截面积 A 之比，即：

$$\sigma_c = \frac{P_c}{A} \tag{1-5}$$

单轴加载试验要求采用标准试样，即圆柱体试样，直径 D=48~54mm，并且试样高度与直径之比（H/D）为2.0~2.5。单轴压缩条件下的岩石试样破坏形式主要有“X”状共轭剪切破坏（见图1-1（a））、单斜面剪切破坏（见图1-1（b））和拉伸破坏（见图1-1（c））三种，其中前两种较为常见，并且破坏面法线与荷载轴线，即试样轴线的夹角 β 与岩石的内摩擦角 φ 之间存在如下关系：$\beta=\pi/4+\varphi/2$。第三种破坏形式是由于泊松效应，在试样横向产生拉应力超过试样抗拉强度所致。

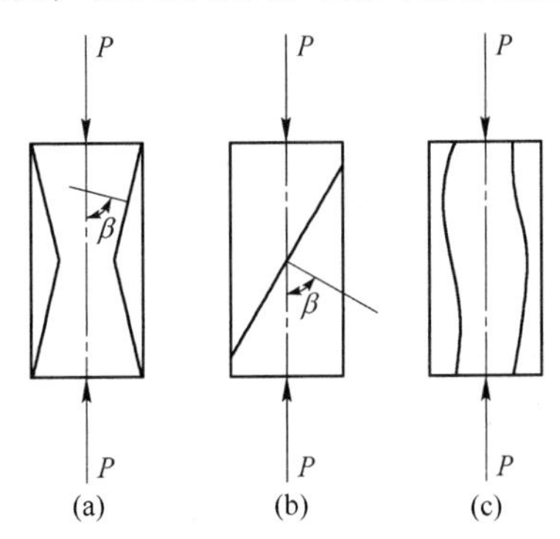

图1-1 单轴压缩条件下岩石试样破坏形式示意图

（a）“X”状共轭剪切破坏；（b）单斜面剪切破坏；（c）拉伸破坏

B 理想状态下岩石的全应力-应变曲线

端部效应和加载速率等因素均对岩石的单轴加载试验产生影响，理想状态下岩石的全应力-应变曲线如图1-2所示。目前的研究结果表明，岩石在单轴加载条件下的变形与破坏，是一个渐进的过程。岩石的变形可以分为几个不同的阶段：微裂隙压密阶段（*OA* 段）；弹性变形阶段（*AB* 段）；裂隙产生-发展-破坏阶段（*BC* 段），*C* 点的应力值为峰值强度，即单轴抗压强度；残余阶段（*CD* 段）。*OC* 段一般又称为峰前阶段，相应的 *CD* 段为峰后阶段。

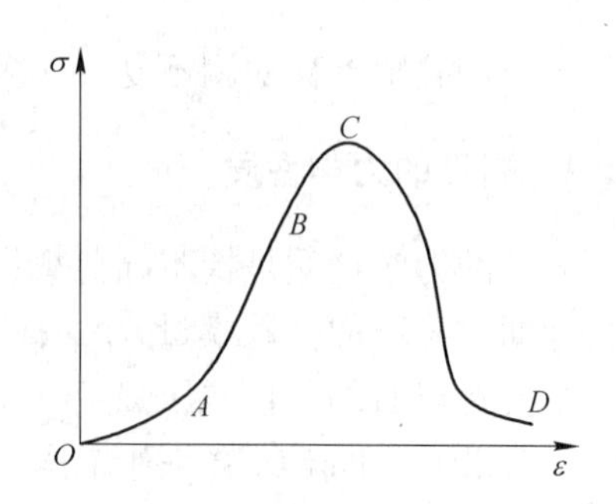

图 1-2 理想状态下岩石全应力-应变曲线

由于岩石的非均匀性和各向异性等因素，岩石的抗压强度试验结果往往存在一定的离散性，部分常见岩石的单轴抗压强度如表 1-1 所示。

表 1-1 常见岩石的单轴抗压强度

岩石名称	抗压强度/MPa	岩石名称	抗压强度/MPa	岩石名称	抗压强度/MPa
辉长岩	180~300	辉绿岩	200~350	页岩	10~100
花岗岩	100~250	玄武岩	150~300	砂岩	20~200
流纹岩	180~300	石英岩	150~350	砾岩	10~150
闪长岩	100~250	大理岩	100~250	板岩	60~200
安山岩	100~250	片麻岩	50~200	千枚岩	10~100
白云岩	80~250	灰岩	20~200		

1.2.2.2 拉伸条件下岩石的力学特征

岩石在单轴拉伸条件下达到破坏时所能承受的最大拉应力称为岩石的抗拉强度（σ_t），其值等于破坏时的轴向拉伸破坏荷载 P_t 与试样截面积 A 之比。

$$\sigma_t = \frac{P_t}{A} \tag{1-6}$$

岩石抗拉强度试验的直接拉伸方法，试样加工和试验过程操作都比较困难，目前岩石抗拉强度多采用劈裂法（巴西法）进行试验。试验按照岩石试验标准进行，将从钻孔中采集的各岩层试样加工成标准岩石试件，加工后的试件形状为圆柱形，尺寸可为 5cm×2. 5cm，每组试验的试件数一般不少于 3 个。试验可以在一般的伺服压力机上进行（见图 1-3），而岩石的抗拉强度可通过式（1-7）计算。

单个岩石试件的单轴抗拉强度 σ_t 为：

$$\sigma_t = \frac{2P}{\pi D t} \tag{1-7}$$

式中，P 为试件破坏荷载，kN；D 为试件直径，cm；t 为试件厚度，cm。

每组试验的平均抗拉强度即为每种岩石的抗拉强度。

1.2.2.3 点荷载试验

点荷载试验，是一种较简单的原位测试，目前应用广泛，其优点是对试样的要求不严格，可用于现场测试。方法是将岩石置于上、下两个球端圆锥压板之间，对试样施加集中荷载，直至破坏，然后求得岩石的点荷载强度指数，再通过经验系数确定岩石的抗压强度值。

图 1-3 岩石抗拉强度试验（巴西法）

A 点荷载试验破坏机理

图 1-4 为便携多项式点荷载试验仪示意图，由一个手动液压泵、一个液压千斤顶和一对圆锥形压头组成。点荷载试验破坏机理如图 1-5 所示，从图中可以看出，在加载点周围，岩石所受的力接近压应力，但是在距加载点一定距离以外的范围内，岩石受到了垂直加载轴向的弹性拉应力。在加载点附近，产生了雁行式裂隙，且呈弯曲状排列；荷载增大时，它们相互靠拢而成为滑移线。随着荷载进一步的作用，这种裂隙可在一定范围内产生，并自然地发展，直到它们与弹性拉应力区连接后，岩石在拉应力作用下发生劈裂，即在点荷载作用下整个试件中发生了拉应力和压应力，最终导致岩石试件产生破坏。

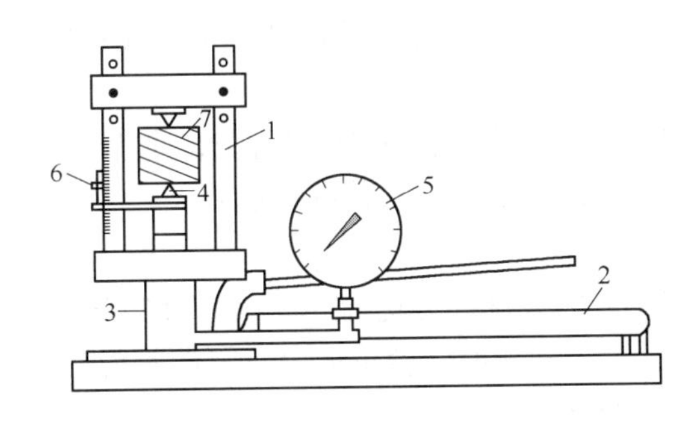

图 1-4 便携多项式点荷载试验仪示意图

1—框架；2—手摇式液压泵；3—液压千斤顶；4—加载锥；5—液压表；6—游标尺；7—试样

B 试验方法和试样选取

试验工作在现场进行，选取不同的不规则岩石试件，厚度在 45～55mm 之间，其具体实施步骤如下：

（1）试件分组。将肉眼可辨的、工程地质特征大致相同的岩石试件分为一

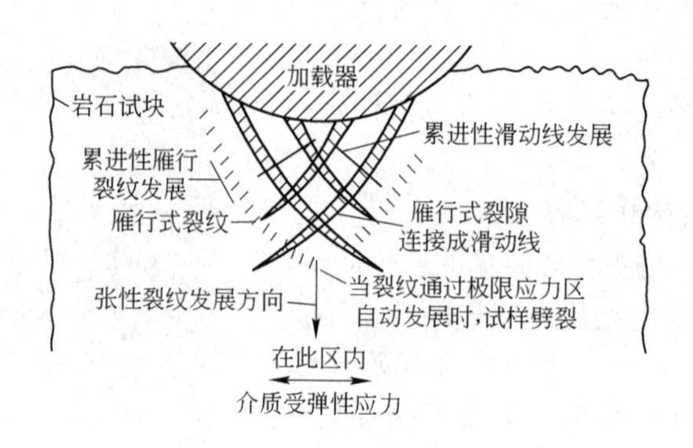

图 1-5 点荷载试验破坏机理图

组，如果岩石是各向异性的（如层理、片理明显的沉积岩和变质岩），还应再分为平行和垂直层理加荷的亚组，每组试件约需 15 块。

（2）可用岩芯样、规则或不规则岩块样，对不同形状试件的尺寸要求如下：

1）当采用岩芯试件做径向试验时，试件的长度与直径之比不应小于 1；做轴向试验时，加荷两点间距与直径之比宜为 0.3~1.0；

2）当采用方块体或不规则块体试件做试验时，其长（L）、宽（W）、高（h）应尽可能满足 $L \geqslant W \geqslant h$，试件高度（$h$）一般控制在 0.5~10cm 间，使之能满足试验仪器加载系统对试件尺寸的要求，另外试件加荷点附近的岩面要修平整。

（3）试件含水状态可根据需要选择天然含水状态、烘干状态、饱和状态或其他含水状态。

（4）同一含水状态下的岩芯试件数量每组应为 5~10 个，方块体或不规则块体试件数量每组应为 15~20 个。

（5）在自然条件下，逐个用试验仪施加荷载，直至发生破坏，记下此时压力表读数，最后得出一组压力数据，求其统计规律。

C 试验数据处理方法

方法一：根据《工程岩体试验方法标准（GB/T 50266—2013）》（以下简称《标准》）中的规定，点荷载强度试验是将岩石试件置于一对球端圆锥之间，对试样施加集中荷载直至破坏。

试验时可读得油压表的读数，量测试样破坏面上的两加荷点之间的距离和垂直于加荷点连线的平均宽度，将其换算成试样破坏时的荷载 P 和等价岩芯直径 D_e，则可根据下式计算岩石点荷载强度：

$$I_s = P/D_e^2 \tag{1-8}$$

式中，I_s为未经修正的岩石点荷载强度，MPa；P 为破坏荷载，N；D_e为等价岩芯直径，mm。

《标准》中规定：当加荷两点间距不等于 50mm 时，应对计算值进行修正；根据试验数据的多寡，修正方法分为两种情况考虑。

（1）当试验数据较少时，按下式计算岩石点荷载强度：

$$I_{s(50)} = FI_s = (D_e/50)^m I_s \tag{1-9}$$

式中，$I_{s(50)}$ 为经尺寸修正后的岩石点荷载强度，MPa；F 为修正系数；m 为修正指数，由同类岩石的经验值确定。

（2）当试验数据较多，且同一组试件中的等价岩芯直径具多种尺寸，而两加荷点间距不等于 50mm 时，应根据试验结果，绘制 D_e^2 与破坏荷载 P 的关系曲线，并在曲线上查找 D_e^2 为 2500mm^{2}时对应的 P_{50}值，再按下式计算岩石点荷载强度：

$$I_{s(50)} = P_{50}/2500 \tag{1-10}$$

式中，P_{50}为根据 D_e^2-P 关系曲线 D_e^2 为 2500 mm^{2}时的 P 值。

但是目前按照《标准》中的规定进行点荷载强度 $I_{s(50)}$ 的计算尚存在一定的困难，或者说《标准》中对点荷载强度试验的规定或论述还有不成熟的方面，其经验公式存在着一定的局限性。故需要寻求其他解决办法。

方法二：鉴于在实际的岩土工程应用中，按照《标准》中的规定进行点荷载强度试验资料整理时，计算岩石点荷载强度 $I_{s(50)}$ 存在困难，因此现今岩土工程界常采用以往的习惯做法，即按照《岩石物理力学性质试验规程》（地矿部，1988 年版）中的规定结合各自的经验进行资料整理和数据分析，其具体步骤如下：

（1）根据油压表读数，按下式计算破坏荷载：

$$P = cF \tag{1-11}$$

式中，c 为千斤顶活塞面积，mm^2；F 为压力表读数，MPa。

（2）按下列计算式计算试样的破坏面积和等效圆直径的平方：

$$\left.\begin{aligned} A_f &= DW_f \\ D_e^2 &= 4A_f/\pi \end{aligned}\right\} \tag{1-12}$$

式中，A_f为试样的破坏面积，mm^2；D 为在试样破坏面上测量的两加荷点之间的距离，mm；W_f为试样破坏面上垂直于加荷点连线的平均宽度，mm。

（3）按公式计算岩石点荷载强度，并统计计算 I_s及其平均值。根据岩石点荷载强度的平均值，按下式计算岩石单轴抗压强度：

$$R_c = KI_s \tag{1-13}$$

式中，R_c为岩石单轴饱和抗压强度，MPa；K 为强度比，各类岩石的经验值。

有资料表明，岩石的点荷载强度与单轴抗压强度存在着一定的线性关系，如图 1-6 所示。一般认为单轴抗压强度是点荷载强度的 20~25 倍，因此许多岩土工程师在根据岩石点荷载强度计算单轴抗压强度时，常常取其下限 20，即：

$$R_c = 20I_s \quad (1\text{-}14)$$

这样的计算式由于过于简单化和程式化，因而不能根据不同的岩石类别和不同的加荷方式进行具体的分析和取值。

设压力表读数用 Y 表示，则利用上面计算式推得 I_s 为：

$$I_s = 40\pi Y\left(\frac{D'}{D}\right)^2 \quad (1\text{-}15)$$

式中，Y 为压力表读数，MPa；D' 为千斤顶活塞直径，mm；D 为试样破坏面上测量的两加荷点之间的距离，mm，径向加载的时候，$D_e = D$。

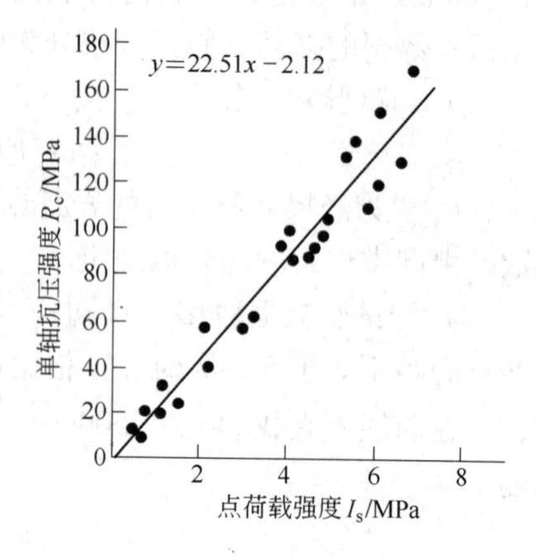

图 1-6　R_c-I_s关系曲线

岩石单轴抗压强度 R_c 为：

$$R_c = \frac{8000\pi Y}{D^2} \quad (1\text{-}16)$$

把实测数据分别代入上式，即可求得岩石单轴抗压强度以及平均抗压强度。

1.2.3　岩石的流变特性

岩石的变形不仅表现出弹性和塑性，还表现出流变的性质。岩石的流变是指岩石的应力-应变关系与时间因素有关的性质，包括蠕变和松弛两个方面。岩石的蠕变是指应力保持不变时，应变随时间增加而增长的现象；松弛是指应变保持不变时，应力随时间增加而减小的现象。

岩石在地质条件下的蠕变可以产生相当大的变形而所需要的应力却不一定很大。它与塑性变形不同，塑性变形通常在应力超过弹性极限之后才出现，而蠕变只要应力的作用时间相当长，即使它在应力小于弹性极限时也能出现。

蠕变随时间的延续大致分 3 个阶段：（1）初始蠕变或过渡蠕变，应变随时间延续而增加，但增加的速度逐渐减慢；（2）稳态蠕变或定常蠕变，应变随时间延续而匀速增加，这个阶段较长；（3）加速蠕变，应变随时间延续而加速增加，直达破裂点。应力越大，蠕变的总时间越短；应力越小，蠕变的总时间越长。但是每种材料都有一个最小应力值，应力低于该值时不论经历多长时间也不破裂，或者说蠕变时间无限长，这个应力值称为该材料的长期强度。岩石的长期强度约为其极限强度的 2/3。

1.2.4　影响岩石力学性质的主要因素

影响岩石力学特性的因素较多，主要包括岩石本身的性质及试验和环境条件两个方面的因素。前者主要指岩石的矿物组成和结构构造等，后者主要涉及的因素有水、温度、加载速率和围压等。

（1）水对岩石力学性质的影响。岩石中的水通常以两种形式存在，即结晶水和自由水，它对岩石力学性质的影响主要表现在以下5个方面：连接作用、润滑作用、水楔作用、孔隙压力作用和溶蚀-潜蚀作用。一般来说，岩石试样的含水量大小显著影响岩石的抗压强度指标，含水量越大，强度指标越低。水对岩石强度的影响通常以软化系数表示。

（2）温度对岩石力学性质的影响。温度对岩石力学性质的影响研究主要是由于核废料深埋处理的需要。已有的研究表明，随着温度的持续增高，岩石的塑性加大，屈服点降低，强度也降低。

（3）加载速率对岩石力学性质的影响。在一定的速率范围，加载速率对岩石的力学性质存在明显的影响。在较低的加载速率和较小的荷载范围内，对岩石进行无侧限单轴加载时，加载速率对岩石力学性质的影响不显著；随着加载速率的增加，岩石的弹性模量和强度指标会增高。

（4）围压对岩石力学性质的影响。由三轴试验可知，岩石的力学性质与其受力状态关系很大，在三轴压缩的条件下，岩石的变形、强度和弹性极限都受到围压的显著影响。

（5）风化对岩石力学性质的影响。新鲜岩石和风化岩石的力学性质在多数情况下存在很大差别，岩石的力学性能一般随着岩石的风化程度而持续下降。

1.3　岩体中的结构面与结构体

不同类型的岩体结构单元在岩体内的排列、组合形式，称为岩体结构，基本的岩体结构单元有两类：结构面和结构体。结构面是指地质过程中在岩体内形成的具有一定的延伸方向和长度，厚度相对较小的地质界面或者带，又称为不连续面。被结构面切割形成的岩石块体称为结构体。

工程岩体就是由结构面和结构体组成的具有一定结构的地质体的一部分。岩体工程的稳定性主要取决于该工程岩体的结构面、结构体及由此二者组合成的具有一定结构的岩体的特性。一般而言，岩体的工程地质特性可概括为以下几点：

（1）岩体是复杂的地质体，它经历了漫长的岩石建造和构造改造作用，而且随着地质环境的变化，其物理力学等工程性质也随之发生变化，甚至恶化。它不仅可由多种岩石组成，而且其间还包含有层面、裂隙、断层、软弱夹层等物质分异面和不连续面。并赋存有分布复杂的地下水、地温等。

（2）岩体的强度主要取决于岩体中层面、软弱夹层、断裂和裂隙等结构面的数量、性质和强度，结构面导致了岩体的不连续性、不均匀性和各向异性。

（3）岩体的变形主要是由于结构面的闭合、压缩、张裂和剪切位移引起。

岩体的破坏形式主要取决于结构面的组合形式，即岩体结构。

1.3.1 岩体中的结构面及其特征

1.3.1.1 结构面类型及特征

结构面按生成形式可分为：

（1）原生结构面。指成岩过程中形成的结构面，可进一步分为火成结构面、沉积结构面和变质结构面。

（2）构造结构面。指岩体在构造应力的作用下形成的结构面，如断层面和劈理面等。

（3）次生结构面。指岩体中由卸荷、风化、地下水等次生作用所形成或受其改造的结构面，如卸荷裂隙、风化裂隙、风化夹层、泥化夹层等。

结构面按力学性质可分为：

（1）压性结构面，简称挤压面。岩块或地块受挤压产生的结构面，其走向与主压应力作用面平行，并具有明显的挤压特征，如单式或复式褶皱轴面、逆断层或逆掩断层面、片理面、挤压带和一部分劈理等。

（2）张性结构面，简称张裂面。岩块或地块由于张拉作用而产生的垂直于主张应力的破裂面，或受挤压而产生的平行于主压应力的破裂面。

（3）扭性结构面，简称扭裂面。岩块或地块遭受挤压而产生的一对与主压应力作用面斜交的破裂面，如平移断层面等。

（4）压性兼扭性结构面，简称压扭面。指既具有压性又具有扭性的结构面，如扭动构造体系中挤压面兼具水平位移的破裂面，以及各种旋卷构造体系中与整个体系作相同方向扭动的压性结构面。由于区域扭动而发生的两组扭裂面，当扭动按原来方向持续进行时，其中与扭动方向夹角较大的一组，有时转变为挤压面，这种由初次扭裂面转变成的二次挤压面，可称为扭性兼压性结构面，简称为扭压面。

（5）张性兼扭性结构面，简称张扭面。指既具张性又具有扭性的结构面，如扭动构造体系中，与压性结构面同时存在的具有水平位移的张裂面，以及各种旋卷构造体系中，与整个体系中作相同方向扭动的张裂面。由于区域扭动而发生的两组扭裂面，当扭动按原方向持续进行时，两组扭裂面中，与扭动方向夹角较小的一组，有时转变为张裂面，这种由初次扭裂面转变成的二次张裂面，可称为扭性兼张性结构面，简称扭张面。

1.3.1.2 结构面分级

目前，根据结构面对岩体稳定性的作用可将其分为如下5类：

（1）Ⅰ级结构面。泛指对区域构造起控制作用的断裂带，包括大小构造单元接壤的深大断裂带，是地壳或区域内巨型地质结构面。不仅走向上延伸甚远，一般数十千米以上，而且纵深方向延伸至少可切穿一个构造层，且破碎带宽度至少也在数米以上。但数量有限，工程布置一般尽量避开这类结构面。

（2）Ⅱ级结构面。一般指延展性强而宽度有限的区域地质界面，如不整合面、假整合面、原生软弱夹层，也包括延展数百至数千米，延深数百米以上，但宽度1m上下，贯穿整个工程区或切穿某一具体部位的断层、层间错动、接触破碎带、风化夹层等。Ⅱ级结构面的存在和组合，主要控制山体稳定性，往往也是岩体变形破坏的边界。

通常情况下，Ⅰ、Ⅱ级结构面控制地貌、水系和地质灾害体的发育。

（3）Ⅲ级结构面。包括走向上、纵深方向上延伸有限，一般在数百米范围内的断层，以及挤压或接触破碎带、风化夹层，其宽度1m左右，也包括宽度数十厘米以内、走向和纵深延伸断续的原生软弱夹层、层间错动等。

对具体工程而言，Ⅲ级结构面是主要的控制性结构面，主要影响具体部位岩体的稳定。其性质、规模和组合控制具体边坡的变形破坏形式，常与Ⅱ级结构面组合构成岩体的块状和楔形破坏的边界。

（4）Ⅳ级结构面。Ⅳ级结构面主要控制岩体整体的质量好坏，直接影响岩体的物理力学性质。在尺度上，一般在数米范围内，大者不过20~30m，无明显宽度。即岩体中断续分布的裂隙，主要是节理，也包括层面、片理面、原生冷凝节理和发育的劈理等。它们仅在小范围内，局部地把岩体切割成岩块，在岩体中普遍、大量地存在着。但这些结构面的发育，往往受上述各级结构面所制约。Ⅳ级结构面在岩体中，存在数量之大，是任何工程、任一部位都要遇到的。

（5）Ⅴ级结构面。这类结构面为延展性甚差、无厚度之别、分布随机、为数甚多的细小结构面，主要包括微小的节理、劈理，隐微裂隙，不发育的片理、线理、微层理等。Ⅴ级结构面主要影响岩块的质量及其物理力学性质。

Ⅰ、Ⅱ、Ⅲ级结构面属于实测结构面，可以直接体现在工程地质图上，而Ⅳ、Ⅴ级结构面只能通过结构面密度统计来认识其规律。

1.3.1.3　结构面的自然特征

结构面的自然特征主要包括结构面的贯通性、充填胶结物性质及形态特征等。贯通性可分为贯通、半贯通和非贯通三种，如图1-7所示。

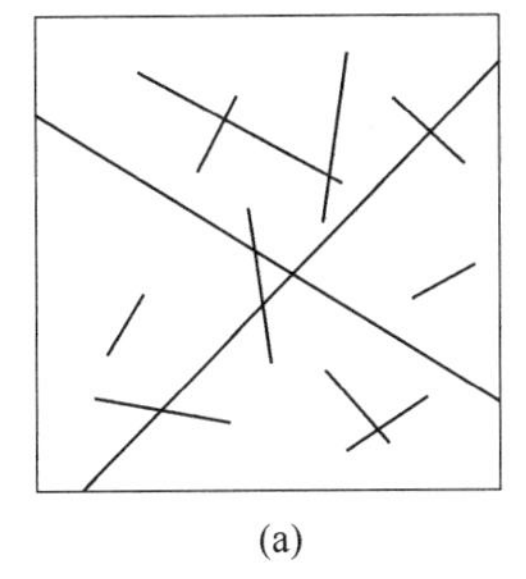

(a)

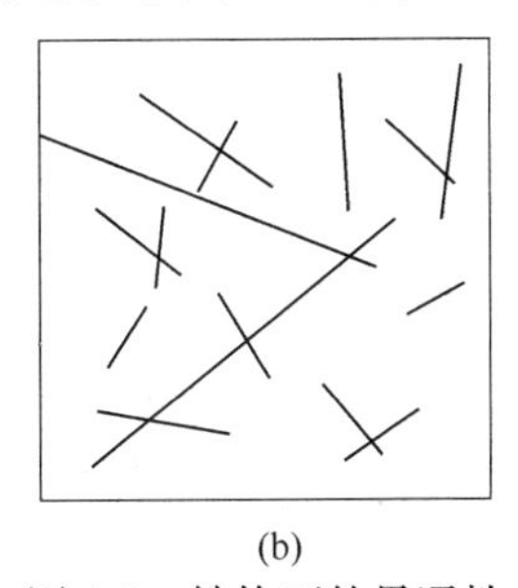

(b)

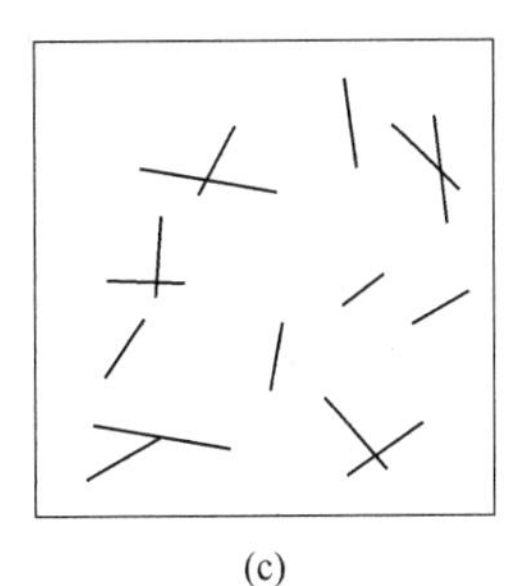

(c)

图1-7　结构面的贯通性

(a) 贯通；(b) 半贯通；(c) 非贯通

结构面对岩体的力学性质的影响很大程度上取决于结构面内充填物的存在状态。当结构面间无充填物时，结构面处于闭合状态，岩块间较紧密，结构面的强度受制于两侧岩石的特性及结构的几何形态。若结构面内有充填物存在时，充填物本身的强度和厚度将对结构面及岩体的强度起决定性的作用。如果结构面内充填物为蒙脱石、高岭石或者绿泥石等软弱充填物时，结构面的强度将明显降低。按强度划分，结构面充填物依次为硅质>钙质>泥质。

结构面形态特征是在地质构造作用下，岩体发生变形，结构面在三维空间分布的几何属性。按凹凸度逐渐增大依次为平直形、波浪形、锯齿形、台阶形和不规则齿形等，如图 1-8 所示。可将凹凸度分为起伏度和粗糙度两个等级，结构面的抗剪切能力首先取决于起伏度，当第一级突起的部分被剪坏后，粗糙度才开始发挥作用。当结构面起伏度大、粗糙度高时，其抗滑力就较大。

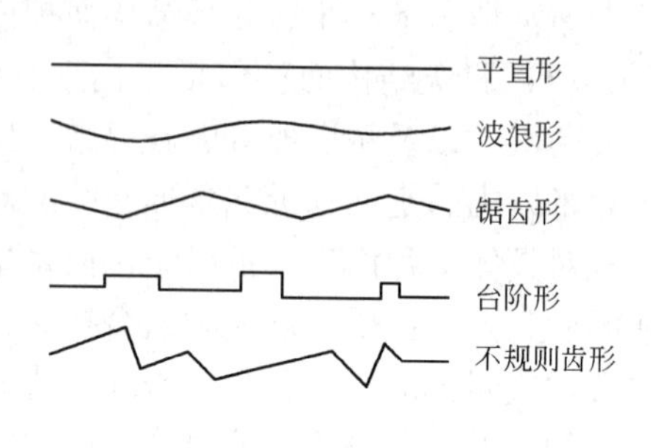

图 1-8 结构面几何特征

1.3.2 岩体中的结构体特征

由于各种成因的结构面的组合，在岩体中可形成大小、形状不同的结构体。岩体中结构体的形状和大小是多种多样的，但根据其外形特征可大致归纳为柱状、块状、板状、楔形、菱形和锥形 6 种基本形态。当岩体强烈变形破碎时，也可形成片状、碎块状、鳞片状等形式的结构体。结构体的形状与岩层产状之间有一定的关系，例如：平缓产状的层状岩体中，一般由层面（或顺层裂隙）与平面上的“X”形断裂组合，常将岩体切割成方块体、三角形柱体等；在陡立的岩层地区，由于层面（或顺层错动面）、断层与剖面的上“X”形断裂组合，往往形成块体、锥形体和各种柱体。

结构体的大小，可用体积裂隙数 J_v 来表示。其定义为岩体单位体积通过的总裂隙数（条/m^3），表达式为：

$$J_v = \frac{1}{S_1} + \frac{1}{S_2} + \frac{1}{S_3} + \cdots + \frac{1}{S_n} = \sum_{i=1}^{n} \frac{1}{S_i} \tag{1-17}$$

式中，S_i 为岩体内第 i 组结构面的间距，m。

根据 J_v 值的大小可将结构体的块度进行分类，如表 1-2 所示。

表 1-2 结构体块度分类

块度描述	巨型块体	大型块体	中型块体	小型块体	碎块体
J_v/条·m^{-3}	<1	1~3	3~10	10~30	>30

1.3.3 岩体结构基本类型

中国工程地质学家谷德振教授在20世纪50年代就已开始重视断裂对工程的危害，认识到岩体特性主要取决于岩体的内在结构，可作为岩体质量评价、岩体力学模型和力学介质类型划分、岩体力学测试方案制订、测试成果分析和力学分析计算的基础，并于20世纪60年代初建立了岩体结构的概念，提出了结构面、结构体是岩体结构的基本单元，岩体变形破坏主要受岩体结构的制约。与此同时，国际上也提出了类似的概念，从而把岩体裂隙性研究提高了一步，岩体结构的力学效应与工程规模的密切有关，为认识岩体本质、分析岩体稳定性创立了一个应用基础理论。

根据结构面性质或类型及结构面切割程度或结构体类型，可将岩体结构划分成不同级次与类型。

按结构面类型作为第一划分依据，分为两类：软弱结构面——Ⅰ级；坚硬结构面——Ⅱ级。

按结构面切割程度与结构体类型作为第二划分依据，规定岩体结构类型如图1-9所示。

- Ⅰ级岩体结构
  - 块状——块裂
  - 板状——板裂
- Ⅱ级岩体结构
  - 结构面贯通——碎裂
  - 结构面断续切割——断续
  - 无明显结构面——完整
- 过渡型岩体结构：软硬结构面混合，结构面无序——散体结构

图1-9 岩体结构类型

1.4 工程岩体质量评价

进行地下工程施工及井巷支护必须先搞清楚周围岩体的情况，亦即必须搞清楚巷道围岩地质及地压的情况，这就要求先对围岩进行分类。围岩是复杂的结构体，围岩稳定性分类是通过对岩体工程地质特征和力学特征的分析，确立各种地质力学模型，将特定岩体环境下巷道支护设计与相似工程相应条件下实践经验联系起来，进行工程类比，做出切合实际的工程决策。与一般的地下工程相比，影响地下矿山围岩稳定的因素更为复杂，突出的问题是采掘活动所产生的矿山压力的作用。由于采矿工程的作业地点常在地下几百米深处，作业地点的人工支护主要为维护时间较短的临时结构物，而且采掘工作面是不断移动的，因而从理论上确定各影响因素与巷道围岩稳定性的相互作用关系十分困难。

在我国现行的设计手册和工程标准定额及概预算中，大多数仍沿用以普氏系数表示的岩石类别。该分类法以岩块单轴抗压强度为分类依据，曾经起到一定的

历史作用，但是由于该法依据的是小尺寸岩块的单轴抗压强度，不能反映岩体强度，故而不能作为客观评价岩体质量和岩体稳定性的依据，需要寻找更科学的方法来分类。因此自20世纪50年代以来，这一课题深受国内外学者的重视，并在国内外出现了数十种岩体分类方法。本书仅介绍比较有影响的、基本的、综合性的几种岩体质量评价的分类方法。

1.4.1 按岩石质量指标（RQD）分类

按岩石质量指标分类是笛尔（Deer）于1964年提出的，是根据钻探时的岩芯完好程度来判断岩体的质量，对岩体进行分类，即将长度在10cm以上（含10cm）的岩芯累计长度占钻孔总长的百分比，称为岩石质量指标RQD（Rock Quality Designation）。

$$RQD = \frac{\geq 10\text{cm 岩芯累计长度}}{\text{钻孔长度}} \times 100\% \tag{1-18}$$

根据岩芯质量指标大小，将岩体分为5类，如表1-3所示。

表1-3 岩石质量指标（RQD）

分 类	很差	差	一般	好	很好
RQD/%	<25	25~50	50~75	75~90	>90

这种分类方法简单易行，是一种快速、经济而实用的岩体质量评价方法，在一些国家得到广泛应用，但它没有反映出节理的方位、充填物的影响等，因此在更完善的岩体分类中，仅把RQD作为一个参数加以使用。

1.4.2 岩体质量分级

《工程岩体分级标准》（GB50218—94）提出两步分级法：第一步，按岩体的基本质量指标BQ进行初步分级；第二步，针对各类工程岩体的特点，考虑其他影响因素如天然应力、地下水和结构面方位等对BQ进行修正，再按修正后的BQ进行详细分级。

1.4.2.1 岩体基本质量分级

《工程岩体分级标准》认为岩石的坚硬程度和岩体完整程度所决定的岩体基本质量，是岩体所固有的属性，是有别于工程因素的共性。岩体基本质量好，则稳定性也好；反之，稳定性差。岩石坚硬程度划分如表1-4所示。

表1-4 岩石坚硬程度划分

岩石饱和单轴抗压强度 σ_{cw}/MPa	>60	60~30	30~15	15~5	<5
坚硬程度	坚硬岩	较坚硬岩	较软岩	软岩	极软岩

岩体完整程度划分如表 1-5 所示。

表 1-5 岩体完整程度划分

岩体完整性系数（K_v）	>0.75	0.75~0.55	0.55~0.35	0.35~0.15	<0.15
完整程度	完整	较完整	较破碎	破碎	极破碎

表 1-5 中岩体完整性系数 K_v 可根据声波试验资料按下式确定：

$$K_v = \left(\frac{V_{ml}}{V_{cl}}\right)^2 \tag{1-19}$$

式中，V_{ml} 为岩体纵波速度；V_{cl} 为岩块纵波速度。当无声测资料时，也可由岩体单位体积内结构面系数 J_v，查表 1-6 求得。

表 1-6 J_v 与 K_v 对照

J_v/条·m^{-3}	<3	3~10	10~20	20~35	>35
K_v	>0.75	0.75~0.55	0.55~0.35	0.35~0.15	<0.15

岩体基本质量指标 BQ 值以 103 个典型工程为抽样总体，采用多元逐步回归和判别分析法建立了岩体基本质量指标表达式：

$$BQ = 90 + 3\sigma_{cw} + 250K_v \tag{1-20}$$

式中，σ_{cw} 为岩石单轴（饱水）抗压强度；K_v 为岩体完整性系数。

在使用式（1-20）时，必须遵守下列条件：

当 $\sigma_{cw}>90K_v+30$ 时，以 $\sigma_{cw}=90K_v+30$ 代入该式，求 BQ 值；

当 $K_v>0.040\sigma_{cw}+0.4$ 时，以 $K_v=0.004\sigma_{cw}+0.4$ 代入该式，求 BQ 值。

按 BQ 值和岩体质量的定性特征将岩体划分为 5 级，如表 1-7 所示。

表 1-7 岩体质量分级

基本质量级别	岩体质量的定性特征	岩体基本质量指标（BQ）
Ⅰ	坚硬岩，岩体完整	>550
Ⅱ	坚硬岩，岩体较完整； 较坚硬岩，岩体完整	550~451
Ⅲ	坚硬岩，岩体较破碎； 较坚硬岩或软、硬岩互层，岩体较完整； 较软岩，岩体完整	450~351
Ⅳ	坚硬岩，岩体破碎； 较坚硬岩，岩体较破碎或破碎； 较软岩或较、硬岩互层，且以软岩为主，岩体较完整或较破碎； 软岩，岩体完整或较完整	350~251
Ⅴ	较软岩，岩体破碎； 软岩，岩体较破碎或破碎； 全部极软岩及全部极破碎岩	<250

注：表中岩石坚硬程度按表 1-4 划分；岩体破碎程度按表 1-5 划分。

1.4.2.2 岩体稳定性分级

工程岩体（也称围岩）的稳定性，除与岩体基本质量的好坏有关外，还受地下水、主要软弱结构面、天然应力的影响。应结合工程特点，考虑各影响因素来修正岩体基本质量指标，作为不同工程岩体分级的定量依据。主要软弱结构面产状影响修正系数 K_2 按表 1-8 确定，地下水影响修正系数 K_1 按表 1-9 确定，天然应力影响修正系数 K_3 按表 1-10 确定。

表 1-8 主要软弱结构面产状影响修正系数 K_2

结构面产状及其与硐轴线的组合关系	结构面走向与硐轴线夹角 $\alpha\leqslant30°$，倾角 $\beta=30°\sim75°$	结构面走向与硐轴线夹角 $\alpha>60°$，倾角 $\beta>75°$	其他组合
K_2	0.4~0.6	0~0.2	0.2~0.4

表 1-9 地下水影响修正系数 K_1

地下水状态 \ K_1 \ BQ	>450	450~350	350~250	<250
潮湿或点滴状出水	0	0.1	0.2~0.3	0.4~0.6
淋雨状或涌流状出水，水压≤0.1MPa 或单位水量 10L/min	0.1	0.2~0.3	0.4~0.6	0.7~0.9
淋雨状或涌流状出水，水压>0.1 MPa 或单位水量 10L/min	0.2	0.4~0.6	0.7~0.9	1.0

表 1-10 天然应力影响修正系数 K_3

天然应力状态 \ K_3 \ BQ	>550	550~450	450~350	350~250	<250
极高应力区	1.0	1	1.0~1.5	1.0~1.5	1.0
高应力区	0.5	0.5	0.5	0.5~1.0	0.5~1.0

注：极高应力指 $\sigma_{cw}/\sigma_{max}<4$，高应力指 $\sigma_{cw}/\sigma_{max}=4\sim7$，$\sigma_{max}$ 为垂直硐轴线方向平面内的最大天然压力。

对地下工程，修正值［BQ］按下式计算：

$$[BQ] = BQ - 100(K_3 + K_1 + K_2) \tag{1-21}$$

根据修正值［BQ］的工程岩体分级仍按表 1-7 进行，各级岩体的物理力学参数和围岩自稳能力可按表 1-11 确定。

表 1-11 各级岩体物理力学参数和围岩自稳能力

级别	密度 ρ /g·cm^{-3}	内摩擦角 φ /（°）	内聚力 C /MPa	变形模量 /GPa	泊松比	围岩自稳能力
Ⅰ	>2.65	>60	>2.1	>33	0.2	跨度≤20m，可长期稳定，偶有掉块，无塌方
Ⅱ	>2.65	60~50	2.1~1.5	33~20	0.2~0.25	跨度 10~20 m，可基本稳定，局部可掉块或小塌方； 跨度<10m，可长期稳定，偶有掉块

续表 1-11

级别	密度 ρ /g·cm^{-3}	内摩擦角 φ /（°）	内聚力 C /MPa	变形模量 /Gpa	泊松比	围岩自稳能力
Ⅲ	2.65~2.45	50~39	1.5~0.7	20~6	0.25~0.3	跨度 10~20 m，可稳定数日至 1 个月，可发生小至中塌方； 跨度 5~10 m，可稳定数月，可发生局部块体移动及小至中塌方； 跨度<5m，可基本稳定
Ⅳ	2.45~2.25	39~27	0.7~0.2	6~1.3	0.3~0.35	跨度>5m，一般无自稳能力，数日至数月内可发生松动、小塌方，进而发展为中至大塌方，埋深小时，以拱部松动为主，埋深大时，有明显塑性流动和挤压破坏； 跨度≤5m，可稳定数日至 1 个月
Ⅴ	<2.25	<27	<0.2	<1.3	<0.35	无自稳能力

注：小塌方，指塌方高度<3m，或塌方体积<30m^3；中塌方，指塌方高度 3~6m，或塌方体积 30~100m^3；大塌方，指塌方高度>6m，或塌方体积>100m^3。

对于边坡岩体和地基岩体的分级，目前研究较少，如何修正，标准未作严格规定。

1.4.3 岩体地质力学分类（CSIR 分类）

由南非科学和工业研究委员会（Council for Scientific and Industrial Research）提出的 CSIR 分类指标值 RMR（Rock Mass Rating）由岩块强度、RQD 值、节理间距、节理条件及地下水 5 种指标组成。首先按表 1-12 的标准评分，求和得总分 RMR 值，然后按表 1-13 和表 1-14 作适当的修正。用修正的总分对照表 1-15 确定岩体的类别及无支护地下工程的自稳时间和岩体强度指标（C，φ）。

表 1-12 岩体地质力学分类参数及其评分（RMR）表

分类参数			数值范围						
1	完整岩石强度/MPa	点荷载强度指标	>10	10~4	4~2	2~1	对强度较低的岩石宜用单轴抗压强度		
		单轴抗压强度	>250	250~100	100~50	50~25	25~5	5~1	<1
	评分值		15	12	7	4	2	1	0
2	岩芯质量指标 RQD/%		100~90	90~75	75~50	50~25	<25		
	评分值		20	17	13	8	3		

续表 1-12

分类参数			数值范围				
3	节理间距/cm		>200	200~60	60~20	20~6	<6
	评分值		20	15	10	8	5
4	节理条件		节理面很粗糙，节理不连续，节理宽度为零，节理面岩石坚硬	节理面稍粗糙，宽度< 1mm，节理面岩石坚硬	节理面稍粗糙，宽度< 1mm，节理面岩石较弱	节理面光滑或含厚度<5mm的软弱夹层，张开度1~5mm，节理连续	含厚度>5mm的软弱夹层，张开度>5mm，节理连续
	评分值		30	25	20	10	0
5	地下水条件	每10m长的隧道涌水量/L·min^{-1}	0	<10	10~25	25~125	>125
		节理水压力/最大主应力	0	0.1	0.1~0.2	0.2~0.5	>0.5
		一般条件	完全干燥	潮湿	只有湿气（隙水）	中等水压	水的问题严重
	评分值		15	10	7	4	0

表 1-13 节理走向和倾角对隧道开挖的影响

走向与隧道轴垂直				走向与隧道轴平行		与走向无关
沿倾向掘进		反倾向掘进		倾角 20°~45°	倾角 45°~90°	倾角 0°~20°
倾角 45°~90°	倾角 20°~45°	倾角 45°~90°	倾角 20°~45°			
非常有利	有利	一般	不利	一般	非常不利	不利

表 1-14 按节理方向修正评分值

节理走向或倾向		非常有利	有利	一般	不利	非常不利
评分值	隧道	0	-2	-5	-10	-12
	地基	0	-2	-7	-15	-25
	边坡	0	-5	-25	-50	-60

表 1-15 按总评分值确定的岩体级别及岩体质量评价

评分值	100~81	80~61	60~41	40~21	<20
分级	Ⅰ	Ⅱ	Ⅲ	Ⅳ	Ⅴ
质量描述	非常好的岩体	好岩体	一般岩体	差岩体	非常差岩体
平均稳定时间	20a（15m跨度）	1a（10m跨度）	7d（5m跨度）	10h(2.5m跨度)	30min(1m跨度)
岩体内聚力/kPa	>400	400~300	300~200	200~100	<100
岩体内摩擦角/(°)	>45	45~35	35~25	25~15	<15

CSIR 分类原为解决坚硬节理岩体中浅埋隧道工程问题而发展起来的。从现场应用看，使用较简便，大多数场合岩体评分值（RMR）都适用，但在处理那些造成挤压、膨胀和涌水的极其软弱的岩体问题时，此分类法难以使用。

1.4.4 巴顿岩体质量（Q）分类

挪威岩土工程研究所（Norwegian Geotechnical Institute）巴顿（Barton）等人通过对 200 多个已建硐室的资料分析，在 1974 年提出岩体工程分类法，首次建立了岩体质量指标（Q）的概念。他认为决定岩体质量的主要因素包括岩体的完整程度、节理性状和节理发育程度、地下水状况、地应力的大小和方向等方面，并且提出了岩体质量指标和这些因素之间的关系：

$$Q = \frac{\mathrm{RQD}}{J_n}\frac{J_r}{J_a}\frac{J_w}{\mathrm{SRF}} \tag{1-22}$$

式中，J_n为节理组数；J_r为节理粗糙度数值；J_a为节理蚀变程度；J_w为节理水折减系数；SRF 为应力折减系数。

Q 系统法是评价岩体质量 Q 和硐室开挖的岩体条件，并对硐室采取合理支护的一种方法。它把地下围岩的分类与支护结合起来，详细地描述了节理的粗糙度和节理的蚀变程度，并把它们作为 Q 系统的强有力参数，同时明确了岩石应力也是 Q 系统中的一项主要参数。根据 Q 值大小将岩体分为极坏（$Q<0.01$）、非常坏（$Q=0.01\sim0.1$）、很坏（$Q=0.1\sim1.0$）、坏（$Q=1\sim4$）、一般（$Q=4\sim10$）、好（$Q=10\sim40$）、很好（$Q=40\sim100$）、非常好（$Q=100\sim400$）和极好（$Q>400$）9 类。各类岩体与地下开挖当量尺寸（D_r）间的关系，如图 1-10 所示。

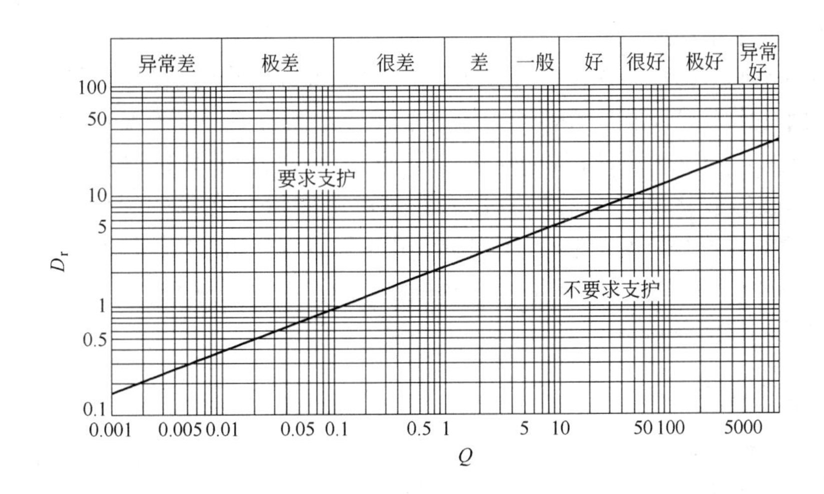

图 1-10 无支护地下硐室最大当量尺寸 D_r 与质量指标 Q 间的关系

Q 分类法考虑的地质因素较全面，而且把定性分析和定量评价结合了起来，因此是目前比较好的岩体分类方法，且软、硬岩体均适用，在处理极其软弱的岩层中推荐采用此分类法。

另外，Bieniawski（1976）在大量实测统计的基础上，发现 Q 值与 RMR 值间具有如下统计关系：

$$\mathrm{RMR}=9\lg Q+44 \tag{1-23}$$

除上述几种分类法外，《锚杆喷射混凝土支护技术规范》及铁道部、建设部等部门制定的围岩分类，在国内应用也很广泛或较广泛，可根据岩体条件和工程类型选用。

1.5 岩体力学参数估算

在实际工程中，岩体质量评价是对岩体自然特性的反映，其目的之一是为了后续的岩体力学参数的估算。岩体的力学参数是表征岩体强度与变形的量化指标，在进行一些大中型建设工程项目的设计论证时，进行岩体力学参数的测定是一项必需的工作。如果展开大范围的现场测试，则成本高昂，消耗大量的人力物力，因此目前使用的并不广泛。有限的测试经费和时间，只能允许进行极少数成本高昂的试验工作。因此，有效的研究方法是，通过岩体质量评价，利用已有的经验公式进行估算，这对于解决现场工程问题具有重要的意义。

工程岩体最重要的强度参数为内聚力 C 和内摩擦角 φ，虽然通过 RMR 指标可以直接估求岩体的 C、φ，但其对 C 的估计过于保守，而 φ 偏高。目前对于岩体 C、φ 值的估算，普遍使用的仍是 Hoek-Brown（HB）经验公式。Hoek 和 Brown 通过现场调查，结合 Bieniawski 的 RMR 和 Barton 的 Q 系统，通过对几个参数的确定来计算 C、φ 的值。

Bieniawski 提出的 RMR 不易把破坏准则和现场地质勘察情况很好地联系起来，特别是那些质量极差的破碎岩体，不容易提供权值。因此 Hoek 提出了地质强度指标 GSI（Geological Strength Index）概念，以修订 RMR 质量评价体系在质量极差的破碎岩体结构中的局限性。虽然对于质量非常差的岩体（GSI<25），RQD 指标中的岩芯长度普遍小于 10cm，用 GSI 法来评估的效果较好，但对于大多数的岩体（GSI>25），GSI 值与 RMR 值间存在着一定的对应关系，这时采用 RMR 系统，仍然是可行的。

1.5.1 变形模量的估算

由于岩体中软弱结构面的普遍存在，使得岩体的变形模量远低于岩石试样。而对于大范围的工程岩体，要精确测定其变形模量，目前的技术难度较大，有效的研究方法是，根据岩体分类指标，利用已有的经验公式估算。

Serafim 和 Pereira 提出了 RMR 与变形模量 E（GPa）之间的预测方程，它们的关系式如下：

$$E = 10^{\left(\frac{\mathrm{RMR}-10}{40}\right)} \tag{1-24}$$

在研究中发现，当 RMR<57 时，可以采用上式求算岩体变形模量。

式（1-24）得出的是均质岩体的弹性模量，然而岩体是标准的非均质材料，因此计算结果无疑是有出入的。郑颖人院士指出："研究表明泊松比 μ 对边坡的塑性区分布范围有影响，μ 的取值越小，边坡的塑性区范围越大。但是计算表明，μ 的取值对安全系数计算结果的影响极小。E 对边坡的变形和位移的大小有影响，但是对于稳定安全系数基本无影响。由此可见，只需按经验来选取 E 和 μ，即使选取有所不当，也不会影响稳定分析的结果。"

1.5.2 C 和 φ 值的估算

目前，岩体工程中最常用的破坏准则仍是 Mohr-Coulomb 准则，岩体强度取决于岩块和结构面的综合强度，在最大、最小主应力 σ_1 和 σ_3 共同作用下，Mohr-Coulomb 准则表示为：

$$\sigma_1 = \frac{2C\cos\varphi}{1-\sin\varphi} + \frac{1+\sin\varphi}{1-\sin\varphi}\sigma_3 \tag{1-25}$$

Hoek-Brown 准则表示为：

$$\sigma_1 = \sigma_3 + \sqrt{m\sigma_c\sigma_3 + s\sigma_c^2} \tag{1-26}$$

式中，σ_1 为岩体破坏时的最大主应力；σ_3 为岩体破坏时的最小主应力；m 和 s 分别为表示岩体材料性质的无量纲系数，可以通过 RMR 计算，计算式如下：

对于未扰动岩体

$$m = m_i\exp\left(\frac{\mathrm{RMR}-100}{28}\right) \tag{1-27}$$

$$s = \exp\left(\frac{\mathrm{RMR}-100}{9}\right) \tag{1-28}$$

对于扰动岩体

$$m = m_i\exp\left(\frac{\mathrm{RMR}-100}{14}\right) \tag{1-29}$$

$$s = \exp\left(\frac{\mathrm{RMR}-100}{6}\right) \tag{1-30}$$

式中，m_i 的估算值可以从 Hoek 和 Brown 所提供的表格中查得。m 和 s 求得后，计算 σ_3 对应的 σ_1，反之亦然，然后用回归分析方法得到该岩体所遵循的 Hoek-Brown 准则线性表达式。

$$\left.\begin{aligned}\sigma_1 &= \sigma_{mc} + k\sigma_3 \\ \sigma_{mc} &= \frac{2C\cos\varphi}{1 - \sin\varphi} \\ k &= \frac{1 + \sin\varphi}{1 - \sin\varphi}\end{aligned}\right\} \tag{1-31}$$

这时，即可反求出岩体的 C、φ。

2 原岩应力及其测量

岩体是预应力体，研究岩体中的应力状态是岩体力学中的重要课题之一。人们对原岩应力的认识起源于一个世纪以前，1905～1912 年瑞士地质学家海姆（Heim）在大型越岭隧道的施工过程中，通过观察和分析，首次提出了原岩应力的概念，认为岩体中存在应力蓄存，并处于近似静水压力状态，即地壳岩体中任意一点各个方向的应力均相等，大小等于其单位面积上覆岩体的自重 γH（γ 为岩体的重度，H 为所处深度）。

1926 年，苏联学者金尼克依据弹性理论，假定岩体是均匀的、连续的弹性介质，提出地壳中各点的垂直应力等于上覆岩体的自重 γH，而侧向应力（水平应力）等于 $\mu\gamma H/(1-\mu)$ 的假说（侧向压力理论，μ 为泊松比），修正了海姆的静水压力理论。20 世纪 50 年代，瑞典学者哈斯特（N. Hast）研制出了压磁式应力计，于 1952～1953 年在斯堪的那维亚半岛的 4 个矿区利用钻孔测量了浅层原岩应力，发现实测水平应力普遍比垂直应力高得多，从而从根本上动摇了静水压力理论和侧向压力理论。此后，许多国家相继开展了各种在钻孔中测试原岩应力的测量方法。1978 年，布朗（E. T. Brown）和胡克（E. Hoek）对世界各地的原岩应力测量资料进行了研究表明，在深度为 25～2700m 的范围内，垂直应力 σ_V 与深度呈线性关系，$\sigma_V \approx 0.027H$MPa；在大多数地区均有两个主应力位于水平或接近水平的平面内，水平主应力均值与垂直应力的比值随埋深呈非线性变化。1982 年 W. R. Mcutchen 将地球视为理想球体，按球对称问题提出了另一种原岩应力假说，对 E. T. Brown 和 E. Hoek 获得的全球原岩应力测量数据的统计结果给出比较合理的解释。1994 年 P. R. Sheorey 提出了一个静弹性热应力模型来估算原岩应力大小，该模型考虑了地壳曲率和岩层的弹性参数、密度和热膨胀系数的变化。

李四光教授是中国地应力测量的创始人。早在 20 世纪 40 年代就提出地壳中水平运动为主，水平应力起主导作用。他提出：地壳内的应力活动是以往和现今使地壳克服阻力，不断运动发展的原因；地壳各部分所发生的一切变形，包括破裂，都是地应力作用的反映；剧烈的地应力活动会引起地震。因此，“地应力的探测是地质力学具有重大实际意义的一个新方面，是值得予以重视的”。建国后，我国的原岩应力测量工作是在李四光教授的倡导下于 20 世纪 60 年代初期开展起来的岩体表面应力测量，最初由国家地震局地壳应力研究所与地质科学院地质力学研究所联合从瑞典引进哈斯特压磁应力计。在他的领导下，中国的地应力研究与测量工作得到迅速发展，具备了完善的理论，拥有多种测试仪器、手段，广泛应用于地质、油田、矿山、水工、电站、地震等各个领域。他特别注重从活动地带里寻找稳定地区，提出了“安全岛”理论，为建厂选址提供了依据，为国民经济建设做出了重大贡献。

20 世纪 70 年代后，我国通过采用钻孔孔底应力解除技术和套孔技术对金川矿区岩体三维原岩应力状态进行了成功的测量；80 年代引进了水压致裂测量技术，并在华北等地的油田区进行了大量的深孔应力测量。1981 年，原水利电力部颁发的《水利水电工程岩石试验规程》（试行）中规定了原岩应力测试方法。目前，我国的原岩应力测量广泛分布在地震研究、水利水电、采矿、油田、铁路、公路、土木建筑等工程领域，其中以前三个领域居多。

2.1 原岩应力场

2.1.1 原岩应力场的概念及影响因素

未经采掘而又不受采动影响的岩体称为原岩，原岩处于自然应力平衡状态，这种自然应力称为原岩应力（或称初始应力，天然应力和地应力）。原岩应力在岩体空间有规律的分布状态称为原岩应力场，又称为初始地应力场，即未经采动的岩体在天然状态下所具有的应力状态。

在各种原岩应力场环境下的岩石应力条件对于大型地下工程的合理设计和安全运行是非常重要的，原岩应力场是工程建设过程中值得研究的重要课题。产生原岩应力的原因十分复杂，也是至今尚不十分清楚的问题。近 20 年来的研究表明，原岩应力场受下列因素的影响：

（1）岩石的组成、厚度、岩性变化和物理力学性质。构成岩体的岩石具有不同的弹性性质，如在坚实的变质程度不一或沉积岩层中，含有弹性或挠性的岩层时，会出现应力集中，而在接触带内会出现应力下降，影响原岩应力场的应力状态。

（2）岩体的结构特征。如褶皱、断层、裂隙等的空间分布，因结构体的接触条件和相互作用，将对附近岩体的应力状态产生影响。

（3）地形条件。区域地形与切割程度（山峰与山谷）会使应力分布发生一些异常现象。

上面所列的三种因素为地质环境对原岩应力场的影响，表现为固定的、到处存在的；另外还有一些如地下水、瓦斯作用、人类生产活动等因素则表现为地区性的，往往具有局部的影响，但有时影响很大。

2.1.2 原岩应力场的组成及成因

从当前对原岩应力场的了解认为，原岩应力是由重力（岩石重量）、构造应力、动水压力、温度应力和结晶力等几个作用力结合形成的。但在具体情况下，构成原岩应力场的各种力的比例是很不相同的。通常是重力和构造应力占优势，即在当前我国矿山的开采深度现状下，原岩应力可以认为是由重力和构造应力组成的。

地壳内任一点在重力场的作用下，由上覆岩体自重引起的应力称为自重应力，它在空间的分布状态称为自重应力场。自重应力场是原岩应力场中唯一一个可以进行精确计算的应力场。

岩体自重应力理论，是建立在把岩体看做是均质各向同性弹性体的基础上，因此可应用连续介质力学原理来研究岩体的自重应力场。例如，距地面深度为 H 的一点（见图 2-1）的应力，可应用连续介质力学来建立它们之间的关系及计算它们的数值，即可应用三维平衡方程及物理方程求解该处各应力分量 σ_x、σ_y、σ_z及应变分量 ε_x、ε_y、ε_z。

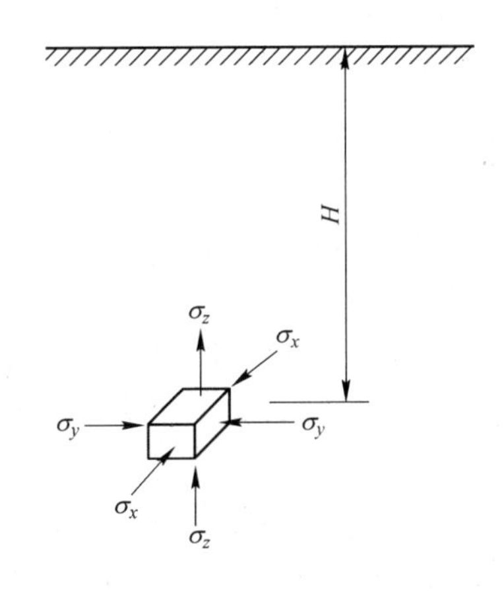

图 2-1 岩体单元体所在位置及其应力状态

在均匀岩体内，岩体的自重应力状态为：

$$\sigma_z = \gamma H \tag{2-1}$$

式中，γ 为上覆岩体的平均重度。

则距地面 H 深处岩体内应力状态表达式为：

$$\left.\begin{aligned}
&\sigma_z = \gamma H \\
&\sigma_x = \sigma_y = \lambda \sigma_z \\
&\tau_{xy} = 0 \\
&\varepsilon_z = \frac{1}{E}[\sigma_z - \mu(\sigma_x + \sigma_y)] \\
&\varepsilon_x = \frac{1}{E}[\sigma_x - \mu(\sigma_y + \sigma_z)] \\
&\varepsilon_y = \frac{1}{E}[\sigma_y - \mu(\sigma_x + \sigma_z)] \\
&\lambda = \frac{\mu}{1 - \mu}
\end{aligned}\right\} \tag{2-2}$$

式中，λ 为侧压力系数。

侧压力系数 λ 取决于岩块所处的力学状态，有以下两种假说。

（1）金尼克假说：岩块处于弹性状态。

$$\lambda = \frac{\mu}{1 - \mu}$$

岩石的泊松比 μ 一般为 0.2~0.3，则 $\lambda = 0.25 \sim 0.43$。

（2）静水应力状态假说：在埋藏较深条件下，垂直压应力相当大，岩石呈现明显的塑性。此时，$\mu \approx 0.5$，$\lambda = 1.0$，则：

$$\sigma_z = \sigma_x = \sigma_y = \gamma H$$

上面导出的应力值，是按地面为水平面计算的，没有考虑地表地形条件及岩体中地质构造。但根据模拟实验及有限元计算得知，岩体内自重应力分布受它们的影响较大。

2.2 构造应力场

从地面岩石分布看，沉积岩约占77%，而岩浆岩及变质岩仅占23%。沉积岩在建造之初呈水平，可是今天在野外看到的沉积岩则具有各种产状，这说明岩层在建造之后，在漫长的地质年代里，不断历经各种地质运动的改造。这种在地壳中存在的促使地壳发生变动的力称为构造应力。构造应力在空间的分布状态称为构造应力场。

构造应力场的形成一直备受关注，并在很早以前研究者就对它进行了研究。根据目前掌握的地质勘探手段查明，在地壳上层地质构造形迹明显，下层则逐渐平缓，再向下就逐渐消失。这说明构造受水平方向的挤压产生。对构造应力的成因，目前一直没有达成共识，地质力学认为它是地球自转速度变化的结果，大地构造学说则认为是由于地球冷却收缩、扩张、脉动、对流等引起的。根据最近的板块理论及地球物理测试资料表明，在地壳内引起构造应力的主要原因，是板块边界作用力以及与地表地形起伏引起的与负载有关的应力：

（1）板块边界力。赋存于地幔上部的地壳，分割成若干个部分称为板块。板块能够运动，自然存在着驱动力和阻力以及它们之间的相对动态平衡。作用在板块上的驱动力有三种：

1）洋脊推力，作用在洋脊顶部，造成板块分开并对相邻板块形成侧向压力；

2）板块牵引力，作用在聚拢板块边缘的潜没板上；

3）海沟吸引力，这是一种较小的张力，可以认为是海沟下方缺少支撑造成的。

（2）负载力。由地表地形所造成的岩石圈负载。岩石圈厚度不均一或其内部侧向密度变化可形成重力异常，规模大时可出现均衡补偿作用引起构造力。就我国目前已有资料分析可以看出，均衡补偿及其所派生的作用，对区域构造应力的影响是明显的。由卫星所测定的中国及其邻区的自由空气重力异常图，与根据浅源强震资料所求得的中国现代构造应力场的最大主应力方向迹线基本一致。

构造应力以水平力为主，具有明显的区域性和方向性。它有以下基本特点：

(1) 一般情况下地壳运动以水平运动为主，构造应力主要是水平应力，而且地壳总的运动趋势是相互挤压，所以水平应力以压应力占绝对优势。

(2) 构造应力分布不均匀，在地质构造变化比较剧烈的地区，最大主应力的大小和方向往往有很大变化。

(3) 岩体中的构造应力具有明显的方向性，最大水平主应力和最小水平主应力之值一般相差较大。

(4) 构造应力在坚硬岩层中出现一般比较普遍，在软岩中储存构造应力很少（无法储存多的弹性能）。

(5) 构造应力极其复杂，尚无法用数学法进行计算，只能用现场应力测量方法进行测定。

2.3 原岩应力场的基本规律

由于原岩应力分布的非均匀性，以及地质、地形、构造和岩石力学性质等方面的差别，使得我们在概括原岩应力状态及其变化规律方面较为困难。从目前现有实测资料来看，岩体的原岩应力值是空间与时间的函数，在3000m以内的浅层地壳原岩应力的变化规律，大致可归纳为如下几点：

(1) 区域初始应力场有一致性，而区域内局部地点的初始应力又有很大差别，这种差别主要是地质因素造成的。

(2) 存在于地表浅层的初始应力，是三个主应力不等的空间应力场。国内外大量研究表明，原岩应力绝大多数是压应力，拉应力只在个别情况下存在。

(3) 初始应力场的垂直分量并非与地表水平面垂直，且应力值大多不等于上覆岩体自重。国内外大量实测资料表明，垂直应力分量与地表水平面垂线多数有10°左右的偏角，并且实测的垂直应力 σ_v 普遍大于上覆岩体自重的垂直应力 γH。若设 $\lambda_0=\sigma_v/\gamma H$，在我国，$\lambda_0<0.8$ 的占13%，$\lambda_0=0.8\sim1.2$ 的占17%，$\lambda_0>1.2$ 的占65%以上，λ_0 最大为20。而前苏联的资料表明，$\lambda_0<0.8$ 的占4%，$\lambda_0=0.8\sim1.2$ 的占23%，$\lambda_0>1.2$ 的占73%，λ_0 个别最大的高达37。这些统计资料的最大深度为915m，结果与我国的统计资料大致相当。

(4) 水平应力分量并非与水平面平行且有强烈的方向性，水平应力值普遍大于垂直应力值。根据我国的实测资料，水平应力分量 σ_H 与水平面呈10°~25°的倾角。最大水平主应力 $\sigma_{H,max}$ 与垂直应力 σ_v 的比值一般为0.5~5.5，大多数情况下大于2。最大水平应力 $\sigma_{H,max}$ 与最小水平应力 $\sigma_{H,min}$ 的比值一般为1.4~

3.3。就岩体中一点的三向应力状态而言，垂直应力在多数情况下是最小应力，少数情况下为中间应力，只在个别情况下为最大应力。

2.4 原岩应力的测量方法

近30年来，随着原岩应力场理论研究的深入和大型水电、土木工程的需要，原岩应力的现场测量工作不断开展，各种测量方法和测量仪器也不断发展起来。就目前而言，具体的方法有几十种之多，对测量方法的分类也一直没有统一的标准。有人根据测量手段的不同，将在实际测量中使用过的测量方法分为5大类，即构造法、变形法、电磁法、地震法、放射性法。也有人根据测量原理的不同将其分为应力恢复法、应力解除法、应变恢复法、应变解除法、水压致裂法、声发射法、X射线法、重力法8类。还有人根据原岩应力测量的目的将其分为绝对原岩应力测量法与相对原岩应力测量法。蔡美峰等（1995）依据测量基本原理的不同，将测量方法分为直接法和间接法两大类。

直接测量法是由测量仪器直接测量和记录各种应力量，如补偿应力、恢复应力、平衡应力，并由这些应力量和原岩应力的相互关系，通过计算获得原岩应力值。在计算过程中并不涉及不同物理量的相互换算，不需要知道岩石的物理力学性质和应力应变关系。扁千斤顶法、水压致裂法、刚性包体应力计法和声发射法是实际测量中应用较为广泛的4种直接测量法。

在间接测量法中，不是直接测量应力量，而是借助某些传感元件或某些媒介，测量和记录岩体中某些与应力有关的间接物理量的变化，如岩体中的变形或应变，岩体的密度、渗透性、吸水性、电磁、电阻、电容的变化，弹性波传播速度的变化等，然后根据测得的间接物理量的变化，通过已知的公式计算出岩体中的应力值。因此，在间接测量法中，为了计算应力值，首先必须确定岩体的某些物理力学性质以及所测物理量和应力的相互关系等。

目前，大多数的原岩应力直接测量方法需要在现场进行，设备庞大、过程繁杂、成本高昂、费工费时；间接测量的方法需要测定或估计相关的参数，目前尚有许多关键技术问题有待突破。而通过声发射的方法测量原岩应力是目前能够在实验室进行的简便方法，与其他各种原岩应力现场测量方法相比，声发射方法具有测量成本低，方法简便、快捷，不受现场条件限制等突出优点，因此特别适用于矿山工程优化设计、地下建筑物选址、水坝、穿山隧道等工程的原岩应力测量，在岩石力学及工程领域中具有广阔的应用前景。部分矿山的原岩应力测试结果如表2-1所示。

表2-1 部分矿山原岩应力测试结果

矿名	深度/m	主应力	应力值/MPa	方位角/(°)	倾角/(°)	τ_{max}/MPa
鹤壁六矿	447.66	σ_1	32.50	258.07	12.35	14.22
		σ_2	22.16	101.54	75.56	
		σ_3	4.07	349.21	5.19	

续表 2-1

矿 名	深度/m	主应力	应力值/MPa	方位角/(°)	倾角/(°)	τ_{max}/MPa
焦作九里山矿	318.70	σ_1	8.85	357.59	74.80	3.90
		σ_2	5.70	192.08	14.53	
		σ_3	1.06	101.12	8.9	
涟邵牛马司矿	556.57	σ_1	21.78	87.99	18.56	9.96
		σ_2	17.43	282.23	70.89	
		σ_3	1.86	170.46	4.38	
北票冠山矿	989.05	σ_1	52.96	34.79	11.25	19.86
		σ_2	30.85	148.24	63.45	
		σ_3	13.23	299.77	23.71	
新汶孙村矿	870	σ_1	38.13	100.1	24.2	
		σ_2	28.35	79.2	61.5	
		σ_3	1.61	14.8	14.1	

3 巷道围岩压力

地下岩体工程埋在地下一定的深度，如交通隧道的埋深在几百至一两千米不等，而地下矿山由于地表资源的枯竭，采深的持续增长，国外某些矿山的采深已达几千米，此时，因地压显现而产生的一系列问题日益明显。

所谓地压，是泛指在岩体中存在的力，它既包含原岩对围岩的作用力，围岩间的相互作用力，又包含围岩对支架的作用力。当围岩的次生应力不超过其弹性极限时，地压可全部由围岩来承担，井巷可不加支护在一定时期内维持稳定；当次生应力超过围岩强度极限时，为保持井巷稳定，必须架设支架，这时地压是由围岩和支架共同承受的。为此，把围岩因变形移动和冒落岩块作用在支架上的压力称为狭义地压；而将岩体内部原岩作用于围岩和支架上的压力称为广义地压。此外，还有膨胀地压和冲击地压等。

3.1 围岩应力

3.1.1 围岩应力重新分布

硐室开挖前，岩体在初始应力的作用下处于平衡状态，开挖后，平衡状态被打破，硐室周围岩体应力状态将重新分布。已有的研究表明，这种应力重新分布会局限于硐室周边一定的范围内，远离这一范围的岩体仍处于初始应力状态。地下硐室周围应力发生重新分布的这一部分岩体称为围岩，在此之外的岩体称为原岩。重新分布后岩体中的应力状态称为围岩二次应力，或称为次生应力状态。

如果岩体仍处于弹性状态，则围岩的二次应力状态可能出现两种情况：

（1）围岩的二次应力仍保持弹性状态，除出现局部岩块松动现象外，围岩基本稳定，弹性理论的基本定律和假设仍可适用。

（2）围岩的二次应力状态为弹塑性分布，由于岩石的初始应力较大或者自身的强度较小，硐室开挖后，二次应力超过岩体的屈服应力，岩体进入塑性状态。随着与硐室内壁距离增加，最小主应力也随之增大，使岩体的强度提高，并促使岩体的应力转为弹性状态。

在进行二次应力分布计算时，大多将岩体视为各向同性的均质弹性体，应力集中的概念在围岩二次应力分布计算中十分重要。围岩应力集中可用应力集中系数 k 表示，假设硐室开挖前岩体中某一点的初始应力状态为 σ_0，开挖后该点的二次应力变为 σ，则：

$$k = \sigma/\sigma_0 \tag{3-1}$$

式中，k 表示开挖前后围岩应力的变化情况，若 $k>1$，二次应力增加，反之减小。

如图 3-1 所示，从地表到圆形硐室圆心的距离 H 为硐室的平均埋深，r_a 为硐室半径，$H \gg r_a$，则可以通过弹性理论中的柯西问题加以研究。由于是有限区域的应力集中，可在硐室周围应力集中区以外截取一矩形平板，见图 3-1（a），平板四周边界上的应力仍处于初始应力状态，最终将其转化为图 3-1（b）所示具有圆孔的矩形平板在自重作用下孔周边的应力集中问题。在平板的上、下边界作用有垂直均布应力 p_y，两侧作用有水平均布压力 p_x。

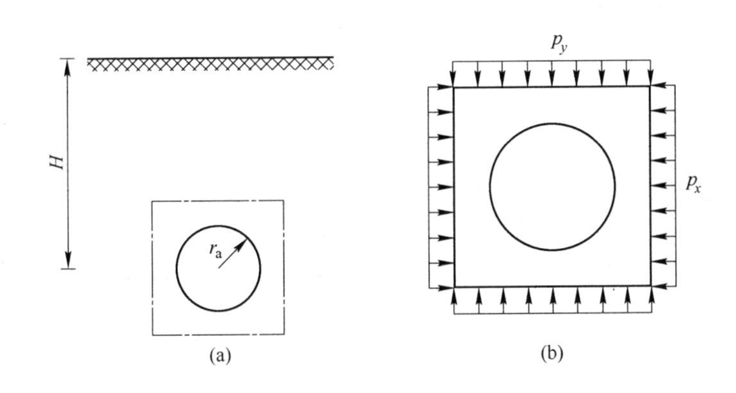

图 3-1 圆形硐室的计算模型

3.1.2 均质各向同性岩体中单一巷道围岩应力

地下岩体工程稳定性分析，必须明确开挖硐室应力重新分布岩体的应力场和位移场。其中，弹性岩体中圆形硐室问题最为简单，但其弹性力学解对地下岩体工程却极具指导意义。

如图 3-2 所示，圆孔半径为 r_a，应力集中区域外为一矩形，边界不受区域内圆孔的影响，矩形边界荷载视为初始应力，上、下边界为垂直均布压力 p_y，两侧作用有水平均布压力 p_x，则侧压力系数 $\lambda = p_x/p_y$，当 $H>20r_a$时，这一近似处理的误差小于 1%。另外，统一规定，正应力为"压正拉负"，切应力为逆时针为正，顺时针为负。

（1）侧压力系数 $\lambda=1$ 时的情况。当侧压力系数 $\lambda=1$ 时，如图 3-2（a）所示，以圆孔中心为坐标原点，在矩形区域内以 r_b 为半径作一圆，当 $r_b \gg r_a$时，由于半径为 r_b的孔周边处于应力集中区域以外，其上各点的应力状态与无孔时的应力状态相同，见图 3-2（b），可以认为圆形区域周边上的压力等于均布压力 p_0，$p_0 = \gamma H$。极坐标条件下大圆周上任一点（r，θ）的应力为 $\sigma_r = p_0$，$\tau_{r\theta} = 0$。于是，$\lambda=1$ 时圆形硐室围岩应力问题最终转化为求解圆周受均布压力作用下的圆环

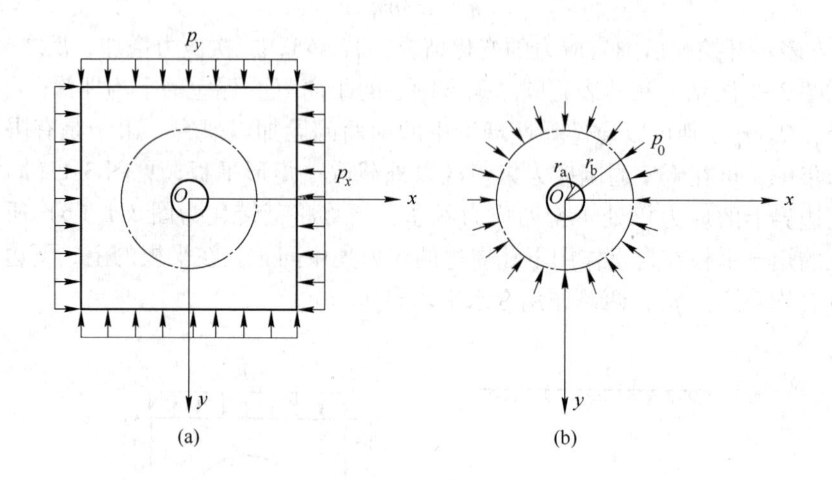

图 3-2 一定埋深的圆形硐室围岩应力计算简图

问题。

根据弹性理论，圆环问题可按厚壁圆筒理论求解，其拉梅解为：

$$\sigma_r = \frac{1 - \frac{r_a^2}{r^2}}{1 - \frac{r_a^2}{r_b^2}} p_0，\sigma_\theta = \frac{1 + \frac{r_a^2}{r^2}}{1 - \frac{r_a^2}{r_b^2}} p_0，\tau_{r\theta} = \tau_{\theta r} = 0 \tag{3-2}$$

由于 $r_b \gg r_a$，$\frac{r_a^2}{r_b^2} \to 0$，则式（3-2）变为：

$$\sigma_r = \left(1 - \frac{r_a^2}{r^2}\right) p_0，\sigma_\theta = \left(1 + \frac{r_a^2}{r^2}\right) p_0，\tau_{r\theta} = \tau_{\theta r} = 0 \tag{3-3}$$

图 3-3 所示为圆形硐室围岩应力沿 r 轴分布情况，切向正应力 σ_θ 值随 r 的增加快速衰减，其中在硐室周边最大，$\theta_{\theta, r=r_a} = 2p_0$，当 $r>(3\sim5)r_a$ 后，$\sigma_\theta \to p_0$，即切向应力基本趋近于初始应力；径向正应力 σ_r 随着 r 的增加快速增大，并在 $(3\sim5)r_a$ 后同样趋近于初始应力。可以看出，圆形硐室周边最大应力集中系数 $k=2$，这一

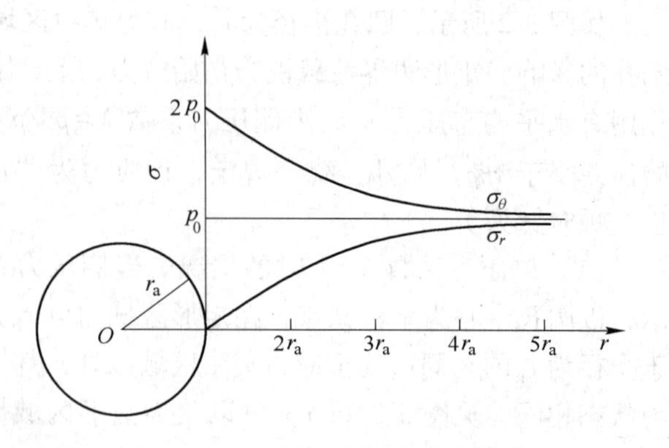

图 3-3 $\lambda=1$ 时圆形硐室围岩应力分布图

规律，在地下岩体工程稳定性评价中具有非常重要的意义。圆形硐室围岩应力分布规律如表 3-1 所示。

表 3-1　$\lambda=1$ 时圆形硐室围岩应力分布规律

r/r_a	1	2	3	4	5
σ_θ	$2p_0$	$1.25p_0$	$1.11p_0$	$1.06p_0$	$1.04p_0$
σ_r	0	$0.75p_0$	$0.89p_0$	$0.94p_0$	$0.96p_0$

（2）如果 $\lambda\neq1$，则巷道周边切向应力 σ_θ 为：

$$\sigma_\theta=p[(1+\lambda)+2(1-\lambda)\cos2\theta] \tag{3-4}$$

除了用公式计算外，还可以用应力分布图形、应力集中系数来描述巷道周围的应力场。

为了便于在工程中进行断面开关选择，可以按表 3-2 提供的断面形状常数 A 和 B，计算出巷道顶板中点和两帮中点处最大环向应力，并做出比较。

顶板中点最大切向应力：$\sigma_{\theta(1)}=\sigma_V(A\lambda-1)$　　(3-5)

两帮中点最大切向应力：$\sigma_{\theta(2)}=\sigma_V(B-\lambda)$　　(3-6)

式中，σ_V 为初始应力场的垂直应力分量，$\sigma_V=\gamma H$；γ 为岩体重度。

表 3-2　不同断面的形状常数

形状常数									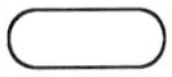
A	5.0	4.0	4.9	4.2	4.1	4.0	2.0	1.9	1.8
B	2.0	1.5	1.8	2.3	2.7	4.0	5.0	1.9	4.9

欲开挖一个正方形巷道，从表 3-2 中可查得 $A=B=1.9$，则：

当 $\lambda=0.5$ 时　　$\sigma_{\theta(1)}=-0.05\sigma_V$

$\sigma_{\theta(2)}=1.4\sigma_V$

当 $\lambda=1$ 时　　$\sigma_{\theta(1)}=0.9\sigma_V$

$\sigma_{\theta(2)}=0.9\sigma_V$

当 $\lambda=2$ 时　　$\sigma_{\theta(1)}=2.8\sigma_V$

$\sigma_{\theta(2)}=-0.1\sigma_V$

对于圆形孔，$\lambda>1/3$，周边不出现拉应力；$\lambda<1/3$ 时，将出现拉应力；$\lambda=1/3$，圆孔顶部与底部不出现拉应力。$\lambda=0$ 时，$\theta=90°$ 处，拉应力最大。所以，$\theta=90°$ 为最不利情况；$\lambda=1$ 为均匀受压的最有利（稳定）情况。需要说明的是，上述计算适用于初始应力分量与巷道断面对称轴重合的条件。

3.1.3 非均质各向异性岩体中单一巷道围岩应力

多数岩体是非均质各向异性的，这是因为：岩体中结构面的存在；岩石本身结构与成分不均匀；爆破产生的新裂隙或者裂隙扩展，等等。

如果完全考虑岩体的实际情况，则围岩应力的解析分析不易进行。基于目前已得到的几点认识和一定的假设，可以初步了解围岩的应力状态。层状岩体是天然的各向异性介质，其中岩体工程周围应力分布有两种比较简单的形式。

（1）当巷道垂直于结构面方向时（例如层状岩体中的竖井），初始应力场为：

$$\left.\begin{aligned}&\sigma_z = \sigma_V = \gamma H\\&\sigma_x = \sigma_y = \lambda\sigma_V,\quad \tau_{xy} = \tau_{xz} = \tau_{zy} = 0\end{aligned}\right\} \tag{3-7}$$

$$\lambda = \frac{E}{E_1}\frac{\mu_1}{1-\mu} \tag{3-8}$$

式中，σ_z、σ_x分别为 z、x 方向的应力分量；E、μ 为平行结构面方面的弹性模量、泊松比；E_1、μ_1为垂直结构面方面的弹性模量、泊松比。

则与巷道轴线平行的平面内，围岩应力为：

$$\sigma_r = \left(1 - \frac{r_a^2}{r_b^2}\right)\sigma_x,\ \sigma_\theta = \left(1 + \frac{r_a^2}{r_b^2}\right)\sigma_x \tag{3-9}$$

这类各向同性问题又称横观各向同性。

（2）当水平巷道横轴平行于巷道结构面时（见图 3-4），巷道周边应力状态较为复杂，为了简化，初始应力场设为均匀，即 $\lambda=1$。此时巷道在变形过程中，与巷道轴垂直的断面仍为平面。这一问题被列赫尼茨基（С. Г. Лехницкий）解得，即根据层状岩体的物理方程和边界条件，选择适当的应力函数，代入平衡应力方程中，解出巷道周边切向应力表达式。

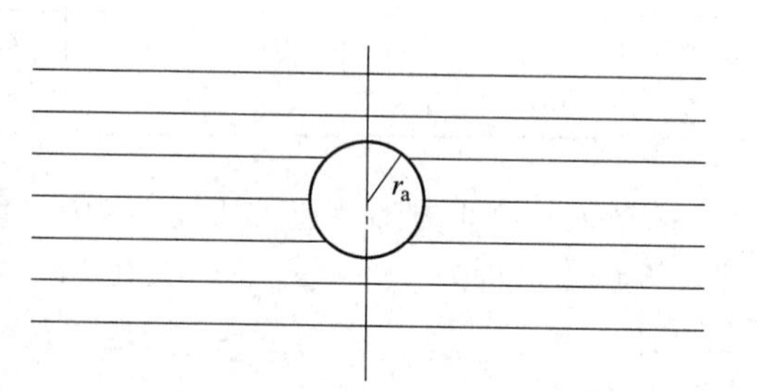

图 3-4 水平层状岩体中圆形平巷

在水平轴上（$\theta=0°$），相当于帮的中点处，应力为：

$$\sigma_\theta = \left(1 + \frac{\beta - 1}{\alpha}\right)p_0$$

在垂直轴上（$\theta=90°$），相当于顶板的中点处，应力为：

$$\sigma_\theta = (1 + \beta - \alpha)p_0$$

上两式中：

$$\left.\begin{aligned}
&\alpha = \sqrt{\frac{E_r}{E_\theta}},\quad \beta = \sqrt{2\sqrt{\frac{E_r}{E_\theta}} - \mu_0 + \frac{E_r}{G_{r\theta}}}\\
&E_r = \frac{E}{1-\mu^2},\quad E_\theta = \frac{E_1}{1 - \dfrac{E}{E_1}\mu^2}\\
&\mu_{r\theta} = \frac{E}{E_1} - \frac{\mu_1}{1-\mu},\quad G_{r\theta} = \frac{E_r}{2(1+\mu)}
\end{aligned}\right\} \tag{3-10}$$

（3）岩石性质上的各向异性。实验证明，岩石在受压和受拉时具有不同的应变特征，表现为物理性质上的各向异性，并影响到围岩应力场。

设 E_c为压缩状态时岩石的弹性模量，E_p为拉伸状态时岩石的弹性模量，μ 为压缩时的泊松比。当处于 $\lambda = 1$ 的应力场中，圆形巷道周围应力按轴对称平面应变问题求解时，得到下列应力分量：

$$\left.\begin{aligned}
&\sigma_r = \sigma_V\left(1 - \frac{1}{r^{1+\xi}}\right)\\
&\sigma_\theta = \sigma_V\left(1 + \xi\frac{1}{r^{1+\xi}}\right)\\
&\xi = \frac{\dfrac{E_c}{E_p} - \mu^2}{1-\mu^2} \geqslant 1
\end{aligned}\right\} \tag{3-11}$$

3.1.4 受邻近巷道影响的围岩应力

在矿山中，很多情况下要求巷道连接或者离得很近。理论研究和生产实践证明，处在相互影响范围内的巷道周围应力，除了与初始应力场有关外，还与邻近巷道的数目、断面形状和尺寸、巷道的空间布置以及间柱尺寸等因素有关。

3.1.4.1 断面相同的相邻两孔的应力分布

由单孔周围的切向应力分布衰减情况可知，它有一个剧烈影响的范围，一般以超过原岩应力的5%处为界。令此影响半径为 R_i，现以双向等压应力场中的圆形孔为例，若相邻两孔的间距大于 $2R_i$，则此两孔就不会产生相互影响，巷道周边的应力分布也将和单孔的情况基本相同。在这种情况下，即使存在多条巷道，它们相互之间也不产生影响。反之，如果两孔间距小于 $2R_i$，则相互之间就会有影响。

图 3-5 所示为相邻两圆孔间距小于 $2R_i$ 时产生相互影响的关系图。图中令原岩应力场垂直方向为 σ_1，所处的原岩应力场中 $\lambda=0$，则两孔之间周边上产生的切向应力集中系数为 4.26，而在单孔时为 3，如图中虚线所示。在 $r/r_0=2$ 处，即间距的中点处，$\sigma_t=1.7\sigma_1$，比原来的应力 $1.22\sigma_1$ 增长了 41.7%。但在孔的顶底部，拉应力由 $-\sigma_1$ 降至 $-0.7\sigma_1$。

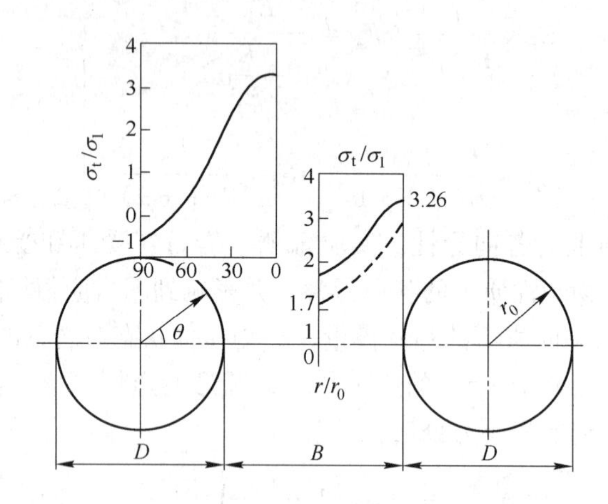

图 3-5　等径相邻两孔当 $B=D$ 时的切向应力分布图

3.1.4.2　大小不等的相邻两孔的应力分布

大小不等的相邻两孔，影响间距为其各自的影响半径之和。图 3-6 所示为不等径相邻两孔的切向应力分布图。从图中可以看出，小孔周边的切向应力集中系数高达 4.26，而大孔周边的应力集中系数仅为 2.75，这说明大孔对小孔的应力分布影响较大，而小孔对大孔的影响则甚微。这个特点对于研究回采工作面与邻近巷道的相互影响很有参考价值。

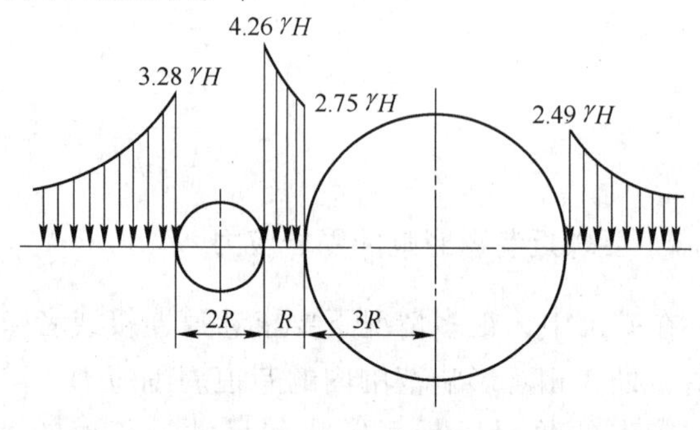

图 3-6　不等径相邻两孔的切向应力分布图

3.1.4.3　在同一水平多孔相互影响条件下的应力分布

图 3-7 所示为 $\lambda=0$ 条件下，同一水平多孔的相互影响。由图可以看出，孔周边的应力集中系数是随 D/B 值的增大而增大的（D 为孔径，B 为孔周边的间距），另外也受同一水平上孔的数目影响。显然，孔的数目愈多，孔周边的应力集中系数也愈大。

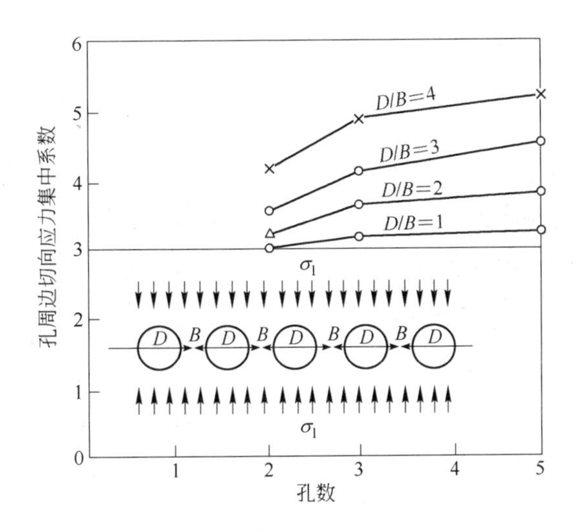

图 3-7 多孔对应力集中系数的影响

3.1.5 其他形状巷道周边的应力分布

地下工程中经常遇到一些非圆形巷道，如椭圆形、矩形、梯形、拱形等。非圆形孔周围的应力计算甚为复杂，可用弹性力学的复变函数方法解决。在弹性应力条件下巷道断面围岩中的最大应力是周边的切向应力，且周边应力大小和弹性参数 E、μ 无关。但是，它和原岩应力场分布（大小）、巷道的形状（竖向和横向轴比）很有关系。断面在有拐角的地方有较大的应力集中；在直长边则容易出现拉应力。

3.1.5.1 矩形孔巷道周边的应力分布

图 3-8（a）所示为矩形孔周围的正应力分布，图 3-8（b）所示为最大切向应力分布，图 3-8（c）所示为长边为 $2a$，短边为 $2b$，且 $\lambda=0$、$\lambda=1/3$、$\lambda=1$ 时，矩形孔周边切向应力的分布图。矩形拐角处的圆弧半径为 $r_0/2a=1/6$。

矩形巷道周边切向应力部分计算结果如表 3-3 所示。

表 3-3 矩形巷道周边切向应力部分计算结果

θ/(°)	a : b=5		a : b=4.2		a : b=1.8		a : b=1	
	λp_0	p_0	λp_0	p_0	λp_0	p_0	λp_0	p_0
0	1.192	−0.94	1.342	−0.98	1.20	−0.80	1.472	−0.81
45					4.352	0.821	4.00	4.00
50	1.158	−0.644	2.392	−0.193	2.763	2.747	−0.98	4.86
65	2.692	7.03		6.20	−0.60	5.26		
90	−0.678	2.42	−0.77	2.152	−0.334	2.03	−0.808	1.472

注：表格内的数字分别表示 λp_0、p_0 对该点的应力集中影响系数；a 为巷道跨度；b 为巷道高度。

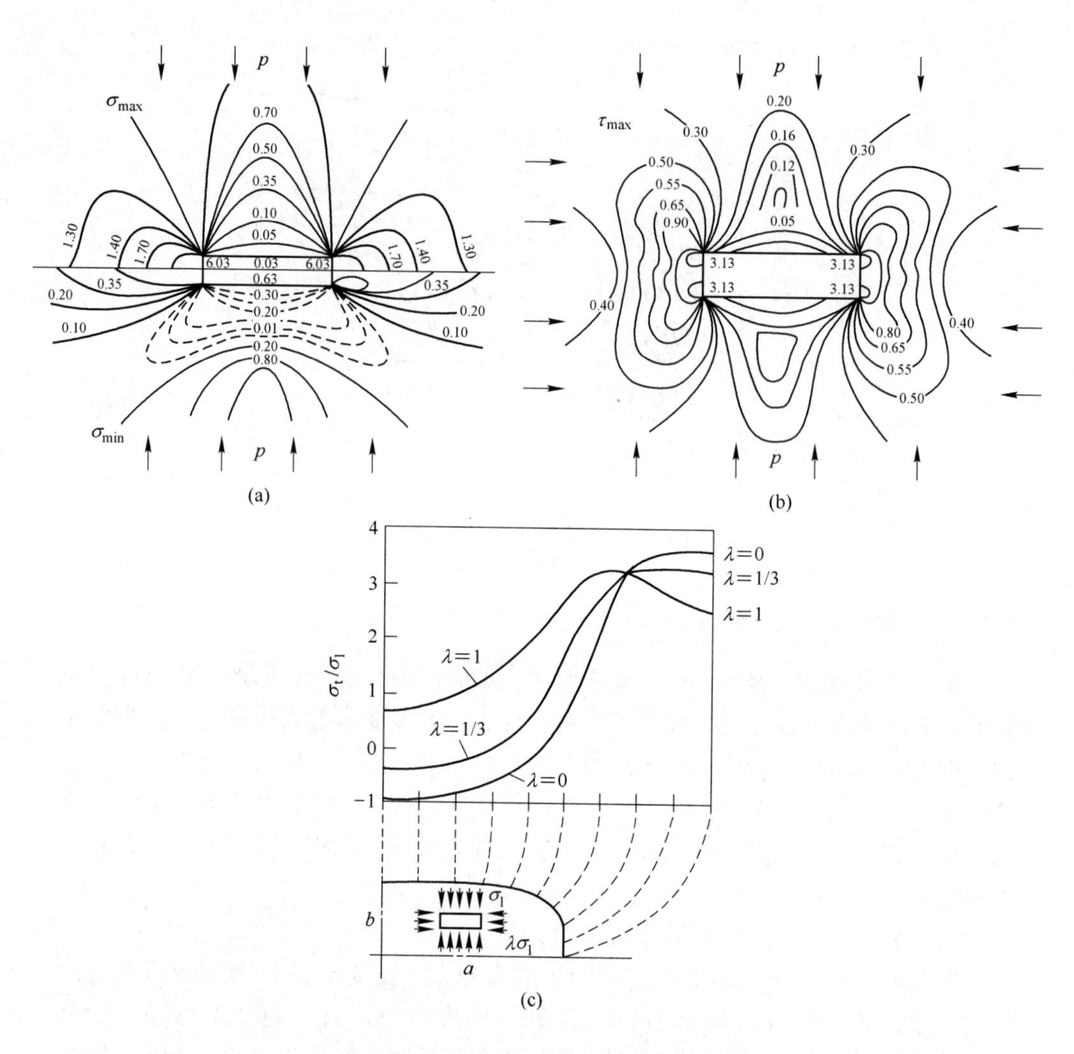

图 3-8 矩形孔周围应力分布图

（a）正应力；（b）切向应力；（c）周边切向应力

3.1.5.2 椭圆形孔周边的应力分布

在一般原岩应力状态下，深埋椭圆巷道（见图 3-9）周边切向应力计算公式为：

$$\sigma_\theta = p_0 \frac{m^2 \sin^2\theta + 2m \sin^2\theta - \cos^2\theta}{\cos^2\theta + m^2 \sin^2\theta} + \lambda p_0 \frac{\cos^2\theta + 2m \cos^2\theta - m^2 \sin^2\theta}{\cos^2\theta + m^2 \sin^2\theta} \tag{3-12}$$

A 等应力轴比

所谓等应力轴比，就是使巷道周边应力均匀分布时的椭圆长短轴之比。该轴

比可通过求 $d\sigma\theta/d\theta=0$ 得到 $m=1/\lambda$，其中 $m=b/a$。

在等应力轴比情况下，周边切向应力无极值，或者说周边应力是均匀相等的。显然，等应力轴比对地下工程的稳定是最有利的，故又可称之为最优（佳）轴比。

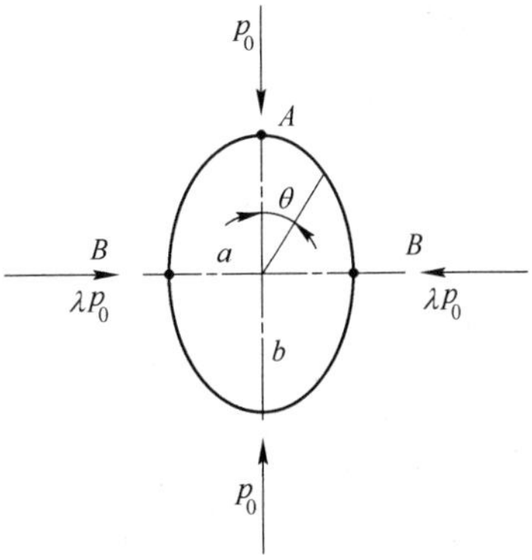

图 3-9 深埋椭圆巷道

等应力轴比与原岩应力的绝对值无关，只和 λ 值有关。由 λ 值即可决定最佳轴比。例如：

$\lambda=1$，$a=b$，$m=1$，最佳断面为圆形；

$\lambda=1/2$，$2a=b$，$m=2$，最佳断面为竖的椭圆；

$\lambda=2$，$a=2b$，$m=1/2$，最佳断面为横的椭圆。

B 零应力（无拉应力）轴比

当不能满足最佳轴比时，可以退而求其次。岩体抗拉强度最弱，找出满足不出现拉应力的轴比，即为零应力（无拉应力）轴比。周边各点对应的零应力轴比各不相同，通常首先满足顶点和两帮中点这两个关键处实现零应力轴比。

$$\left.\begin{aligned} m &\geqslant \frac{1-\lambda}{2\lambda}(\lambda<1) \\ m &\leqslant \frac{2}{\lambda-1}(\lambda>1) \end{aligned}\right\} \tag{3-13}$$

令椭圆形孔的长轴为 $2a$，短轴为 $2b$，按平面问题处理，原岩应力场垂直方向为 σ_1，水平方向为 σ_2，如图 3-10 所示。

令 $\lambda=1$，则有 $\sigma_\theta=\dfrac{2a}{b}\sigma_1$；

令 $\lambda=0$，则有 $\sigma_\theta=\dfrac{2a+b}{b}\sigma_1$。

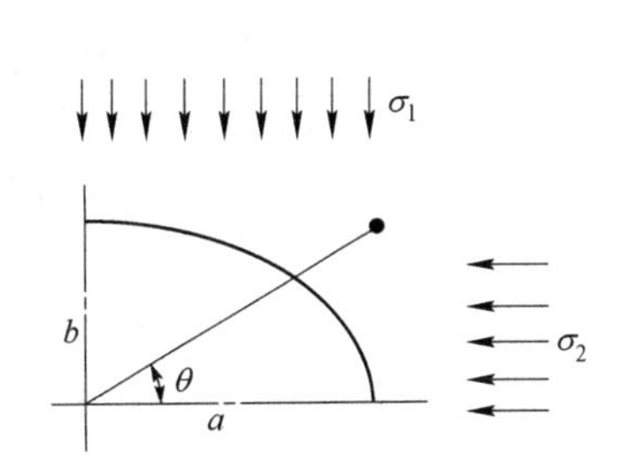

图 3-10 原岩应力场中的椭圆形孔

由此可知，孔两侧的最大切向应力将随孔的几何尺寸发生变化，其切向应力集中系数，当 $\lambda=1$ 时，$k=2a/b$，当 $\lambda=0$ 时，$k=(2a+b)/b$。显然，孔越扁，则应力集中系数越大，例如 $a:b=2:1$，则 $k=4\sim5$。同理，分析 $\theta=\pi/2$、$\theta=3\pi/2$ 时的情况，可知：在 $\lambda=0$ 时，$\sigma_\theta=-\sigma_1$，即形成拉应力；当 $\lambda=1$ 时，$\sigma_\theta=(2a/b)\sigma_1$。

根据上述分析研究可知，在假设孔周围都处于弹性状态的条件下，应力重新分布有以下一些特点：

（1）孔周围形成了切向应力集中，最大切向应力发生在孔的周边。对圆形和椭圆形孔，最大切向应力发生在孔的两帮中点和顶底的中部；对矩形孔，则最大切向应力发生在四角处。

（2）应力集中系数的大小：对单孔，圆孔仅与侧压系数 λ 有关，其值 $k=2\sim3$；对椭圆孔，则不仅与 λ 有关，还与孔的轴比有关，一般当 $a/b=2$，$\lambda=0\sim1$ 时，$k=4\sim5$；对多孔来说，k 值升高是由于单孔应力分布叠加的结果，其值视孔的大小和间距及原岩应力场的侧压系数 λ 而定。

（3）不论何种形状的孔，孔周围的应力重新分布，主要是指切向应力分布。从理论上说影响是无限的，但从影响的剧烈程度来看一般都有一定的影响半径。通常，可取切向应力值超过原岩垂直应力 5%处作为边界线。

（4）孔的影响范围与孔的断面大小有关。

3.2 围岩变形

巷道开挖后，在围岩中应力进行调整的同时，将出现不同程度的围岩变形。与围岩应力相比，变形是容易测量的物理量。在工程上，没有必要区分不同的变形成分，而都以量测位移来认识和掌握围岩的稳定状况。

3.2.1 围岩位移的分析计算

利用弹性力学、塑性力学和流变学理论可以给出简单类型的巷道围岩位移问题分析解。

3.2.1.1 弹塑性围岩位移

当围岩应力达到岩石强度条件，部分围岩进入塑性变形阶段时，围岩位移包含弹性位移和塑性位移两部分。如果用分析法求各向同性岩体，当 $\lambda=1$ 时，圆形巷道的弹塑性位移属于复合介质轴对称平面应变问题。

对于不支护巷道，巷道周边位移的表达式为：

$$u_{\mathrm{a}} = \frac{a\sin\varphi(p + C\cot\varphi)}{2G}\left[\frac{(p + C\cot\varphi)(1 - \sin\varphi)}{C\cot\varphi}\right]^{\frac{1-\sin\varphi}{\cos\varphi}} \tag{3-14}$$

式中，u_{a}为巷道周边径向位移；p 为初始应力值；a 为巷道半径；G 为岩石的剪切模量。

式（3-14）给出的是围岩径向位移最大值，如果初始应力比 $\lambda\neq1$，则同一问题变得复杂，巷道周边各点位移是不均匀的，位移成分对于任何一点来说，既有径向的，也有环向的。

3.2.1.2 弹黏性围岩位移

大多岩体除了有弹塑性位移外，还有随时间增长的流动变形。当围岩应力小于屈服极限时，围岩只发生弹性变形及此变形随时间的变化，称为岩石力学的弹黏性问题。已有的弹黏性围岩位移分析解，目前多限于简单的轴对称问题。

设巷道断面为圆形，围岩为各向同性体，初始应力比 $\lambda=1$ 时，围岩的应用模型为改进的凯尔文体，则其蠕变方程为：

$$\varepsilon=\frac{\sigma}{E_1}+\frac{\sigma}{E_2}\left(1-\mathrm{e}^{-\frac{E_2}{\eta}t}\right) \tag{3-15}$$

式中，E_1为模型中弹簧 1 的弹性模量，MPa；E_2为模型中弹簧 2 的弹性模量，MPa；η 为模型中黏性元件的黏滞系数；σ 为应力，MPa；t 为时间，s。

在不支护条件下，围岩应力按式（3−3）计算。围岩应力引起的相对应变，由广义胡克定律推导出切向应变 ε_θ的蠕变表达式后，再根据轴对称平面问题几何方程中 $u=\varepsilon_\theta$的关系得到，最后解得围岩径向位移为：

$$u=\frac{pa^2}{2G_1r}\left(1-\mathrm{e}^{\frac{G}{\eta}t}\right)+\frac{pa^2}{2G_0r}\mathrm{e}^{-\frac{G}{\eta}t}=\frac{pa^2}{2r}\left[\left(\frac{1}{G_0}-\frac{1}{G_1}\right)\mathrm{e}^{-\frac{G}{\eta}t}+\frac{1}{G_1}\right] \tag{3-16}$$

式中，p 为初始应力值，MPa；a 为巷道半径，m；G_0为岩体的瞬时剪切模量，与 E_1相对应；G_1为岩体的长期剪切模量，与 E_1、E_2相对应；$G=G_1$。

在 $r=a$ 处，巷道周边位移 u_a为：

$$u_\mathrm{a}=\frac{pa}{2}\left[\left(\frac{1}{G_0}-\frac{1}{G_1}\right)\mathrm{e}^{-\frac{G}{\eta}t}+\frac{1}{G_\infty}\right] \tag{3-17}$$

可以看出，巷道周边位移随时间呈指数变化，如用位移-时间曲线来表示，如图 3-11 所示。

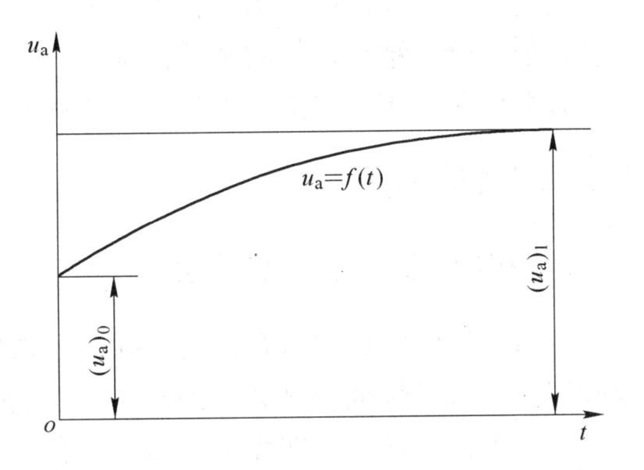

图 3-11 位移-时间曲线

巷道开挖后的瞬时位移（即 $t=0$ 时）为：

$$(u_\mathrm{a})_0=\frac{pa}{2G_0} \tag{3-18}$$

巷道的最终位移（即 $t=\infty$ 时）为：

$$(u_\mathrm{a})_1=\frac{pa}{2G_1} \tag{3-19}$$

在现场位移监测中，不可能测到开挖后瞬时的周边位移（u_a）$_0$，实际测得的是周边相对位移中流变的成分，所以相对位移 u'_a为：

$$u'_\mathrm{a}=u_\mathrm{a}-(u_\mathrm{a})_0=\frac{pa}{2}\left(\frac{1}{G_1}-\frac{1}{G_0}\right)\left(1-\mathrm{e}^{-\frac{G}{\eta}t}\right) \tag{3-20}$$

根据上述关于围岩位移的分析研究，可以得到以下认识：

（1）尽管问题类型比较简单，也有局限性，但是提示出位移规律还是有指导意义的，可用于实际测量结果对比。

（2）围岩位移取决于初始应力、岩石性质、巷道断面尺寸等多个因素。实际的围岩位移还与岩体结构、非均匀性、施工方法等因素有关。理论分析证实，在考虑围岩非均质性、人工裂隙影响之后，围岩位移增大50%，这方面问题还在探索之中。

（3）对工程有意义的是围岩位移随时间的变化规律。如果围岩应力超过岩石屈服极限，进入塑性流动阶段，围岩又具有流变性，则其属于岩石力学中的弹塑黏性问题。目前，这类问题的理论解释很困难，往往要利用有限元等数值方法求近似解。

3.2.2 位移测量方法简述

现场位移测量是了解围岩状况、评论支护效果的直接方法，常用的测量方法主要有两种：

（1）表面位移测量。又称为表面收敛测量，是用收敛计测量两测点间的距离变化，再计算出每个测点的位移量及其随时间的变化规律。这种方法测量简单，应用广泛，但仅限于对围岩表面状态的了解。

（2）深孔位移测量。为了测量围岩内部点的位移，可向围岩钻孔，孔中安装多点位移计。一般深孔，只能测得相对位移。如果孔深超过应力影响范围，即3~5倍的巷道半径，则可求得各点上的绝对位移量。这种方法可得到较多的围岩信息，便于分析结果，但测量工作量大。

有关位移的实测方法，可参考“岩体测试技术”类书籍。

3.3 围岩破坏区

3.3.1 围岩破坏区的产生与性质

巷道围岩应力达到岩石强度条件，围岩发生破坏（或塑性变形），并逐渐形成破坏区（或塑性变形区）。破坏区是围岩被扰动范围内与地压最直接有关的部分，在不支护条件下，破坏区内的岩石有可能全部或部分塌落。破坏区又称松动圈，具有如下的性质：

（1）破坏区发生、发展将引起围岩二次应力场再一次调整。

（2）破坏区的最大部位出现在巷道周边，处在与初始应力场的最大主应力分量相垂直的方位上。

（3）破坏区内岩石裂隙发育，承载力减小，岩体变形模量降低，变形能力增加。

研究破坏区位置、破坏区范围大小以及控制破坏区扩展的方法，是地压理论与实践所要解决的关键问题之一。

3.3.2 围岩破坏区尺寸的确定

围岩破坏区形成的时间短则3~5天，长则2~3个月。它的尺寸取决于初始应力场、岩体性质与结构、巷道断面形状及尺寸和时间因素等。

3.3.2.1 整体结构的分析计算方法

当岩体为各向同性均质体时，圆形巷道周围的破坏区按极坐标轴对称问题求解。把破坏区边界上的应力代入强度条件中，就可得到破坏区范围的表达式。

破坏区边界 R 上的围岩应力为：

$$\left.\begin{aligned}\sigma_r &= p\left[\frac{1+\lambda}{2}\left(1-\frac{a^2}{R^2}\right)-\frac{1-\lambda}{2}\left(1+\frac{3a^4}{R^4}-4\frac{a^2}{R^2}\right)\cos2\theta\right]\\ \sigma_\theta &= p\left[\frac{1+\lambda}{2}\left(1+\frac{a^2}{R^2}\right)+\frac{1-\lambda}{2}\left(1+\frac{3a^4}{R^4}\right)\cos2\theta\right]\\ \tau_{r\theta} &= p\left[\frac{1-\lambda}{2}\left(1+\frac{2a^2}{R^2}-\frac{3a^4}{R^4}\right)\sin2\theta\right]\end{aligned}\right\}\tag{3-21}$$

式中，σ_r为径向应力，MPa；σ_θ为切向应力，MPa；p为初始应力值，MPa；λ为初始应力比；a为巷道半径，m；R为破坏区半径，m。

按岩石Mohr-Coulomb强度条件，在极坐标系中有：

$$\left(\frac{\sigma_r-\sigma_\theta}{2}\right)^2+\tau_{r\theta}^2=\left(\frac{\sigma_r+\sigma_\theta}{2}+C\cot\varphi\right)^2\sin\varphi\tag{3-22}$$

把式（3-21）代入式（3-22）中，得到 R 与 θ 的关系，并给出破坏区边界，当 $\lambda=1$ 时，破坏区半径为：

$$R=\frac{a}{\sqrt{\left(1+\frac{C}{\gamma H}\cot\varphi\right)\sin\varphi}}\tag{3-23}$$

式中，$\gamma H=p$。

3.3.2.2 层状岩体中分析计算法

假设层状岩体中有一圆形巷道，结构面倾角为β，沿结构面发生破坏的条件符合Mohr-Coulomb强度条件，此时，结构面上的法向应力σ和切向应力τ分别为：

$$\left.\begin{aligned}\sigma &= \frac{1}{2}(\sigma_\theta+\sigma_r)-\frac{1}{2}(\sigma_\theta-\sigma_r)\cos2\beta+\tau_{r\theta}\sin2\beta\\ \tau &= \frac{1}{2}(\sigma_\theta-\sigma_r)\sin2\beta+\tau_{r\theta}\cos2\beta\end{aligned}\right\}\tag{3-24}$$

把式（3-24）代入 $\tau=\sigma\tan f_\mathrm{j}+C_\mathrm{j}$ 中得到：

$$(\sigma_\theta+\sigma_r)\tan\varphi_\mathrm{j}-A(\sigma_\theta-\sigma_r)=2B\tau_{r\theta}-2C_\mathrm{j}\tag{3-25}$$

式中，φ_j、C_j分别为结构面的内摩擦角和内聚力；$A=\sin2\beta-\cos2\beta\tan\varphi_j$；$B=\cos2\beta-\sin2\beta\tan\varphi_j$。

破坏区上的应力仍按式（3-21）计算，在$\lambda=1$时，$\tau=0$，最后得到：

$$R=\frac{a}{\sqrt{\dfrac{\tan\varphi_j+\dfrac{C_j}{p}}{\sin2\beta-\cos2\beta\tan\varphi_j}}} \tag{3-26}$$

由式（3-26）可以看出，破坏区半径随结构面倾角不同而异，这是一种近似的计算方法，实际情况比较复杂。已有的实践表明，在层状和块状岩体中，破坏区尺寸和形状受结构面的控制。

3.4 巷道地压计算

3.4.1 围岩与支架的力学模型

支架受到围岩压力时会产生相应的变形，这种变形是由支架构件间的相互转动或伸缩以及支架构件本身的变形而产生的，通常称为支架的可缩性。以一个简单的带有“柱帽”的立柱来说（见图3-12），加压后由于柱帽被压扁和立柱被压短而使整个支架的高度缩短，缩短的量就是支架的变形量或者压缩量。每一具体的支架在某一时刻的压缩量是由该时刻所受的外力大小和支架材料的性质来决定的。根据支架上所受的荷载（地压）p_a和支架的压缩量u_b可以作出和材料试验一样的荷载变形曲线，即p_a-u_b曲线，如图3-13所示。$u_b=\varphi$（p_a）曲线称为支架特征曲线，可以通过试验或理论分析求得。支架因其刚性不同而可分为刚性支架与可缩性支架，图3-13为它们的特性曲线。

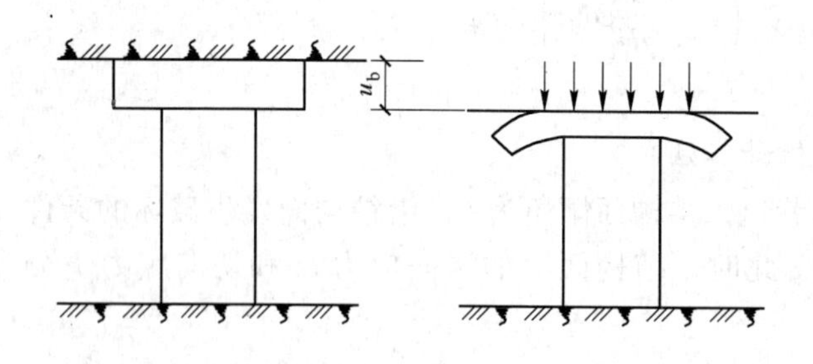

图3-12 带“柱帽”立柱的变形

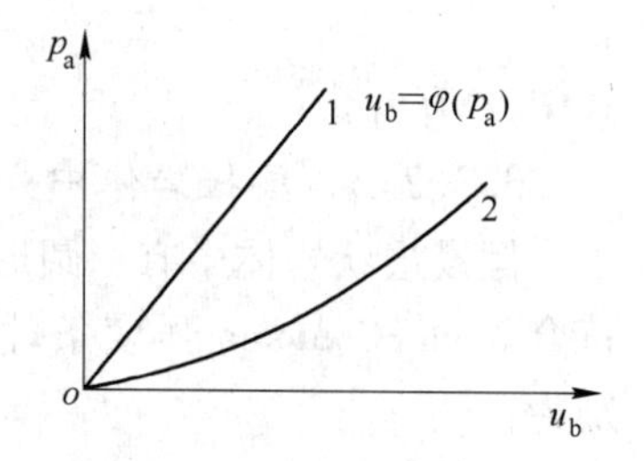

图3-13 支架特性曲线

1—刚性支架；2—可缩性支架

如果在巷道围岩破坏前架设支架，并始终保持支架与围岩的紧密接触，则围岩与支架共同作用，它们之间必然存在以下的关系（见图3-14）：

（1）围岩作用在支架上的压力（狭义地压）p_a与支架作用在围岩上的反力

p_b相等，即：$p_a=p_b$。

（2）支架与围岩的变形协调，有：

$$u_b=u_a-\Delta u$$

式中，u_b为支架产生的位移，即压缩量；u_a为围岩产生的位移，即下沉量；Δu 为架设支架前，围岩周边已产生的位移。

（3）支架的压缩量u_b与围岩作用在支架上的压力p_a成正变关系，即：$u_b=\varphi(p_a)$。

（4）围岩周边稳定平衡的位移量u_a与支架的反力p_b成反变关系，即：$u_a=\varphi(p_b)$。

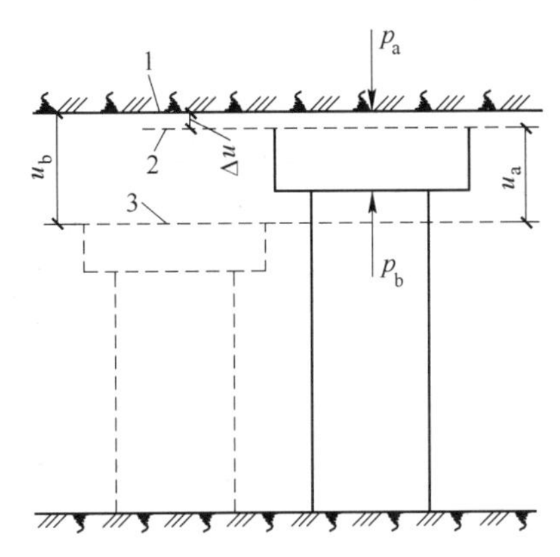

图 3-14　围岩与支架共同作用

1—掘进时围岩的位置；2—架设支架时围岩的位置；3—架设支架一段时间后围岩的新位置

方程数目与未知数均为四个，因此，给出围岩位移曲线与支架特性曲线的数学表达式后，问题可以求解。为了进一步理解围岩与支架的共同作用，将围岩位移曲线与支架特性曲线放在同一坐标系中讨论，如图 3-15 所示。

假设两种极端情况：

（1）开挖后立即架设支架，且支架为理想绝对刚性，见图 3-16（a），则周边位移u_a等于弹性位移u_1，即：

$$u_1=\frac{2(1-u^2)}{E}p_a-\frac{(1+u)(1-u)}{E}p_a=\frac{1+u}{E}p_a \tag{3-27}$$

这种情况下支架所需提供的反力为最大。此时支架在 A 点工作，支架承受荷载为 p_{max}，而围岩仅负担产生弹性变形的应力 $p-p_{max}$。

（2）开挖后不架设支架，见图 3-16（b），或架设理想可伸缩支架。此时，$p_b=0$ 和 $u_{max}=u_a$，支架在图 3-15 所示的 B 点工作，它所承受的荷载为 0，而围岩则负担全部地压。

实际上，支架总是或多或少具有一定的可缩性，因此它在围岩位移曲线的某点工作，这一点也就是围岩位移曲线 1 与支架特性曲线 2 的交点 C。支架负担 C 点以下的压力 p_i，而围岩则负担 C 点以上的压力（$p-p_i$）。可见，支架与围岩共同承受广义地压。这样，我们自然得出一个结论：最理想的工作点是 B 点，因为该点可不架设支架，让围岩作为一种良好的天然结构物，去支承全部的广义地压，并任由围岩变形达到最大值。矿山实际中也确有很多不支护而不垮的巷道，其原因就在于充分发挥了围岩的自支承能力。但很多巷道常常是周边位移达到某一个值，例如 u_D，就开始出现局部岩石脱落的情况。这时，图 3-15 中 DB 段就失去了意义，支架上的压力开始取决于松脱岩石的重量，由 D_{ab}线决定，D 点可称为松脱点。最佳的工作点应该是在 D 点以上最邻近 D 点处，例如 E 点，在该点就可以最大限度地发挥围岩的作用。

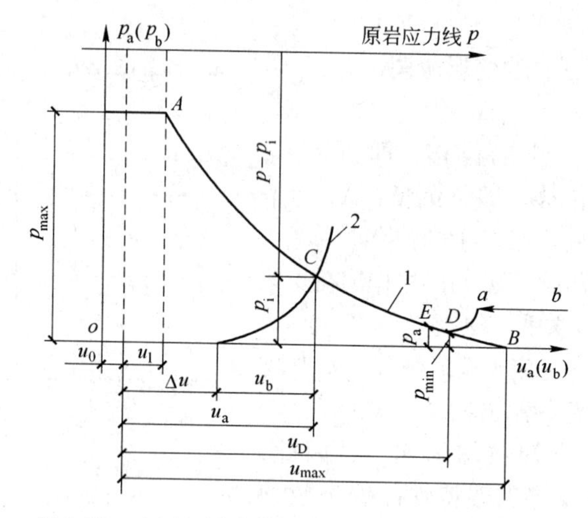

图 3-15 支架与围岩共同作用时的压力-位移曲线

1—围岩位移曲线；2—支架特性曲线；u_0—开巷前岩体的压缩变形；u_1—开巷后周边产生的瞬时弹性位移；u_a—周边位移；u_b—支架的压缩量；p_a—支架承受的岩体压力；p_b—支架作用在围岩上的反力；Δu—架设支架前围岩周边产生的位移；u_D—岩石开始脱落时的围岩位移

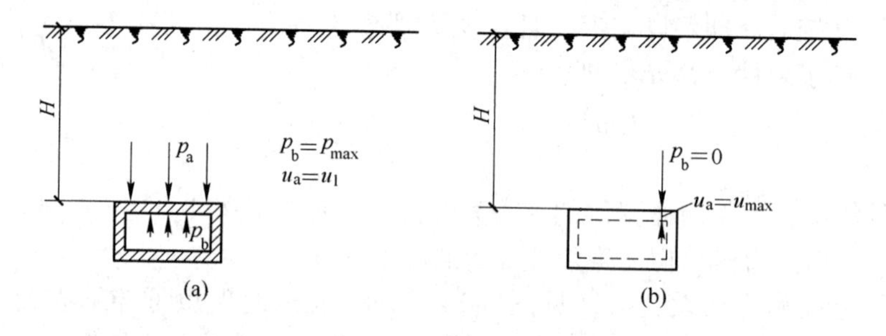

图 3-16 支架特性对围岩位移的影响

（a）刚性支架；（b）可缩性支架

3.4.2 地压类型

综上所述，地压就其发展过程来看，可分为变形地压和松脱地压两种类型。

3.4.2.1 变形地压

变形地压是由于大范围的岩体位移，挤压支架而产生的地压。它的特点就是围岩与支架相互作用，最后的地压既取决于围岩位移曲线，又取决于支架的特性曲线。由于围岩的位移随时间增加，因此变形地压也随时间而逐渐增大。

变形地压通常出现在以下条件的巷道中：

（1）围岩本身属于黏土质矿物组成的岩石，如黏土页岩、泥化夹层等，这类岩石遇水膨胀。

（2）围岩发生化学蚀变，变成易产生塑性变形的岩石。

（3）巷道埋深，受采场影响，或由于长时间承受荷载而蠕变，引起围岩塑性流动，以致围岩表面缓慢向巷道空间移动。

3.4.2.2 松脱地压

有限范围内脱落岩石的自重施加在支架上的压力称为松脱地压，它可以近似地视为一种固定荷载，其主要取决于岩石的结构特征。松脱地压发生在围岩局部松脱后，如图 3-15 所示，从 D 点开始，支架上的压力由变形地压转化为松脱地压，并逐步增长到与松脱岩石自重相等的值。

两类地压反映了地压发展过程中的不同阶段，任何岩石都存在这两个阶段。但在深部塑性岩石岩体中，变形地压表现明显；而在脆性岩石中，则由于位移很小就出现松动，因而松脱地压表现明显。在层状结构围岩中，因层间离层而产生假塑性位移同样会产生很大的变形地压。

3.4.3 变形地压的计算

通过解析的方法计算变形地压时，有两个基本方法：已知位移，设计支架；支架已定，验算强度。

已知位移，设计支架，其计算步骤如下：

（1）通过实测，找到围岩在松脱前的周边位移值 u_D 和生产允许的围岩位移值 u_2。

（2）根据 u_D 和 u_2 确定围岩的位移量，即生产中允许的位移，最佳工作点应尽可能靠近松脱点，所以应满足 $u_a \leqslant u_d$，$u_a < u_2$ 的要求。

（3）将选定的位移量代入式（3-28）中（即式（3-14）考虑支护的形式），求得与此位移量相应的支架反力 p_b：

$$u_a = \frac{a\sin\varphi(p + C\cot\varphi)}{2G}\left[\frac{(p + C\cot\varphi)(1 - \sin\varphi)}{p_b + C\cot\varphi}\right]^{\frac{1-\sin\varphi}{\cos\varphi}} \tag{3-28}$$

（4）设计支架。

3.4.4 松脱地压的计算

巷道发生冒顶事故的原因很多，根据对我国金属矿发生的各种巷道冒顶事故分析，其主要原因大致包括以下几个方面：

（1）岩层层理影响。在对完整的矿体进行开采后，岩层内应力经过重新分布，容易造成岩层离层脱落，尤其对节理裂隙发育的矿体。当存在薄及中交互组成并有 0.5 ~1m 以下较弱岩层时，巷道开挖后，空顶区顶板更容易发生弯曲、离层、下沉，造成围岩整体稳定性差，发生顶板冒落和片帮的概率增多。

（2）镶嵌型围岩结构影响。由于受古河床冲刷，重新沉积的岩石镶嵌在原沉积岩内，形成大块镶嵌型结构，或受地质构造运动影响，也会使坚硬岩层的破碎包裹体楔入软岩层内，形成小包裹体镶嵌型结构。镶嵌型岩块，多为锅底形、人字形、鱼背形、升斗形、长条形及草帽形等不规则形状，大小不等。岩块与原岩体之间多为光滑结构面，有擦痕或白色硅化物岩粉沉积，使层面黏聚力极低，导致岩层在无支护空顶区易突然坠落，造成没有预兆的突发性顶板事故。

（3）岩层节理裂隙及破碎带影响。由于地质构造运动的作用，岩层节理发育，多组节理互相切割，破坏了岩体的完整性。尤其是受强风化侵蚀形成的风化带、受地质构造运动形成的断层破碎带、层间错动带及褶皱破碎带、受岩浆浸入形成的挤压破碎带等，这些地带围岩松散破碎，易造成巷道顶板冒顶事故。

（4）地下水影响。水对岩石具有弱化作用，尤其对含泥质的岩石，可使岩石强度急剧下降，甚至发生崩解或体积膨胀。水也可使岩石或裂隙间的摩擦系数和变形模量下降。地下水还有水楔作用，使裂隙内产生张力作用。因此，地下水对岩体稳定性极为不利。

（5）掘进打眼放炮掌握不好。炮眼布置不当，或装药量过大，放炮时极易崩倒支架，并使掘进作业面围岩受到强烈的破坏，增大围岩破坏圈范围，易造成冒顶及片帮事故。

（6）锚杆支护失效。锚杆支护不适用于现场围岩地质条件，或锚杆参数选择不当，使锚杆失去支护作用，造成巷道冒顶事故发生。

（7）巷道在掘进过程中，没有严格按操作规程施工，工程质量检查制度不严，发现问题又不能及时处理，造成工程质量低劣，也是发生冒顶事故的原因。

在这些因素中，地质构造的发育程度起着主导作用。地质构造弱面——结构面切割岩体，破坏了岩体的连续性及稳定性，降低了岩体强度。根据调查可看出，一般在矿山至少看到不少于3组的裂隙系。而且在许多情况下，裂隙数大多为5~6个或更多。这些裂隙的空间组合，把完整的岩体切割成形状、大小不一的结构体，其数量可达2^n（n为结构面数目）。根据原位岩体力学性质测试证明，岩体强度要比岩块强度低得多。在一般条件下岩体强度由结构面力学性质决定。表征结构面的力学参数C（内聚力）和φ（内摩擦角）值由原位试验测定，沿小块状碎裂岩体裂隙的内聚力C为完整岩石内聚力C的10%~12%，而沿块状岩体裂隙的内聚力C仅为完整岩石内聚力C的1%~3%。岩体的内摩擦角较岩石的内摩擦角亦有所降低，沿平滑裂隙面φ值，要比完整岩石的φ值低10%~12%。裂隙面十分光滑时φ值可降低20°~25°。

松脱地压的计算方法与围岩岩体结构有关，下面按结构类别介绍。

3.4.4.1 整体结构

整体结构岩体由于其自身的完整性，可以保持较好的稳定性。掘进在整体结构岩体中的巷道，其周边破坏的状态与试验机下均质岩石试样受单轴压缩时的状态相似，主要破坏形式有“X”形剪切裂缝和张开裂缝两种。这两类破坏形式中，对巷道产生主要影响的是剪切破裂。从莫尔强度理论中可知，围岩任一点上剪切破裂面与最大主应力方向的夹角为：$\beta=45°-\varphi/2$，如图 3-17 所示。

如果我们做一光滑曲线，使这条曲线切于各极限应力点的剪切方向，则该曲线必代表围岩中剪切破裂的轨迹线，在力学中将这种轨迹线称为塑性滑移线。

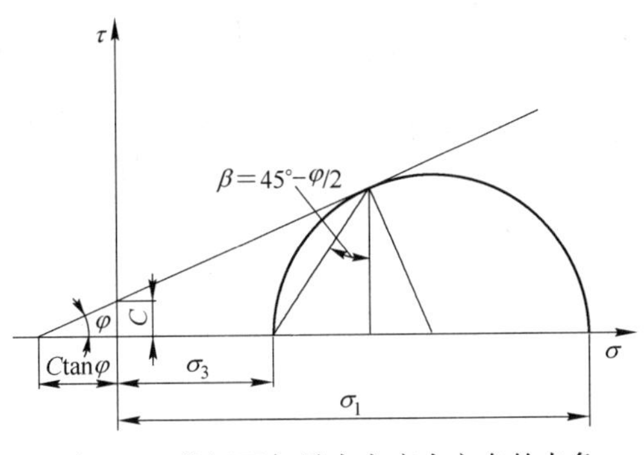

图 3-17 剪切面与最大主应力方向的夹角

设 A 点为塑性滑移线上的一点，同时又是最大主应力迹线上的一点，滑移线方程用 $r=f(\varphi)$ 表示。根据滑移线的定义，“塑性滑移线与最大主应力迹线的夹角 $\beta=45°-\varphi/2$”，可建立滑移线微分方程为：

$$\left.\begin{aligned} dr &= r d\theta \tan\beta = r d\theta \tan\left(45° - \frac{\varphi}{2}\right) \\ \int d\theta &= \int \frac{dr}{r} d\theta \end{aligned}\right\} \tag{3-29}$$

积分后得：

$$r = K e^{\theta \tan\left(45° - \frac{\varphi}{2}\right)}$$

当 $\theta=\pm\theta_0$时，有：

$$r=r_0,\ K = r_0 e^{\mp\theta_0 \tan\left(45° - \frac{\varphi}{2}\right)}$$

于是得到塑性滑移线的方程为：

$$r = r_0 e^{(\theta\mp\theta_0)\tan\left(45° - \frac{\varphi}{2}\right)} \tag{3-30}$$

式中，θ_0为滑移线始点与水平轴线的夹角。

式（3-30）为螺旋成对交错的曲线，由于巷道四周应力高度集中，这种滑移线往往优先发育于四角或围岩其他的薄弱环节处。塑性区内的岩石容易沿滑移线脱落，使顶板处出现尖桃型的冒落拱，如图 3-18（a）、（c）所示，侧帮也是如此，如图 3-18（b）所示。

如图 3-18（a）所示，在整体结构岩体中出现冒落拱时，高度可以按下式确定：

$$b = r - h = r_0 e^{(\theta-\theta_0)\tan\left(45° - \frac{\varphi}{2}\right)} - h \tag{3-31}$$

式中，r_0为巷道外接圆半径；h 为外接圆中心到顶板的距离。

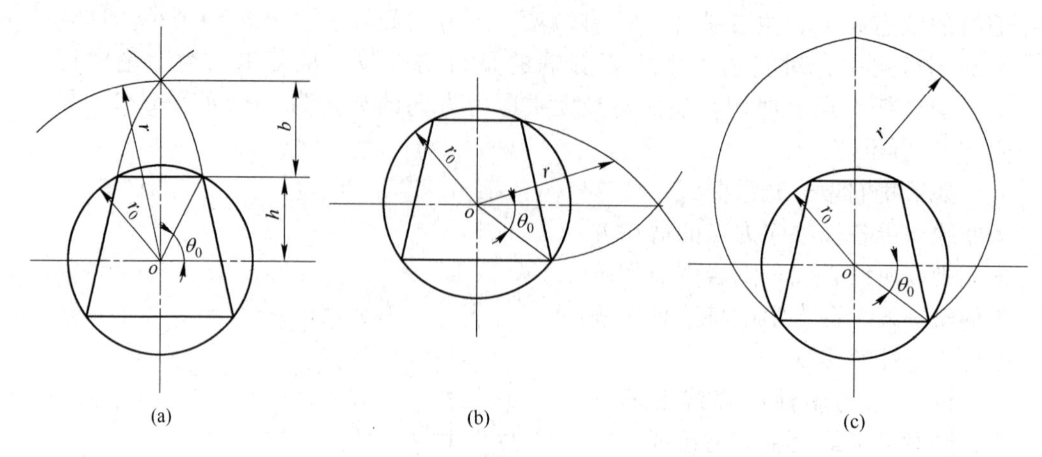

图 3-18 各种类型的剪切破坏

巷道顶压 p（MPa）可近似地取：

$$p = \gamma(r - h) \tag{3-32}$$

式中，γ 为岩石的密度，t/m^3。

3.4.4.2 滑移式块状结构

在这类结构岩体中往往可能出现大块岩石滑落或冒落现象，应该按可能滑落的危岩重量来估算其地压值，通常采用块体平衡力学方法。这一方法的实质是，通过工程地质调查对岩体结构进行分析，然后根据结构面的软弱程度、单元岩体的几何尺寸以及结构面与巷道轴线、巷道临空面的空间组合特征，运用块体平衡理论计算松脱地压值。

危险岩块的地压值因结构面切割形成的岩块的几何尺寸、形状和所处的位置不同，表现为顶压和侧压，各自的压力值由相应的岩块重量决定。对于有滑落危险可能性的岩体工程，不能仅仅满足于个别危岩地压值的计算，而应结合邻近的岩体结构作综合分析，其具体步骤如下：

（1）通过地质调查统计该工程范围内优势结构面的产状。

（2）作优势结构面产状的赤平投影，然后根据结构面交线判读岩体单元的空间方位。

（3）根据统计的平均节理间距和单元体的空间方位用作图法得出岩块的几何形状与平均体积 V。

（4）根据巷道或硐室的空间方位结合岩块的形状、体积与出露部位，作危岩冒落分析图。

（5）对有滑落危险的关键岩块，也即有可能首先松脱的危岩做稳定分析。以顶板楔形危岩为例，见图 3-19，作用在岩块上的力有：

1）岩块自重 W。

2）两侧结构面的剪切力：

$$T_0 = C_j l$$

式中，l 为结构面长度。

3）结构面承受的周边切向应力 σ_1，可通过实测或根据应力集中系数估算。

4）切向应力 σ_0 挤住结构体，在结构面上产生的内摩擦力 T_1：

$$T_1 = \sigma_1 l\cos\frac{\alpha}{2}\tan\varphi_j \tag{3-33}$$

式中，α 为楔形体顶角。

由各力构成的力多边形如图 3-19 所示，观察垂直方向的合力，当 $W > 2(T_1 + T_0)\cos\frac{\alpha}{2}$ 时，岩块容易坠落，因此该危岩的稳定条件为：

$$W \leqslant 2l\left(C + \sigma_1\cos\frac{\alpha}{2}\tan\varphi_j\right)\cos\frac{\alpha}{2} \tag{3-34}$$

（6）计算松脱地压，见图 3-20，顶板地压等于危岩岩块的重量。

高楔体高 h，在顶板暴露宽度为 s，沿巷道出露长度为 l，若 C_j、φ_j 值很小，可以忽略不计，则每米巷道上地压为：

$$p = w = \frac{1}{2}sh\gamma \tag{3-35}$$

一般 h 不易测定，而弱面角 α_1、β_1 可直接测得，因此 h 可以通过 α_1、β_1 角度换算得出，即 $h = \frac{s}{\cot\alpha_1 + \cot\beta_1}$，于是：

$$p = \frac{s^2\gamma}{2(\cot\alpha_1 + \cot\beta_1)} \tag{3-36}$$

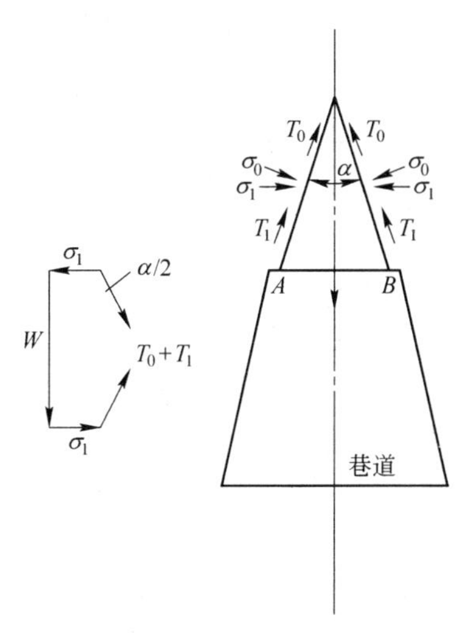

图 3-19 楔形危岩

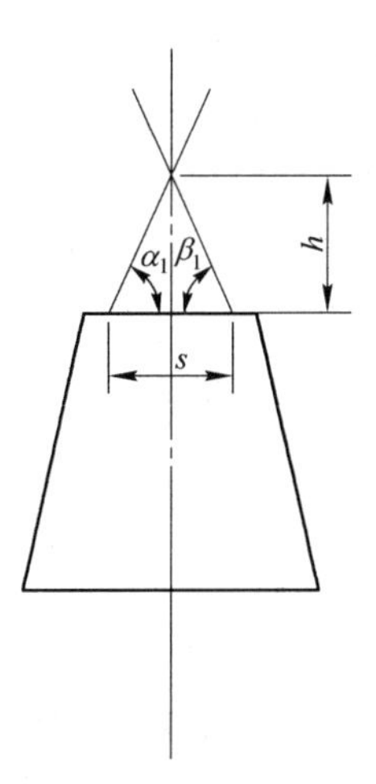

图 3-20 松脱地压计算

3.4.4.3 砌块式结构

如果岩体是图 3-21 所示的砌块式结构，则可采用砌块体力学处理，此时巷道顶板的压力 p(kN/m) 可按以下公式计算：

$$p = 10 \times 1.25 \frac{b}{a} \gamma B^2 \tag{3-37}$$

式中，a 为砌块长度的一半；b 为砌块高度的一半；B 为巷道跨度的一半。

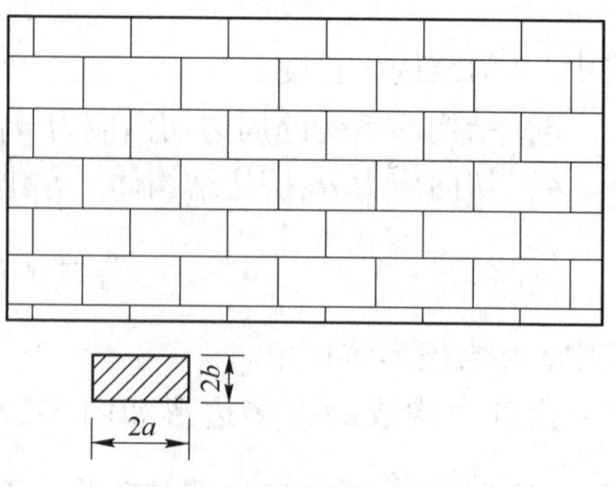

图 3-21 砌块体力学模型

3.4.4.4 散体结构

内聚力较小或者无内聚力的松散结构，最常见的是规则拱形冒落，目前常用的计算方法有如下两种：

A 平衡拱理论

平衡拱理论由俄罗斯学者普罗托奇雅诺夫（1907）提出，又称普氏冒落拱理论。该理论认为，硐室开挖后，如果不及时支护，硐室顶部将不断垮塌而形成一个塌落拱。最初的拱并不稳定，若硐室侧壁稳定，则拱高不发展；若侧壁不稳定，则拱高与拱跨同时增大。当硐室埋深大于 5 倍拱跨时，塌落拱不会无限发展，最终将在围岩中形成一个自然平衡拱。

a 普氏理论的基本假定

普氏理论在自然平衡拱理论的基础上，作了如下的假设：

（1）岩体由于节理的切割，经开挖后形成松散体，但仍具有一定的黏结力。

（2）硐室开挖后，硐顶岩体将形成一自然平衡拱。在硐室的侧壁处，沿与侧壁夹角为 $45°-\varphi/2$ 的方向产生两个滑动面，其计算简图如图 3-22 所示。作用在硐顶的围岩压力仅是自然平衡拱内的岩体自重。

（3）采用坚固系数 f 来表征岩体的强度，其物理意义为：$f=\sigma_c(\text{MPa})/10$。

（4）形成的自然平衡拱的硐顶岩体只能承受压应力不能承受拉应力。

b 普氏理论的相关计算

为了求得硐顶的围岩压力，首先必须确定自然平衡拱拱轴线方程的表达式，然后求出硐顶到拱轴线的距离，以计算平衡拱内岩体的自重。先假设拱周线是一条二次曲线，如图 3-23 所示。在拱轴线上任取一点 $M(x, y)$，根据拱轴线不能承受拉力的条件，则所有外力对 M 点的弯矩应为零，即：

$$Ty - \frac{qx^2}{2} = 0 \tag{3-38}$$

式中，q 为拱轴线上部岩体的自重所产生的均布荷载；T 为平衡拱拱顶截面的水平推力；x、y 分别为 M 点的 x、y 轴坐标。

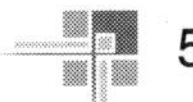

上述方程中有两个未知数，还需建立一个方程才能求得其解。由静力平衡方程可知，上述方程中的水平推力 T 与作用在拱脚的水平推力 T' 数值相等，方向相反，即 $T=T'$。

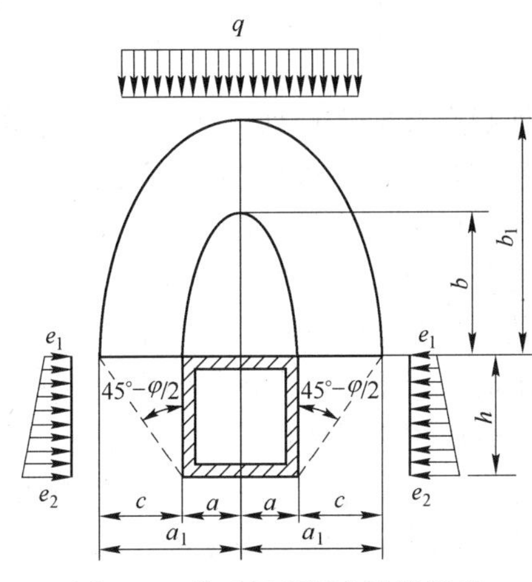

图 3-22 普氏围岩压力计算模型

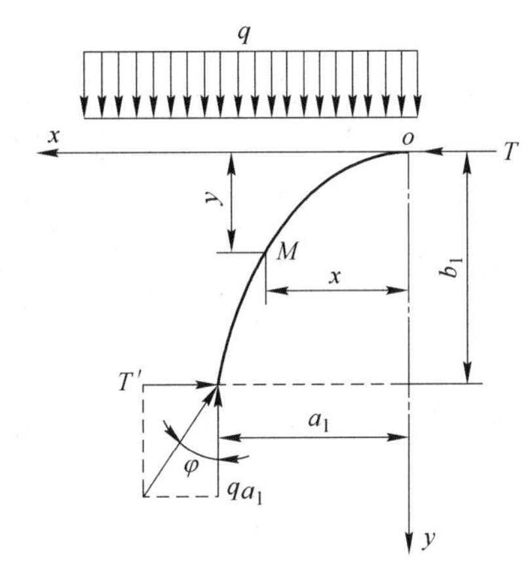

图 3-23 自然平衡拱计算简图

由于拱脚很容易产生水平位移而改变整个拱的内力分布，因此普氏认为拱脚的水平推力 T' 必须满足 $T' \leqslant qa_1 f$，即作用在拱脚处的水平推力必须小于或者等于垂直反力所产生的最大摩擦力，以便保持拱脚的稳定。此外，普氏为了安全，又将水平推力降低一半后（令 $T'=qa_1 f/2$），代入式（3-38）得拱轴线方程为：

$$y = \frac{x^2}{a_1 f} \tag{3-39}$$

显然，拱轴线方程是一条抛物线。根据此式可求得拱轴线上任意一点的高度。

当侧壁稳定时，$x = a$，$y = b$，可得 $b = a/f$；

当侧壁不稳定时，$x=a_1$，$y=b_1$，可得 $b_1=a_1/f$。

式中，b、b_1 为拱的矢高，即自然平衡拱的最大高度；a 为侧壁稳定时平衡拱的跨度；a_1 为自然平衡拱的最大跨度，如图 3-22 所示，可按下式计算：

$$a_1 = a + h\tan(45° - \frac{\varphi}{2}) \tag{3-42}$$

根据上式，可以很方便地求出自然平衡拱内的最大围岩压力值。

普氏认为，作用在深埋松散岩体硐室顶部的围岩压力仅为拱内岩体的自重。但是，在工程中通常为了方便，将硐顶的最大围岩压力作为均布荷载，而不计硐轴线的变化引起的围岩压力变化。据此，硐顶最大围岩压力 q 可按下式计算：

$$q = \gamma b_1 = \frac{\gamma a_1}{f} \tag{3-41}$$

普氏围岩压力理论中的侧向压力 e_1、e_2可按下式计算：

$$\left.\begin{aligned} e_1 &= \gamma b\tan^2(45° - \frac{\varphi}{2}) \\ e_2 &= \gamma(b + h)\tan^2(45° - \frac{\varphi}{2}) \end{aligned}\right\} \tag{3-42}$$

普氏理论在应用中需注意：首先必须保证硐室有足够的埋深，岩体开挖后能够形成一个自然平衡拱，这是计算的关键；其次是坚固性系数 f 值的确定，在实际应用中，除了按公式计算外，还必须根据施工现场、地下水的渗漏情况、岩体的完整性等，给予适当的修正，使坚固系数更全面地反映岩体的力学性能。

普氏理论是建立在两种假定基础上的，其一是假定硐室围岩为无内聚力的散体，其二是假定硐室上方围岩中能够形成稳定的普氏压力拱。正是因为这两种假定，才使得围岩压力的计算大为简化。但是，普氏理论仍然存在以下问题：

（1）普氏理论将岩体看作为散体，而绝大多数岩体的实际情况并非如此，只有某些断裂破碎带或强风化带中的岩体才勉强满足这种假定条件。

（2）据普氏理论，硐室顶部中央围岩压力最大，但是许多工程的实际顶压根本不是这样的，其最大顶压常常偏离拱顶，这种现象是普氏理论难以解释的。

（3）普氏理论表明，硐室围岩压力只与其跨度有关，而与断面形式、上覆岩层厚度，以及施工的方法、程度和进度等均无关，但这些均与事实不完全相符。

以上问题的出现均是由于普氏理论提出的假定条件与实际不符造成的。因此，使用普氏理论时，必须注意计算对象是否与公式中的假定条件相符，也即围岩是否可以看作没有内聚力的散体，硐室顶部围岩中是否能够形成压力拱，围岩是否出现明显偏压现象及岩体的坚固系数 f 选择是否合适等。总之，如果工程实际情况与普氏理论中提出的假定条件吻合，则可以获得较为满意的计算结果。

如上所述，普氏理论的基本前提条件是确定硐室顶部之上的岩体（围岩）能够自然形成压力拱，这就要求硐室顶部之上的岩体具有相当稳定性及足够厚度，以便承受岩体自重力及作用于其上的其他外荷载。因此，能否形成压力拱，就成为采用普氏理论计算围岩压力的关键所在。

B 太沙基理论

在太沙基理论中，假定岩体为散体，但是具有一定的内聚力。这种理论适用于一般的土体压力计算。由于岩体中总有一定的各种原生及次生结构面，加之开挖硐室施工的影响，所以其围岩不可能为完整而连续的整体，因此采用太沙基理论计算围岩压力（松动围岩压力）收效也较好。

太沙基理论是从应力传递原理出发推导竖向围岩压力的。如图 3-24 所示，支护结构受到上覆地压作用时，支护结构发生挠曲变形，随之引起地块移动。当

围岩的内摩擦角为 φ 时，滑移面从硐室底面以 $45°-\varphi/2$ 的角度倾斜，到硐顶后以适当的曲线 AE 和 BI 到达地表面。

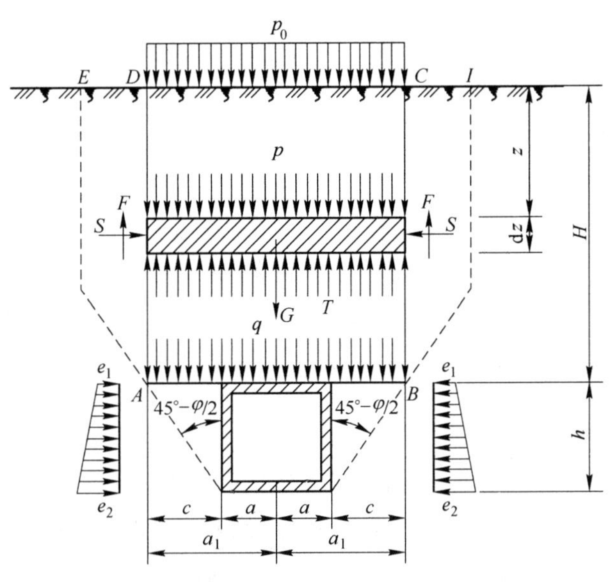

图 3-24 太沙基理论计算模型

但实际上推算 AE 和 BI 曲线是不容易的，即使推算出来，以后的计算也变得很复杂，故将其近似地假定为 AD、BC 两条垂直线。此时，设从地表面到拱顶的滑动地块的宽度为 $2a_1$，其值等于：

$$2a_1 = 2\left[a + h\tan\left(45° + \frac{\varphi}{2}\right)\right] \tag{3-43}$$

式中，a 为硐室半宽；h 为开挖高度。

假定硐室顶壁衬砌顶部 AB 两端出现一直延伸到地表面的竖向破裂面 AD 及 BC。在 $ABCD$ 所圈出的散体中，切取厚度为 dz 的薄层单元为分析对象。该薄层单元受力情况如图 3-24 所示，共受以下五种力的作用：

（1）单元体自重：

$$G = \int 2a_1\gamma \mathrm{d}z \tag{3-44}$$

（2）作用于单元体上表面的竖直向下的上覆岩体压力：

$$p = 2a_1\sigma_{\mathrm{V}} \tag{3-45}$$

（3）作用于单元体下表面的竖直向上的下伏岩体托力：

$$T = \int 2a_1(\sigma_{\mathrm{V}} + \mathrm{d}\sigma_{\mathrm{V}}) \tag{3-46}$$

（4）作用于单元体侧面的竖直向上的侧向围岩摩擦力：

$$F = \int \tau_{\mathrm{f}}\mathrm{d}z \tag{3-47}$$

（5）作用于单元体侧面的水平方向的侧向围岩压力：

$$S = \int k_0 \sigma_V \mathrm{d}z \tag{3-48}$$

式中，a_1为开挖半宽；σ_V为竖向初始地应力；k_0为侧压力系数；$\mathrm{d}z$ 为薄层单元体厚度；τ_f为岩体抗剪强度。

初始水平地应力为：

$$\sigma_H = k_0 \sigma_V \tag{3-49}$$

则岩体抗剪强度为：

$$\tau_f = k_0 \sigma_V \tan\varphi + C \tag{3-50}$$

将式（3-50）代入式（3-47）得：

$$F = \int (k_0 \sigma_V \tan\varphi + C)\mathrm{d}z \tag{3-51}$$

薄层单元体在竖向的平衡条件为：

$$\sum F_V = P + G - T - 2F \tag{3-52}$$

将式（3-44）~式（3-46）和式（3-51）代入式（3-52）中得：

$$2a_1\sigma_V + \int 2a_1\gamma \mathrm{d}z - \int 2a_1(\sigma_V + \mathrm{d}\sigma_V) - 2\int (k_0\sigma_V\tan\varphi + C)\mathrm{d}z = 0 \tag{3-53}$$

整理式（3-53）得：

$$\int \frac{\mathrm{d}\sigma_V}{\mathrm{d}z} + \frac{k_0\tan\varphi}{a_1}\sigma_V = \gamma - \frac{C}{a_1} \tag{3-54}$$

由式（3-54）解得：

$$\sigma_V = \frac{a_1\gamma - C}{k_0\tan\varphi}(1 + A\mathrm{e}^{-\frac{k_0\tan\varphi}{a_1}}) \tag{3-55}$$

边界条件：当 $z=0$ 时，$\sigma_V = p_0$（地表面荷载）。

将该边界条件代入式（3-55）得：

$$A = \frac{k_0 p_0 \tan\varphi}{a_1\gamma - C} - 1 \tag{3-56}$$

将式（3-56）代入式（3-55）得：

$$\sigma_V = \frac{a_1\gamma - C}{k_0\tan\varphi}(1 - \mathrm{e}^{-\frac{k_0\tan\varphi}{a_1}z}) + p_0\mathrm{e}^{-\frac{k_0\tan\varphi}{a_1}z} \tag{3-57}$$

式中，z 为薄层单元体埋深。

将 $z=H$ 代入式（3-57），可以得到硐室顶部的竖向围岩压力 q 为：

$$q = \frac{a_1\gamma - C}{k_0\tan\varphi}(1 - \mathrm{e}^{-\frac{k_0 H\tan\varphi}{a_1}}) + p_0\mathrm{e}^{-\frac{k_0 H\tan\varphi}{a_1}z} \tag{3-58}$$

设 $n=H/a_1$为相对埋深系数，代入式（3-58）得：

$$q = \frac{a_1\gamma - C}{k_0\tan\varphi}(1 - e^{-k_0 n\tan\varphi}) + p_0 e^{-k_0 n\tan\varphi} \tag{3-59}$$

式（3-59）对于深埋硐室及浅埋硐室均适用。将 $n \to \infty$ 代入式（3-59），可以得到埋深很大的硐室顶部竖向围岩压力 q 为：

$$q = \frac{a_1\gamma - C}{k_0\tan\varphi} \tag{3-60}$$

由式（3-60）可以看出，对于埋深很大的深埋硐室来说，地表面的荷载 p_0 对硐室顶部竖向围岩压力 q 已不产生影响。

太沙基根据实验结果得出，$k_0 = 1.0 \sim 1.5$。如果取 $k_0 = 1.0$，$C = 0$，并以 f 替代 $\tan\varphi$，由式（3-60）得：

$$\left.\begin{aligned} h_1 &= \frac{a_1}{f} \\ q &= \frac{a_1\gamma - C}{k_0\tan\varphi} = \frac{a_1\gamma}{f} = \gamma h_1 \end{aligned}\right\} \tag{3-61}$$

这和普氏理论中的垂直应力计算公式完全一致。作用在侧壁的围岩压力假设为一梯形，而梯形上、下部的围岩压力可按下式计算：

$$\left.\begin{aligned} e_1 &= q\tan^2\left(\frac{\pi}{2} - \frac{\varphi}{2}\right) \\ e_2 &= e_1 + \gamma h\tan^2\left(\frac{\pi}{2} - \frac{\varphi}{2}\right) \end{aligned}\right\} \tag{3-62}$$

3.4.4.5 层状结构

层状结构岩体的地压显现特征主要取决于层面与巷道轴线的空间关系，大致可分为三类：

（1）层理水平或近水平赋存。这种情况下顶板容易下沉折断，因此顶板是主要的来压方向。此时，可将顶板视为两端固定的板系，在顶压作用下，板系出现弯曲与离层。如及时支撑，岩体本身的变形以及因离层在围岩周边造成的假塑性变形都要对支架施加压力，这种压力属于变形地压。如任其自然挠曲，顶板围岩将逐渐折断并冒落下来。如图 3-25 所示，由于板系在两端 x_0 距离内的岩根部分几乎没有下沉，所以每一层冒落跨度顺次递减 $2x_0$，最终形成阶梯状冒落空间。x_0 的大小显然与各层的厚度、层间组合关系等多种因素有关，很难通过计算求得。为简化起见，可在现场直接测量折断线与层面的交角 α、β，并按下式推出最大可能的冒落高度：

$$h = \frac{2a}{\cot\alpha + \cot\beta} \tag{3-63}$$

求出 h 后，可近似地将阶梯形空间视为三角形，按块体平衡方法，即危岩地

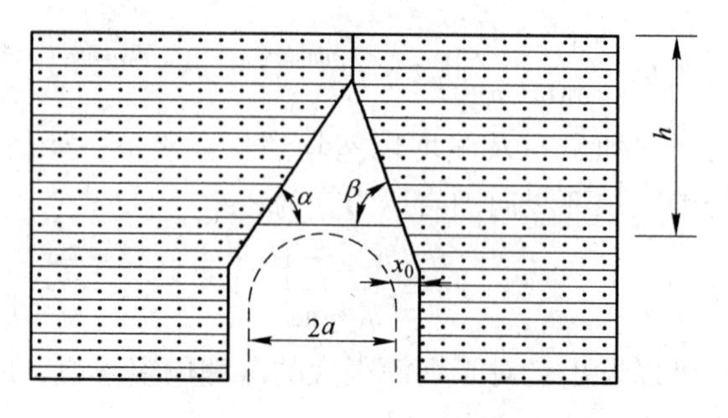

图 3-25 水平层状岩体的顶板冒落

压的方法计算。

在厚层坚固岩体中，最邻近巷道的厚层顶板产生桥跨作用，顶板岩石自身起了人工结构物的作用，这种情况下一般不需要计算地压。

（2）岩层直立或急倾斜赋存。这时，两侧容易产生凸帮折断，侧帮为主要来压方向，凸帮属于变形地压，折断后的片帮阶段属于松脱地压。

（3）巷道轴线与层理近似正交。这种情况巷道一般比较稳定，仅在软弱夹层中易出现规则拱形冒落，计算方法与散体结构中采用的方法一致。

3.5 冲击地压及其防治

冲击地压又称岩爆，是指在井巷或采场工作面等周围的脆性岩体中，聚积的弹性变形势能在一定条件下突然猛烈释放，导致岩石爆裂并弹射出来的现象，常伴有岩体抛出、巨响及气浪等。它具有很大的破坏性，是地下矿尤其是深部开采矿山的重大灾害之一。岩爆发生前一般无明显前兆，冲击过程短暂，持续时间为几秒到几十秒。

世界上几乎所有国家都不同程度地受到冲击地压的威胁。1783 年，英国在世界上首先报道了煤矿中所发生的冲击地压现象。以后在前苏联、南非、德国、美国、加拿大、印度、英国等几十个国家和地区，冲击地压现象时有发生。

在我国，冲击地压最早于 1933 年发生在抚顺胜利煤矿。随着我国煤矿开采深度不断增加，开采强度不断加大，冲击地压矿井分布越来越广，北京、抚顺、枣庄、开滦、大同、北票、南桐等矿区多次发生冲击地压事故并导致人员伤亡。据不完全统计，国有矿井有冲击地压记录的有 150 多处，随着开采向深部转移，冲击地压问题将更加严重、更加突出、更为普遍。

轻微的岩爆仅有岩片剥落，无弹射现象，严重的可测到 4.6 级的震级，烈度达 7~8 度，使地面建筑遭受破坏，并伴有很大的声响。岩爆可瞬间突然发生，也可以持续几天到几个月。发生岩爆的条件是岩体中有较高的地应力，并且超过了岩石本身的强度，同时岩石具有较高的脆性和弹性。在这种条件下，一旦地下工程活动破坏了岩体原有的平衡状态，岩体中积聚的能量就会导致岩石破坏，并将破碎岩石抛出。

3.5.1 冲击地压的类型

冲击地压可根据应力状态、显现强度及发生地点和位置的不同进行分类。

3.5.1.1 根据原岩（煤）体的应力状态分类

（1）重力应力型冲击地压。主要受重力作用，没有或只有极小构造应力影响的条件下引起的冲击地压，如枣庄、抚顺、开滦等矿区发生的冲击地压。

（2）构造应力型冲击地压。主要受构造应力（构造应力远远超过岩层自重应力）的作用引起的冲击地压，如北票矿务局和天池煤矿发生的冲击地压。

（3）中间型或重力-构造型冲击地压。主要受重力和构造应力的共同作用引起的冲击地压。

3.5.1.2 根据冲击的显现强度分类

（1）岩射。一些单个碎块从处于高应力状态下的煤或岩体上射落，并伴有强烈声响，属于微冲击现象。

（2）矿震。它是煤、岩内部的冲击地压，即深部的煤或岩体发生破坏，煤、岩并不向已采空间抛出，只有片帮或塌落现象，但煤或岩体产生明显震动，伴有巨大声响，有时产生煤尘。较弱的矿震称为微震，也称为煤炮。

（3）弱冲击。煤或岩石向已采空间抛出，但破坏性不很大，对支架、机器和设备基本上没有损坏；围岩产生震动，一般震级在2.2级以下，伴有很大声响；产生煤尘，在瓦斯煤层中可能有大量瓦斯涌出。

（4）强冲击。部分煤或岩石急剧破碎，大量向已采空间抛出，出现支架折损、设备移动和围岩震动，震级在2.3级以上，伴有巨大声响，形成大量煤尘和产生冲击波。

3.5.1.3 根据震级强度和抛出的煤（岩）量分类

（1）轻微冲击。抛出煤（岩）量在10t以下，震级在1级以下的冲击地压。

（2）中等冲击。抛出煤（岩）量在10～50t以下，震级在1～2级的冲击地压。

（3）强烈冲击。抛出煤（岩）量在50t以上，震级在2级以上的冲击地压。

一般面波震级 $Ms=1$ 时，矿区附近部分居民有震感；$Ms=2$ 时，对井上下有不同程度的破坏；$Ms>2$ 时，地面建筑物将出现明显裂缝破坏。

3.5.2 冲击地压的产生条件

从目前发生岩爆矿山资料分析认为，岩爆是自然地质条件与采矿技术条件按一定方式组合条件下发生的。这两者间的条件组合是多种多样的，而且受很多因素的影响。

3.5.2.1 在工程地质固有的因素方面

根据国外发生岩爆矿山的地质采矿技术条件研究认为，在同样开采的矿山地质条件下，有的岩石会发生岩爆，而有的岩石却无异常现象发生，这从前面所列举的国外矿山实例可看出，说明岩爆发生与否与岩石性质有关。通常情况下，发生岩爆的岩石都是新鲜完整的岩石，质地坚硬，性脆，线弹性特征明显，没有或很少有裂隙；而那些松软裂隙发育的岩石绝大多数情况下是不会发生岩爆的，这一观点已为诸多事例所证实。这就是说，发生岩爆的岩石自身的因素是具有冲击破坏性态的硬岩体和高应力弹性储能，即岩石本身的性质和所处的应力环境。

A 矿岩体的物理力学性质

具有岩爆倾向的岩体应具备以下四个条件：

（1）高强度。对于火成岩，单轴抗压强度 $\sigma_c \geqslant 150\text{MPa}$；实际中经常发生岩爆的岩体大多数是沉积岩或变质岩，通常为灰岩、大理岩、砂岩、粉砂岩、泥灰岩、片麻岩、粒岩和闪长岩等，单轴抗压强度一般为 $\sigma_c \geqslant 50\text{MPa}$。

（2）岩石脆性条件。岩石的脆性条件由其脆性系数 R 来表示：

$$R = \frac{\sigma_c}{\sigma_t} \tag{3-64}$$

一般而言，$R>20\sim25$ 的岩石就具有岩爆倾向。

（3）高弹模、高弹性变形能指标 W_{ef} 和高冲击能指标。$W_{ef}=E_e/E_p$，其中 E_e 为岩石峰值荷载前的弹性变形储能，E_p 为相应的塑性变形耗能。当 $W_{ef}>2$ 时，岩石才具有岩爆倾向。为了加强可操作性，可以在实验室内作出矿岩的应力-应变全曲线，判断它们有无发生岩爆的可能性。如弹性极限范围内应变与全部应变之比为50%~60%，便有发生岩爆的可能；若弹性变形量只占20%~50%，则没有发生岩爆的可能。

（4）完整性。主要取决于岩体结构，只有较完整岩体才具岩爆倾向。按 Bieniawski 围岩分类标准，当岩体属Ⅰ、Ⅱ类和部分Ⅲ类围岩时才具有岩爆的倾向，Ⅳ、Ⅴ类不发生岩爆。或当岩体完整性系数 $K_v>0.75$ 或 RQD>60%时，才具岩爆倾向。对工程岩体来说，也可以按岩块与岩体强度之比来衡量。

B 高弹性储能或高原岩应力岩体

具有冲击破坏性态的硬岩体，只有同时具有高弹性储能时，才会在工程扰动时发生潜能突然释放现象，故高原岩应力是区域岩爆的又一必备条件。对于深部的岩体，由于高围压的体用，节理面压密对岩体强度的影响减弱，其力学特征近似于完整岩石，趋近于各向同性，因此发生岩爆的可能也同时变大。如果说岩性条件是岩爆发生的物质基础，那么高原岩应力则是岩爆发生的内动力地质因素。简而言之，就是存在硬岩和高原岩应力。

3.5.2.2 在采矿技术方面

岩爆是由人类活动引起的，人为扰动导致围岩应力集中，对岩爆起着触发的作用。在采矿技术方面的因素有：

（1）采场中留有孤立的矿柱或半岛形矿柱，承受高应力作用。

（2）回采区段中开挖了大量的采准巷道和切割巷道，这些巷道联络部分矿柱承受高应力作用。

（3）采用相向工作面掘进或阶段回采采用从两翼向中央开采的顺序时，在工作面推进到中间部位时，矿柱承受高应力作用。

（4）爆破附近处于应力状态地段受到附加脉冲荷载叠加，往往导致岩爆。从国内外所有发生岩爆的资料可知，岩爆大多发生在爆破作业后的几个小时，可见爆破对岩爆的激发具有重要作用。

但是，从现场巷道或采场围岩的破坏形式上看，多数岩爆发生的触发因素则是工程岩体临空面上由主应力衍生的次生拉应力，从而使巷道或采场内受应力控制的岩爆呈现出受构造控制片落、剥落等破坏形式。真正意义上的岩爆，即矿岩体被剧烈破坏后抛出，在现场众多的破坏形式中，并不多见。

3.5.3 岩爆的机制及预测

岩爆预测必须与岩爆发生的必备条件相结合，由此可演绎出岩爆预测的核心内容：开采扰动；材料的岩爆性；结构的储能性；构造动力作用下的势能现状；突发性能量释放状态等。但是，考虑到地下工程的复杂性和施工的动态过程，岩爆预测并不是仅仅依靠个别判据。围岩中某一点的应力测量，通过实验室内岩样的实验就可以达到目的。结合以往的研究成果，目前对岩爆预测的判据，除去上述介绍的部分，主要还有以下几种，但这些仅可以起到一定的参考作用。

3.5.3.1 最大主应力判据

应变型岩爆是地下硬岩矿山巷道和采场以及土木工程隧道中最常见的一种岩爆。国内外应变型岩爆实例表明，岩爆始终呈中心对称在巷道两侧或顶底板两处同时发生，两岩爆处连线与巷道周围原岩应力场的最大主应力轴线垂直，即岩爆一般发生在巷道开挖后最大切向应力（最大主应力）处。根据岩爆发生机理的强度理论假说，有的岩爆研究者通过采用统计学方法直接找出工程岩体未开挖前的原岩最大主应力与完整岩石单轴抗压强度之间的关系式来判断岩爆的倾向性，其中有代表性的是南非学者 Ortlepp（1994）提出的岩爆倾向性判据，如式（3-65）所示。

$$\sigma_1 \geqslant (0.25 \sim 0.5)\sigma_c \tag{3-65}$$

式中，σ_1为工程区域的最大主应力。

为了便于工程实际应用，又有学者提出用弹性力学理论计算出的工程围岩周边最大主应力与岩石试样的单轴抗压强度的比值作为岩爆倾向性的判据。中南大学的谢学斌（1999）等人在研究了冬瓜山典型矿岩的岩爆倾向性后也提出了硬岩岩爆倾向性的最大主应力判据，如式（3-66）所示。

$$\left.\begin{array}{l}\dfrac{\sigma_1}{\sigma_c} < 0.2 \\ 0.2 \leqslant \dfrac{\sigma_1}{\sigma_c} < 0.388 \\ 0.388 \leqslant \dfrac{\sigma_1}{\sigma_c} < 0.55 \\ \dfrac{\sigma_1}{\sigma_c} \geqslant 0.55\end{array}\right\} \tag{3-66}$$

若记 $\omega=\sigma_1/\sigma_c$，则当 $\omega<0.2$ 时几乎不发生岩爆，ω 在 0.2 和 0.388 之间可能发生岩爆，在 0.388 和 0.55 之间非常可能发生岩爆，$\omega>0.55$ 几乎肯定发生岩爆。

3.5.3.2 最大剪应力判据

剪切破裂型岩爆和断层滑移型岩爆发生的频率虽然较低，但其破坏性却较大。库仑破坏准则已经直观地给出了这种岩体破坏的标准，如式（3-67）所示。

$$\tau \geqslant C + \sigma_n \tan\varphi_N \tag{3-67}$$

式中，τ 为剪切或滑移面上绝对剪应力；φ_N 为静摩擦角；σ_n 为滑动面上的正应力。

3.5.3.3 冲击倾向性判据

冲击倾向性是指矿岩能够聚集弹性应变能并在其超过自身的强度后会突然释放的各种物理力学性质的总和。冲击倾向性是产生岩爆的矿岩体的固有属性，决定了其产生动态破坏的能力，是发生岩爆的内因，也是必要条件。冲击倾向性判据是国内目前采用最广泛的岩爆倾向性的预测方法，它主要包括弹性能指标 W_{et}、冲击能指标 W_{cf} 和矿岩动态破坏时间 D_T。其中弹性能指标的确定是对岩样进行单轴压缩实验，在其达到峰值的 80%~90%时卸载，弹性能量为 E_{sp}，损失能量为 E_{sr}，则弹性指标为 $W_{et}=E_{sp}/E_{sr}$。冲击能量指数 $W_{cf}=F_s/F_x$，其中 F_s 为岩样的全过程应力应变曲线峰值之前的面积，F_x 为峰值之后的面积。另外还有弹性变形指标 K_e、刚度比指标 K_{cf} 以及损伤能量指数 W_{ed}。以往的研究表明，当采用弹性能指标 W_{et} 时：

$$\begin{cases} W_{et} \geqslant 5.0 & \text{有强烈岩爆倾向} \\ 2.0 \leqslant W_{et} < 5.0 & \text{有中等岩爆倾向} \\ W_{et} < 2.0 & \text{无岩爆倾向} \end{cases}$$

当采用冲击能指标 W_{cf}时：

$$\begin{cases} W_{cf} \geqslant 5.0 & \text{有强烈岩爆倾向} \\ 2.0 \leqslant W_{cf} < 5.0 & \text{有中等岩爆倾向} \\ W_{cf} < 2.0 & \text{无岩爆倾向} \end{cases}$$

当采用弹性变形能 K_e时：

$$\begin{cases} K_e \geqslant 0.7 & \text{有岩爆倾向性} \\ K_e < 0.7 & \text{无岩爆倾向性} \end{cases}$$

当采用矿岩动态破坏时间 DT（ms）时：

$$\begin{cases} DT < 50 & \text{有强烈岩爆倾向} \\ DT = 50 \sim 500 & \text{有中等岩爆倾向} \\ DT > 500 & \text{无岩爆倾向} \end{cases}$$

当采用损伤能量指数 W_{ed}时：

$$\begin{cases} W_{ed} > 1.0 & \text{有岩爆倾向性} \\ W_{ed} \leqslant 1.0 & \text{无岩爆倾向性} \end{cases}$$

3.5.3.4 岩性条件与最大主应力判据

目前，普遍采用岩石强度应力比，即单轴抗压强度 σ_c和最大主应力 σ_1的比值 σ_c/σ_1，及岩石的单轴抗拉强度 σ_t与最大主应力 σ_1的比值 σ_t/σ_1，来反映岩石本身的性能和原岩应力之间的关系。这样划分和评价的实质是，岩石强度应力比可以反映岩体承受压、拉应力的相对能力，如 Barton 的 Q 系统分类、法国隧道协会、日本应用地质协会和我国的《岩土工程勘察规范》、《工程岩体分级标准》（GB50218—94）等都采用岩石强度应力比来划分原岩应力的相对级别，但对于具体的分级方案，国内外迄今还未达成统一的认识。一般是先通过岩石力学试验，在室内获得工程区域岩石单轴抗压强度 σ_c和抗拉强度 σ_t。再根据式（3-68）计算的岩爆压强系数 α 和岩爆的拉强系数 β，结合岩爆的经验判据来预测岩爆的可能性和量级。

$$\alpha = \frac{\sigma_c}{\sigma_1} \qquad \beta = \frac{\sigma_t}{\sigma_1} \tag{3-68}$$

根据上述求得的结果，可以参照以下的经验判据来确定岩爆。

Barton 标准：$\alpha = 5 \sim 2.5$ 岩爆轻微，$\beta = 0.33 \sim 0.16$ 岩爆轻微；$\alpha < 2.5$ 岩爆严重，$\beta < 0.16$ 岩爆严重。

我国标准：$\alpha \leqslant 1.67 \sim 6.67$ 岩爆发生。

针对深部的高应力集中情况，在工程岩体部位对岩性和最大主应力判据可以用如下的修正公式：

$$Y = \frac{K_v \sigma_c}{K_1 \sigma_1} \tag{3-69}$$

式中，K_1为围岩中最大环向（切向）应力集中系数。

当 $Y \leqslant 1$ 时，就可能发生岩爆。

通过以上判据对工程区域作出整体的预测后，考虑到发生岩爆最根本的原因是采矿活动，在现场作业中，还应该注意以下两个方面：

（1）重点研究地质构造带附近原岩应力和局部应力异常区的分布特点，以及岩爆发生规律与回采间的关系。

（2）注意岩爆发生前的危险征兆。和其他地质灾害一样，岩爆发生前大多也有征兆，在生产过程中可以观察到明显的异常现象，如伴有剥皮、弹射或钻孔岩芯有圆盘状碎裂。岩芯的圆盘状碎裂破坏从巷道周边开始直到30~40m 深处为止。离巷道周边越近，圆盘状岩芯厚度越薄，随深度增加，圆盘半圆可增至钻孔直径的1~1.5 倍，此时表明该区域应力高，有发生岩爆的危险。

尽管国内外许多学者在冲击地压机理的认识和监测手段方面取得了重要进展，但还没有从根本上解决冲击地压预测问题，其仍然是采矿业急待攻关研究的课题。在现场中有太多具备上述条件的地段并没有发生岩爆，而发生岩爆的部位并不一定都具备上述条件。另外，采矿是一个动态的过程，判据中的参数应该随采矿作业的进行不断变化，这不可避免地会导致预测的滞后性。采矿实践表明，现场监测仍然是目前预防冲击地压发生的最好方法。

3.5.4 岩爆的预防及处理

采取积极主动的预防措施和强有力的施工支护，确保岩爆地段的施工安全，将岩爆发生的可能性及岩爆的危害降到最低。在高应力地段施工中可采用以下技术措施：

（1）在施工前，针对已有勘测资料，首先进行概念模型建模及数学模型建模工作，通过三维有限元数值运算、反演分析以及对隧道不同开挖工序的模拟，初步确定施工区域地应力的数量级以及施工过程中哪些部位及里程容易出现岩爆现象，优化施工开挖和支护顺序，为施工中岩爆的防治提供初步的理论依据。

（2）在施工过程中，加强超前地质探测，预报岩爆发生的可能性及地应力的大小。采用上述超前钻探、声反射、地温探测方法，同时利用隧道内地质编录观察岩石特性，将几种方法综合运用判断可能发生岩爆的高地应力范围。

（3）打设超前钻孔转移隧道掌子面的高地应力或注水降低围岩表面张力，可以利用钻探孔，在掌子面上利用地质钻机或液压钻孔台车打设超前钻孔。钻孔直径为45mm，每循环可布置4~8 个孔，深度5~10m，必要时也可以打设部分径向应力释放孔，钻孔方向应垂直岩面，间距数十厘米，深度1~3m 不等。必要时，若预测到的地应力较高，可在超前探孔中进行松动爆破或将完整岩体用小炮震裂，或向孔内压水，以避免应力集中现象的出现。

（4）在施工中应加强监测工作，通过对围岩和支护结构的现场观察，根据辅助洞拱顶下沉、两维收敛以及锚杆测力计、多点位移计读数的变化，可以定量化地预测滞后发生的深部冲击型岩爆，用于指导开挖和支护的施工，以确保安全。

（5）在开挖过程中采用“短进尺、多循环”，同时利用光面爆破技术，严格控制用药量，以尽可能减少爆破对围岩的影响并使开挖断面尽可能规则，减小局部应力集中发生的可能性。在岩爆地段的开挖进尺严格控制在2.5m以内。

（6）加强施工支护工作，支护的方法是在爆破后立即向拱部及侧壁喷射钢纤维或塑料纤维混凝土，再加设锚杆及钢筋网，必要时还要架设钢拱架和打设超前锚杆进行支护。衬砌工作要紧跟开挖工序进行，以尽可能减少岩层暴露的时间，减少岩爆的发生和确保人身安全，必要时可采取跳段衬砌。同时应准备好临时钢木排架等，在听到爆裂响声后，立即进行支护，以防发生事故。

（7）对发生岩爆的地段，可采取在岩壁切槽的方法来释放应力，以降低岩爆的强度。

（8）在岩爆地段施工时对人员和设备进行必要的防护，以保证施工安全。

3.6 围岩自稳能力

围岩自稳能力，是围岩稳定程度的综合反映，是地下工程中比较重要的一个指标，围岩自稳能力可用围岩自稳时间或者定性描述的方法来说明。

3.6.1 围岩自稳时间

围岩自稳时间也称暴露面稳定时间，是指在不支护的情况下，围岩维护其自身状态不发生过大变形、不破坏的最长时间。自稳时间越长，说明其稳定性越好。自稳时间与岩石性质、围岩暴露面积和工程跨度等因素有关。

到目前为止，围岩自稳时间的确定还只能通过经验的方法。Lautter、Bieniawski、Barton等人都曾依据统计资料给出了工程最大跨度、岩体性质与稳定时间三者关系的图表。图3-26为Bieniawski提出的适用于岩石分类的一种方法，在一定岩石质量条件下，图中有两条曲线限定着工程跨度的预测范围，按照他建议采用的岩石质量与欲开挖的工程跨度，就可以从图中估计出围岩的自稳时间。由于影响围岩稳定的重要因素——原岩应力和开挖方法未能加以考虑，所以目前的估算方法仅可作为工程参考。

围岩自稳还可以通过实测围岩位移稳定时间进行估计，围岩位移稳定时间表示围岩建立新的平衡的能力。位移稳定时间短，说明围岩自稳能力强；反之，则说明围岩自稳能力弱。因此，从物理概念上讲，位移稳定时间与围岩自稳时间是相反的，具体表示成某种函数关系由统计资料回归建立。

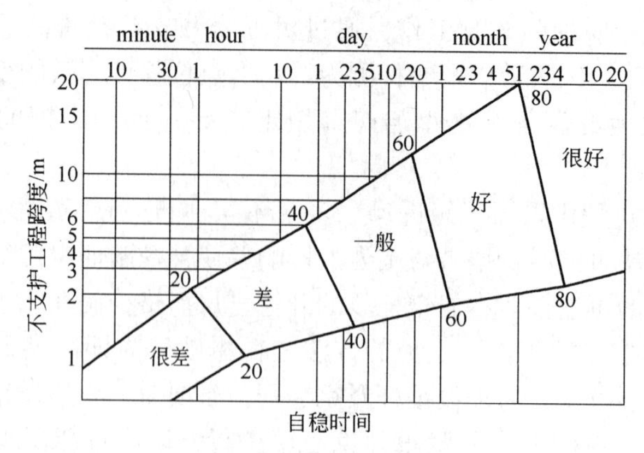

图 3-26 按 Bieniawski 分类法得到的不支护工程跨度与自稳时间关系

（图中曲线为 RMR 值曲线）

3.6.2 围岩自稳特征

绝大多数地下工程岩体，从开挖时起就已自行建立新的平衡。深孔位移测试表明，这种新平衡建立过程总是从深部围岩开始，然后逐渐扩至工程围岩表面。少数岩体不能自行建立新的平衡，表明自稳能力很差。根据现场测试资料可知，不受回采影响的巷道围岩自稳过程及其表现在不同岩体中的特征是不一样的。

（1）整体结构岩体中，岩石比较坚硬，其自稳时间较短，围岩位移量仅几个毫米，位移稳定时间短，一般为几天至十几天，说明围岩很快建立了新的平衡。多数情况下，围岩破坏范围小于 0.2m。

（2）在层状结构岩体中，如果是巨厚或中厚的坚硬岩层，其自稳特征与整体结构岩体相近。如果是薄层状或软硬互层，则不同方向上的围岩位移差异较明显，位移量几毫米至十几毫米，位移稳定时间从十几天至几十天，围岩破坏范围在 0.2 ~1.0m。

（3）在块状结构岩体中，围岩在应力调整过程中其内块体将发生转动、滑移和挤压，反映在位移测试上，初期位移变化大。围岩位移量属于毫米级，位移稳定时间约十几天或更长。围岩破坏从个别块体失稳开始，有可能引发小范围塌方，围岩破坏范围受结构面控制。

（4）在破裂结构岩体中，围岩内岩体应力和变形经历较长时间的变动过程。据金川矿巷道径向位移测试资料，在节理发育的岩体中，从巷道周边开始向围岩深处交替出现松弛区（向巷道内位移）和压密区（向巷道外位移），而且随时间 t_1、t_2、t_3的不同，它们的范围也在变动，如图 3-27 所示。这是由于受节理的影响，位移方向发生变化，靠近巷道表面位移速度大，表现出松弛特性；而在围岩深部，位移速度小，移动空间有限，而表现出压密现象。

一般情况下，这类围岩位移量较大，可达几厘米至十几厘米，位移稳定时间约几十天，围岩破坏范围可达 0.5~1m。

（5）在散体结构岩体中，由于岩石破碎，围岩应力调整时间长，并有较复杂的动态过程，甚至冒落成拱。围岩位移量和破坏范围较大，不易确定。围岩自稳能力差，甚至无自稳能力。

围岩自稳过程和表现特征，可以为现场的支护设计提供参考。

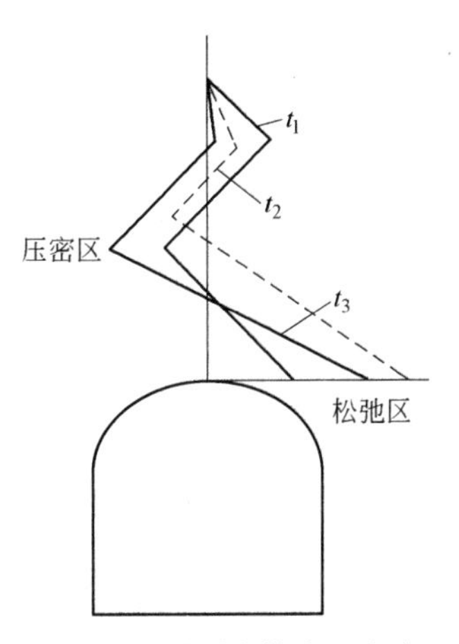

图 3-27 破裂岩体中围岩内压密区与松弛区

3.6.3 提高围岩自稳能力的方法

对于地下岩体工程，若要维护其稳定性，除了支护措施外，提高围岩自稳能力也是重要措施，有时甚至比支护更为有效，也更经济。目前常用的方法有：

（1）减少围岩破坏。采用尽量少扰动围岩的施工方法，例如掘进机开挖、光面爆破和预裂爆破等。

（2）注浆加固。采用向围岩内注入水泥浆或者其他化学浆液的办法，使浆液在围岩裂隙中起到黏结剂的作用，提高围岩的强度。此方法适用于破裂结构岩体和部分散体结构岩体。

3.7 井巷维护原则

井巷维护的基本原则是：尽最大努力提高围岩的强度和改善围岩的应力状态，以求充分地利用围岩自身的抗力去支承地压。从这个意义上讲，井巷工程中的各种快速掘进法、钻机掘进法，爆破技术中的光面和预裂爆破法，甚至特殊凿井工程中的注浆与化学加固法，均可视为维护方法之一。下面仅讨论与岩体力学基本原则有关的维护原则。

3.7.1 选择合理的井巷位置

井巷的位置主要取决于生产的要求，但也必须从维护的角度加以考虑，才能有利于巷道的稳定。从岩体力学的角度来看，选择井巷位置时须考虑以下的因素：

（1）工程地质条件。井巷工程尽可能选择地质与水文条件比较好、岩体稳定的地点。但矿床赋存条件是天然的，有时遇到恶劣的地质条件，又无法完全躲开，这时就应加强调查研究，不断总结经验，以求最大限度地减少恶劣条件的危害。因此，从工程地质角度来看，选择井巷位置时应遵守以下的原则：

1）井巷尽量从均质坚硬岩体中通过，避开软岩、遇水膨胀岩层、破碎带等不良岩层，避不开时，尽量使巷道垂直通过这些岩层。

2）在褶曲地带，尽量避免将井巷布置在背斜和向斜轴部，并应注意地下水与它们的关系。

3）应严密注意破碎带、岩层间不整合处地下水的情况，如果它们有较大的供水源，则应避开或者布置在高水位。含水层疏干时应注意岩层收缩下沉对井巷带来的不利影响，如能等待疏干后岩体下沉稳定时再开拓，这种不利影响将大为减小。

（2）回采工作的影响。在回采工作影响范围之内，由于应力升高将产生特殊的地压现象，这种影响称为采动影响，这种升高的压力称为支承压力。巷道处在回采工作面附近不同位置上，就会受到不同的支承压力。因此，在设计中，对缓倾斜的矿体，应尽量避免将巷道布置在承受巨大支承压力的矿柱的下面；如必须这样布置，也要尽可能增大垂直距离。对急倾斜矿体，主要巷道应布置在下盘应力升高区及崩落带之外，并保持一定距离。

3.7.2 选择合理的断面形状及尺寸

选择巷道断面形状和尺寸的原则，可以归纳为下面三条：

（1）巷道断面最大尺寸应当沿着最大来压方向布置。当顶压大于侧压时，巷道高度应当大于宽度，当侧压大于顶压时反之。

（2）在顶压为主的条件下，巷道顶板应采用各种曲线或拱形周边，因为平直周边中央易产生拉应力，使围岩在这些地方首先破坏。侧压为主时，则两帮宜采用各种曲线形周边。

（3）根据应力分析和矿山实践经验，在顶压为主的条件下，巷道断面形状按稳定程度的排列次序如图 3-28 所示。

选择断面形状还要从生产角度考虑，直壁拱顶断面从应力分布来看，不如椭圆和圆形断面有利，但它的顶板形状有利于自然平衡，同时掘进工艺简单，断面利用率高，因此是目前矿山中应用最为广泛的断面形状之一。梯形断面从应力分布特点来看很不利于维护，但掘进和支护都方便，因此在服务年限较短的巷道中仍经常使用。椭圆和圆形断面因断面利用率低，施工困难，在矿山中极少使用，仅在水利工程中得到采用。

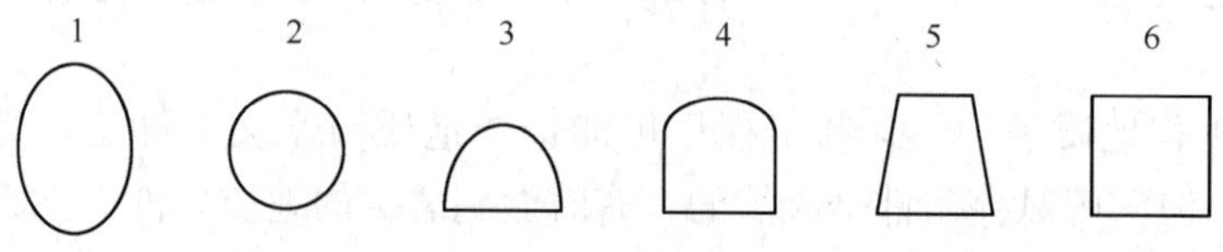

图 3-28 不同断面形状巷道稳定性次序图（由 1 至 6 稳定性依次降低）

3.7.3 选择合理的支架类型

由于喷锚支护的巨大优越性，在一切有条件的矿山都应优先采用喷锚支护来代替各种传统的支架。

喷锚支护是利用高压喷射水泥混凝土和打入岩层中的金属锚杆的联合作用（根据地质情况也可分别单独采用）加固岩层，分为临时性支护结构和永久性支护结构。喷混凝土可以作为硐室围岩的初期支护，也可以作为永久性支护。喷锚支护是使锚杆、混凝土喷层和围岩形成共同作用的体系，防止岩体松动、分离，把一定厚度的围岩转变成自承拱，从而有效地稳定围岩。当岩体比较破碎时，还可以利用丝网拉挡锚杆之间的小岩块，增强混凝土喷层，辅助喷锚支护。

喷锚支护在硐室开挖后，支护及时，与围岩密贴，柔性好，有良好的物理力学性能。它能侵入围岩裂隙，封闭节理，加固结构面和层面，提高围岩的整体性和自承能力，抑制变形的发展。支护与围岩的共同作用，可有效地控制和调整围岩应力的重新分布，避免围岩松动和坍塌，加强围岩的稳定性。

如必须采用传统支架时，应首先区分地压类型。属于变形地压，估计一般支架很难支住时，应考虑采用二次支护，即首先选择可伸缩性大的支架，作暂时的退让，待围岩变形发展到一定的程度，压力大部分被巷道围岩所负担，作用在支架上的力降至最小值时，就不能再退让，而要坚决顶住，这时再选择刚性大的支架作为永久支护。

4 采场地压及控制

采场地压是指在开采过程中，原岩对采场或采空区围岩、矿柱以及支护结构所施加的荷载。

岩体受到地下资源开采的扰动影响而变形和失稳的问题，很早就引起人们的注意。随着矿石的开采和地下采矿空间的形状、尺寸的不断变化，围岩中次生应力将转移和重新分布，产生围岩变形、失稳等采场地压问题。采场顶板的暴露面一般都较巷道顶板大得多，且随着采面位置的不断向前推进，采空区尺寸也会不断发生变化。和巷道地压不同，采场地压显现的特点是：（1）和采矿生产过程密切相关；（2）揭露岩层广，暴露面积大，地压类型多；（3）地压是动态变化的。认识不同采矿方法中采场地压显现特点及掌握其控制方法，对于采矿工作者至关重要。

影响采场地压的因素可概括为自然因素和开采技术因素两个方面：自然因素主要有围岩的物理力学性质、开采深度、矿体的倾角与厚度、岩体结构及地下水情况等；开采技术因素主要表现在四个方面，即开采顺序、开采方法及控顶方法、回采速度、采空区形态及采空区形成时间等。

采场地压分析的主要内容是采场（包括采空区）围岩的应力状态、变形、移动和破坏的规律。在此基础上，找到维护采场稳定的措施。采场地压的研究可归结为两个方面的问题：一方面是回采期间采场的稳定问题；另一方面是回采完毕采空区的处理问题。回采期间采场的稳定是指采场，包括采准巷道、硐室的围岩在回采期间不发生危险破坏和变形，以保障回采的安全，维护回采作业的正常进行，其中涉及下述一些问题：（1）采场围岩应力分布的规律；（2）岩体失稳的原因、条件和机理；（3）确定采场中各种结构物（矿柱、支架）上地压的大小，研究矿柱的支护原理和设计方法；（4）确定合理的采准布置方案；（5）研究采场地压的控制措施；等等。采空区处理的目的是控制由于采空区引起的地压显现的强度。

4.1 采场地压活动机制

开采赋存于地壳岩体中的矿床，扰乱了矿床周围岩体中的初始应力平衡，于是在采场周围岩体中形成了二次应力场，通过数值方法，水平矿体在自重荷载作用下的应力分布如图 4-1 所示。

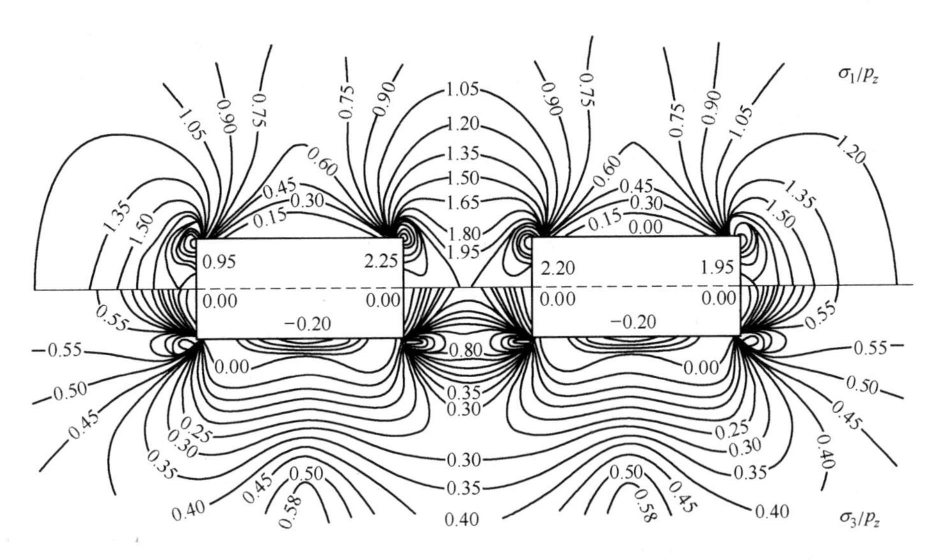

图 4-1 采场周围岩体中应力分布

σ_1—最大主应力；σ_3—最小主应力；$p_z=\gamma H$

从图 4-1 中可以看出，在顶板中存在一个应力降低区，该区内应力值低于 γH，并且在顶板中存在一个拉应力区；在两相邻采场区矿柱中形成应力集中区。根据采场周边岩体岩性，在二次应力场应力作用下可发生弹性、塑性或黏性变形，从而出现不同类型的地压活动，即变形地压、松脱地压甚至岩爆等。

随着回采工作的进展，在采场周边岩体中所发生的力学过程，总的讲是应力场的变化，由此造成的后果是围岩变形破坏。如果金属矿山采用空场法回采，采场周边的围岩一般比较坚硬，变形过程可能仅限于弹性变形。在采空区中经常是顶板或两帮岩石在发生弹性变形之后，接着发展为非弹性变形，局部出现破坏。从突变观点看，这种采场局部破坏可能导致上万米采场或几个生产系统毁于一旦。

采场地压较巷道地压活动激烈，并且涉及范围更大，造成的后果严重，这主要是因为：

（1）采场规模较巷道大，形状更复杂，导致回采空间周围岩体中非弹性变形区比各类巷道大。

（2）随着回采工作进行，采场规模及形状随时间在空间上不断变化，造成采场周围应力场在时间及空间上处于经常变化之中。

（3）受周围相邻采场回采工作影响。

（4）围岩应力场受矿体倾角的影响。

采场地压显现规律，大规模地压活动可分发生、发展和衰减稳定三个阶段。

（1）发生阶段，也称预兆阶段。大规模地压显现以前，常有预兆。预兆期从几天到数月（如辽宁弓长岭铁矿为2~3个月，湖南锡矿山锑矿为5~12个月）。在此期间，各种预兆逐渐增强和不断扩展。主要预兆为：围岩发响；采场顶板局部冒落；矿柱压坏；近矿体巷道变形和破坏。

（2）发展阶段。即围岩大冒落和移动阶段。特点是：在很短的时间内，采场大面积冒落；近矿体巷道严重破坏；地表开裂下沉；由于存在大量采空区，有时还发生不同程度的冲击气浪。如弓长岭铁矿某次地压发展阶段延续20天左右。活动剧烈程度不是始终一致，其间发生两个高峰（间隔5~6天）。

（3）衰减稳定阶段。大面积冒落后，井下采场与巷道的变形和破坏趋于缓和，而地表开裂和下沉一般还要持续一段时间，速度逐渐减慢，围岩应力达到新的平衡状态，出现衰减稳定阶段。

金属矿山在回采过程中，地压活动显现特点与采用的采矿方法关系密切。如采用房式采矿法，一般表现为顶柱、间柱塌落，进而导致上盘岩石崩落，引起岩石移动，造成各种规模的地压活动。

崩落采矿法是以崩落围岩来实现地压管理的采矿方法。即在回采单元中，在崩落矿石的同时或稍后，强制（或自然）崩落围岩，用以填充采空区，来控制和管理地压。该法在回采过程中，不再将回采单元划分为矿房、矿柱，而是连续进行的单步骤回采，不但没有回采矿柱的任务，也无需另行处理采空区。崩落法的地压主要表现为水平巷道的破坏，主要为应力或者构造控制，或者单独受构造控制，对其本书中不作详细讨论。

4.2 空场法采场地压

空场采矿法适用于矿岩中等以上稳固、矿岩接触面较明显、形态较稳定的矿体，其特点是将矿体沿走向划分成矿房和矿柱，分两步骤回采：矿房回采时，采空区顶板主要依靠矿岩自身的稳固性和矿（岩）柱来支撑；矿房回采完毕后，有计划地回采矿柱或不采矿柱，并及时处理采空区。空场采矿法的优点是成本低，生产能力和劳动生产率高，缺点是采空区留下大量矿柱，且回采困难，采空区需处理。为了解决回采空间稳定和控制地压的实际问题，常常需要了解回采空间周围岩体中应力分布及可能发生的位移与破坏。

4.2.1 开采水平矿床时的地压活动

在生产实践中，开采具有稳定围岩及矿石的水平或缓倾斜矿体时，根据矿体厚度及规模，广泛采用全面法和房柱法。此时，维护回采空间的稳定，需要限制回采空间暴露面积，凭借岩体自身强度支撑采场空间结构，需要的时候配合支护。通过合理确定采场结构参数，确保顶板中不出现拉应力，或者拉应力小于顶板岩体的抗拉强度，同时也要保证顶板与矿柱衔接处的剪切应力不超过岩体的抗剪强度。

4.2.1.1 顶板中应力分布

为了解采场顶板中应力分布特点与采场尺寸的关系，可通过试验模拟方法及解析方法获得有关采场顶板岩体中应力分布特征资料。例如，应用弹性力学方法研究房柱法矿房顶板中应力分布，此时对所研究对象做如下假设：

（1）岩石为均质各向同性弹性介质；

（2）矿床走向长度较大，长度 L 与开采深度 H 之比，$L:H>1.5$；

（3）矿柱间距相等；

（4）将采场上部厚度为 h 的岩层视为顶板，并且 $h\geq l$，l 为矿房宽度的 1/2；

（5）作用于顶板上的荷载均匀分布。

根据上述假设，力学计算模型示于图 4-2。作用于顶板上岩石的荷载：垂直方向上荷载为上覆岩层的重量，$q=\gamma(H-h)$，水平方向上为 $\lambda(q+\gamma h)$。在矿房回采前，顶板中某点 $M(x, y)$ 应力分量为：

$$\left.\begin{aligned}\sigma_x^0 &= \lambda\sigma_y^0\\ \sigma_y^0 &= \gamma(H-y)\\ \tau_{xy}^0 &= 0\end{aligned}\right\}\tag{4-1}$$

式中，σ_x^0、σ_y^0、τ_{xy}^0 分别表示回采前正应力和剪应力；H 为顶板下表面至地表深度。

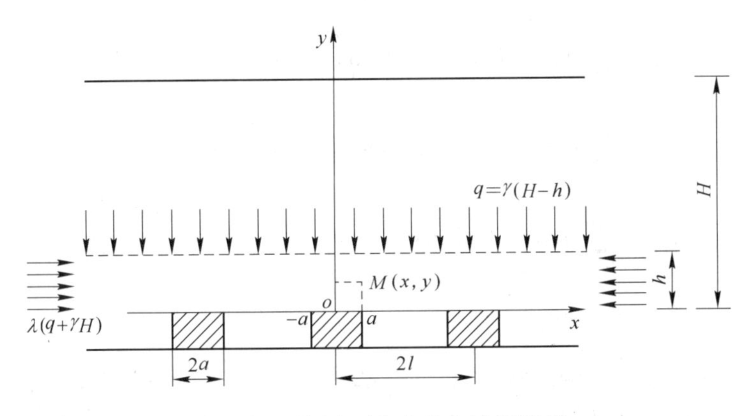

图 4-2 顶板岩石应力分布计算模型

采场形成后，顶板中应力分布发生变化。根据前面假设，$L:H>1.5$，可以认为作用在每个矿柱上的荷载等于每个矿柱所担负顶板面积上的直到地表的岩柱的重量 G_0，单位面积上矿柱所承受荷载为：

$$q_0=\frac{l}{a}(q+\gamma h)\tag{4-2}$$

根据作用力与反作用力原理，每个矿柱施加给顶板下表面（$y=0$）的支反力

为 $-q(x)$。

$$\left.\begin{aligned} -q_0 &= 0(-l \leqslant x < -a) \\ -q_0 &= q_0(-a \leqslant x \leqslant a) \\ -q_0 &= 0(a < x \leqslant l) \end{aligned}\right\} \tag{4-3}$$

式中，a 为1/2矿柱宽度；l 为1/2矿块宽度。

式（4-3）表明顶板岩层下表面所承受的荷载为不连续荷载。在这种情况下，为求解顶板中应力分量，可利于双曲线型应力函数 Φ，可写成：

$$\Phi = \sum_{n=1}^{\infty} \cos\alpha x(C_1 \mathrm{ch}\alpha y + C_2 \mathrm{ch}\alpha y + C_3 \mathrm{ch}\alpha y + C_4 \mathrm{ch}\alpha y) \tag{4-4}$$

式中，$C_1 \sim C_4$ 为根据边界条件确定的积分常数。

根据所给的应力函数，可确定顶板中应力分量为：

$$\left.\begin{aligned} \sigma_x &= \frac{\partial^2 \Phi}{\partial y^2} + \sigma_x^0 \\ \sigma_y &= \frac{\partial^2 \Phi}{\partial x^2} + \sigma_y^0 \\ \tau_{xy} &= -\frac{\partial^2 \Phi}{\partial x \partial y} + \tau_{xy}^0 \end{aligned}\right\} \tag{4-5}$$

将式（4-4）代入式（4-5），经计算可得：

$$\left.\begin{aligned} \sigma_x &= \sum_{n=1}^{\infty} a_n \mathrm{e}^{-\alpha y}(1 - \alpha y)\cos\alpha x + \lambda(q + \lambda h - \gamma y) \\ \sigma_y &= \sum_{n=1}^{\infty} a_n \mathrm{e}^{-\alpha y}(1 + \alpha y)\cos\alpha x + (q + \lambda h - \gamma y) \\ \tau_{xy} &= \sum_{n=1}^{\infty} a_n \alpha y \mathrm{e}^{-\alpha y}\sin\alpha x \end{aligned}\right\} \tag{4-6}$$

式中，$a_n = \dfrac{2l}{an\pi}(q + \gamma h)\sin\dfrac{n\pi a}{l}$。

由材料力学可知，两端固定梁中央部分（$x = \pm l$）截面上弯矩最大，并为"−"，故该截面应力对顶板稳定性有较大影响。所以，将 $x = \pm 1$ 代入式（4-6）得：

$$\left.\begin{aligned} \sigma_x &= \sum_{n=1}^{\infty} (-1)^n a_n \mathrm{e}^{-\alpha y}(1 - \alpha y) + \lambda(q + \lambda h - \gamma y) \\ \sigma_y &= \sum_{n=1}^{\infty} (-1)^n a_n \mathrm{e}^{-\alpha y}(1 + \alpha y) + (q + \lambda h - \gamma y) \\ \tau_{xy} &= 0 \end{aligned}\right\} \tag{4-7}$$

式（4-7）给出了采场顶板中心位置上 σ_x、σ_y 与坐标 y 的关系，据此可以给出截面上 σ_x、σ_y 分布图，如图 4-3 所示。同时从该式可以看出，随 y 增大 σ_x 减小；在距顶板下表面某一高度 σ_x 变号，一般该高度不大；在 $y=0$ 处，即顶板下表面，σ_x 最大。将 $y=0$ 代入式（4-7）中得：

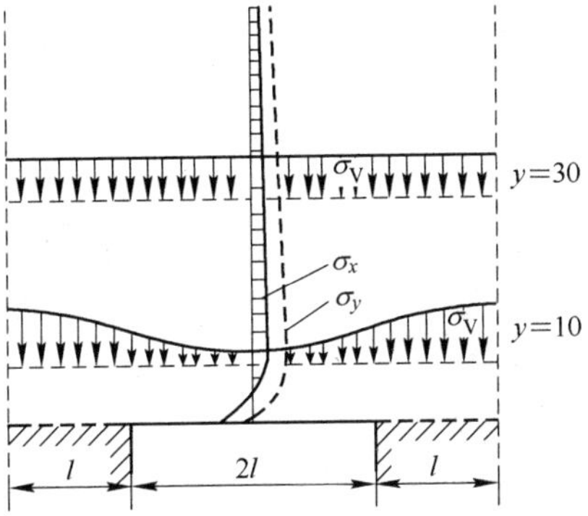

图 4-3 采场顶板中心截面上 x、y 分布图

$$\sigma_x = \sum_{n=1}^{\infty} (-1)^n a_n + \lambda(q + \lambda h)$$

将 a_n 值代入上式得：

$$\sigma_x = \sum_{n=1}^{\infty} (-1)^n \frac{2l}{an\pi}(q + \gamma h) \sin \frac{an\pi}{l} + \lambda(q + \lambda h)$$

将上式进一步简化可得：

$$\sigma_x = \left[\sum_{n=1}^{\infty} \frac{(-1)^n}{n} \times \frac{2l}{a\pi} \sin \frac{an\pi}{l} + \lambda\right](q + \lambda h)$$

如令 $K = \frac{2l}{a\pi}\sum_{n=1}^{\infty} \frac{(-1)^n}{n} \sin \frac{an\pi}{l}$，则：

$$\sigma_x = (K + \lambda)(q + \lambda h) \tag{4-8}$$

同样将 $y=0$ 代入式（4-7），得 $\sigma_y=0$。

现在分析一特殊情况，如矿柱宽 $2a=l$，并将其代入式（4-8）得：

$$\sigma_x = \left[\sum_{n=1}^{\infty} \frac{(-1)^n}{n} \times \frac{2l}{\frac{l}{2}\pi} \sin \frac{\frac{l}{2}n\pi}{l} + \lambda\right](q + \lambda h)$$

化简后得：

$$\sigma_x = \left[\frac{4}{\pi}\sum_{n=1}^{\infty} \frac{(-1)^n}{n} \sin \frac{n\pi}{2} + \lambda\right](q + \lambda h)$$

上式中 $\sum_{n=1}^{\infty} \frac{(-1)^n}{n} \sin \frac{n\pi}{2}$ 为一无穷收敛级数，如令 $n=1, 2, 3, \cdots, n$，则：

$$\sum_{n=1}^{\infty} \frac{(-1)^n}{n} \sin \frac{n\pi}{2} = -\left(1 - \frac{1}{3} + \frac{1}{5} - \frac{1}{7} \cdots\right) = -\frac{\pi}{4}$$

于是有：

$$
\begin{aligned}
\sigma_x &= \left[\frac{4}{\pi} \times \left(-\frac{\pi}{4}\right) + \lambda\right](q + \gamma h) \\
&= (\lambda - 1)(q + \gamma h) \\
&= (\lambda - 1)\gamma H
\end{aligned}
\tag{4-9}
$$

从式（4-9）可以看出，$\lambda>1$，即存在侧向水平构造应力时，σ_x为压应力；$\lambda<1$时，σ_x为拉应力，对顶板稳定性影响较大。同时，从上面给出的公式可以看出，σ_x值大小与采场跨度有关，l增加则σ_x增大。当采场岩体中存在较大的水平构造应力（$\lambda>1$）时，σ_x为压应力，对增加采场跨度有利。如加拿大某铀矿采用房柱法，初期采用矿房尺寸为13.7m，经常发生冒落。经应力测量得知顶板岩层中存在很大的水平压应力，后将采场跨度增至30.7m，结果顶板转为稳定。

顶板中拉应力集中系数与采场跨度及高度关系如表4-1所示。

表4-1 矩形采场顶板中拉应力集中系数 K_t

跨度/采高	0.25	0.5	1	4	8	12
$K_t=\sigma_t/\sigma_x$	0	0.2	0.3	0.4	0.5	0.6

4.2.1.2 采场顶板中应力分布区

在顶板岩层中受到采动影响的范围大致呈拱形，拱高大约为开采空间跨度$2l$的1~2倍。回采后在这些范围内，二次应力与回采前的应力状态有所不同，σ_y低于回采前，而σ_x可能高于回采前。顶板中心部位截面上应力分布区如图4-4所示，可以看出，根据应力大小，顶板岩层中可划分出以下几个应力区：

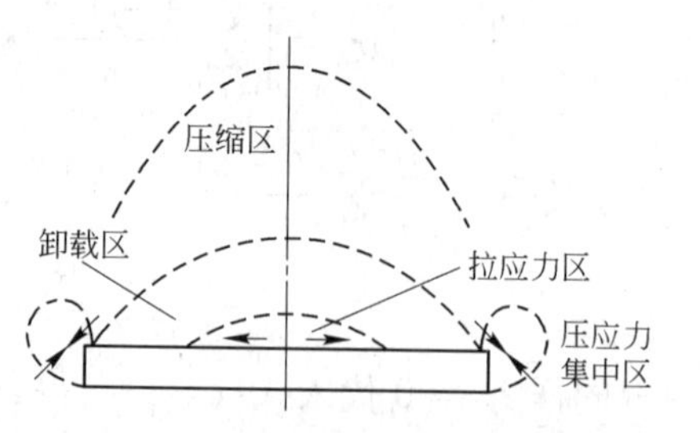

图4-4 采场顶板岩层中应力区划分

(1) 拉应力区。分布于紧靠顶板表面部位，分布深度与矿房跨度l有关，可通过令$\sigma_x=0$，求出y值。最大拉应力点位于顶板跨度中间部位。如果拉应力区有微裂隙存在，在裂隙端部发生应力集中，则顶板岩层中的拉应力集中系数实际上就会更大。岩石抗拉强度很低，尤其破碎岩体更甚，故当顶板岩层中出现拉应力区时，该区域内岩石极易失稳冒落，冒落范围与拉应力影响范围密切相关。

(2) 卸载区。位于拉应力区上方，该区域的σ_y、σ_x均比开采前低，因而称该区域为卸载区。卸载区的边界为拱形，所以又叫免压拱，即由免压拱承担上覆岩层的荷载，降低原岩对下方卸载区岩体的作用力。处于卸载区内的岩体，由于弹性恢复，在自重的作用下其向暴露空间方向移动，顶板岩层出现弯曲下沉变形。如果顶板为层状或者破碎岩体，则层间可能发生离层现象，破裂岩块沿弱面滑动或松动。

卸载区范围取决于矿房宽度、开采深度、矿体倾角、矿体厚度以及岩石力学性质等。

（3）压缩区。位于卸载区上方和采动影响范围的上界线，在该区域内 σ_y 较开采前高，实际上起着引导原岩垂直方向应力向矿房侧壁传递的作用。

（4）支承压力区，即应力集中区，为矿房侧壁承受采场顶板传递下来的压力而形成。该区域内应力大于原岩应力，即 $\sigma = K\sigma_y$。关于支承压力区应力大小的实测研究目前进展的较少，根据前苏联乌拉尔山地区高山铁矿对采场围岩应力量测得知，当回采空间宽度为 15~60m 时，支承压力集中系数 K=3~11。

4.2.1.3 变形分带

当顶板岩层由单一岩层构成时，在上述应力作用下可通过下列关系式求出位移值：

$$
\left.
\begin{aligned}
\frac{\partial u}{\partial x} &= \frac{1+\mu}{E}\left[(1-\mu)\frac{\partial^2 \Phi}{\partial y^2} - \mu\frac{\partial^2 \Phi}{\partial x^2}\right] \\
\frac{\partial v}{\partial y} &= \frac{1+\mu}{E}\left[(1-\mu)\frac{\partial^2 \Phi}{\partial x^2} - \mu\frac{\partial^2 \Phi}{\partial y^2}\right] \\
\frac{\partial u}{\partial x} + \frac{\partial v}{\partial y} &= -2\,\frac{1+\mu}{E}\,\frac{\partial^2 \Phi}{\partial x \partial y}
\end{aligned}
\right\}
\tag{4-10}
$$

式中，μ 为水平方向位移；v 为垂直方向位移。

将式（4-4）给出的应力函数代入式（4-10），便可得出 μ、v 值。由于岩体结构复杂，式（4-10）中出现的弹性常数难以反映岩体实际弹性性质，而且岩体的力学参数也不易获得，因此由该式求出的数值与实际观测值出入较明显。根据顶板变形程度，采场顶板岩层可划分成如图 4-5 中所示的几个带或者区域。

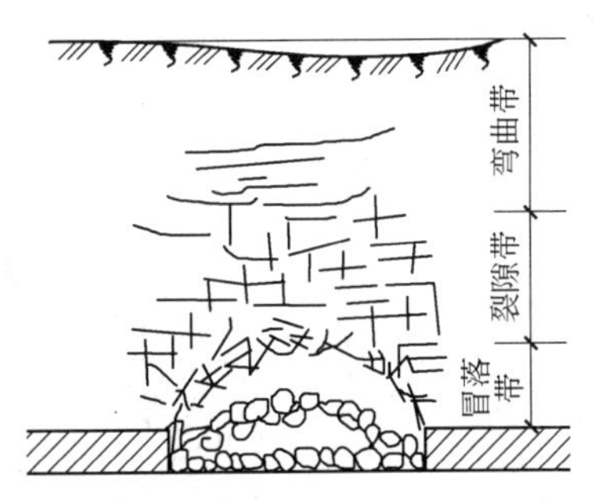

图 4-5 采场顶板岩层变形分带示意图

（1）冒落带。如果顶板由层状岩体构成，由于各层间岩性不同，E 的差别较明显，于是

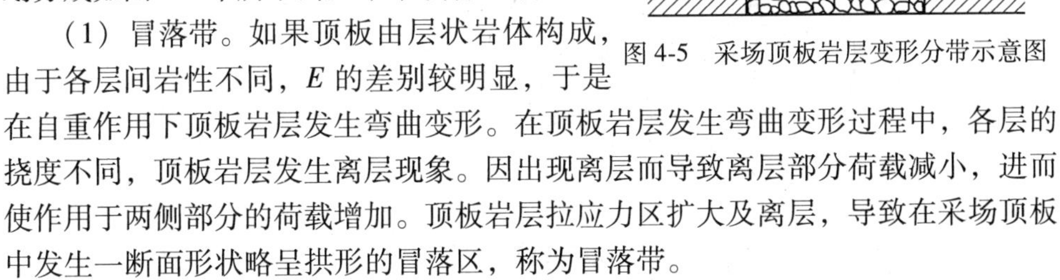

在自重作用下顶板岩层发生弯曲变形。在顶板岩层发生弯曲变形过程中，各层的挠度不同，顶板岩层发生离层现象。因出现离层而导致离层部分荷载减小，进而使作用于两侧部分的荷载增加。顶板岩层拉应力区扩大及离层，导致在采场顶板中发生一断面形状略呈拱形的冒落区，称为冒落带。

冒落高度与矿体开采厚度、岩石碎胀性及可压实性、采动范围、岩体强度、采空区有无充填等有关，一般为矿体厚度的 2~6 倍。

（2）裂隙带。在冒落带上方岩体由初始弯曲变形，沿层理开裂形成离层，进而于其间产生裂隙，在拉应力作用下，裂隙一般与弯曲层面垂直或沿层面发展。该带岩体变形较大，若有水，则可从裂隙渗入，威胁采空区。水体下开采必须使采动形成的裂隙带位于不透水层之下，即不破坏水系与矿体之间的不透水层方可进行回采。裂隙带的高度约为矿体厚度的9~28倍。

（3）弯曲带。位于裂隙带上面，属于整体移动带，仅出现下沉弯曲，不出现裂隙，保持了岩体原有的整体性。如果该带内有构造断裂存在，岩层可能沿构造断裂出现较大的移动，使井巷或建筑物受到破坏。弯曲带高度随岩性而异，一般当岩层脆而硬时，弯曲带高度约为裂隙带高度的3~5倍；岩体软而具有塑性时，约为裂隙带高度的数十倍。

4.2.2 开采倾斜、急倾斜矿床时的地压活动

通过数值计算方法可知，随着矿体倾角的变化，围岩及矿柱中的应力变化较大。由图4-6可以看出，矿体倾斜时，采场顶板中的应力分布发生变化，由水平应力引起的拉应力消失。同时从图4-7中可以看出，随着倾角变陡，围岩中最大主应力及最大剪切应力均变小，且倾角大于45°时，其减小梯度较大，但此时最小主应力有所增加。

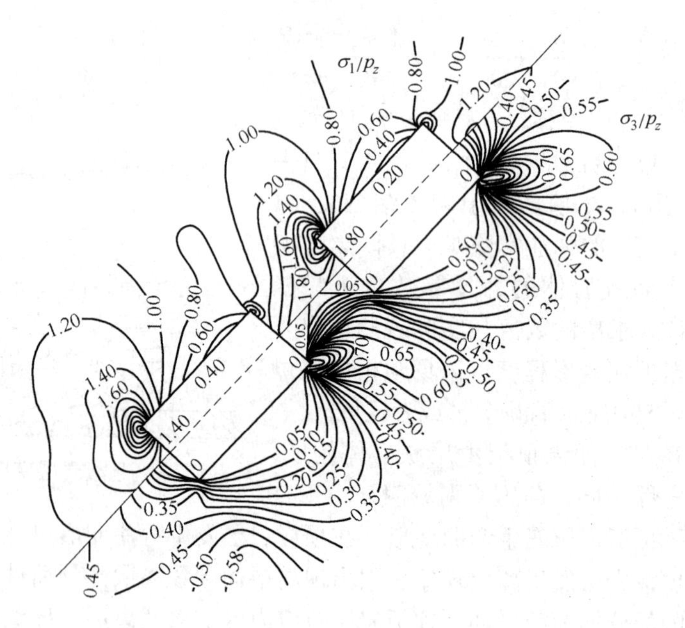

图4-6 矿体倾斜时顶板及矿柱中的应力

可见，对于金属矿山，在当前的开采深度和广泛采用的阶段高度的条件下，开采水平和缓倾斜矿体时，地压活动受应力和构造联合作用，表现为变形地压；开采倾斜及急倾斜矿体时，地压活动主要受构造控制，表现为松脱地压。

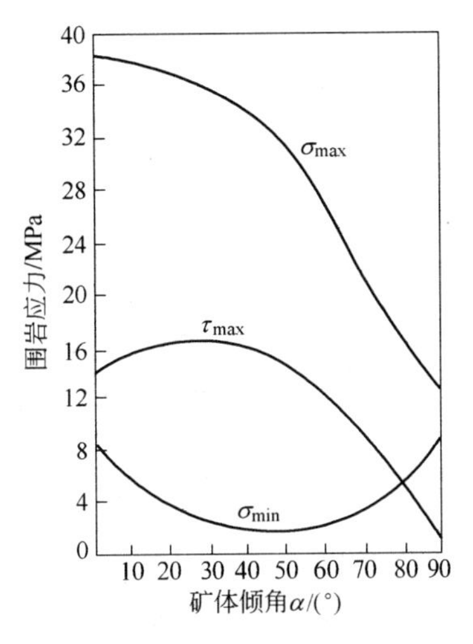

图 4-7 围岩应力与矿体倾角的关系

4.3 矿床开采顺序对二次应力场的影响

在一般条件下采矿活动都遵循从上而下、从顶到底、由远而近的原则进行，但有时这样做反而会给生产造成困难。因此，必须先分析不同回采方向对二次应力场的影响，再确定回采顺序，即沿走向回采和切走向回采的顺序。

4.3.1 沿走向开采顺序

在实验室条件下，对不同的沿走向开采顺序引起的二次应力场变化进行了研究，沿走向方向可采取下列回采顺序之一进行回采：

（1）自矿体一端向另一端回采（单侧回采）。采用单侧回采开采顺序时，回采空间围岩内形成的二次应力场取决于采场跨度和同时回采的采场数目。如图 4-8 所示，采场跨度从 30m 增至 150m 时，矿体围岩应力集中程度增加 0.5 ~3 倍。当采场跨度为 30m、60m、90m 时，应力升高区波及范围约为 50m，此外区域逐渐恢复到正常值，如图 4-9 所示。阶段中同时工作的采场数从 2 个增至 5 个时，采场跨度为 90m，边界矿柱和边界矿体最大应力值分别增加 50%和 70%。如阶段中采场数目为 6 个，跨度为 60m，则边界矿柱中应力将比只有 5 个采场且跨度为 90m 时，分别降低 50%和 23%。

（2）从矿体中央向两翼回采。阶段回采由矿体中央部分向矿床两翼推进，边界矿柱及采空区相邻矿体中，应力状态与顺序（1）相似，应力值变化规律参见图 4-8。

（3）从矿体两翼向中央回采。阶段回采初期两侧采场彼此相距甚远，采空区周围形成的应力场互不影响，应力场的分布与顺序同（1），见图 4-10 中的 1、

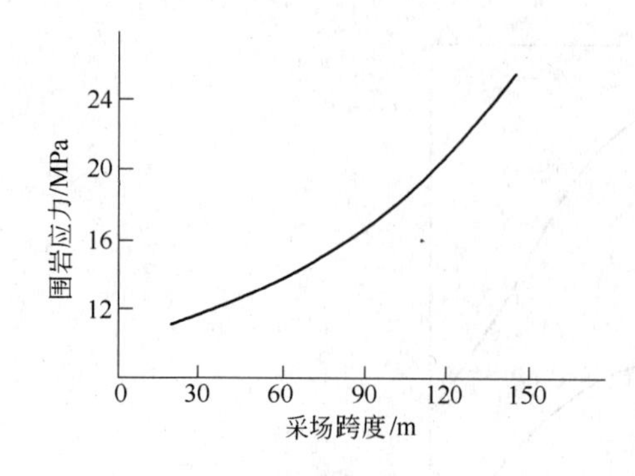

图 4-8 矿体围岩应力与采场跨度关系

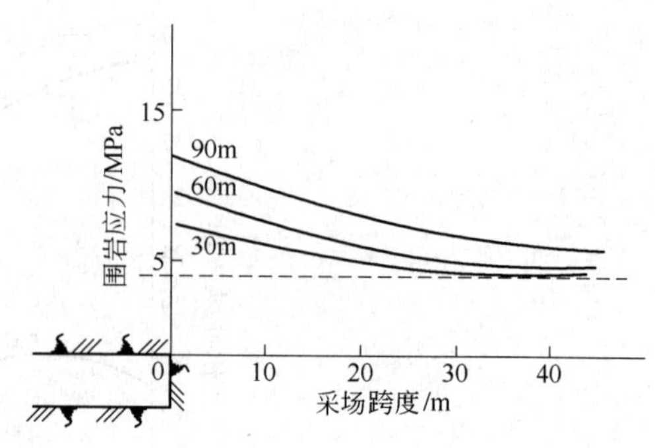

图 4-9 应力升高区波及范围与采场跨度关系

3 曲线。当两侧采区推进到相互接近，两应力场叠加，尤其是回采至中央几个采区时，矿体边界部分和边界矿柱中，应力增加且增加速率较大，见图 4-10 中的 2、4 曲线。

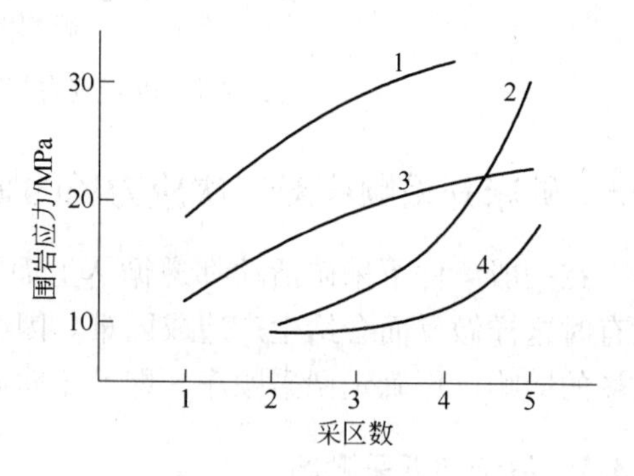

图 4-10 两翼回采二次应力场与采区数目关系

1，3—边界矿柱应力变化；2，4—边界矿体应力变化

从上面回采顺序讨论中可以看出，前两方案应力值较第 3 方案应力值低。如考虑到上盘悬露所引起应力上的变化，以顺序（1）为佳。如果走向方向上存在原岩应力场分布不均，例如有高应力区，则在这种情况下，应避免顺序回采至高应力区时引起应力叠加导致高应力区应力值更高，造成激烈地压活动。在阶段上原岩应力沿走向分布不均时，应采取先回采高应力区的矿石，即采取从高向低两侧回采或单侧回采的顺序。

4.3.2 切走向开采顺序

在开采极厚矿体时，除前面讨论的沿走向方向回采顺序需要确定外，还需要确定垂直走向方向上的开采顺序问题。因为垂直矿体走向方向上的开采顺序，对矿体下盘岩体中应力分布有很大影响。根据生产实践及实验室应用相似材料模拟实验研究表明，自上盘向下盘回采时，下盘三角部分，见图 4-11，经常被压坏而回采困难。但如果反之，即从上盘向上盘方向推进的回采顺序，直到上盘三角形部分矿石回采完成后，上盘岩体才暴露出来，并要滞后一定的时间才能发生崩落，对下盘的影响较小。

在开采倾斜平行矿体时，上下盘矿体应保持合理的超前关系，过去大家所熟悉的开采平行矿体原则，即由顶到底就不太适用了。根据某些采用崩落采矿法开采倾斜平行厚矿体矿山的经验，以及实验室相似材料模拟实验研究结果表明，下盘矿体超前开采，但要让上盘矿体滞后下盘矿体一定高度便可以保证在不受地压影响下顺利完成回采工作。此滞后高度可以根据上盘岩层崩落角确定。设上盘矿体先回采，导致下盘矿体因应力升高而被压碎部分高度为 y，上盘围岩崩落角为 β，矿体倾角为 α，两矿体间垂直距离为 h，$h = L\sin\alpha$，L 为两矿体间水平距离，如图 4-12 所示。

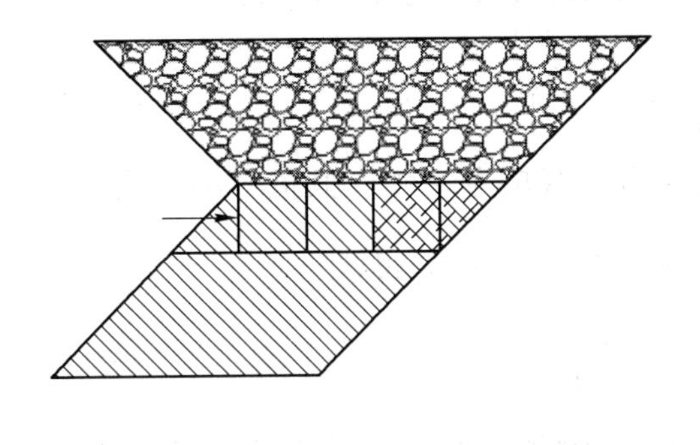

图 4-11　垂直走向方向回采顺序对下盘的影响

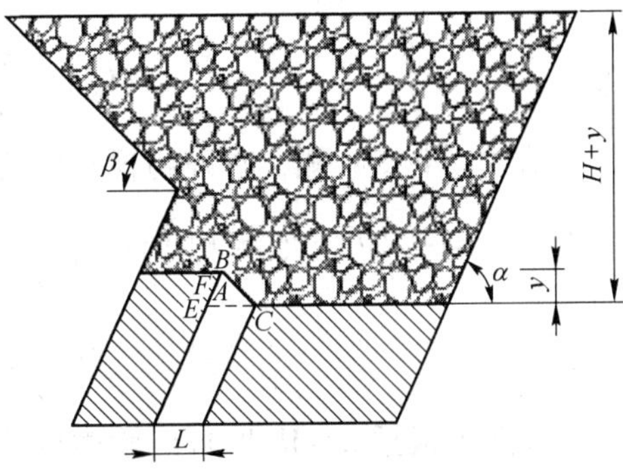

图 4-12　平行矿体回采关系示意图

从图 4-12 中的△BEC 看出，$\angle CBE = 180° - (\beta + \alpha)$，由三角关系得：

$$y = \frac{L\sin\alpha\sin\beta}{\sin(\alpha + \beta)} \tag{4-11}$$

按式（4-11）计算出的高度 y 超前回采下盘一侧矿体，就可避免因先回采上盘矿体而导致下盘矿体中应力升高，从而使该矿体回采时产生困难造成矿石损失增大。

4.4　采场顶板极限跨度尺寸的确定

在应用房式采矿法开采水平矿体时，对回采空间稳定性起限制作用的构件大多是顶板。因为在顶板中，首先可能形成拉应力区。岩石的结构和它的力学性质特点决定它对拉应力特别敏感。此外，在采场顶板中，尤其在靠近矿柱的地方，还可能形成很大的压应力区。为保证在回采期间顶板具有良好的稳定性，就应当使采场顶板尺寸限制在顶板中不存在或存在较小的拉应力、压应力值亦不超过岩石强度的范围内。

采场稳定状态取决于岩体中的初始应力和岩体的变形强度特性的相互关系。同时，对一具体的矿山地质条件似乎存在一个与顶板暴露面积的极限尺寸相适应的极限跨度，顶板跨度小于此值时，采场处于稳定状态。因此，在确定采矿方法结构参数时，首先应使采场顶板跨度不超过其极限值，或采取相应措施加固顶板，适当扩大顶板跨度，以增加矿石回采率，提高开采经济效益。

为了便于分析，还用梁理论研究顶板变形。由材料力学梁理论可知，跨度 $2l$、两端固定、受均布荷载 $q=\gamma H$ 作用的梁的挠度 y 为：

$$y=\frac{q}{24EJ}(l^2-x^2)^2 \tag{4-12}$$

式中，J 为梁断面对中性轴惯性矩；x 为研究截面距原点距离。

因 $M_{(x)}=EJ\frac{d^2y}{dx^2}$，所以对式（4-12）两次微分可得弯矩 $M_{(x)}$ 为：

$$M_{(x)}=\frac{q}{6}(3x^2-l^2) \tag{4-13}$$

从式（4-13）知，在采场顶板中心位置，弯矩为“-”，其值最小，该处弯矩 $M_{(x=0)}=-\frac{q}{6}l^2$，如将 l 用 $L/2$ 替代（L 为采场跨度），得：

$$M_{(x=0)}=-\frac{q}{24}L^2 \tag{4-14}$$

以此可根据 $B=M/W$ 求出梁横截面上作用的弯曲应力（式中 W 为截面矩）。如顶板中央截面处表面弯曲应力 $\sigma_B=\sigma_t$，则顶板处于极限状态，此极限状态可表示为：

$$[\sigma_t]=\sigma_B=\frac{M}{W} \tag{4-15}$$

如果把顶板看作是一个高度为 h，宽度为 l 的矩形断面梁，则 $W=2h/6$，将其代入式（4-15），并将式（4-15）中的 M 用式（4-14）置换，则得：

$$L=2h\sqrt{\frac{[\sigma_t]}{\gamma H}} \tag{4-16}$$

式（4-16）给出采场极限跨度与顶板中拉应力 σ_t、顶板厚度 h 及原岩应力之间的应力关系。为了得出采场跨度随采深不同时与顶板中拉应力关系，可把顶板厚度看成是上覆岩层厚度 H，这时得出近似关系为：

$$L=2H\sqrt{\frac{[\sigma_t]}{\gamma H}} \tag{4-17}$$

根据实验室用相似材料模拟实验得出，采场跨度 L 与开采深度 H、岩石抗拉强度之间关系为：

$$L/H=a\left(\frac{\sigma_t}{\gamma H}\right)^n \tag{4-18}$$

式中，a、n 为根据试验资料用图解法确定的常数，由试验曲线开始和最终两点上的 L、H、σ_t 和 γH 的值建立方程组求得。

上述分析建立在完整岩石的基础上，而一般岩体情况下，顶板岩层中存在着不同程度的结构面。从生产实践可知，应用梁或板理论所求得的极限跨度与实际出入很大。在结构面密集或者多组结构面交汇形成楔形结构体的地方，往往会发生松脱冒落。多裂隙顶板的极限跨度，大约为无裂隙顶板极限跨度的60%~70%。

4.5 矿柱尺寸的确定

矿柱是一种支撑结构，它的稳定性取决于作用在矿柱上的荷载及矿柱强度。

4.5.1 矿柱上的应力

矿柱上的荷载就是指作用于其上的应力，它取决于初始应力场、矿房尺寸、矿柱形状与布置、矿柱的高宽比以及矿柱岩石性质等因素。实际上，矿柱上的应力随开采空间的变化和时间的推移而改变。例如，开采前，矿柱受初始应力场的作用，开采后，则还要承受矿房引起的附加应力作用，如图 4-13 所示。

如果在长期受载下，矿柱产生裂隙、变形，则矿柱上应力会降低。如果邻近支撑结构发生变化，如回采残留矿柱，则矿柱上的应力又会增加。因此，建立矿柱上应力是变化的观点，对选择矿柱尺寸，评论矿柱稳定性都是重要的。

目前，从设计角度考虑，矿柱上的应力仍取初始受载阶段的计算应力。

（1）垂直应力 σ_z。假设包括回采空间在内的全部荷载均由系列矿柱承担，见图 4-13，则矿柱中横截面上的平均垂直应力 σ_z 为：

$$\sigma_z = \sigma_{\mathrm{V}} \frac{(a+c)(b+d)}{ab} \tag{4-19}$$

式中，$\sigma_{\mathrm{V}} = \gamma H$，$H$ 为矿柱距地面的深度；其他变量参见图 4-14。

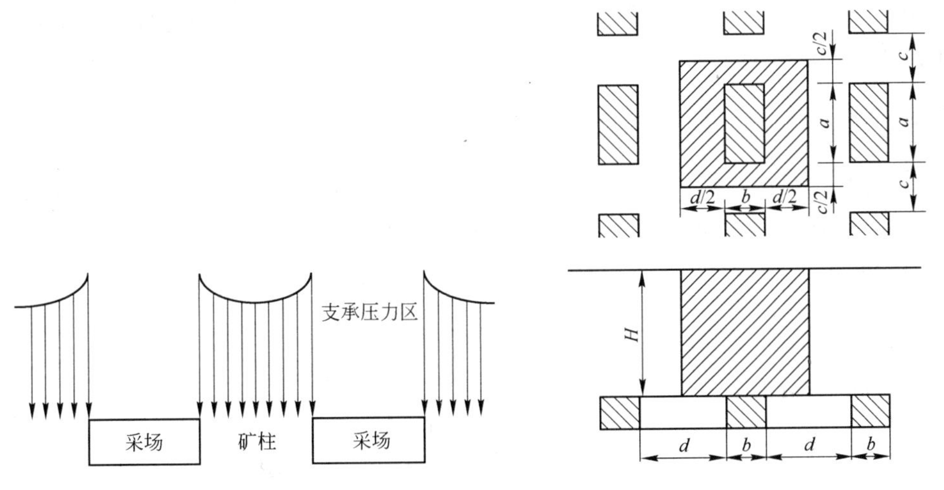

图 4-13 矿柱垂直方向上的应力

图 4-14 用面积分摊法计算矿柱上平均垂直应力

（2）矿柱长宽比对垂直应力 σ_V 的影响。根据澳大利亚芒特艾萨矿、加拿大基德克里克矿及我国大厂矿的研究资料，随着矿柱长度增加和矿柱长宽比的变化，垂直应力降低，如图 4-15 所示。由图可以看出，当 $a/b>3$ 之后，垂直应力降低变缓。

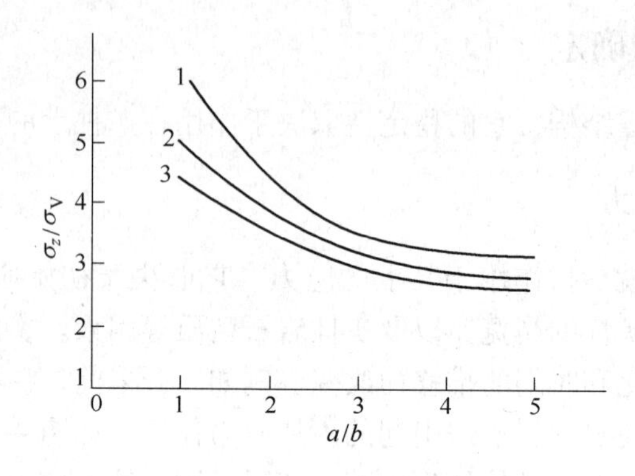

图 4-15 矿柱垂直应力之比 σ_z/σ_V 随矿柱长宽比 a/b 的变化

1—芒特艾萨矿 1100 号铜矿体；2—基德克里克矿 2 号矿体；3—大厂矿 91 号矿体

（3）用矿柱回采率计算矿柱垂直应力。因为矿块回采率 η 为：

$$\eta = \frac{(a + c)(b + d) - ab}{ab} \tag{4-20}$$

将式（4-19）代入式（4-20），得：

$$\sigma_z = \sigma_V \frac{1}{1 - \eta} \tag{4-21}$$

由式（4-21）计算的垂直应力 σ_V，只能用于对矿柱上应力的估计，而不能用于具体矿柱的计算。

4.5.2 矿柱强度

矿柱强度与岩石强度、岩体结构、矿柱长宽比以及时间等因素有关。矿柱的实际强度可用矿柱长宽高尺寸不同时的经验公式确定。

当 $b<a<0.3h$ 时：

$$R_p = 0.75R_c \frac{b^{0.5}}{h^{0.55}} \tag{4-22}$$

当 $a>b>0.3h$ 时：

$$R_p = 1.45R_c \frac{b^{0.5}}{h^{0.55}} \tag{4-23}$$

式中，R_p 为矿柱实际强度；R_c 为矿石单轴抗压强度；h 为矿柱高度。

4.6 采空区治理

地下矿山只有应用房柱法、全面法和留矿法等空场类方法采矿，才存在采空区处理问题。地下空场除在特定条件下可以用矿柱支撑并永久保留外，通常都应当进行处理，目的在于消除空场。因为地下空场若不加以处理，或处理不当，是一种重大的安全生产隐患。

造成金属矿山大规模地压活动的主要原因，从目前来看，多是由于存在多年、容积可观的连贯采空区。因此，采用两步骤回采的矿山，必须合理解决采空区的处理问题。否则采空区周围岩体突然塌落时，会对底柱产生动力冲击作用，并且当顶柱塌落时对采空区中空气进行压缩，使被压缩的空气从与采空区联通的巷道泄出时具有很高的速度，形成破坏性极大的气浪。此外，因为采空区而导致的地表失稳与治理问题，长期以来引起了建筑、路桥、矿山、电力等众多部门的重视，得到了较多的研究。国内外对在建筑物下、铁路下、公路下、河流下采矿引起的岩层移动、地表沉陷已经做了大量研究工作。

在采空区治理上，国内外矿山处理方法大致形成了“崩”、“封”、“撑”和“充”几种方式，其中“封”常是“崩”的前期措施，“撑”是“充”的前期措施。

4.6.1 崩落围岩处理采空区

崩落法是指崩落围岩回填采空区，特点是用崩落围岩回填空场并形成缓冲保护垫层，防止空场内大量岩石突然冒落而造成危害。采用崩落法，能及时消除空场，防止应力过分集中和大规模的地压活动，并且可以简化处理工艺，提高劳动生产率，而且处理成本低，已为国内外矿山广泛应用。但当开采深度小于 100 ~ 150m，或者矿体厚度大于 6 ~10m，或者矿体薄但多层密集分布时，易引起地表发生开裂、沉陷。

崩落围岩处理采空区的适用条件是：

（1）地表允许崩落，崩落后对矿区及农业生产无害；

（2）采空区上方预计崩落的范围内，其矿柱已回采完毕，井巷设施等已不再使用并已撤除；

（3）围岩稳定性较差；

（4）适用于大体积连续采空区的处理；

（5）适用于低品位、价值不高的矿体采空区的处理。

崩落法处理采空区可细分为全面放顶、切顶和削壁充填。其中，常见的切顶方法有深孔法、中深孔法或浅孔法。切顶较容易与矿柱回收同步实施。切顶法施工简便，较全面放顶法经济，适当控制切顶施工顺序，不会引起地表明显岩移。

尤其对于缓倾斜及水平且开采深度大于200m的薄至中厚矿体，或薄且无多层密集分布的矿体，或者开采规模不大的矿体，应用中深孔法或浅孔法切顶处理采空区，不会引起地表发生明显的岩移。

常见的全面放顶法有地下深孔爆破、地表深孔爆破等。其中地表深孔爆破法仅适用于覆盖岩体厚度不太厚的矿山。用地表深孔（Vertical Crater Retreat, VCR）法爆破处理覆岩厚度小于25m的采空区比用地下深孔爆破处理的成本更低。

削壁充填仅适用于处理极薄矿体开采所形成的空场。

近几年，用爆破技术预处理弱化顶板、注水软化和弱化顶板的研究取得了进展，在某些条件下使得采空区在采后不久无害地自然冒落成为可能。随着爆破技术的全面发展，还将VCR法等成功地应用到全面放顶，使经济地应用露天深孔爆破处理覆岩不太厚的地下采空区变成了现实。为了保护地表环境，发达国家一般不用崩落法处理采空区，除非配合应用了预防性的灌浆技术。

4.6.2 用充填料充填处理采空区

用充填料充填处理采空区是从坑内外通过车辆运输或管道输送方式将废石或湿式充填材料送入采空区，把采空区充填密实以消除采空区的一种方法。用充填料充填采空区的作用，在于充填体支撑采空区，控制地压活动，减少矿体上部地表下沉量，防止矿岩内因火灾。

五龙金矿自1958年复矿开采以来共建4个生产坑口，累计采矿量50万吨，体积达188万立方米，20世纪80年代中期针对多个连续采空区所带来的隐患，曾使用350mm大钻孔，将经破碎的掘进废石加15%的水，自流充填至采空区。其中3号坑充填3万立方米，充填深度200m。4号坑充填15万立方米，充填深度240m。

用充填法处理采空区，一方面，要求对采空区或采空区群的位置、大小以及与相邻采空区的所有通道了解清楚，以便对采空区进行封闭，加设隔离墙，进行充填脱水或防止充填料流失；另一方面，采空区中必须有钻孔、巷道或天井相通，以便充填料能直接进入采空区，达到密实充填采空区的目的。

充填法处理采空区，一般用于围岩稳固性较差，上部矿体或矿体上部的地表需要保护，矿岩会发生内因火灾以及稀有、贵重金属和高品位的矿体开采。关于充填法的地压控制，将在下一节中详细论述。

4.6.3 留永久矿柱或构筑人工石柱处理采空区

留永久矿柱或构筑人工石柱处理采空区，一般用于缓倾斜薄至中厚以下的矿体，用房柱法、全面法回采，顶板相对稳定，地表允许冒落的矿山。国内有些有色矿山用这种方法处理采空区已取得一定成效，如贵州省的一些汞矿、广西泗顶铅锌矿、大厂矿务局长坡锡矿等均用这种方法处理采空区。

秦岭金矿金洞岔坑口于20世纪80年代开采9号含金石英脉，属缓倾斜薄矿体，以上山为自由面向两侧矿体开帮，当开至一定跨度，或在采场中间用水泥砂浆人工砌筑废石垛，或留下低品位原生矿柱，或使用锚杆联合支护采空区。

用矿体支撑采空区，在矿柱量不多的情况下，不仅在回采过程中能做到安全生产，而且在回采结束后采空区仍不垮落，达到支撑采空区的目的。其关键是矿岩条件好，矿柱选留恰当，连续的采空区面积不太大。但也有一些用矿柱支撑采空区的矿山，随着时间的推移和空区暴露面积的增大会出现大的地压活动危及矿山安全。实践证明，仅用矿柱支撑顶板，只能暂时缓解采区地压显现，一般并不能避免顶板最终发生冒落或冲击地压。

4.6.4 封闭隔离采空区

封闭隔离法是一种经济、简便的空场处理方法，适用于隔离孤立小矿体开采后形成的采空区，端部矿体开采后形成的采空区和需继续回采的大矿体上部的采空区。实践证明，仅用该方法，对于开采厚大的矿体所形成的大规模采空区，很难保证完全有效。

夹皮沟金矿20世纪80年代开采红旗坑上部中段，使用浅孔留矿法与中深孔分段留矿法，矿柱治理后采空区连成片。该矿从采场底部历时5年放出1.5~2.59g/t的残矿24万吨之后，让品位不够的废石堵死出矿口，隔绝采空区与作业中段的联系。

应用封闭隔离法处理分散、采幅不宽而又不连续的采空区，在国内外很早就有报道。目前，配合其他处理方法，采用这种方法处理采空区的矿山比较多，一般留隔离矿壁或修钢筋混凝土等人工隔离墙。近几年又发展了爆破挑顶和胶结充填封堵等技术。对于大型空场，为了便于人员进入，一般每中段铺设一牢固密闭门。为了防止顶板冲击地压，可以采用在空场顶板开“天窗”等技术。

采用封闭隔离法，一旦冒顶，可保证作业人员、设备的安全及井巷完好；平时可预防人员误入空场发生意外危险；另外，这种技术有利于矿井通风。

4.6.5 联合法处理采空区

联合法处理采空区是指在一个采空区内同时采用两种或两种以上方法进行处理来共同达到消除采空区隐患这一目的。由于采空区赋存条件各异，生产状况不一，各单一空场处理方法均有局限性，有些空场内采用一种采空区处理方法又满足不了生产的需要，从而产生了联合法处理采空区。联合法有四种，即支撑充填、崩落隔离、矿房崩落充填和支撑片落。我国有色矿山使用联合法处理采空区已有多年，应用的矿山有盘古山钨矿、牟定铜矿等。

（1）支撑充填，就是采用框架式原生条带矿柱支撑围岩，并用废石充填框架内的采空区。旨在维护空场之间夹墙的稳定性，防止大规模空场倒塌，以保证矿床回采的顺利进行。它是支撑与废石充填的简单联合。为了处理开采密集分布的急倾斜薄脉矿体所形成的大规模空场，盘古山钨矿等在 1973 年首次共同提出了这种空场处理联合法。实践证明，该方法控制顶板冲击地压，尤其是大规模岩体移动的效果良好。但由于它要求规则地留设条带矿柱和顶、底柱以形成完整的框架支撑结构，处理区域必须用后退式回采顺序，施工和管理比较复杂，还要损失大量矿石。

（2）崩落隔离，就是用废石砌筑以封闭、隔断放顶崩落区域与开采系统的联系。这样做旨在释放部分顶板的应力，并避免人员误入、风路混入崩落区而造成危险和损失。它是全面崩（放）顶与封闭隔离法的简单联合。这种联合法是在崩落法实施的过程中逐步完善而形成的，在我国铜陵、中条山等老矿业基地都有应用。实践证明，该方法经济，施工和管理简便，尤其是大面积爆破放顶时其释放应力的效果更好。但是，矿体较厚大或开采深度较小时采用该方法易引起地表岩移，而且爆破每立方米岩石需要的施工、材料费较高。

（3）矿房崩落充填，就是先崩落已采空的矿房顶板，然后以简易胶结充填之；或者先胶结充填，在料浆尚未固结前崩落矿房顶板；或者按前述两种方案或其联合方案多次充填。这种方法是俄罗斯国家有色矿冶研究设计院等在 20 世纪 90 年代共同试验成功的，适用于两步骤回采缓倾斜的厚大矿体，其所形成的胶结体比一般胶结充填体强度高出 25%～30%，较一般胶结充填可降低充填成本 30%～60%，且控制地压和岩移的效果较好。但是，由于要运用深孔爆破放顶，空场处理总费用较高。

（4）支撑片落，就是用矿柱支撑隔离采空区，变大采空区为小采空区，并通过自然冒落形成废石垫层的空场处理方法。这种方法是由李纯青等于 2001 年总结得到，适用于顶板中等稳固、可自然冒落的岩体条件。

4.7 充填法采场地压

充填采矿法即在矿房或矿块中，随着回采工作面的推进，向采空区送入充填材料或支架，以进行地压管理、控制围岩崩落和地表移动，并在形成的充填体上或在其保护下进行回采。该法主要用于开采围岩不稳固的高品位、稀缺、贵重矿石的矿体；地表不允许陷落，开采条件复杂，如水体、铁路干线、主要建筑物下面的矿体和有自燃火灾危险的矿体等；也是深部开采时控制地压的有效措施。对于矿山充填体的作用，目前普遍认为有以下几个方面：

（1）利用充填技术可快速、有效地回填采空区，及时对采空区围岩形成支撑，阻止围岩变形和冒落，抑制岩爆的发生和降低其影响。

（2）充填体可以明显改善采空区周围岩体的二次应力分布状况，提高围岩自身的稳固性。

（3）充填体可以快速形成新的工作面，为后续作业创造条件，缩短采充循环周期，实现强化开采，提高资源综合回收率。

（4）充填体可以减缓岩体能量释放速度和强度，避免或减轻深部冲击地压的发生。

（5）充填技术有利于提高矿石回收率，充分利用有限的矿石资源。

（6）充填时可以充分利用矿山开采产生的废石、选矿产生的尾砂等固体废弃物，可减少污染，保护地表环境，实现无废开采。缺点是工艺复杂，成本高，劳动生产率和矿块生产能力都较低。

4.7.1 充填工艺

根据所采用的充填料和充填输送方式的不同，充填工艺分为干式充填、水砂充填和胶结充填三大类。

4.7.1.1 干式充填

中国早在 20 世纪 50 年代以前就采用了以处理废弃物为目的的废石干式充填工艺。废石干式充填法曾在 50 年代初期成为中国主要的采矿方法之一，如 1955 年在有色金属地下开采矿山中该方法应用比例高达 54.8%。随着充填技术的发展，废石干式充填因其效率低、生产能力小和劳动强度大，已不能满足“三强”（强采、强出、强充）采矿生产的需要。因而，自 1956 年开始，国内干式充填法所占的比重逐年下降，到 1963 年在有色矿山担负的产量仅占 0.7%，处于被淘汰的地位。

4.7.1.2 水砂充填

水砂充填是将充填骨料加水制成质量浓度较低的砂浆，利用管道、溜槽、钻孔等自流输送到待充填地点进行充填的工艺。在水砂充填中水仅仅作为输送物料的载体，充入采空区后，充填料留在采空区，水渗滤出去，沿巷道水沟流入水仓，通过排水和排泥设施将渗滤出的清水和随清水流失的细泥排出地表。我国的水砂充填工艺从 20 世纪 60 年代开始采用，1965 年在锡矿山南矿为了控制大面积地压活动，首次采用了尾砂水力充填采空区工艺，有效地减缓了地表下沉；湘潭锰矿为防止矿坑内因火灾，从 1960 年开始采用碎石水力充填工艺，取得了较好的效果；70 年代铜绿山铜矿、招远金矿和凡口铅锌矿等矿山都先后成功应用了尾砂水力充填工艺；孙村煤矿在 80 年代前后，曾应用水砂充填进行浅部煤层开采；进入 80 年代后，分级尾砂充填工艺与技术应用更加广泛，安庆铜矿、张马屯铁矿、三山岛金矿等 60 余座有色、黑色和黄金矿山都推广应用了该项工艺技术。

4.7.1.3 胶结充填

干式充填、水砂充填都属于非胶结充填的范畴。由于非胶结充填体无自立能力，难以满足采矿工艺高回采率和低贫化率的需要，20 世纪 60~70 年代，中国开始开发和应用尾砂胶结充填技术。胶结充填是将胶凝材料（一般为水泥）、骨料、水混合形成的浓度较高的浆体，通过钻孔或管道，自流或加压输送到待充填地点实施充填的工艺。充入采场的水泥砂浆经过一段时间养护后，成为固化体控制地压。在胶结充填中水是输送物料的载体，充入采空区后，除一部分参与水泥水化反应之外，多余的水分通过脱滤水设施渗滤出去，沿巷道水沟流入水仓，通过排水和排泥设施将渗滤出的清水和随清水流失的细泥排出地表。金川集团公司龙首矿于 1965 年开始应用戈壁集料作为充填骨料的胶结充填工艺，并采用电耙接力输送，其充填体水泥单耗为 200kg/m^3。这种传统的粗骨料胶结充填输送工艺复杂，且对物料的级配要求较高，因而一直未获得大规模推广使用，到 20 世纪 70~80 年代，几乎被细砂胶结充填完全取代（如凡口铅锌矿、招远金矿和焦家金矿等）。细砂胶结充填以尾砂、天然砂和棒磨砂等材料作为充填骨料，以水泥为主要胶结剂，集料与胶结剂通过搅拌制备成料浆后，以两相流管道输送方式输入采场进行充填。因细砂胶结充填兼有胶结强度和适于管道水力输送的特点，自 80 年代开始在凡口铅锌矿、小铁山铅锌矿、康家湾铅锌矿、黄沙坪铅锌矿、铜绿山铜矿等 20 多座有色金属矿山得到广泛推广应用。

4.7.2 矿山充填体的作用机理

充填采场属于人工支护的范畴，类似于采用锚杆、喷射混凝土等人工措施支护采场巷道，其目的在于维护采场围岩的自身强度和支护结构的承载能力，防止采场或巷道围岩的整体失稳或局部垮冒。对于充填体的支护作用，布雷迪和布朗认为有下列三种：

（1）表面支护作用。通过对采场边界关键块体的位移施加运动约束，充填体可以防止在低应力条件下开挖空间周边岩体时空间上的渐进破坏。

（2）局部支护作用。由邻近的采矿活动引起的采场帮壁岩体的准连续性刚体位移，使得充填体发挥被动抗体的作用。作用在充填体与岩体交界面上的支护压力允许在采场周边产生一定高的局部应力梯度。实践已证明，即使小的表面荷载对摩擦型介质中的屈服区范围也可能产生重大的影响。

（3）总体支护作用。如果充填体受到适当的约束，它在矿山结构中可以起到一种总体支护构件的作用。也就是说，在岩体与充填体交界面上采矿所诱导的位移将引起充填体的变形，而这类变形又导致了整个矿山近场区域中应力状态的降低。

上述三种机理代表了充填体在矿山结构中不同的支护作用，即表面的、局部的和总体的支护。在任何情况下，支护的工作方式都可假设为既与岩体性质有关，也与充填体性质有关。

北京科技大学于学馥教授针对金川矿区所采用的充填材料与充填工艺指出，在采矿过程中，开挖对围岩的稳定性影响取决于开挖过程是否引进新介质，开挖后不引进新介质，开挖次数越多，越不利于围岩稳定，但开挖过程充填新介质时，开挖次数越多，越有利于围岩稳定。该研究提出充填体三种作用机理：

(1) 应力转移与吸收。充填体进入采空区，最初是不受力的，以后随着充填体强度的提高，具备了吸收应力和转移应力的能力，从而也成为了地层“大家族”的成员，参与地层的自组织系统和活动。

(2) 应力隔离机理。充填体对围岩稳定的应力隔离作用有两种情况：一种是隔离水平应力；另一种是隔离垂直应力。

(3) 系统的共同作用。充填体充入地下采场后，由于充填体、围岩、地应力、开挖等共同作用，特别是开挖系统的自组织机能，使围岩变形得到控制，围岩能量耗散速度得以减缓，从而可以有效控制矿山结构和围岩破坏的发展，防止发生无阻挡的自由破坏塌落。该作用机理提出了充填可减缓围岩能量耗散速度，而围岩系统的能量耗散的速度决定系统稳定性的观点。

H. A. D. Kirsten 和 T. R. Stacey 研究指出，充填在维护采场稳定时的作用方式是多种形式的，因此支护机理不是靠充填体压缩所产生的作用来决定工作中充填体的稳定效果。尽管任何一种支护机理的单独作用是极小的，但其积累起的作用可大大地影响采场覆岩的稳定性。充填体的充填功能主要包括：

(1) 保持顶板岩层的完整性。顶板岩层因断层、节理和裂隙被切割成结构体。由于采场形成的临空面，使得某些结构体具有滑移或冒落的可能。这些潜在冒落的拱顶岩块称之为“拱顶石”。充填体的重要作用之一是在拱顶石和采场之间提供一种连接，延缓并最终阻止拱顶石移动的任何趋势，从而提高顶板围岩的自身承载能力。在不充填的状况下，可能松动的拱顶石将从顶板自由冒落，从而引起连锁的冒落和塌落而最终导致整个采场失稳。

(2) 减轻地震波的危害。充填将在地震条件下提供最有意义的连接功能。在没有充填物的情况下，岩爆引起的压缩冲击波将在顶板和底板岩石表面处反射，产生拉力且趋于将孤立的顶板（或底板）“切断”。充填后与岩石接触的充填料，使冲击波仅在岩石与充填体界面处部分反射，降低了“切断”作用。在动态短时荷载条件下，松软充填体还可以起到硬质充填料的作用。

(3) 作为节理与裂隙中的填充物。充填时，细料将进入上下盘围岩中的裂隙和节理中，起到黏结作用。此外，充填料与岩石之间的接触还能防止在工作面推进时岩层遭受曲率逆转期间节理中出现的任何原生细料跑出，促使节理和裂隙闭合，限制拱顶石的松动，提高顶板围岩的稳定性。

5 支护工程

在控制地压的各种措施中，支护是最有效的措施之一。为了保持巷道的稳定性，使巷道在服务年限内，保证其有效的使用空间，首先需防止围岩发生变形或垮落，通常掘进后一般都要进行支护。在巷道施工中，支护工作量占有较大的比重，它是与凿岩、装岩并列的主要工序，其工作进度在一定程度上决定着成巷速度，支护成本常占巷道工程总成本的1/3~1/2。因此，合理选择支护形式，进而做好支护工作，对提高成巷进度、降低成本、加速矿山建设有着十分重要的意义。

5.1 支护材料

（1）木材。作为矿井支护的木材称为坑木。常用的坑木有松木、杉木、桦木、榆木和柞木，其中以松木用得最多。木材具有纹理，因此木材的强度在不同方向相差很大，顺纹抗拉强度远大于横纹抗拉强度，顺纹抗压强度也远大于横纹抗压强度。在实际使用时应将木材进行防腐处理，以提高坑木的服务年限，从而节省坑木用量。随着国民经济的发展，木材需用量日益增加。在矿井支护中节约坑木和采用坑木代用品，有着重要的意义。

（2）金属材料。金属材料强度大，可支撑较大的地压；使用期长，可多次复用；安装容易；耐火性强；必要时也可制成可缩性结构；虽然初期投资大些，但可回收，算总成本还是经济的。

常用的金属材料有：工字钢、角钢、槽钢、轻便钢轨、矿用工字钢及矿用特殊型钢等。

（3）水泥。水泥是水硬性胶凝材料，除能在空气中硬化和保持强度外，还能在水中硬化，并长期保持和继续增长其强度。

（4）锚杆。锚杆是锚固在岩体内维护围岩稳定的杆状结构物。锚杆与其他支护相比，具有支护工艺简单、支护效果好、材料消耗和支护成本低、运输和施工方便等优点。

目前，国内外适用于不同条件、具有不同功能和用途的锚杆有数百种，按锚杆与被锚固岩体的锚固方式大体可分为黏结式、机械式和摩擦式三类；按锚固段的长短可分为端头锚固、全长锚固和加长锚固；按锚杆杆体的工作特性可分为刚性锚杆和可延伸锚杆；按锚杆强度的大小可分为普通锚杆和高强度（超高强度）

锚杆。

单体锚杆主要由锚头（锚固段）、杆体、锚尾（外露段）、托盘等部件组成，是井巷支护中非常重要的支护材料之一。

（5）混凝土。混凝土是由水泥、砂子、石子和水所组成，其中砂、石称为骨料，约占混凝土总体积的70%~80%，主要起骨架作用并能减少胶结材料的干缩；水泥和水拌和成水泥浆包裹骨料表面并填充其空隙，使新拌混凝土具有和易性，利于施工。水泥浆硬化后，则将骨料胶结成一个坚实的整体。

混凝土具有抗压强度大，耐久、防火、阻水，可浇筑成任意形状的构件，所用的砂、石可以就地取材等优点。但也存在着抗拉强度低、受拉时变形能力小、容易开裂、自重大等缺点。

由于混凝土具有上述各种优点，因此它是一种重要的建筑材料，也是一种重要的矿井支护材料。

新拌混凝土应具有适于施工的和易性或工作性，以获得良好的浇筑质量；硬化混凝土除应具有能安全承受各种设计荷载要求的强度外，还应当具有在使用环境下及使用期限内保持质量稳定的耐久性。

5.2 临时支护

临时支护的形式较多，为了节省坑木和提高效率，经常采用的有金属临时支架和喷锚临时支护等。

5.2.1 金属拱形支护

采用石材、混凝土整体式支架的巷道，多在掘进后先架设临时支架，以防止掘进与砌碹之间这一段距离的顶、帮岩石的垮落。临时支架多采用金属拱形支架，它用的材料以15~18kg/m的钢轨或其他型钢制作，支架间距一般为0.8~1.0m。

金属拱形临时支架分为无腿的和带腿的两种。

无腿金属拱形临时支架常用的形式如图5-1所示。架设时首先在巷道两侧拱基线上方凿两个托钩眼，并安上托钩或钢轨橛子，架设拱梁，铺设背板，最后在两个拱梁之间安设拉钩和顶柱，使其成为一个整体。这种支架适用于岩层中等稳定没有侧压的拱形巷道中。

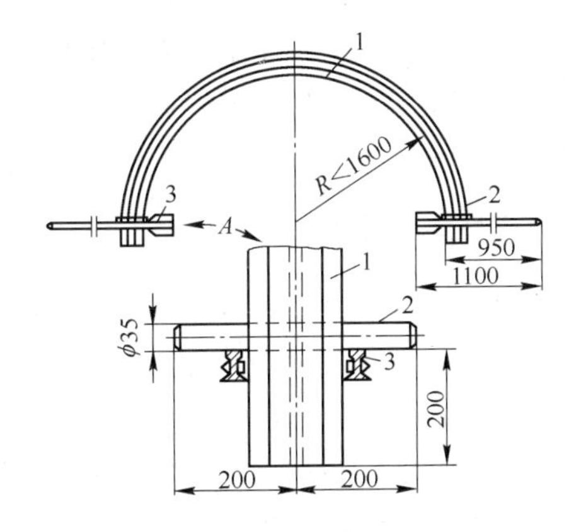

图5-1 无腿金属拱形临时支架
1—拱梁；2—顶托；3—拱肩

带腿金属拱形临时支架，是在无腿拱梁上再加装可拆装的棚腿（见图 5-2）。这种支架多用在围岩压力较大，顶、帮围岩均不稳定的巷道中。

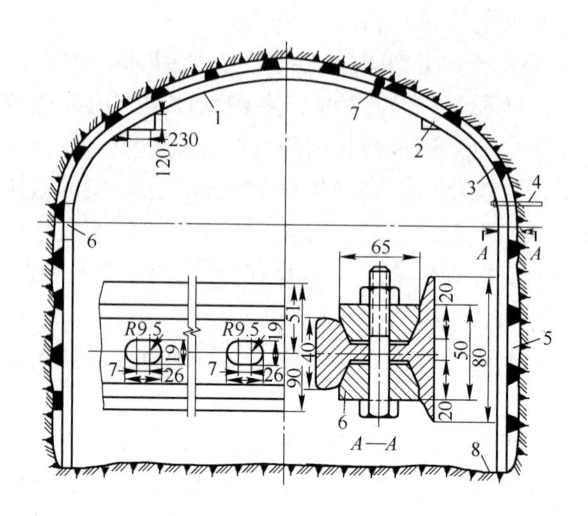

图 5-2 带腿金属拱形临时支架

1—钢轨拱梁；2—托梁；3—钢轨橛子；4—铁道橛子；5—棚腿；6—连接板；7—拉杆；8—棚腿垫板

5.2.2 喷锚支护

凡有条件的矿山，在进行巷道临时支护时，都应优先选用喷锚作临时支护，这种临时支护在爆破后应紧跟迎头，及时封闭围岩，防止岩石松动和垮落。其施工方法简单易行，便于实现机械化，且安全可靠，既是临时支护，又可以作为永久支护的一部分（见图 5-3）。

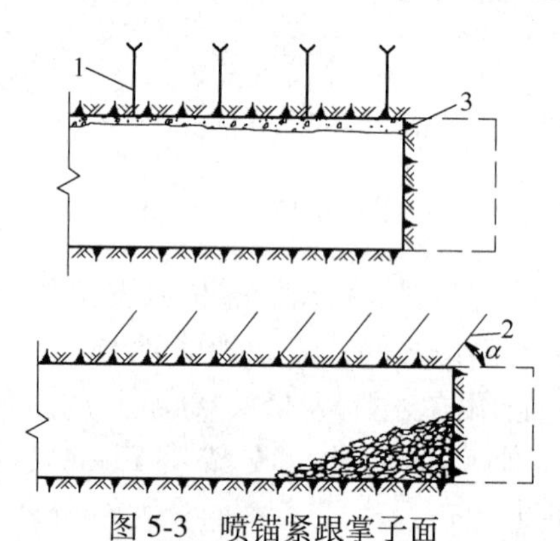

图 5-3 喷锚紧跟掌子面

1—锚杆；2—超前锚杆；3—喷射混凝土或喷砂浆

5.2.3 喷射混凝土

5.2.3.1 混凝土和易性及其影响因素

和易性是指新拌混凝土在运输、浇筑过程中能保持均匀、密实、不离析和不泌水的工艺性能。它包括流动性、黏聚性及保水性三个方面的含义。

（1）流动性。流动性是指新拌混凝土在自重或外力作用下，能够流动且能密实充填构件各部位的性能。

（2）黏聚性。黏聚性是指新拌混凝土各组分间具有一定的黏聚力，在运输、浇筑过程中不分层、不离析，使混凝土能保持整体均匀的性能。

（3）保水性。保水性是指新拌混凝土保持水分，不致产生严重的泌水现象的能力。发生泌水现象的混凝土，由于水分分泌出来会形成容易透水的孔隙，使混凝土的强度、耐久性降低。

混凝土的和易性用坍落度试验来评定：干硬性的（坍落度为0~1cm）、低塑性的（坍落度为2~8cm）、塑性的（坍落度为10~20cm）、流态的（坍落度大于20cm）。

5.2.3.2 混凝土强度和标号

混凝土的强度以抗压强度最大。因此，混凝土主要用于承载压力。

混凝土的标号用以表示混凝土强度的等级，以立方体（20cm×20cm×20cm）28天龄期单轴抗压强度划分标号。混凝土标号：C10~C100以5个标号递增，如C10、C15、C20、C25等。一般使用的混凝土为中等强度（C26~C40），占总量的71.15%；C25以下的占了13.13%；C40以上占了16.72%。矿井支护中，常用的混凝土为C15、C20。

影响混凝土强度的因素很多，其中水泥标号与水灰比是影响混凝土强度的主要因素，同时混凝土强度还与水泥品种和骨料特性有关。当其他条件相同时，水泥标号愈高，混凝土强度愈高，当用同一种水泥（品种及标号相同）时，混凝土的标号主要取决于水灰比。混凝土强度与水灰比、水泥标号以及水泥品种与骨料种类之间的关系，可用经验公式（5-1）表示。

$$R_{28} = AR_{c}\left(\frac{C}{W} - B\right) \tag{5-1}$$

式中，R_{28}为混凝土28天龄期的抗压强度；R_c为水泥标号；C/W为灰水比；A、B为试验系数。

影响混凝土强度的其他因素有：混凝土所处环境的温度和湿度、养护龄期等。这些都是影响混凝土强度的重要因素，都是通过对水泥水化过程所产生的影响而起作用的。

5.2.3.3 混凝土的耐久性

混凝土应具有适当的强度，除能安全承受设计荷载外，还应根据其周围的自然环境以及在使用上的特殊要求而具有各种特殊性能。例如，承受压力水作用下的混凝土，需要具有一定的抗渗性能；遭受环境水侵蚀的混凝土，需要具有与之相适应的抗侵蚀性能；等等。这些性能决定着混凝土经久耐用的程度，所以统称为耐久性。

混凝土的耐久性取决于组成材料的品质与混凝土的密实度。提高混凝土耐久性的主要措施有：控制混凝土的最大水灰比，合理选择水泥品种，保证足够的水泥用量，选用较好的砂、石骨料，合理地调整骨料级配；改善混凝土的施工操作方法，搅拌均匀，浇筑和振捣密实及加强养护以保证混凝土的施工质量。

5.2.3.4 混凝土的配合比

混凝土各组成材料用量比例，即混凝土中水泥、砂、石用量比例（质量比或体积比）和水灰比（加水量与水泥用量之比），称为混凝土配合比。

（1）计算水灰比。先根据支架要求的混凝土强度 R_{28} 确定水泥标号 R_c。在一般情况下，它们之间的关系为 $R_c=(1.5\sim2.0)R_{28}$，已知 R_c 及 R_{28}，再利用式（5-1）求出水灰比：

$$\frac{W}{C}=\frac{A(1.5\sim2)R_{28}}{R_{28}+ABR_c} \tag{5-2}$$

（2）确定用水量和水泥用量。根据施工要求提出的坍落度和采用的石子种类及最大粒径，由混凝土配合比表查出 $1m^3$ 混凝土用水量，最后按水灰比求 $1m^3$ 混凝土的水泥用量。

（3）计算骨料（砂、石）的绝对体积。$1m^3$ 混凝土中骨料的绝对体积 $V_{骨}$（cm^3）是指不包括骨料中空隙的体积：

$$V_{骨}=1-(\text{水泥绝对体积}+\text{水的体积})$$

或

$$V_{骨}=1000-\left(\frac{M_{水泥}}{\rho_{水泥}}+V_{水}\right)$$

式中，$M_{水泥}$ 为水泥用量，kg；$\rho_{水泥}$ 为水泥密度，t/m^3 或 kg/cm^3；$V_{水}$ 为水用量，kg。

（4）砂率的确定。

（5）求砂石、用量。

1）砂子的绝对体积 $V_{砂}$（cm^3）：

$$V_{砂}=V_{骨}\times\text{砂率}$$

2）砂子的质量 $M_{砂}$（kg）：

$$M_{砂}=V_{砂}\times\rho_{砂}$$

3）石子的绝对体积 $V_{石}$（cm^3）：

$$V_{石}=V_{骨}-V_{砂}$$

4）石子的质量 $M_{石}$（kg）：

$$M_{石}=V_{石}\times\rho_{石}$$

式中，$\rho_{砂}$、$\rho_{石}$ 分别代表砂、石的密度。

计算混凝土配合比（质量比）$M_{水泥}:M_{砂}:M_{石}=1:M_{砂}/M_{水泥}:M_{砂}/M_{水泥}$，即 $1m^3$ 混凝土中各成分的数量比例。施工中要进行试验验证，即做强度和坍落度试验。如果不符合要求，应进行调整。

5.2.4 喷射工艺

喷射混凝土技术在世界上已有近百年的历史。它始于奥地利，随后瑞士、德国、法国、瑞典、美国、英国、加拿大及日本等国也相继采用了喷射混凝土技术，我国是从 20 世纪 60 年代末在铁路隧道施工中推广新奥法施工时开始采用的。

喷射混凝土是将按一定比例配合的水泥、砂、石子和速凝剂等混合均匀搅拌后，装入喷射机，以压缩空气为动力，使拌和料沿输料管吹送至喷头处与水混合，并以较高的速度喷射在岩面上，凝结硬化后形成高强度、与岩面紧密黏结的混凝土层。常用于喷射岩体表面、构筑巷道内衬、墙壁、顶板等薄壁结构或其他结构的衬里以及钢结构的保护层。

喷射混凝土按其施工工艺分为两种：一种是干式喷射；一种是湿式喷射。

干喷混凝土是将水泥、砂、石在干燥状态下拌和均匀，用压缩空气送至喷嘴并与压力水混合后进行喷射的方法。此法须由熟练人员操作，水灰比宜小，石子须用连续级配，粒径不得过大，水泥用量不宜太小，一般可获得 28~34MPa 的混凝土强度和良好的黏着力。但因喷射速度大，粉尘污染及回弹情况较严重，使用上受到一定限制。

湿喷混凝土是将拌好的混凝土通过压浆泵送至喷嘴，再用压缩空气进行喷射的方法。施工时宜用随拌随喷的办法，以减少稠度变化。此法的喷射速度较低，由于水灰比增大，混凝土的初期强度亦较低，但湿式喷射回弹和粉尘都较少，材料配合易于控制，但易堵管，工作效率较干喷混凝土高。

喷射混凝土具有较高的强度、黏结力和耐久性，但它会产生一定的收缩变形。喷射混凝土广泛用于井巷工程中，具有机械化程度高、施工速度快、材料省、成本低、质量好等优点，是一种较好的临时支护形式。

喷射混凝土工艺流程如图 5-4 所示。

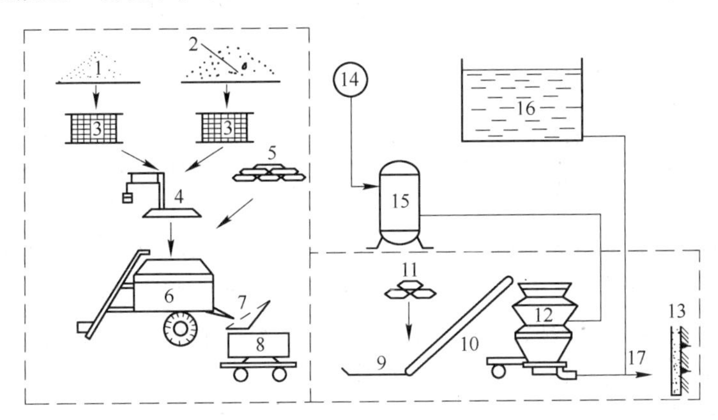

图 5-4 喷射混凝土工艺流程

1—砂子；2—石子；3，7—筛子；4—计量器；5—水泥；6—搅拌机；8—料车；9—料盘；10—上料机；11—速凝剂；12—喷射机；13—受喷面；14—压风管；15—风包；16—水箱；17—喷头

5.2.5 施工机具

喷射混凝土的施工机具，主要包括喷射机、干料搅拌机、上料设备和机械手等。

5.2.5.1 混凝土喷射机

A 混凝土喷射机类型

目前国内常使用的干式喷射机有转体式 ZHP-2 型、双罐式 WG-25 型、螺旋式 LHP-701 型、简易负压式 HPX 型，湿式喷射机有 HLF-5 型等，它们的技术特征如表 5-1 所示。

表 5-1 常用混凝土喷射机主要技术性能

项目		单位	干式喷射机			湿式喷射机
			ZHP-2 型	WG-25 型	LHP-701 型	HLF-5
生产能力（拌和料）		m^3/h	4~5	4	3~5	5~6
骨料最大粒径		mm	25	25	30	20
输料管内径		mm	50	50	75	50
压气工作压力		MPa	0.3~0.5	0.1~0.6	0.15~0.3	3~6
压气消耗量		m^3/min	5~10	7~8	5~8	10
电动机型号		—	—	JO51-6	BJO2-41-4	—
电动机功率		kW	4.0	2.5	4.0	4
电动机转速		r/min	960	960	1400	—
喷料盘或主轴转速		r/min	9.6	10.3	10.3	—
最大输送距离	向上	m	60	40	5	40
	水平	m	200	200	8~12	80
自重		kg	650	850	360	600
外形尺寸（长×宽×高）		mm×mm×mm	1425×750×1250	1650×850×1630	1330×730×750	1800×850×1300

（1）ZHP-2 型转体式混凝土干喷机（见图 5-5）。转体是这种喷射机的核心，转盘上有 14 个气杯和 14 个料杯，每个气杯只与一个料杯连通，当料杯旋转至入料口时，由拨料板、定量板将混合料装入料杯。料杯继续旋转至与出料弯头连通的时候，进风管与气杯也相通，则料杯中的混合料被送入输料管，如此循环不已，则混凝土干料即可连续地送入输料管。该机目前使用最为广泛。

喷头的作用是使高压水与混凝土干料均匀混合并使料束集中，以较高速度射向岩面。喷头的形式很多，一般由喷头体、水环、拢料管组成（见图 5-6）。喷头的水量由进水阀控制，经水环上两排直径 1~1.5mm 的小孔变成雾状，并在此

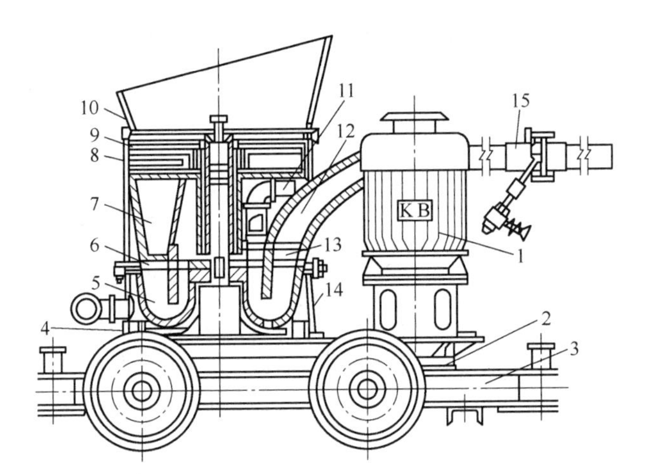

图 5-5 ZHP-2 型转体式混凝土干喷机结构示意图

1—电动机；2—减速器；3—行走部分；4—平面轴承；5—旋转体；6—旋转板；7—上座体；8—配料盘；9—定量板；10—搅拌器；11—进风管；12—出料弯头；13—密封胶板；14—下座体；15—喷射管路

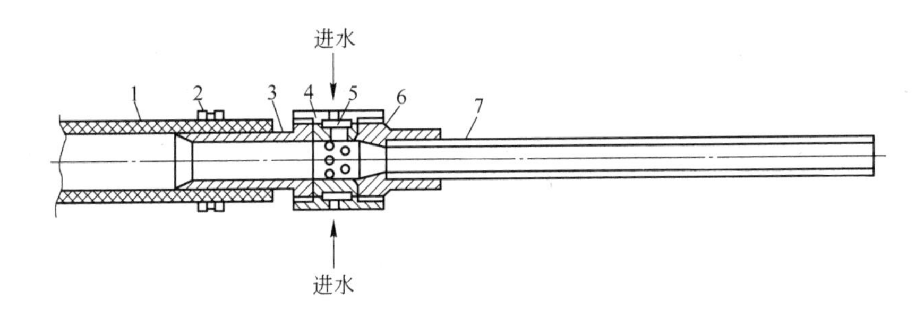

图 5-6 喷头结构图

1—输料软管；2—3 号铁丝；3—胶管接头；4—喷头座；5—水环；6—拢料管接头；7—拢料管

与干料混合。

拢料管多为直径 45mm、长 500mm 的塑料管，保证水与混合料有较多混合时间，减少粉尘含量。喷头由人工操作或用机械手操作。

（2）HLF-5 型罐式混凝土湿喷机（见图 5-7）。并列的两个罐体 4 上方有一个共用的料斗 5，下方各有一个输料螺旋 10，两个罐体交替入料，并经各自的输料螺旋交替输料。在两个输料螺旋的前端各装一个进风环，压气经进风环进入，使混凝土湿料稀释，并将其吹入出料管。两面罐的出料管在气动交换器 1 处汇合，并经常保持一个出料管与输料管连通。工作时，料斗 5 中的拨料片，由电动机 2 经减速器 3 驱动，不停旋转，拨动加入的混凝土湿料。当操纵阀 6 扳到一侧时，球阀气缸 9 使一个球面阀 7 打开，另一个球面阀关闭，拨料片向打开的罐体供料。装满后，将操纵阀扳到另一侧，重罐关闭，空罐打开，同时离合器 11 使重罐的输料螺旋 10 运行，气动交换器 1 使其出料管与输料管接通，重罐风环进风，空罐排气，罐内混凝土湿料经输料管到达喷头向外射出。如此交换入料和出料，连续喷射。

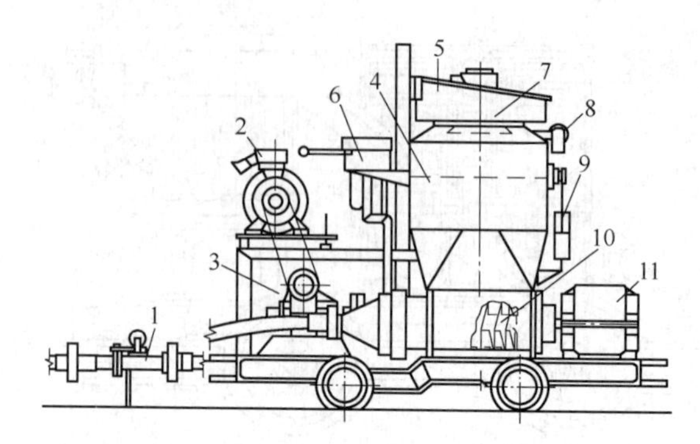

图 5-7 HLF-5 型罐式混凝土湿喷机

1—气动交换器；2—电动机；3—减速器；4—罐体；5—料斗；6—操纵阀；7—球面阀；8—排气阀；9—球阀气缸；10—输料螺旋；11—离合器

B 湿式混凝土喷射机主要优点

（1）大大降低了机旁和喷嘴外的粉尘浓度，消除了对工人健康的危害。

（2）生产率高。干式混凝土喷射机一般不超过 $5m^3/h$，而使用湿式混凝土喷射机，人工作业时可达 $10m^3/h$；采用机械手作业时，则可达 $20m^3/h$。

（3）回弹度低。干喷时，混凝土回弹度可达 15%～50%。采用湿喷技术，回弹率可降低到 10%以下。

（4）湿喷时，由于水灰比易于控制，故可大大改善喷射混凝土的品质，提高混凝土的均质性。而干喷时，混凝土的水灰比是由喷射手根据经验及肉眼观察来进行调节的，混凝土的品质在很大程度上取决于机手操作正确与否。

C 湿式混凝土喷射机推广应用中需解决的一些问题

目前，由于湿喷技术具有明显的优势，湿式混凝土喷射机在工程中的应用也越来越多。湿式喷射机主要存在以下几方面问题：

（1）湿式混凝土喷射机多采用液体速凝剂。

（2）劳动力成本低及人们的环保意识尚待提高。

（3）湿式混凝土喷射机作业时，设备投资较为复杂，操作及维修不及干喷机方便。

（4）使用湿式混凝土喷射机作业时，设备投资较高。

以上种种因素造成湿喷混凝土施工成本高于干喷混凝土施工成本，使湿式混凝土喷射机在国内的推广受到一定程度的限制。但是，随着环保意识的加强，以及人们对喷射混凝土施工质量更高的要求，湿式混凝土喷射机必将越来越多地取代干式混凝土喷射机而成为喷射混凝土作业的主要机具。

5.2.5.2 喷射混凝土支护的配套机械

为了提高效率，改善工作条件，各种配套机械正在研制、试验中。喷射混凝土支护的配套机械有石子筛洗机、混凝土搅拌机、上料设备、喷射机械手等。

（1）搅拌设备。安Ⅳ型螺旋搅拌机可以与各种类型的干式喷射机配套使用。

（2）机械手。喷射混凝土时，回弹量大，粉尘多，劳动条件差，为了解决这一问题，以及为了提高支护机械化程度，近年来设计、试制了多种机械手。国产的有 HJ-1 型简易机械手和液压机械手两种。

1）简易机械手（见图 5-8）工作时，喷射位置由喷射手调整手轮、立柱高度和小车位置来确定。喷嘴的摆动由电动机、减速器通过软轴带动，代替人工进行混凝土喷射作业。

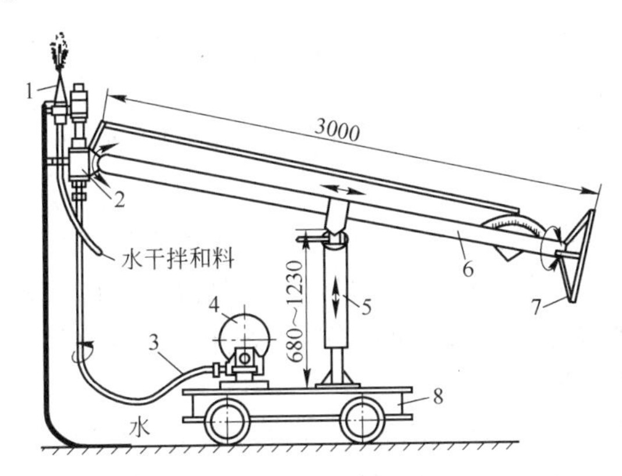

图 5-8 简易机械手

1—喷嘴；2—回转器；3—软轴；4—电动机及减速器；
5—伸缩立柱；6—回转杠杆；7—手轮；8—小车

2）液压机械手（见图 5-9）的特点是各动作部分皆由液压驱动，机械手可以在喷头后面控制喷射作业。

上述两种机械手，在施工中可以减轻劳动强度，改善作业环境，并有助于施工质量的提高，但仍存在一些问题，尚需进一步改进。

5.2.5.3 喷射混凝土机械化配套原则

（1）根据设计工程量和工期进度要求，确定选用的主要喷射混凝土机械的作业能力和工作范围。

（2）鉴于湿喷能改善作业环境及其在国内外的发展趋势，为保证混凝土喷层质量，应优先采用湿喷工艺和湿喷机具。

（3）为保证喷射时能按喷射混凝土的有关规定进行喷射及降低操持喷嘴人员的劳动强度，应使用喷射机械手。

（4）因湿喷混凝土坍落度较大，为不损失混凝土的浆液及减轻人工上料时繁重的体力劳动，给湿喷机配备螺旋输送机是必要的。上料时，螺旋可以继续对

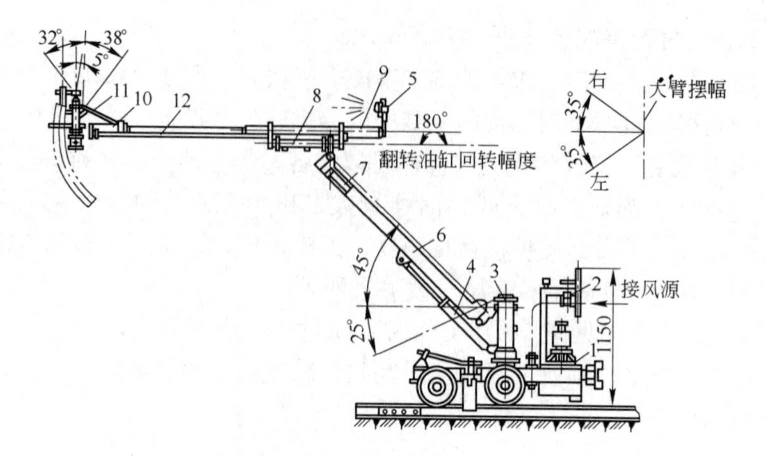

图 5-9 液压机械手

1—液压系统；2—风水系统；3—转柱；4—支柱油缸；5—照明灯；6—大臂；7—拉杆；8—翻转油缸；9—伸缩油缸；10—摆角油缸；11—回转器；12—导向支撑杆

混凝土进行搅拌。

（5）上料机械的卸料高度应大于喷射机的接料高度，上料机械的生产率应大于喷射机的生产率，并要求在不自带动力的情况下，可以轨行或轮胎行走。

（6）在需要使拌和料作较长距离输送条件下，可将搅拌和上料结合起来，用一台搅拌上料机完成。

（7）在大型地下工程中，如果条件允许，可采用喷射混凝土联合机组。

（8）喷射混凝土自动化技术更理想的发展方向是机器人的使用，应向喷射混凝土机器人的方向发展。

5.2.5.4 原材料及配比

喷射混凝土由水泥、砂、石子、水和速凝剂等材料组成。由于喷射混凝土工艺的特殊性，对原材料的性能规格的要求与普通混凝土有所不同。

（1）水泥。喷射混凝土要求凝结硬化快，早期强度高，应优先选用普通硅酸盐水泥，而且要与速凝剂有较好的相容性。水泥强度等级一般应不低于 32.5。为保证混凝土的强度，应尽可能使用新鲜水泥。禁用储存期过长或受潮水泥。

当岩石、地下水或配置用水含有可溶性硫酸盐时，应使用抗硫酸盐类水泥。当结构物要求喷射混凝土具备较高早期强度时，可以使用硫铝酸盐水泥或其他早强水泥。

（2）砂。以中粗砂为宜，尽量不用细砂。细度模数大于 2.6，其中直径小于 0.075mm 的颗粒应少于 20%。用细砂拌制混凝土水泥用量大，易产生较大的收缩变形，而且过细的粉砂中含有较多的游离二氧化硅，危害工人的健康。砂子过粗，会增大回弹量。砂的含水率以 5%左右为宜，过大易堵管，过小粉尘量增加。

（3）石子。可用卵石或碎石。用碎石制成的混凝土密实性好，强度较高，回弹率较低，但对施工设备和管路磨损严重；卵石则相反，它表面光滑，对设备及输料管的磨损小，有利于远距离输料和减少堵管事故；工程中采用卵石的较多。石子的最大粒径取决于喷射机的性能，双罐式和转体式喷射机，粒径不大于25mm，并应有良好的颗粒级配。根据经验，表5-2所列出的颗粒级配比较合理。将大于15mm的石子控制在20%以下，不仅可以减少回弹，也有利于减少混合料在管路内的堵塞现象。

表5-2 喷射混凝土所用石子的合理颗粒级配

粒径/mm	5~7	7~15	15~25
百分率/%	25~35	45~55	<20

（4）水。喷射混凝土用水使用与普通混凝土要求相同的非污水，不得使用pH值小于4的酸性水、含硫酸盐量按SO_4^{2-}计超过水重1%的水及海水等。

（5）速凝剂。速凝剂是促使水泥早凝的一种催化剂。对速凝剂的要求是：加入后混凝土的凝结速度快（初凝3~5min，终凝不大于10min），早期强度高，后期强度损失小，干缩变化不大，对金属腐蚀小等。当前我国生产的8880型和SNA-103A型速凝剂基本上能满足施工的要求。但这两种速凝剂存在严重缺点，主要对施工人员腐蚀性大，混凝土后期强度低，一般要降低30%~40%，而且对水泥品种的适应性差。

速凝剂的作用是：增加混凝土的塑性和黏性，减少回弹量；对水泥的水化反应起催化作用，缩短初凝时间，加速混凝土的凝固。这样可增加一次喷射厚度，缩短喷层间的喷射时间间隔，提高混凝土早期强度，及早发挥喷层的支护作用。但速凝剂的掺入量必须严格控制。试验表明，掺入速凝剂后混凝土的后期强度有明显下降，而且掺入量越多，强度损失越大。8880型和SNA-103A型速凝剂的适宜掺量一般为水泥质量的2.5%~4%，其掺入量与混凝土的凝结时间见表5-3。

表5-3 速凝剂掺入量与混凝土凝结时间的关系

掺入量/%	单位	SNA-103A型		8880型	
		初凝	终凝	初凝	终凝
0	h	6	8	6	8
1	h	1	>2	>1	>2
2	min	2	7.5	1.5	>1
3	min	1.25	2.5	1.5	11
4	min	1.5	3	1.5	2.67
5	min	2.5	2.5	2	3.25
6	min	4.5	7	—	—

（6）配合比。喷射混凝土配合比的选择，应满足强度及喷射工艺要求，一般配合比（质量比）为1∶2∶2（水泥∶砂∶石子）或1∶2.5∶2。

5.2.5.5 喷层厚度的确定

喷层厚度一般为50~150mm，最厚不超过200mm。为了得到均质的混凝土，喷层的最小厚度不小于石子粒径的两倍，喷层过薄，容易使喷层产生贯通裂缝和局部剥落，所以最小厚度不宜小于50mm。喷层愈厚，支撑抗力愈大，刚度愈大，它本身所受的荷载也愈大。当喷层的刚度不能与围岩变形相适应时，愈厚则受力愈大，愈不利。厚度过大在经济上也是不合理的。国内外实践证明，喷射混凝土的最大厚度以不超过200mm为宜。

5.2.5.6 喷射混凝土支护的作用机理

目前，确切分析和论证喷射混凝土的作用机理还是困难的。现在较为普遍的有下面几种观点：

（1）自撑能力。喷射混凝土支护加强了开挖后的岩层，使岩层和喷射混凝土共同形成承载结构，提高了围岩自身稳定性和自撑能力。

（2）黏结作用。喷射混凝土充填了张开的节理、裂隙、岩缝及岩面的凹陷处，其作用相当于砌体中砂浆的黏结作用。

（3）防风化作用。喷射混凝土能阻止岩石节理和裂缝渗水，从而防止节理形成通道，可避免水和空气对围岩的风化破坏。

（4）抗剪强度。喷射混凝土与岩石黏结在一起，能阻止松散岩块从顶板上垮落下来，提高了岩体的抗剪切能力。

（5）支撑作用。有一定厚度的喷射混凝土层还可以看做密闭的拱形构件，具有支撑作用。

5.2.5.7 喷射混凝土的适用条件

除了大面积渗漏水、岩层错动、岩层与混凝土起不良反应等情况外，一般说来，纯喷射混凝土适用于中等稳定的块状结构围岩及部分稳定性稍差的碎裂结构围岩。

5.2.5.8 喷射混凝土施工

A 喷射操作要求

操作前应按施工措施认真检查机器是否运转正常，发现问题及时处理。

（1）喷射机操作必须严格按操作规程进行。作业开始时，应先给风再开电动机，接着供水，最后送料；作业结束时，应先停止加料，待罐内喷料用完后停止电动机运转，切断水、风，并将喷射机料斗加盖保护好。

（2）喷射作业前，先用高压风、水清洗岩面，以保证喷射混凝土与岩面牢固黏结。开始喷射时，喷头可先向受喷面上下或左右移动喷一薄层砂浆，然后在此层上以螺旋状，一圈压半圈，沿横向做缓慢划圈运动的方式喷射混凝土。一般划圈直径以100~150mm为宜（见图5-10）。喷射顺序应先墙后拱，自下而上，注意墙基脚要扫清浮矸，喷严喷实。

B 主要工艺参数

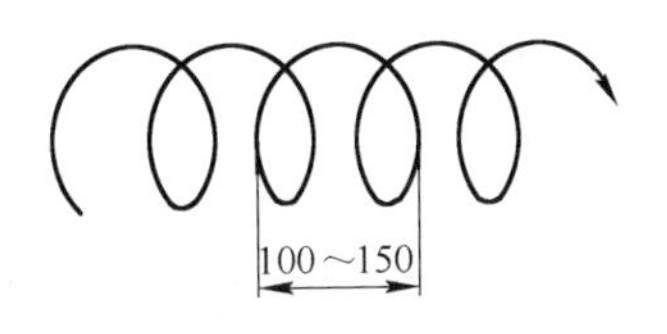

图 5-10 喷射轨迹

下面一些施工工艺参数，对喷射混凝土的质量和回弹有很大影响，在施工中应选其最优值。

a 工作风压

工作风压是指保证喷射机能正常工作的压气压力，故又称工作压力。工作风压与输料管长度、弯曲程度、骨料含水率、混凝土含砂率及其配比等有关。

工作风压过大，回弹率增加；风压过小，粗骨料尚未射入混凝土层内即中途坠落，回弹率同样增加。回弹率加大后，不仅混凝土的抗压强度降低，而且成本增高。故工作压力过大或过小，对喷射混凝土质量均不利。从图 5-11 可以看出最佳工作风压在 110～130kPa 之间。

b 水压

水压一般比风压高 0.1MPa 左右，以利于喷头内水环喷出的水能充分湿润瞬间通过的拌和料。

c 喷头与受喷面的距离和喷射方向

喷头与受喷面的距离，与工作风压大小有关。在一定风压下，距离过小，则回弹率大；距离过大，粗骨料会过早坠落，也会使回弹率增加。由图 5-12 可以看出，最佳间距在 0.8～1.0m，喷射方向垂直于工作面时，喷层质量最好，回弹量最小。

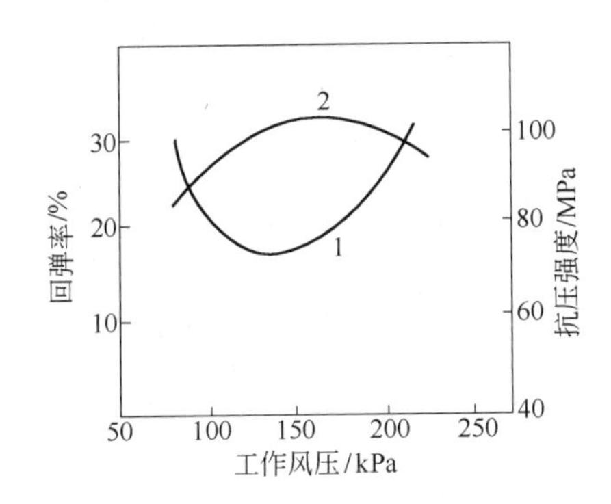

图 5-11 工作风压与回弹率、抗压强度的关系
1—回弹率；2—抗压强度

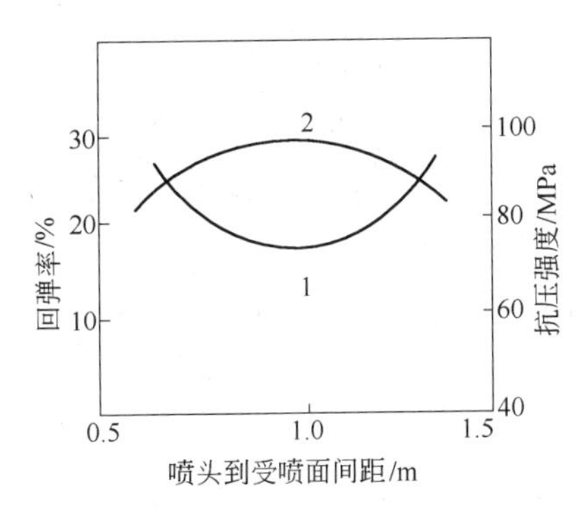

图 5-12 喷嘴到受喷面间距与回弹率、抗压强度的关系
1—回弹率；2—抗压强度

喷嘴与喷射工作面的角度，在喷射两帮时，由下而上喷射，喷射混凝土时喷嘴向下 10°～15°，喷浆时喷嘴向下 5°～10°，使喷射出的混凝土或砂浆料速射在较厚的、刚喷上还没凝固的、塑性大的混凝土或砂浆上面，这样可使粗骨料嵌入这层混凝土或砂浆塑性层中，大大减少了回弹。同时喷射溅起的灰浆黏附在上部

岩石上，使岩石上形成一层未凝固的塑性大的灰浆层。喷射的混凝土或砂浆喷在这层没凝固的灰浆上，而不是直接喷在坚硬的岩壁上，也减少了大量的回弹。

d　一次喷厚和两次喷层之间的间歇时间

为了不使混凝土从受喷面发生重力坠落，一般喷射顺序分段从墙脚向上喷射，并且自下而上一次喷厚逐渐减薄，其部位和厚度可按图 5-13 所示进行。掺速凝剂时，一次喷射厚度可适当增加。

一次喷射厚度一般不应小于骨料最大粒径的两倍，以减少回弹。如果一次喷射达不到设计厚度，需要进行复喷时，其间隔时间因水泥品种、工作温度、速凝剂掺入量等因素变化而异。一般情况下，对于掺有速凝剂的普通水泥，温度在15°~20°时，其间隔时间为 15~20min，不掺速凝剂时为 2~4h。若间隔时间超过两小时，复喷前应先喷水湿润。

e　水灰比

当水量不足时，喷层表面出现干斑，颜色较浅，回弹量增大，粉尘飞扬；若水量过大，则喷面会产生滑移、下坠或流淌。合适的水灰比会使刚喷过的混凝土表面具有一层暗弱光泽，黏性好，一次喷厚较大，回弹损失也小。从图 5-14 中可看出最佳水灰比为 0.4~0.45。

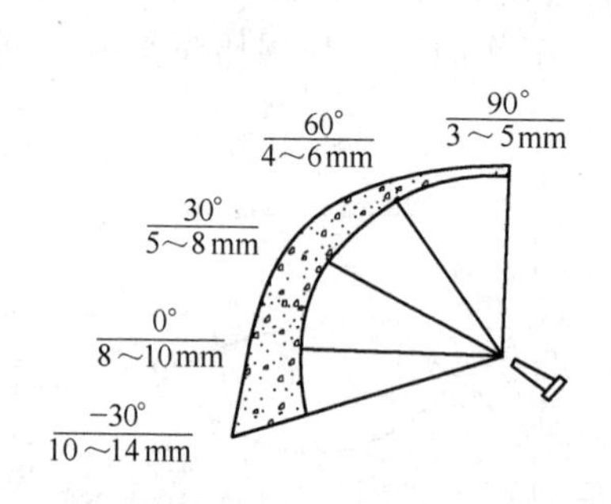

图 5-13　一次喷射厚度与喷头夹角之间的关系
（喷头与水平面的夹角/一次喷射厚度）

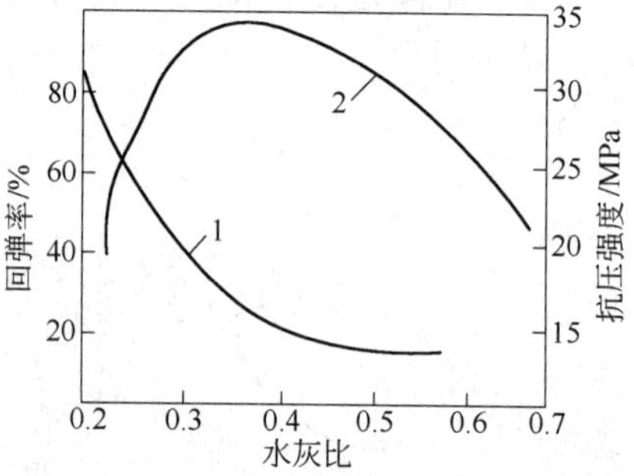

图 5-14　水灰比与回弹率、抗压强度的关系
1—回弹率；2—抗压强度

C　喷射施工中存在的几个问题

从总体而言，我国喷射混凝土施工及机械管理水平普遍不高；湿喷机的购置费用和液体速凝剂价格偏高，湿喷工艺和湿喷机具难以推广，使喷射混凝土质量和施工安全得不到保证；湿喷机具品种单一，配套性不强，难以形成支护机械化作业线；大多数喷射混凝土施工仍以干喷为主，人们采用半机械化作业方式，即采用人工给喷射机上料和人工抱喷头进行喷射混凝土作业，这种方式喷射回弹率高、粉尘大，而且影响施工质量、施工进度及工人身体健康；鉴于机械手或机器人价格昂贵，目前国内不可能普遍配备，喷射混凝土自动化程度不高。

a　回弹及回弹物的利用

喷射混凝土施工中，部分材料回弹落地是不可避免的，回弹过多，造成材料消耗量过大，喷射效率低，经济效果差，还在一定程度上改变了混凝土的配比，使喷层强度降低。因此，应采取措施减少回弹，并重视回弹物的利用。

回弹的多少，常以回弹率（回弹量占喷射量的百分比）来表示。在正常情况下，回弹率应控制在：喷侧墙时不超过10%，喷拱顶时不超过15%。降低回弹率的措施是多方面的，可以采用合理的喷射风压、适当的喷射距离（喷头与受喷面之间）和水灰比以及合理的骨料级配予以解决。

回弹物硬化后，是一种缺少水泥、多孔隙疏松物质，其中水泥、砂、石子的比例大体为1∶3∶6，一般可回收作为普通混凝土的骨料用于施工非重点工程。

b　粉尘

目前，国内广泛采用干式喷射工艺，拌和水是在喷头处加入的，水与干料的混合时间非常短促，不易拌和湿润，故易产生粉尘。装干料时或设备密封不良，也会产生粉尘，使作业条件恶化，影响喷射质量，危害工人健康。解决的主要途径有：使用湿式喷射机；改喷干料为喷潮料（料流中水灰比为0.25~0.35）；采用水泥裹砂法工艺（见图5-15）；在喷头处设双水环（见图5-16）；在上料口安装吸尘装置等。

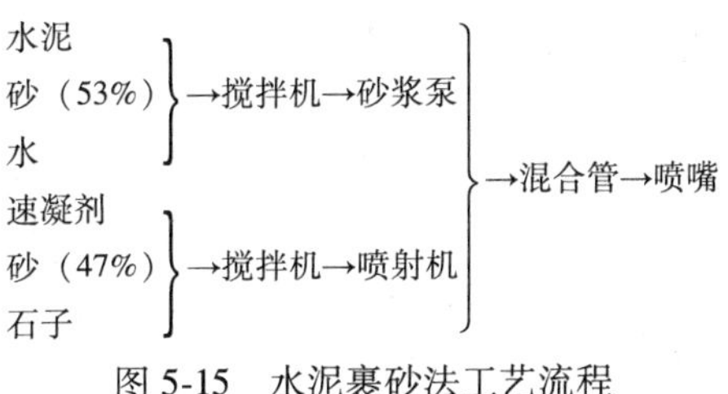

图5-15　水泥裹砂法工艺流程

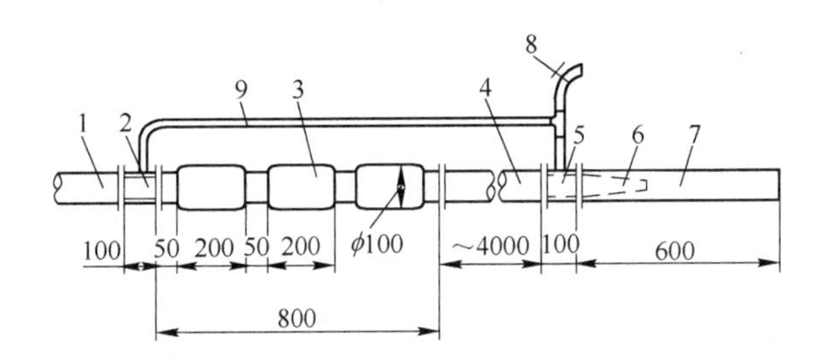

图5-16　双水环和异径葫芦管图

1，4—输料管；2—预加水环；3—葫芦管；5—喷头水环；
6—喷嘴；7—拢料管；8—水阀；9—胶管

在干式喷射的条件下，施工中还必须做好以下几点：

(1) 加强通风；

(2) 采用中粗砂，不用干砂，适当提高砂、石的含水率，一般控制在5%~7%；

（3）设置必要的防尘水幕；

（4）加强机械设备密封和维修，防止漏风，严格控制工作风压；

（5）加强操作人员的个体防护，如佩戴特制的有机玻璃防尘眼罩、防尘口罩及长筒乳胶手套等劳保用品。

c 围岩涌水的处理

围岩有涌水，将使喷层与岩层的黏结力降低而造成喷层脱落或离层。在这些地区喷射时，先要对水进行处理。处理的原则是：以排为主，排堵结合，先排后喷，喷注结合。若岩帮仅有少量渗水、滴水，可用压风吹扫，边吹边喷即可；遇有小裂隙水，可用快凝水泥砂浆封堵，然后再喷；在漏水集中且有裂隙压力水的地点，单纯封堵是不行的，必须将水导出（见图5-17）。首先找到水源点，在该处凿一个深约10cm的喇叭口，用快凝水泥净浆将导水管埋入，使水沿着导水管集中流出，再向管子周围喷混凝土，待混凝土达到相当强度后，再向导水管内注入水泥浆将孔封闭。若围岩出水量或水压较大，导水管一般不再封闭，而用胶管直接将水引入水沟。在上述各种方法都不能奏效的大量承压涌水地点，可先注浆堵水，然后再喷射混凝土。

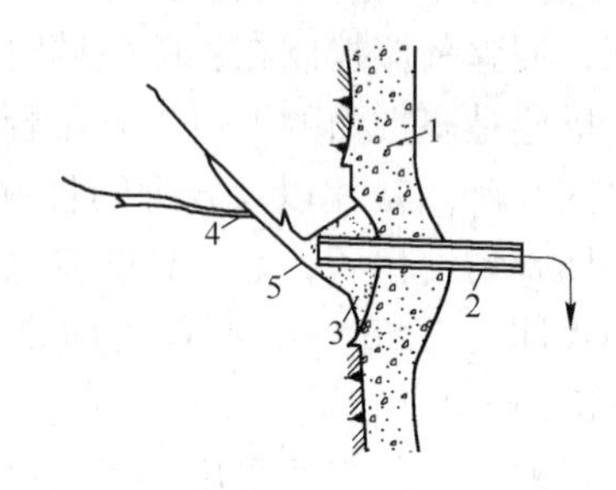

图5-17 排水管法导水
1—喷射混凝土；2—排水管；3—快凝水泥；4—水源；5—空隙

d 喷层收缩裂缝的控制

由于喷射混凝土水泥用量大，含砂量较高，喷层又是大面积薄层结构，加入速凝剂后迅速凝结，这就使混凝土在凝结期的收缩量大为减少，而硬化期的收缩量明显增大，结果混凝土层往往出现有规则的收缩裂缝，从而降低喷射混凝土的强度和质量。

为了减少喷层的收缩裂缝，应尽可能选用优质水泥，控制水泥用量，不用细砂，掌握适宜的喷射厚度；喷射后必须按养护制度规定进行养护，在混凝土终凝后开始进行洒水养护；用普通水泥时，喷水养护时间不少于7个昼夜，用矿渣水泥时不少于14个昼夜；只有在淋水的地区或相对湿度达95%以上的情况下，才可不专门进行养护；必要时可挂金属网来提高喷层的抗裂性。

D 施工平面布置与施工组织

a 施工平面布置

喷射混凝土施工时的平面布置，主要是指混凝土搅拌站和喷射机的布置方式，应根据施工设备、巷道断面和掘进作业方式等综合考虑确定。搅拌站有布置在地面和布置在喷射作业地点两种方式。搅拌站在地面布置，不受场地空间限制，可采用大型搅拌机提高搅拌效率，并可减少井下作业地点的粉尘量，但运输距离很长时，拌和料在运输过程中可能变质，影响喷射质量。搅拌站布置在井下作业地点，则可随用随搅拌，能保证拌和料的质量，但受井下作业空间的限制，一般只能采用小型搅拌机或人工拌料，工效低，粉尘比较大。

喷射机布置有两种方式，一种是布置在作业地点（见图5-18），这种布置方式，喷射手与喷射机司机便于联系，能及时发现堵管事故等，但占用巷道空间大，设备移动频繁，使掘进工作面设备布置复杂化，对掘进工作有干扰，适用于巷道断面大或双轨巷道。另一种布置方式是喷射机远离喷射地点，且不随工作面的推进而移动，用延接输料管路的办法进行喷射作业（见图5-19）。这种布置方式可以少占用巷道空间，简化工作面设备布置，对掘进工作干扰小，便于掘喷平行作业，但管路磨损量大，易产生堵管事故，适用于有相邻巷道、硐室可用做喷射站的施工现场。

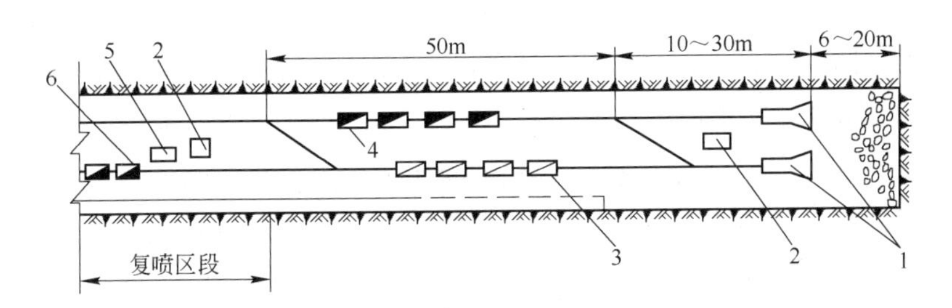

图5-18 喷射机布置在喷射作业地点示意图

1—耙斗装岩机；2—喷射机；3—空矿车；4—重矿车；5—小胶带上料机；6—混凝土材料车

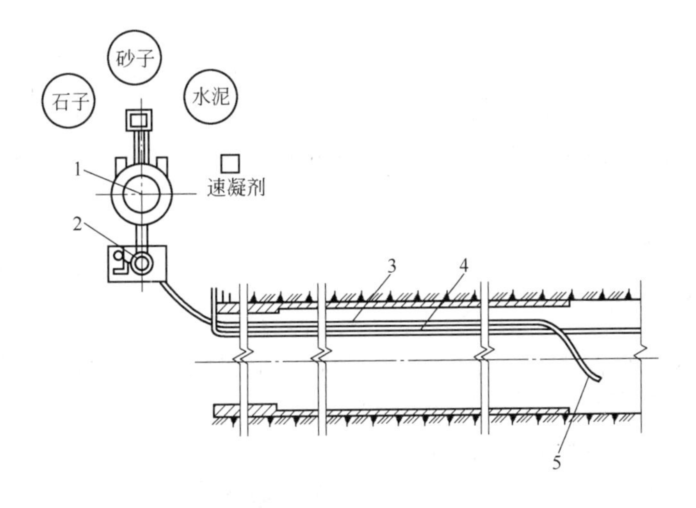

图5-19 喷射机布置在硐口外示意图

1—搅拌机；2—喷射机；3—输料管；4—供水管；5—喷头

b 作业方式

掘喷平行作业分为两种：一种是掘进和喷射基本上有各自的系统和路线，互不干扰；另一种是以掘进为主，在不影响掘进正常进行的条件下，进行喷射作业。

掘喷单行作业，根据工作面岩石破碎程度、风化潮解情况和掘进喷射的工作量大小，可区分为一掘一喷或二掘以至三掘一喷等。前者即一班掘进，下一班喷射；后者即连续两个或三个班掘进，第三或第四班进行喷射，但不能间隔时间过长。

c 劳动组织

喷射混凝土的劳动组织分专业队和综合队两种形式。专业化喷射队有利于各工种熟练操作技术，保障工程质量，加快施工速度。

喷射作业的劳动力配备与机械化程度、施工平面布置以及掘进作业方式等因素有关。一般情况下，可参照表 5-4 配备。如用人工搅拌、人工上料，搅拌站和喷射机站的人员应适当增加。

表 5-4 喷射混凝土劳动组织参考表

工作地点	工种	出勤人数	岗位责任制
喷射工作面	喷射工	1	操作喷头，协助接长管路
	信号工	1	负责信号联系和照明，并与喷射手交替工作
喷射机站	喷射机司机	1	操纵喷射机，协助检修设备
	机修工	(1)	负责检修设备及接长管路（兼职）
	组长	1	全面指挥
搅拌站	搅拌机司机	1	操纵搅拌机
	配料工	2~4	按配合比向搅拌机供料
小 计		7~9	

5.3 永久支护

5.3.1 棚子式支护

棚式支架，简称棚子，有木支架、金属支架和装配式钢筋混凝土预制支架。棚式支架都是间隔式的，不能防止围岩风化。

5.3.1.1 木支架（木棚子）

木支架一般可用于地压不大、巷道服务年限不长、断面较小的采区巷道里，有时也用作巷道掘进中的临时支架。

木支架重量轻，具有一定的强度，加工容易，架设方便，特别适用于多变的地下条件；构造上可以做成有一定刚性的，也可以做成有较大可缩性的；当地压突然增大时，木支架还能发出声响信号。所以木支架在采矿工程中用得最早，过去也用得最广泛。其缺点是：强度有限，坑木消耗量大，不能防火，容易腐朽，使用年限短，且不能阻水和防止围岩风化。现在巷道支护中推广的是非木材支架。

5.3.1.2 金属支架（金属棚子）

金属支架强度高、体积小、坚固、耐久、防火，在构造上可以制成各种形状的构件，虽然初期投资大，但巷道维修工作量小，并可以回收复用。所以金属支架是一种优良的坑木代用品。

金属支架常用18~24kg/m钢轨或16~20号工字钢制作。它也是由两腿一梁构成金属棚子（见图5-20）。梁腿连接要求牢固、简单，拆装方便。图5-20（b）所示的接头比较简单、方便，但不够牢固，支架稳定性差；图5-20（a）和图5-20（c）的接头比较牢固，但拆卸不大方便。棚腿的下端应焊一块钢板或穿有特制的“柱鞋”，以增加承压面积，防止棚腿陷入巷道底板。有时还可以在棚腿下加设垫木，尤其在松软地层中更应如此。

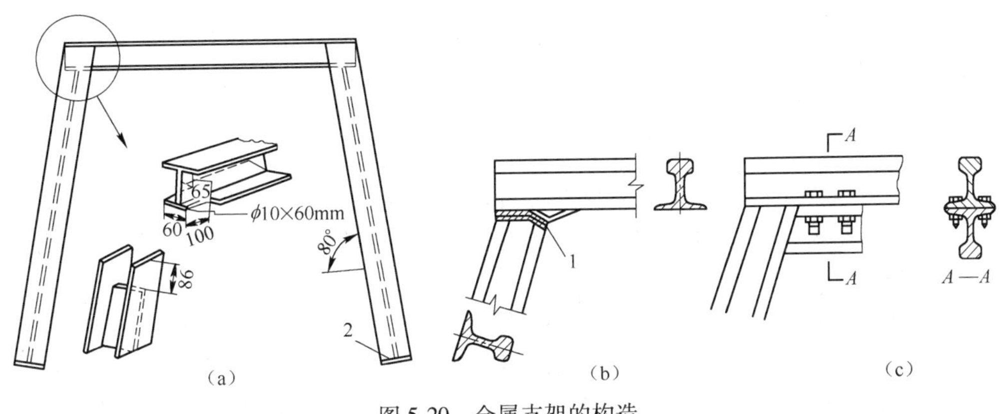

图5-20 金属支架的构造

1—木垫板；2—钢垫板

金属支架通常用在回采巷道中，在断面较大、地压较严重的其他巷道也可使用，但在有酸性水的情况下应避免使用。

由于轻型钢轨容易获得，所以有的矿山用它制作金属支架，但因钢轨不是结构钢材，就其材料本身受力而言，这种用法是不合理的，但可以修旧利废。制作金属支架比较理想的材料，是矿用工字钢和U型钢。

矿用工字钢设计合理，受力性能好，其几何形状适合作金属支架。U型钢也是一种矿用特殊型钢，适宜制作可缩性金属拱形支架（见图5-21）。

可缩性金属拱形支架，由三个基本构件组成：一根曲率为R_1的弧形拱梁和

两根上端带曲率为 R_2 的柱腿。弧形拱梁的两端插入和搭接在柱腿的弯曲部分上，组成了一个三心拱。梁腿搭接长度 L 约 300～400mm，该处用两个卡箍固定。柱腿下部焊有 180mm×150mm×10mm 的钢板作为地板。支架的可缩性用卡箍的松紧程度来调节和控制。当地压达到某一定限度后，搭接部分相对滑移，支架收缩，从而缓和支架承受的压力。为了加强支架沿巷道轴线方向的稳定性，棚子与棚子之间应用金属拉杆借助螺栓、夹板等互相紧紧拉住，或用撑柱撑紧。

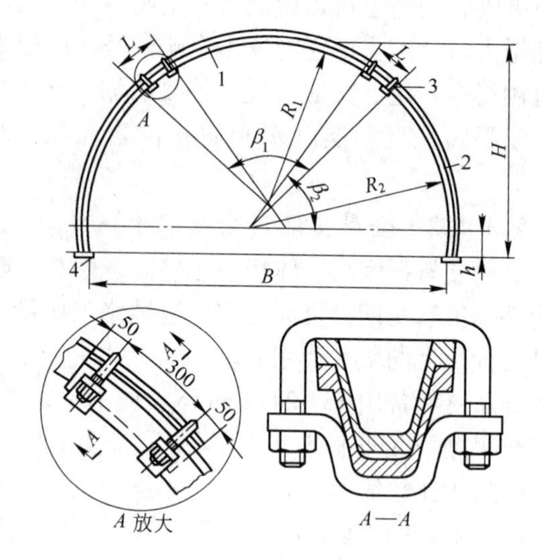

图 5-21 可缩性金属拱形支架

1—拱梁；2—柱腿；3—卡箍；4—垫板

可缩性金属拱形支架适用于地压大、地压不稳定、围岩变形较大的采区巷道和断层破碎带地段，所支护的巷道断面一般不大于 $12m^2$。

5.3.2 石材支护

在拱形巷道中，目前还在采用各种石材支护。支护用的天然石材主要是由石灰岩、砂岩、花岗岩等经过加工而制成的料石，人造石材主要是砖、混凝土砌块与整体混凝土等。

石材支护的主要形式是直墙拱顶，拱的厚度一般为 150～300mm。

巷道一般多采用直墙，拱顶压力通过墙传给基础，基础最后把地压传给底板岩石。当支护全为料石砌筑时，墙的厚度与拱厚相等。基础的深度，无水沟一侧为 1～2 倍的墙厚，一般为 250mm，水沟一侧根据水沟深度另定，一般为 500mm。由于基础承压较大，所以基础的宽（厚）度比墙厚 100mm 左右。

在地压较大或不均匀的地区，拱顶或墙上会出现拉应力，而砖、石、混凝土等抗拉强度都很小，为使支护不被破坏，应改用钢筋混凝土支护。

5.3.3 混凝土支护

5.3.3.1 混凝土支架的结构特点及适用条件

A 混凝土支架的结构特点

混凝土（或称现浇混凝土）支架本身是连续整体的，对围岩能起封闭和防止风化作用。这种支架的主要形式是直墙拱形，即由拱、墙和墙基所构成（见图 5-22）。

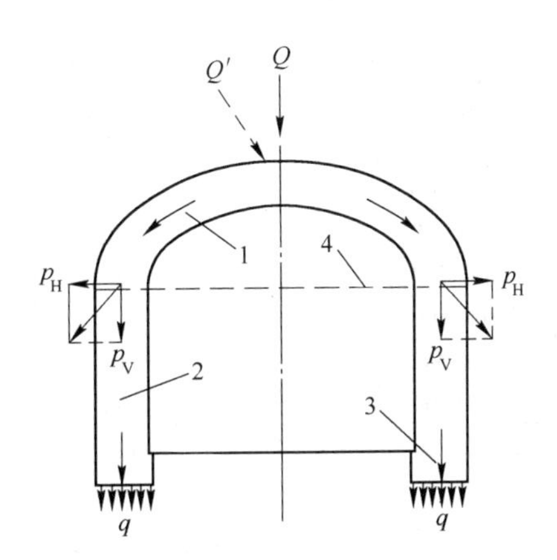

图 5-22 混凝土支架的组成及顶压受力传递示意图

1—拱；2—墙；3—墙基；4—拱基线；Q—顶压；p_H—横推力；p_V—竖压力；q—传给底板的压力；Q'—斜向顶压

拱的作用是承受顶压，并将它传给侧墙和两帮。在拱的各断面中主要产生压应力及部分弯曲应力，但在顶压不均匀和不对称的情况下，断面内也会出现剪应力。内力主要是压力，可以充分发挥混凝土抗压强度高而抗拉强度低的特性。

拱的厚度取决于巷道的跨度和拱高、岩石的性质以及混凝土本身的强度，可用经验公式计算，而更多是查表 5-5 选取（混凝土标号为 C10~C15）。

墙的作用是支撑拱和抵抗侧压。一般为直墙，如侧压较大时，也可改直墙为曲墙。在拱基处，拱传给墙的荷载是斜向的，由此产生横推力，如果在拱基处墙没有和围岩充填密实，则拱和墙在横推力作用下很容易因变形而失去稳定性。

墙厚大于或等于拱厚，通常等于拱厚。

墙基的作用是将墙传来的荷载与自重均匀地传给底板。底板岩石坚硬时，它可以是直墙的延深部分；底板岩石松软时，必须加宽；有底鼓时，还必须砌底拱。墙基的深度不小于墙的厚度。靠水沟一侧的墙基深度，一般和水沟底板同深，但若底板岩石松软破碎，则墙基要超深水沟底板 150~200mm。

采用底拱时，一般底拱的矢高为顶拱矢高的 1/8~1/6；底拱厚度为顶拱厚度的 0.5~0.8 倍。混凝土支架承受压力大，整体性好，防火阻水，通风阻力小；但施工工序多，工期长，成本高。

表 5-5 整体混凝土拱支护厚度 （mm）

巷道净跨度	$f=3$		$f=4\sim6$		$f=7\sim10$	
	拱	壁	拱	壁	拱	壁
<2000	170	250	170	200		
2000~2300	170	250	170	250		
2300~2700	200	300	170	250		
2700~3000	200	300	200	250		
3000~3300	200	300	200	300		

续表 5-5

巷道净跨度	$f=3$		$f=4\sim6$		$f=7\sim10$	
	拱	壁	拱	壁	拱	壁
3300~3700	230	350	230	300		
3700~4000	230	350	230	300		
4000~4300	250	350	250	350		
4300~4700	270	415	250	350		
4700~5000	300	415	270	350	230	300
5000~5300	300	465	270	415	230	300
5300~5700	330	465	300	415	250	300
5700~6000	350	515	300	415	250	350
6000~6300	370	515	330	465	270	350
6300~6700	400	565	330	465	270	350
6700~7000	400	565	350	515	270	350

B 混凝土支架的适用条件

（1）当围岩十分破碎，用喷锚支护优越性已不显著时；

（2）围岩十分不稳定，顶板活石极易塌落，喷射混凝土喷不上、粘不牢，也不容易钻眼装设锚杆时；

（3）大面积淋水或部分涌水处理无效的地区；

（4）服务年限长的巷道。

5.3.3.2 碹胎和模板

平巷混凝土支架，施工时需要碹胎和模板。为了节省木材，提高复用率，常采用金属碹胎和模板，对于一些特殊硐室及交叉点仍然部分采用木碹胎和模板。

在施工中，碹胎承受混凝土的重量、工作台荷载、施工中的冲击荷载等，因此要求有一定的强度和刚度。在实际工作中，碹胎的结构形式和构件尺寸大小，一般按经验选取。木碹胎一般用方木或2~3层板材，分2~3段拼接而成（见图5-23）。金属碹胎，一般用14~18号槽钢或15~24kg/m钢轨制成（见图5-24）。

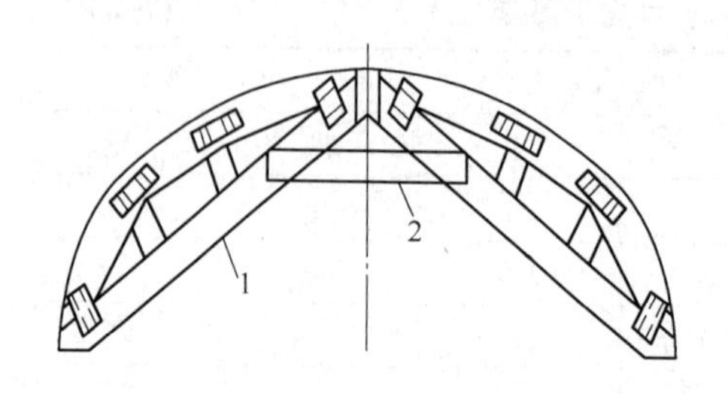

图 5-23 木碹胎

1—碹胎；2—固定板

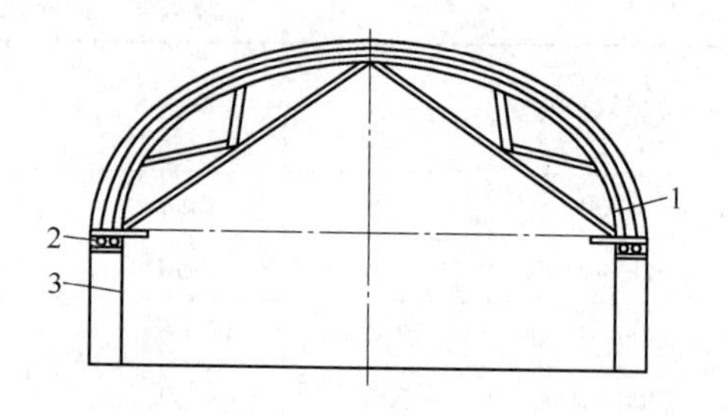

图 5-24 金属碹胎

1—石碹胎拱顶；2—托梁；3—石碹胎柱腿

模板一般用 8～10 号槽钢或厚 30～40mm 木板制成。金属模板具有强度高、不易变形、容易修复、复用率高、节省木材等优点，施工时应优先选用。矿用塑料模板具有重量轻、脱模容易、拆装迅速、抗腐蚀、使用寿命长等优点，重复使用次数可达 30～40 次，可在巷道或井筒中推广使用。

5.3.3.3 混凝土支架的施工

（1）拆除临时支架。拆除临时支架工作，要先从处理工作面浮石开始，然后拆除临时支架的棚腿再砌墙；其次拆除棚拱再砌拱。如果顶板压力大，两帮岩石破碎时，还要先打两根顶柱处理两帮，然后拆除棚腿砌墙。

（2）掘砌基础及水沟。先清理两帮底板浮石，再按设计宽度和深度用风镐挖出基坑及水沟。岩石特别坚固时，可打浅眼、少装药将岩石崩松后再挖。有时可先不挖水沟，待以后再掘砌。基坑内的积水要排净，经测量后再浇筑混凝土。

（3）砌墙。砌筑混凝土墙要根据巷道中心线和腰线组立模板，分层浇筑混凝土（见图 5-25）。

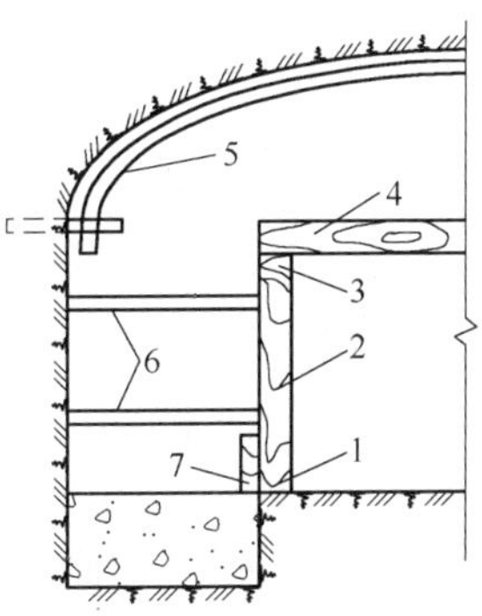

（4）砌拱。墙砌好后，依次拆除棚拱。拆除时要注意安全，必要时打顶柱支护好顶板，然后组立模板。浇筑混凝土，由拱基线开始，从两侧向中心对称浇筑混凝土并分层捣固，直至砌完。

（5）拆模清理。浇筑混凝土后，需养护一段时间才能拆除碹胎和模板。按《矿山井巷工程施工及验收规范》的规定，巷道内混凝土碹的拆模期，一般不小于 5 天。拆模后，如果砌碹表面有蜂窝麻面等，应及时处理。拆下的模板应洗刷、整理，损坏变形的要及时修理好，以备复用。

图 5-25 混凝土墙的施工
1—底梁；2—立柱；3—托梁；4—横梁；5—临时支架；6—撑木；7—模板

混凝土施工中，浇筑混凝土的工作量很大，劳动强度也很大，特别是浇筑拱顶时难度更大。因此，迫切需要解决混凝土施工机械化问题。

金属矿山采用的混凝土搅拌输送机（见图 5-26），主要由上料装置、搅拌装置、输送管路、车架等组成。

5.3.4 锚杆支护

锚杆是一种锚固在岩体内部的杆状支架。采用锚杆支护巷道时，先向巷道围岩钻孔，然后在孔内安装和锚固由金属、木材等制成的杆件，用它将围岩加固起来，在巷道周围形成一个稳定的岩石带，使支架与围岩共同起到支护作用。但是锚杆不能防止围岩风化，不能防止锚杆与锚杆之间裂隙岩石的剥落。因此，在围岩不稳定情况下，往往锚杆还需要再配合其他措施，如与挂金属网、喷水泥砂浆

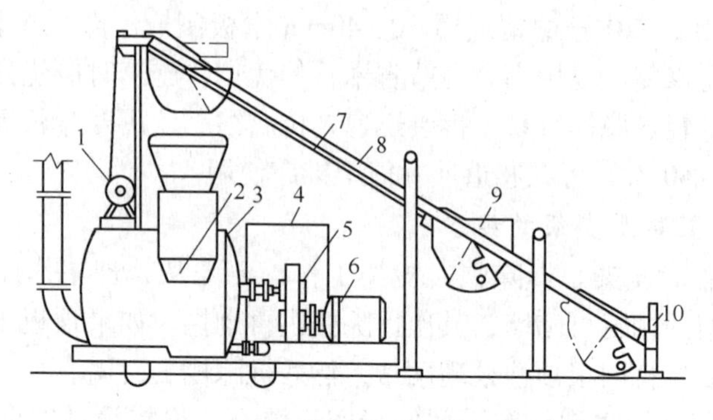

图 5-26 红旗 663 型混凝土搅拌机

1—卷筒；2—进料口；3—搅拌筒；4—操纵台；5—传动机构；
6—电动机；7—钢丝绳；8—导轨支架；9—料斗；10—导轨座

或喷射混凝土等联合使用，称为喷锚或喷锚网联合支护。

由于锚杆支护显著的技术经济优越性，现已发展成为世界各国矿井巷道以及其他地下工程支护的一种主要形式。早在 20 世纪 40 年代，美国、前苏联就已在井下巷道使用了锚杆支护，以后在煤矿、金属矿山、水利、隧道以及其他地下工程中迅速得到了发展。几十年来，世界范围内锚杆支护经历了如下发展历程：1945~1950 年，机械式锚杆研究与应用；1950~1960 年，采矿业广泛采用机械式锚杆，并开始对锚杆支护进行系统研究；1960~1970 年，树脂锚杆推出并在矿山得到应用；1970~1980 年，发明管缝式锚杆、胀管式锚杆并应用，研究新的设计方法，长锚索产生；1980~1990 年，混合锚头锚杆、组合锚杆、桁架锚杆、特种锚杆等得到应用，树脂锚固材料得到改进。

我国从 1956 年起开始在煤矿岩巷中使用锚杆支护，至今已有 50 余年的历史。目前，锚喷支护已经成为岩巷支护的主要形式，我国锚杆支护在不断发展中也取得了不少宝贵经验，主要有：单体锚杆支护；锚梁网组合支护；桁架锚杆支护；软岩巷道锚杆支护；深井巷道锚杆支护；沿空巷道锚杆支护；可伸长锚杆；电动、风动、液压锚杆钻机；锚杆支护监测仪器；锚杆与金属支架联合支护等。

5.3.4.1 锚杆的种类及其安装

锚杆种类很多。根据锚杆锚固的长度可划分为集中锚固类锚杆和全长锚固类锚杆（见表 5-6）。集中锚固类锚杆指的是锚杆装置和杆体只有一部分和锚杆孔壁接触的锚杆，包括端头锚固、点锚固、局部药卷锚固的锚杆。全长锚固类锚杆指的是锚固装置或锚杆杆体在全长范围内全部锚固及与锚杆孔壁接触的锚杆，包括各种摩擦式锚杆、全长砂浆锚杆、树脂锚杆、水泥锚杆等。

锚杆锚固方式可分为机械锚固型和黏结锚固型。锚固装置或锚杆杆体和锚杆孔壁接触，依靠摩擦阻力起锚固作用的锚杆，属于机械锚固型锚杆。锚杆杆体部分或锚杆杆体全长利用树脂、砂浆、水泥等胶结材料，将锚杆杆体和锚杆孔壁黏结、紧贴在一起，靠黏结力起锚固作用的锚杆，属于黏结锚固型锚杆。

锚杆根据材质不同可分为钢丝绳锚杆、钢筋锚杆、螺纹钢锚杆、玻璃钢锚杆、木锚杆、竹锚杆等。

表 5-6 锚杆分类

<table>
<tr><td rowspan="15">锚杆类型</td><td rowspan="6">集中端头
锚固方式</td><td rowspan="4">机械锚固型</td><td>胀壳锚杆</td></tr>
<tr><td>倒楔锚杆</td></tr>
<tr><td>微膨胀水泥锚杆</td></tr>
<tr><td>竹锚杆</td></tr>
<tr><td rowspan="2">黏结锚固型</td><td>树脂锚杆</td></tr>
<tr><td>水泥锚杆</td></tr>
<tr><td rowspan="9">全长
锚固方式</td><td rowspan="5">机械锚固型</td><td>快硬水泥锚杆</td></tr>
<tr><td>压缩木锚杆</td></tr>
<tr><td>普通木锚杆</td></tr>
<tr><td>管缝式锚杆</td></tr>
<tr><td>水力膨胀锚杆</td></tr>
<tr><td rowspan="4">黏结锚固型</td><td>全长树脂锚杆</td></tr>
<tr><td>全长水泥锚杆</td></tr>
<tr><td>钢筋砂浆锚杆</td></tr>
<tr><td>钢丝绳砂浆锚杆</td></tr>
</table>

A 机械式锚杆

机械式锚杆一般属于端头锚固式，并且锚杆的安装需要施加预应力，属于主动式锚杆。常见锚头类型包括胀壳式、倒楔式和楔缝式等，常用金属杆体直径14~22mm，也有30~32mm的，杆体长度0.65~6.25m。

a 胀壳式锚杆

常见的胀壳式锚杆由胀壳、锥形螺母、杆体及螺母等组成（见图5-27）。标准的胀壳式锚头为沿纵向分割为两瓣或四瓣的一段短管，另一段为未分割的刚性部分。胀壳外表面加工成锯齿状，胀壳内插入一个有内丝扣的锥形空心螺母。组装好的锚杆送入孔底后，旋转杆体，使锥形螺母向下滑动，迫使胀壳张开，嵌入孔壁，使锚杆锚固在岩体中。

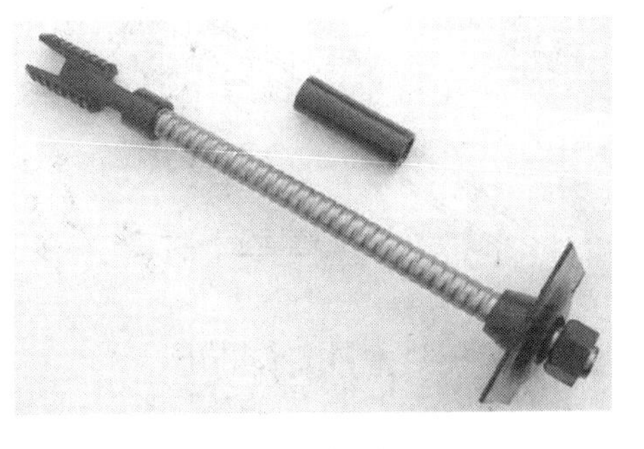

图 5-27 胀壳式锚杆

胀壳式锚杆的锚固力主要取决于

胀壳与孔壁的接触情况、岩石性质及锚固点附近岩石的完整性。由于锚头与孔壁接触情况较楔缝式或倒楔式锚杆好，锚固可靠。所以，锚固力较大，设计锚固力一般取 50kN，实测锚固力可达 40~130kN。杆体可以回收使用。但当岩体质量较差时，锚固点附近岩石局部破碎将引起锚杆滑移。这种锚杆机械加工量大，成本较高。

b　金属楔缝式锚杆

金属楔缝式锚杆由杆体、楔子、垫板和螺母组成（见图 5-28），其中楔子和杆头组成锚固部分，垫板、螺母和杆体下部组成承托部分。杆体一般用普通低碳钢制成，直径 16~25mm，长度 1.5~2m，杆体内锚头上有长 150~200mm、宽 2~5mm 的纵向楔缝，外锚头带有 100~150mm 的标准螺纹。楔子一般用软钢或铸铁制成，较楔缝短 10~20mm，其宽度等于杆体直径或略小 2~3mm。楔子尖端厚度取 1.5~2mm。楔尾厚 20~25mm，垫板常用厚为 6~10mm 钢板做成方形，其边长为 140~200mm，有时也可以用铸铁制成各种形状的垫板，以适应凹凸不平的岩面。

安装时，先把楔子插入楔缝中送入孔底，然后在杆体外露端加保护套，再连续锤击楔子使其挤入楔缝而使杆体端部张开，与孔壁围岩挤压固紧。最后在锚杆的外露端套上垫板，将螺母拧紧。

金属楔缝式锚杆结构简单，加工容易，使用可靠，锚固力大，但不能回收，孔深要求比较严格，在软岩中不宜使用。

c　金属倒楔式锚杆

金属倒楔式锚杆由杆体、固定楔、活动倒楔、垫板和螺母组成（见图 5-29）。杆体用 ϕ12~16mm 的圆钢制作，固定楔、倒楔、垫板都可用铸铁制作。

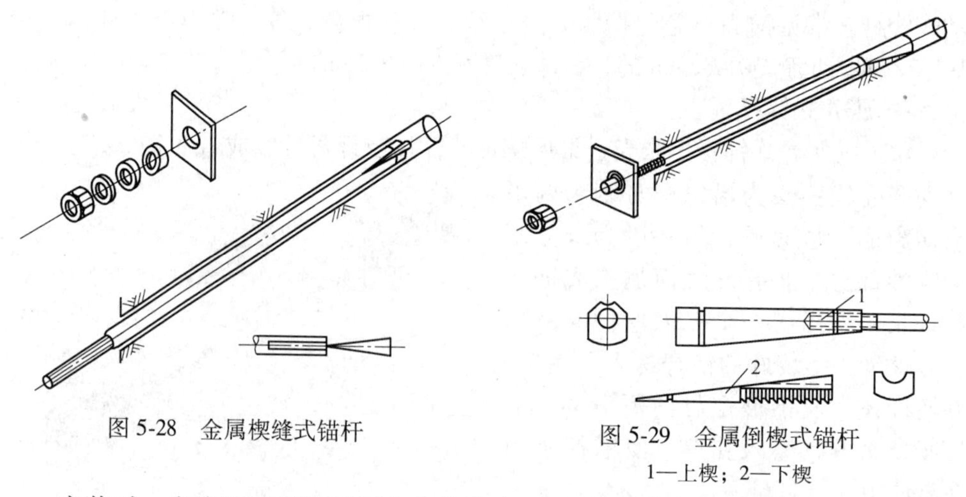

图 5-28　金属楔缝式锚杆

图 5-29　金属倒楔式锚杆
1—上楔；2—下楔

安装时，先将倒楔楔头下部和杆体绑在一起，一齐轻轻插入眼孔中，然后采用扁形长冲头沿杆体一侧送入孔内顶住活动楔，用锤撞击时活动楔沿固定楔斜面滑动，造成楔体横截面增大，并嵌入孔壁，然后装上垫板，拧紧螺母，使锚杆固定在岩体中。

这种锚杆比楔缝式可靠，对眼孔要求不严，可以回收，结构简单，易于加工，安装后可立即发挥支护作用。金属倒楔式锚杆的锚固力一般可达 30~50kN。在围岩松软、破碎时，锚固效果差，不宜采用。

未经注浆的机械锚固锚杆一般属于端头锚固，并且都是主动式支护，在安装后能立即拉紧并提供支护力，锚杆处于轴向拉伸状态，沿杆体全长拉应力均等，因此锚固力就等于拉拔力。在理论分析中，通常将受力特征简化为在锚杆内、外锚头处作用一对集中力，在黏结式锚杆中，端头锚固式锚杆的受力状态及计算简化方法与机械锚固锚杆基本相同。

在质量良好的中、硬以上岩层中，机械锚固锚杆具有很好的锚固性能，且安装简便迅速，安全可靠。在比较软弱的岩石中，由于机械锚头与岩石接触面积小，易使岩石进一步破碎而降低锚固效果。在极软弱的页岩、泥岩和胶结差的砂岩中，一般不用机械锚固锚杆。

B　黏结式锚杆

黏结式锚杆主要可分为水泥砂浆钢筋锚杆和水泥或树脂锚固钢筋锚杆两大类。前者属于被动式锚杆，这类锚杆只有当围岩产生变形时，锚杆才能受载。显然，它们必须紧跟掘进工作面安装，因为当锚杆的安装进度远远落后于开挖工作时，围岩会在短时间内出现较大的变形，这时再安装锚杆，已很难充分发挥锚固作用。后一类黏结式锚杆在安设后短期内即可迅速固化并拉紧。如树脂锚固锚杆和水泥锚固锚杆，安装迅速方便，锚固力大，并能防腐防锈，在软弱破碎岩石中也能可靠工作，属于主动式支护。按照黏结剂锚固长度，也可将黏结式锚杆分成全长黏结式和端头黏结式，通常前者的锚固力为后者的数倍。

a　树脂锚固钢筋锚杆

树脂锚固钢筋锚杆由树脂胶囊、杆体、托板和螺母组成。杆体内锚头压扁拧成反麻花状，杆体由圆断面到压扁处形状应渐渐改变。内锚头应设置挡圈，以防止树脂由孔内外流。杆体外锚头的螺纹应由滚丝机滚制而成，以提高螺纹段强度。目前，国内已轧制出无纵筋螺纹钢筋（又称螺旋钢筋），这种钢筋做杆体不需加工，直接安装螺母，可以作为端头锚固锚杆，也可作为全长锚固锚杆。这种杆体不但可以提高锚杆黏结度，而且便于安装和进行长度调节。

树脂锚固剂通常是将树脂、固化剂和促凝剂严密包装在胶囊中，制成一定长度和直径的锚固剂胶囊。由于促凝剂可促进树脂与固化剂的反应，加快凝固速度，为了防止这些成分在使用前接触，树脂和促凝剂装在一起，固化剂要与其隔离。我国生产的树脂锚固剂将固化剂与促凝剂两室密封，共同包装在塑料薄膜袋中。中速锚固剂固化时间为4~6min，快速锚固剂固化时间为0.5~1min。

树脂锚固钢筋锚杆的锚固力受多种因素影响。岩体种类及质量会对锚固力产生很大的影响；钻孔直径与杆体尺寸的配合关系对锚固力也有重要的影响。实验表明，钻孔与杆体的最佳直径差为6mm，一般取4~6mm，此间隙可以保证树脂胶囊被充分搅碎和很好混合，保证达到最大锚固力。

这种锚杆具有使用方便、节省工时、锚固力大、安全可靠、防震性能好、防腐防锈、使用范围广等优点。可以预先拉紧也可以不预先拉紧。特别是全长黏结式锚杆可以在质量很差的岩石中形成高强度锚固，选定合适的凝固时间，可以一次完成全长锚固和拉紧。这种锚杆的缺点是锚固剂成本高，储存期短（6个月）。

b　水泥锚固锚杆

水泥锚固锚杆是以快硬水泥卷代替树脂胶囊，其黏结方式也有端头黏结和全长黏结两种。水泥卷内包装的胶结材料是由国产早强水泥和双快水泥按一定的比例混合而成的。如果在水泥中添加外加剂，还可制成快硬膨胀水泥卷，它具有速凝、早强、减水、膨胀等作用，特别是膨胀水泥的膨胀率可达：1h，0.4%~0.6%；8h，0.7%~0.8%；1d，1.1%~1.3%；从而有助于杆体与孔壁的黏结，提高锚固力。

各类型的水泥锚固锚杆都是通过锚杆锚头将水泥挤入钻孔裂隙，并快速黏结杆体与岩壁，由于体积膨胀而达到产生较大锚固力的目的。直径16mm的杆体采用快硬水泥卷做端头锚固，半小时后锚固力可达到50kN以上，具有较好的锚固性能。

水泥锚固锚杆具有适应性较好、锚固迅速可靠、可以施加预应力、抗震动和抗冲击等特点，并且价格低廉，施工简便，是一种较适合我国矿山应用的锚杆类型。但是，它的锚固力及其他的技术指标一般不如树脂锚杆，因此在永久支护中，尤其是在淋水或渗水的巷道中应用受到限制。

c　水泥砂浆锚杆

水泥砂浆锚杆由水泥砂浆、杆体、托板和螺母组成（见图5-30），这是一种全长黏结式锚杆。

水泥砂浆锚杆杆体一般采用A3钢，直径16~25mm。为增加锚固力，也可以与机械式锚头配合使用。水泥砂浆一般用425号以上硅酸盐，砂子粒径不大于2.5mm。砂浆配合比（质量比）一般为：水泥∶砂=1∶1；水灰比=0.38~0.45。

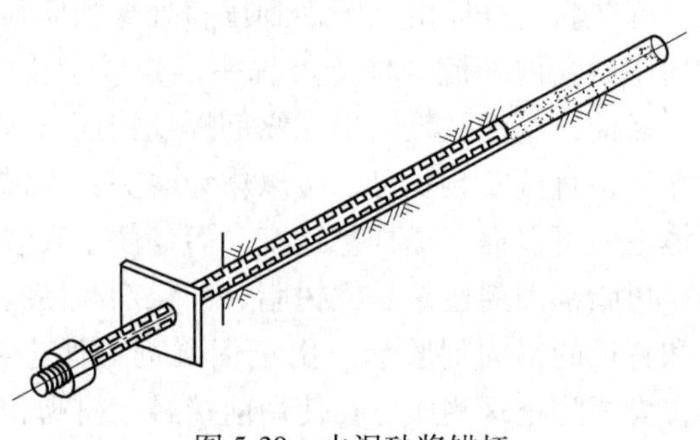

图5-30　水泥砂浆锚杆

这种锚杆的水泥砂浆依靠压力注眼器注入钻孔内，水泥砂浆凝固后，将锚杆与钻孔壁黏结在一起，在岩体发生变形之前安装。其优点是结构简单、价格低廉、锚固力较高、抗冲击和抗震动性能好，曾被矿山工程广泛采用。但是，由于安装锚杆时水灰比难以控制，以及锚杆孔注不满等原因，使安装质量难以保证。如今这种锚杆的用量已不断减少。

目前，利用硫铝酸盐早强水泥、砂、掺加 TZS 型早强剂以及水，以一定配比拌和均匀，制成了早强砂浆黏结剂，从而使早强砂浆锚杆具有早期强度高、承载快的优点。

砂浆钢筋锚杆用于井下永久性工程或采区主要硐室。

d 全长黏结式锚杆受力特征

全长黏结式锚杆如果未施加预应力则表现为被动支护。它的重要锚固作用就是通过黏结力约束围岩变形，围岩也通过锚固剂将剪力传递给锚杆使其受拉。这时，锚固力只是一个反应锚杆锚固能力的概念，拉拔力只能反映锚固能力的相对大小。黏结力的分布比较复杂，沿锚杆全长是非均布的，按照中性点理论，在锚杆轴线上存在一点，该处剪力为零，轴力为最大值，称之为中性点。从中性点到巷道表面的锚杆部分受到围岩向巷道内的位移影响，处于拉伸状态，中性点以外锚杆由于静力平衡条件，剪力与中性点另一侧相等，而方向相反，从而使锚杆这部分也处于拉伸状态。对于围岩来说，中性点以内锚杆的反作用阻止围岩有害变形，实现支护目的。对于安装有托板的全长黏结式锚杆，随着时间的推移和围岩位移增加，中性点逐渐向孔口转移，这时的工作状态与拉拔实验情况近似。

对于先注浆再拉紧的全长黏结式锚杆，主动力的影响仅在托板以上 30~45cm 范围内，这部分作用限制围岩变形，而锚杆其余大部分长度仍作为被动支护。

拉拔实验结果表明，在出现滑动前，黏结力沿锚杆的分布是一个指数函数，最大作用力产生在锚杆自由端，且出现在任何滑动出现之前。现场实测则表明，全长树脂锚杆的受力状态很不规则，这是锚杆支护中有待解决的问题。

C 摩擦式锚杆

摩擦式锚杆是近年来发展起来的新型锚杆。按锚固原理它也是一种机械式锚杆。由于是通过钢管与孔壁之间的摩擦作用达到锚固目的，故多为全长锚固式。这类锚杆主要包括缝管锚杆、水力锚杆、爆固管锚杆和液压力顶板销钉等。

a 缝管锚杆

缝管锚杆杆体是一根全长纵向开缝的长钢管（见图 5-31），外锚头焊有一个直径 6~8mm 的圆钢弯成的挡环，杆体直径 30~45mm，开缝宽度 10~15mm，壁厚 2.2~3mm。当开缝管打入比管径小 1~3mm 的钻孔后，钢管的弹性使其外壁与钻孔岩壁挤压并产生沿管全长的径向应力和轴向摩擦力，阻止围岩变形，并在围岩中产生一个压应力场，使围岩加固。开缝管一般用冲击法装入钻孔，为了便于安装，锚头部分制成圆锥形。在开缝管外锚头处安装有托板。

缝管锚杆具有全长锚固的特点，安装后立即提供预应力，锚固力随围岩变形而增大，随时间推移而增长，适应性好，在软弱破碎岩体中均能使用，锚固可靠。这种锚杆构造简单，安装方便、快速，易于实现机械化。由于缝管锚杆能对围岩提供三轴压力，在对围岩支护的同时可随岩体有较大变形，因此是软岩和动压巷道的一种有效支护形式。但是，这种锚杆抗腐蚀性能差，在永久性巷道中使用时，必须加以注浆密封。

图 5-31 缝管锚杆

我国缝管锚杆技术性能如下：

初锚力/kN·m⁻¹	25
长时锚固力/kN·m⁻¹	50~80
杆体拉断力/kN	≥90
钢环抗脱力/kN	≥70
垫板抗压力/kN	≥60

目前使用的缝管锚杆主要是大直径钢管（外径 40~50mm），其锚固力与钢管抗拉强度不匹配，造成钢材浪费。为了降低成本，尝试用外径 29~32mm，壁厚 2.3mm 的小直径缝管锚杆。实线表明，小直径缝管锚杆与大直径缝管锚杆相比，节约了钢材，降低了成本，加快了钻孔速度，减小了能耗和机具损耗，而且其锚固力不仅没有降低，还略有提高。

缝管锚杆的锚固力受下列因素影响：

（1）开缝管的长度。开缝管越长锚固力越大。

（2）开缝管与钻孔的直径差。在钢管弹性范围内，这个差值越大锚固力越大。

（3）开缝管所用的钢材。钢材屈服点越高锚固力越大。

因此，在应用中主要应控制缝管锚杆直径与钻孔直径差，这个值越大锚固力越大。但是，这时相应打入锚杆所需外力也越大，增大了施工难度。通常，根据钻眼机具和岩石软硬程度，径差区为 0.5~2mm，岩石越硬径差越小。

b 水胀管锚杆

水胀管锚杆是一种厚 2mm、直径 41mm 的钢管被褶挤成直径 25~28mm 的异形钢管（见图 5-32），装入直径 33~39mm 的钻孔中，通过高压水泵将高压水注入管内，使钢管沿锚杆全长膨胀并压紧孔壁，从而依靠管壁与孔壁之间的摩擦力和挤压力实现支护目的。同时，管体的膨胀伴随着纵向收缩，使托板紧贴岩面产生预紧力。在异形钢管前端装有短接套管，外锚头为带小孔的短接管，与异形钢管严密焊接，在短接管与杆体相连处是金属托板。

水胀管锚杆结构简单，安装迅速，作业安全，抗震动性能好，锚固力大，锚固可靠。

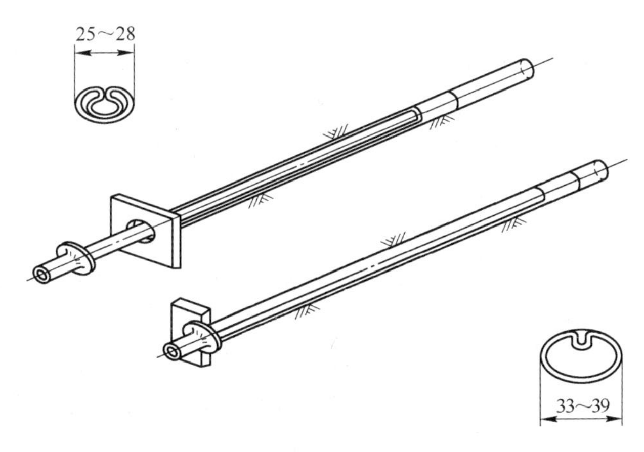

图 5-32 水胀管锚杆

D 可伸缩锚杆

理论分析与实践经验均表明，在锚杆支护系统的设计中，应满足锚杆变形（刚度）与围岩变形相协调。因此，在松软、破碎、膨胀性围岩和动压影响条件下，应寻求具有与围岩变形量相适应的锚杆形式，以便允许围岩有一个卸压过程，这就是各种可伸缩式锚杆产生的背景。

为了适应复杂岩体条件下围岩的变形特性，可伸缩锚杆应满足下述要求：

（1）及时提供一定初锚力，锚杆安装后，应具有 30~50kN 的初锚力。

（2）有较大的极限伸缩量，锚杆极限伸缩量一般为 50~100mm，达锚杆全长的 10%以上。

（3）具有恒阻式特征。

（4）较高的长期稳定锚固力。

（5）能抵抗一定的横向剪切作用。

目前，可伸缩式锚杆已有很多形式，概括起来可以分为结构可伸缩式和杆体可伸缩式两种。

a 结构可伸缩锚杆

这种锚杆是通过对杆体、内锚头、外锚头及托板等构件采用特殊结构而实现可伸缩目的的。它的杆体是钢管，外端套以开缝套管，可以产生相对位移，套管上焊有挡环，托板制成凸形，依靠快硬水泥卷将内锚头黏结在孔内。为了增加锚固力，滑动管杆体端部被压扁，并有两组小孔，便于后期水泥砂浆注入。锚杆初锚力 20kN，托板可压缩 20~30mm，杆体可滑动量是未注浆长度的 20%左右。

结构可伸缩式锚杆一般都具有恒阻可缩性、伸缩量可调、动作比较可靠、伸长量较大等优点，但这种锚杆的构造通常较复杂，成本较高。

b 杆体可伸缩锚杆

普通锚杆杆体在拉力作用下的伸长量约占总长度的 0.2%左右，如果采用优质钢材，并对材料进行专门加工处理，则可制成有较大伸长率的锚杆杆体。

杆体可伸缩锚杆构造最简单，具有微增阻特性；为了保证安全，在使用中往往只能利用杆体极限伸长量的一半，所以伸长量是有限的；初锚力也较小。

E 预应力锚索

a 胀壳式钢绞线预应力锚索

这种锚索由胀壳式内锚头、钢绞线（锚杆体）、星形锚具外锚头等组成（见图 5-33），并经注浆而成。

锚索的内锚头由导向帽、锥筒、六棱锚塞、蛇皮外夹片、挡圈、顶簧、顶簧套筒和托圈等组成。外锚头由垫板、锚环、锚塞和现场浇筑的混凝土支墩组成。

安装时将钢绞线穿过顶簧套筒，再通过锥筒，用六棱锚塞卡紧固定在锥筒内；钢绞线的端头插入导向帽，利用胀壳嵌入钻孔岩壁产生锚固力，采用双千斤顶拉紧杆体；然后锁定外锚头，形成预应力锚索。

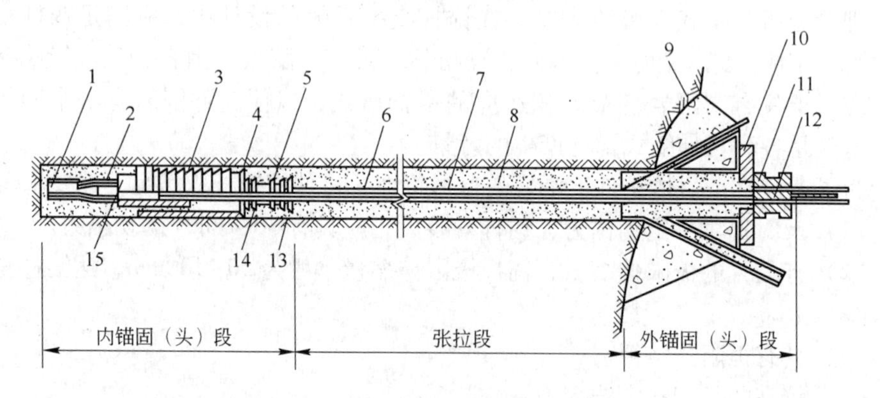

图 5-33 胀壳式钢绞线预应力锚索

1—导向帽；2—六棱锚塞；3—外夹片；4—挡圈；5—顶簧；6—套管；7—排气管；8—砂浆；9—混凝土支墩；10—垫板；11—锚环；12—锚塞；13—托圈；14—弹簧套筒；15—锥筒

这种锚索的预应力值一般为 600kN。它的施工工序紧凑、简单，安装方便、迅速，可在较小施工场地施工。同时，施工中应及时注浆，以便保持设计预应力。

胀壳式钢绞线预应力锚索适应于中硬以上、中大跨度采场顶板的加固，也可与普通锚杆配合使用。

b 砂浆黏结式预应力锚索

砂浆黏结式预应力锚索（见图 5-34）由于采用水泥砂浆黏结内锚固段，除内锚头与胀壳式钢绞线预应力锚索不同外，两者的其余部分基本相同。

砂浆黏结式锚索具有预应力大、锚固力高等优点，适用于各种复杂工程条件。缺点是施工工序复杂，质量难以保证，安装后不能立即拉紧及施工周期长等。

这种锚索适用于各种岩体地表与地下永久性工程的加固。

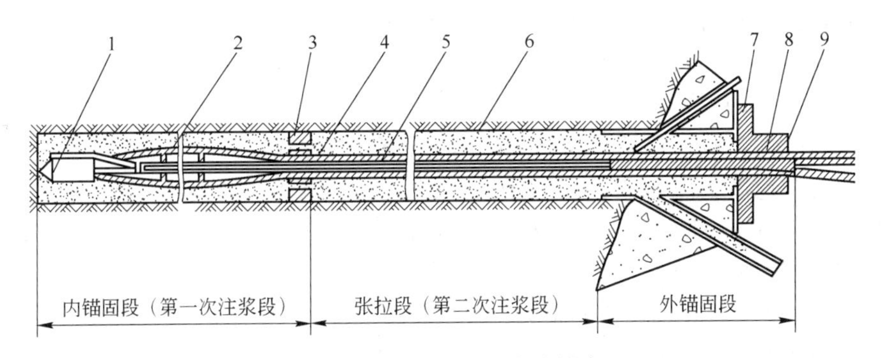

图 5-34 砂浆黏结式预应力锚索

1—导向帽；2—扩张环；3—定位止浆环；4—固线塞；5—排气管；6—套管；7—垫板；8—锚环；9—锚塞

F 组合锚杆支护的辅助构件

组合锚杆支护常用的辅助构件有各种钢梁、钢带和掩护网。

作为联系各个锚杆的托梁主要采用钢梁。钢梁的选材范围较宽，可以采用槽钢、角钢和 U 型钢。

近年来，国内外也广泛采用钢带作为锚杆的联系构件。钢带由扁钢或薄钢板制成，为了便于锚杆安装，在钢带上预先钻好孔，钻孔形状为椭圆形，钻孔直径由相应锚杆直径确定。

我国生产的钢带，共有 12 种规格，其长 1.6~4m，宽 180~280mm，每条质量在 5~29kg 之间，可根据不同需要选用。

另外，也可采用钢筋梯代替钢带，钢筋梯的钢筋直径一般为 10mm，钢筋间距约 80~100mm。其主要优点是省钢材，且有较大的刚度。但是，必须保证钢筋梯整体焊接质量，并在使用中确保锚杆托板能切实拖住钢筋梯。金属网是组合锚杆支护中常用的构件，它用来维护锚杆间围岩，防止小块松石掉落，也可用作喷射混凝土的配筋。被锚杆拉紧的金属网还能起到联系各锚杆组成支护整体的作用。金属网负担的松石取决于锚杆间距的大小。

常见的金属网采用直径 3~4mm 的铁丝编织而成，一般采用镀锌铁丝。以往采用 60mm×60mm 的矩形孔网，即经纬网。目前，经纬网已被丝距 40~100mm 的铰接菱形孔网取代。这种菱形网具有柔性好、强度高、连接方便等优点，近年来已在我国广泛使用。

由于金属网消耗钢材较多，目前正在尽可能采用玻璃纤维网或塑料网代替。国产塑料网的主要技术指标：

抗拉强度>160N/mm^2；

伸长率<25%；

氧指数>27；

耐燃性：酒精灯焰烧法离火自熄时间 5s；

抗静电性：表面电阻<1×10^{9}Ω；

拉断力>2.4kN；

抗腐蚀性：井下常见腐蚀介质对其性能无不良影响。

在复杂地质条件下，可用大网格焊接的钢筋网片取代常见金属网。国产的钢筋网背板共有 10 种规格，其长 850~1200mm，宽 530mm，每片质量 2.6~3.6kg，可根据不同需要选用。

5.3.4.2 锚杆支护作用机理

若要正确地设计和应用锚杆支护，必须对锚杆支护机理有正确的认识，并以建立完善的锚杆支护理论作为指导。

传统的锚杆支护理论有：悬吊理论、组合梁理论、组合拱（压缩拱）理论以及减跨理论等。它们都是以一定的假说为基础的，各自从不同的角度、不同的条件阐述锚杆支护的作用机理，而且力学模型简单，计算方法简明易懂，适用于不同的围岩条件，得到了国内外的承认和应用。

A 悬吊作用

悬吊理论认为：锚杆支护的作用就是将巷道顶板较软弱岩层悬吊在上部稳定岩层上，以增强较软弱岩层的稳定性。

在块状结构或裂隙岩体的巷道及采场顶板中，围岩松软破碎，或者巷道或采场开挖后应力重新分布，顶板出现松软破裂区，这时采用锚杆支护，可将软弱或不稳定岩层吊挂在上面较坚固的岩层上，从而防止离层脱落（见图 5-35（a））；也可把节理弱面切割形成的岩块联结在一起，阻止其沿弱面转动或滑移塌落（见图 5-35（b））。

根据悬吊岩体的质量就可以进行锚杆支护设计。

悬吊理论只适用于巷道或者采场顶板危岩体冒落，不适用于巷道的帮、底。如果顶板中没有坚硬稳定岩层或顶板软弱岩层较厚，围岩破碎区范围较大，无法将锚杆锚固到上面坚硬岩层或者未松动岩层上，悬吊理论就不适用。

B 组合梁作用

组合梁理论认为：在层状岩体中开挖巷道，当顶板在一定范围内不存在坚硬

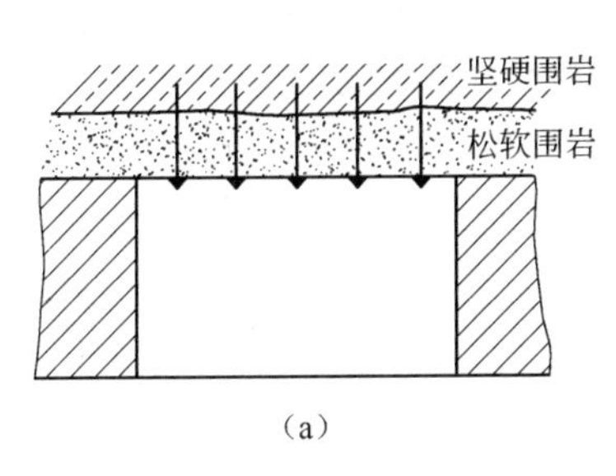

（a）

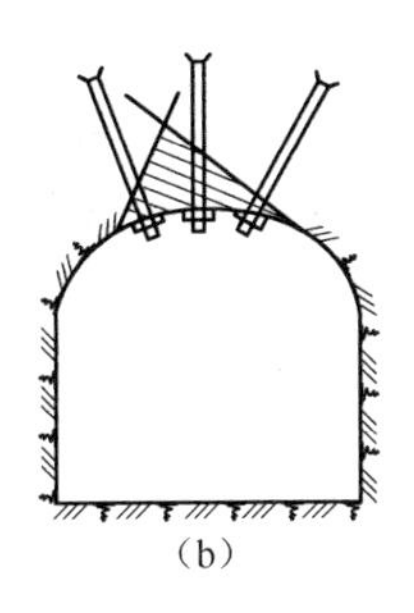
（b）

图 5-35 锚杆的悬吊作用

稳定岩层时，锚杆的悬吊作用居次要地位。

在层状结构的岩层中，如果存在若干分层，顶板锚杆的作用，一方面是依靠锚杆的锚固力增加各岩层间的摩擦力，防止岩石沿层面滑动，避免各岩层出现离层现象；另一方面锚杆杆体可增加岩层之间的抗剪刚度，阻止岩层间的水平错动，从而将巷道顶板锚固范围内的几个薄岩层锁紧成一个较厚的岩层（组合梁）（见图 5-36）。由于锚杆的锚固使各层岩石相互挤紧，致使岩层在荷载作用下，其最大弯曲应变和应力都将大大减小，组合梁的挠度亦减小，而且组合梁越厚，梁内的最大应力、应变和梁的挠度也就越小。

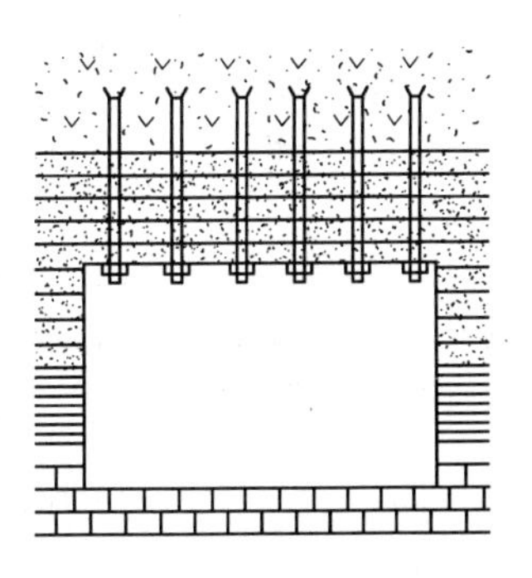
图 5-36 锚杆的组合梁作用

根据组合梁的强度大小，可以确定锚杆支护参数。

组合梁理论只适用于层状顶板锚杆支护的设计，对于巷道的帮、底不适用。

C 组合拱（压缩拱）理论

组合拱理论认为：在拱形巷道围岩的破碎区中安装预应力锚杆时，在杆体两端将形成圆锥形分布的压应力，如果沿巷道周围布置锚杆群，只要锚杆间距足够小，各个锚杆形成的压应力圆锥体将相互交错，就能在岩体中形成一个均匀的压缩带，即承压拱（亦称组合拱和压缩拱）（见图 5-37），这个承压拱可以承受其上部破碎岩石施加的径向荷载。在承压拱内的岩石径向和切向均受压，处于三向应力状态，因而增加了自身强度，有利于围岩的稳定和支撑能力的提高。另外锚杆还可以增加岩层弱面的剪切阻力，使围岩稳定性提高，起到补强作用。

根据组合拱（压缩拱）理论可以有效维护拱形巷道围岩的稳定，进而确定锚杆支护参数。

组合拱理论只适用于全断面破碎岩体拱形巷道围岩锚杆支护的设计。

D 减跨作用

减跨理论认为：在水平厚度较大的矿体中开采矿石，常导致采场顶板暴露面积极大，不利于采场顶板的稳定。通过在采场顶板采用锚杆支护，并在采场合适位置安设立桩，相当于使巷道或者顶板岩石悬露的跨度缩小，称为锚杆支护的减跨作用（见图5-38）。减跨作用可以减小采场顶板的暴露面积，有利于采场顶板的稳定。

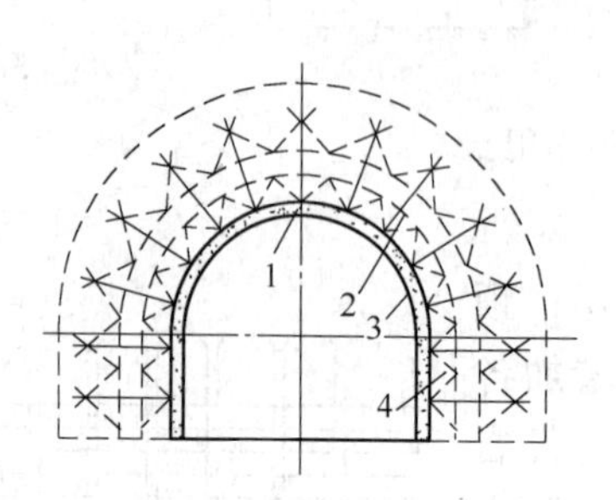

图5-37 锚杆组合拱作用

1—锚杆；2—岩体组合拱；

3—喷混凝土层；4—岩体破碎区

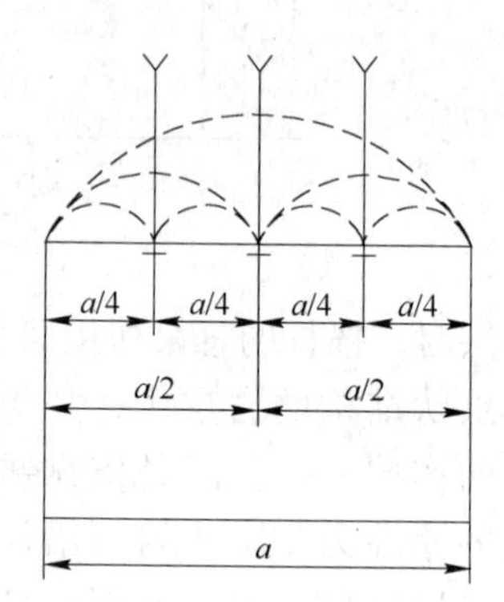

图5-38 锚杆缩小采场顶板跨度

a—未打锚杆的巷道悬顶跨度

根据减跨理论可以有效维护厚大采场顶板围岩的稳定，进而确定锚杆支护参数。

减跨理论适用于厚大矿体空场或者充填采场顶板的稳定。

以上列举了锚杆的四种作用，实际上各种作用都不是单独存在的，而是综合在一起共同起作用。但根据不同条件，其中的某一种作用则可能是主要的。例如，松软围岩上部有坚硬完整岩体，以及用锚杆加固局部危岩时，悬吊作用是主要的；梯形巷道中用锚杆加固层理明显的沉积岩时，组合梁的作用是主要的；拱形巷道、硐室中用锚杆加固块状或较破碎的围岩时，加固组合拱的作用则是主要的。

5.3.4.3 锚杆的基本力学参数

锚杆的基本力学参数主要有：

（1）抗拔力。锚杆在拉拔实验中承受的极限拉力。

（2）握裹力。锚杆杆体与黏结材料间的最大抗剪力。

（3）黏结力。锚杆黏结材料与孔壁岩石的最大抗剪力。

（4）拉断力。锚杆极限抗拉强度。

5.3.4.4 锚杆支护方案选取

锚杆支护设计关系到巷道锚杆支护工程的质量优劣、是否安全可靠以及经济是否合理等重要问题，因而广泛被国内外学者所重视。目前的巷道锚杆支护设计方法基本上可归纳为四类：第一类是工程类比法，包含利用简单的经验公式进行设计；第二类是理论计算法；第三类是以计算机数值模拟为基础的设计方法；第四类是监测法。工程类比法在巷道锚杆支护设计中应用相当广泛，主要包括以巷道围岩稳定性分类为基础的锚杆支护设计方法和巷道围岩松动圈分类与支护设计建议等。理论计算方法主要有悬吊理论法、冒落拱理论法、组合梁理论法和组合拱理论法等。根据各种理论计算方法所依据的不同理论基础，加以计算支护参数，并在工程实践中不断优化支护参数设计，更有利于支护结构参数的优化。

A 采用工程类比法进行巷道组合支护设计

工程类比法是建立在已有工程设计和大量工程实践成功经验的基础上，在围岩条件、施工条件及各种影响因素基本一致的情况下，根据类似条件的已有经验，进行待建工程锚杆支护类型和参数设计。这种设计方法不是简单照搬，而是首先应搞清楚待建巷道的地质条件与围岩物理力学参数，在科学地进行围岩分类的情况下，再针对不同的围岩类别，根据巷道生产地质条件确定锚杆支护参数。

a 以回采巷道围岩稳定性分类为基础的锚杆支护设计方法

巷道围岩的稳定性可分为非常稳定（Ⅰ类）、稳定（Ⅱ类）、中等稳定（Ⅲ类）、不稳定（Ⅳ类）和极不稳定（Ⅴ类）5个类别。

在采准巷道围岩稳定性分类的基础上，制定了巷道锚杆支护技术规范。该规范的要点如下：

（1）顶板必须采用金属杆体锚杆。全长锚固或加长锚固锚杆应选用螺纹钢作杆体。采用端部锚固锚杆时，设计锚固力不应低于64kN；采用全长锚固锚杆时，杆体破断力不应小于130kN。

（2）一般情况下，巷帮应支护。巷帮锚杆的设计锚固力以不低于40 kN为宜。根据巷道断面、节理裂隙发育程度、埋藏深度、锚杆是否经受切割等因素确定巷帮锚杆的形式与参数。

（3）锚杆孔径与锚杆杆体锚固段直径之差，保持在6~10mm范围之内。

（4）顶板上靠巷道两帮的锚杆，一般应向巷帮倾斜15°~30°（与铅垂线夹角）。

（5）金属杆体锚杆支护参数系列如表5-7所示。

表5-7 金属杆体锚杆支护系列参数

项　目	系　列
锚杆长度/m	1.4　1.6　1.8　2.0　2.2　2.4　2.6
杆体直径/mm	18　20　22　24
锚杆孔径/mm	28　31　33
锚杆排距/m	0.6　0.7　0.8　0.9　1.0　1.1　1.2　1.4
锚杆间距/m	0.6　0.7　0.8　0.9　1.0　1.1　1.2　1.4

注：1. 帮锚杆杆体直径可选用14mm；2. 锚杆孔径优先选用28mm。

（6）推荐的巷道锚杆基本支护形式与主要参数如表5-8所示。

表5-8 巷道锚杆基本支护形式与主要参数

巷道类别	巷道围岩稳定状况	基本支护形式	主要支护参数
Ⅰ	非常稳定	整体砂岩、石灰岩岩层：不支护 其他岩层：单体锚杆	端锚：杆体直径：>16mm 杆体长度：1.6~1.8m 间排距：0.8~1.2m 设计锚固力：>64~80kN
Ⅱ	稳定	顶板较完整：单体锚杆 顶板较破碎：锚杆+网	端锚：杆体直径：16~18mm 杆体长度：1.6~2.0m 间排距：0.8~1.0m 设计锚固力：64~80kN
Ⅲ	中等稳定	顶板较完整：锚杆+钢筋梁 顶板破碎： 锚杆+W钢带（或钢筋网）+网，或增加锚索桁架，或增加锚索	端锚：杆体直径：16~18mm 杆体长度：1.6~2.0m 间排距：0.8~1.0m 设计锚固力：64~80kN
Ⅳ	不稳定	锚杆+W钢带+网，或增加锚索桁架+网，或增加锚索	全长锚固：杆体直径：18~22mm 杆体长度：1.8~2.4m 间排距：0.6~1.0m
Ⅴ	极不稳定	顶板较完整： 锚杆+金属可缩支架，或增加锚索 顶板较破碎： 锚杆+网+金属可缩支架，或增加锚索 底鼓严重：锚杆+环形可缩支架	全长锚固：杆体直径：18~24mm 杆体长度：2.0~2.6m 间排距：0.6~1.0m

注：1. 巷帮锚杆支护形式与主要参数视地应力大小、围岩强度、节理状况、巷道断面与是否切割等，参照顶板钻杆确定；2. 对于复合顶板，破碎围岩，易风化、潮解、遇水膨胀围岩，可考虑在基本支护形式基础上增加锚索加固或注浆加固、封闭围岩等措施；3. 锚杆各构件强度应与相应锚固力匹配；4. 顶板较完整指节理、层理分级的Ⅰ、Ⅱ、Ⅲ级，顶板较破碎指Ⅳ、Ⅴ级，如表5-9所示。

表5-9 节理、层理发育程度分级

节理、层理分级	Ⅰ	Ⅱ	Ⅲ	Ⅳ	Ⅴ
节理、层理发育程度	极不发育	不发育	中等发育	发育	很发育
节理间距 D_1/m	>3	1~3	0.4~1	0.1~0.4	<0.1
分层厚度 D_2/m	>2	1~2	0.3~1	0.1~0.3	<0.1

b 巷道围岩松动圈分类与支护设计建议

地下巷道开挖以后，围岩中将产生应力重新分布和应力集中现象，当围岩应力小于岩体强度时，围岩处于弹塑性状态；当围岩应力超过围岩强度时，围岩中将产生变形松动现象，结果在巷道周围形成松动破碎区，亦称为围岩松动圈。围岩松动圈的大小与工程因素（巷道断面的形状和大小、施工方式和支护形式等）

有关，同时也与地质因素有关，是围岩应力和围岩强度的综合反映。

研究表明，围岩松动圈有如下特性：

（1）由于围岩性质不同，松动圈可能有圆形、椭圆形和异形等形状。

（2）在有控制条件下，松动圈稳定时间：$L_p<100cm$，10～20天；$L_p=100\sim150cm$，20～30天；$L_p>150cm$，1~3个月。

（3）一般的支护不能有效地阻止松动圈的产生和发展。

（4）地质条件一定时，巷道宽度在3～7m范围内，松动圈的大小变化不明显。

根据围岩松动圈的大小进行巷道围岩分类是一种巷道支护理论的论点。研究认为：支护的对象是除松动圈围岩自重和巷道围岩的部分弹塑性变形外，还有松动圈围岩的碎胀变形，后者往往占据着主导地位，因而支护的作用就是限制围岩松动圈形成过程中碎胀力所造成的有害变形。

需要指出，使用围岩松动圈分类法时，首先应选择有代表性的巷道围岩，以超声波松动圈测定仪测出松动圈范围，然后进行分类。在施工过程中，对于软岩巷道，即松动圈大于150cm的情况，应进行巷道表面变形量测，用以监测围岩变形状况和支护效果，必要时修改支护参数，以及确定二次支护时间等。

实践证明，在工程条件相近时，采用工程类比法进行锚杆支护设计效果很好。

B 理论计算法

锚杆支护理论计算法主要是利用悬吊理论、组合梁理论、冒落拱理论以及其他各种力学方法等，分析巷道围岩的应力与变形，进行锚杆支护设计，给出锚杆支护参数的解析解。这种设计方法的重要性不仅与工程类比法相辅相成，而且为研究锚杆支护机理提供了理论工具。随着岩石力学发展水平的提高，其终将使锚杆支护设计达到科学化、定量化。

在层状岩层中开挖的巷道，顶板岩层的滑移与分离可能导致顶板的破碎直至冒落；在节理裂隙发育的巷道中，松脱岩块的冒落可能造成对生产的威胁；在软弱岩层中开挖的巷道，围岩破碎带内不稳定岩块在自重作用下也可能发生冒落。如果锚杆加固系统能够提供足够的支护阻力将松脱顶板或围岩悬吊在稳定岩层中，就能保证巷道围岩的稳定。

a 锚杆长度

锚杆长度通常按下式计算（见图5-39）：

$$L=L_1+L_2+L_3 \tag{5-3}$$

式中，L_1为锚杆外露长度，其值主要取决于锚杆类型及锚固方式，一般$L_1=0.15m$，对于端锚锚杆，L_1=垫板厚度+螺母厚度+（0.03～0.05）m，对于全长锚固锚杆，还要加上穹形球体的厚度；L_2为锚杆的有效长度；L_3为锚杆锚固段长度，一般端锚时 $L_3=0.3\sim0.4$m，由拉拔试验确定，当围岩松软时，L_3 还应加大。对于全长锚固锚杆，锚杆的有效长度则为 L_2+L_3。

显然，锚杆外露长度 L_1 与锚杆锚固段长度 L_3 易于确定，关键是如何确定锚杆的有效长度 L_2。通常按下述方法确定 L_2：

（1）当直接顶需要悬吊而它们的范围易于划定时，L_2 应大于或等于它们的厚度。

（2）当巷道围岩存在松动破碎带时，L_2 应大于巷道围岩松动破碎区高度 h_i。h_i 可由下面几种方法确定：

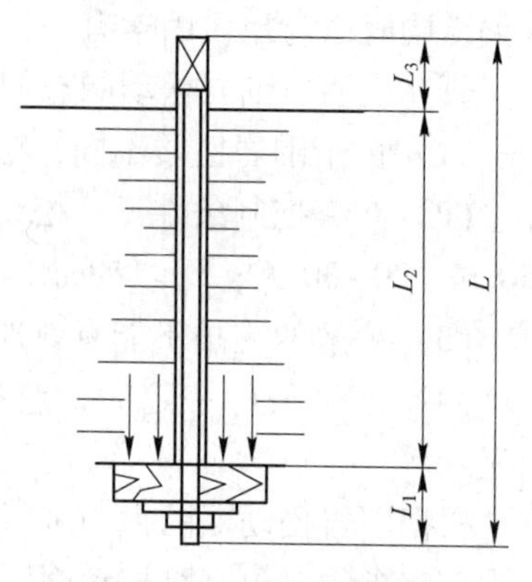

图 5-39 锚杆长度组成

1）经验确定。围岩为层状岩石时，应使锚杆尽量锚固在较坚固的老顶岩石中，这样才能保证直接顶与老顶共同作用。非层状岩石中，锚杆长度可按下述经验公式选取：

$$L \geqslant (1/4 \sim 1/3)B \tag{5-4}$$

式中，B 为巷道的跨度，m。

2）声测法确定。

3）解析法估计。具体计算式为：

$$h_i = \frac{(100 - \mathrm{RMR})L}{100} \tag{5-5}$$

式中，RMR 为 CSIR 地质力学分级岩体总评分；L 为巷道跨度。

4）在松散介质及中硬以下岩石，以及小跨度地下空间中（跨度一般小于6m），可以利用 M. M. 普罗托奇雅可诺夫的抛物形压力拱理论估计冒落带高度。

当 $f\geqslant3$ 时：

$$h_i = L/2f \tag{5-6}$$

当 $f\leqslant2$ 时：

$$h_i = [L/2 + H\mathrm{ctg}(45° + \varphi/2)]/f \tag{5-7}$$

式中，f 为岩石普氏系数；L 为巷道跨度；H 为巷道掘进高度；φ 为岩体内摩擦角。

b 锚杆杆体直径

锚杆杆体直径根据杆体承载力与锚固力等强度原则确定，则：

$$d = 35.52\sqrt{\frac{Q}{\sigma_t}} \tag{5-8}$$

式中，d 为锚杆杆体直径，mm；Q 为锚固力，由拉拔试验确定，kN；σ_t 为杆体材料抗拉强度，MPa。

c 锚杆间、排距

锚杆间、排距根据每根锚杆悬吊的岩石重量确定，即锚杆悬吊的岩石重量等于锚杆的锚固力。通常锚杆按等距排列，即 $a=S_c=S_1$。则有：

$$a=\frac{Q}{2K\gamma L_2} \tag{5-9}$$

式中，S_c、S_1为锚杆间、排距；K 为锚杆安全系数，一般取 $K=1.5\sim2$；γ 为岩石体积力。

锚杆的长度一般为 1.5~3.0m，锚杆间距不宜大于锚杆长度的二分之一。

C 锚杆的布置

锚杆在岩石巷道中的布置方式一般有三种：

（1）在均质整体性的岩石中，锚杆应基本上垂直于巷道轮廓面，沿巷道断面的周围均匀地布置（见图 5-40（a））。

（2）在岩层层理明显发达的岩层中，锚杆应穿层布置，把几层岩石用锚杆固结在一起，决不能平行于岩层布置（见图 5-40（b））。

（3）巷道岩石较好，可以不支护，如果局部地方不安全，可以用锚杆做局部支护（见图 5-40（c））。

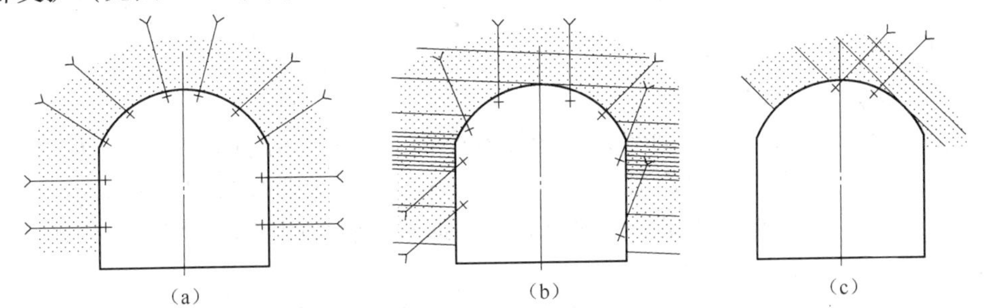

图 5-40 锚杆在巷道中的布置

锚杆的布置主要依据围岩的性质而定，可排列成方形或梅花形，前者适用于较稳定的岩层，后者适用于稳定性较差的岩层，其布置如图 5-41 所示。

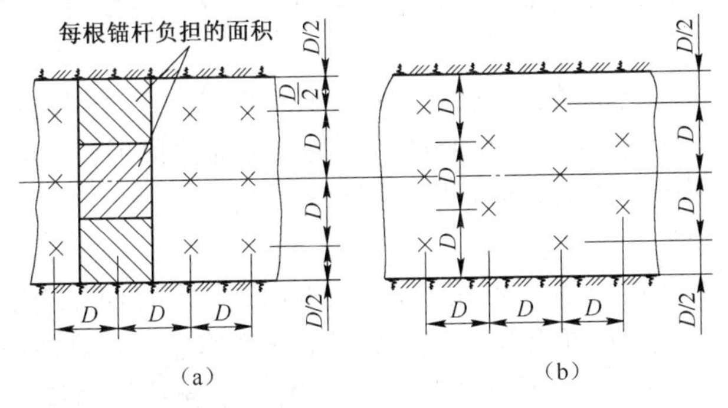

图 5-41 锚杆在岩面的布置

（a）方形布置；（b）梅花形布置

表5-10为国内几个冶金矿山使用锚杆支护的实例。

表5-10 国内几个冶金矿山使用锚杆支护的实例

单位	工程名称	跨度/m	地质条件	支护类型	锚杆长度 L/m	锚杆间距 D/m	锚杆长度与巷道跨度比	D/L
梅山铁矿	破碎机硐室	10.5	高岭土化安山岩与硅化安山岩	喷锚网	2.2~3.0	0.8	1/4~1/3	0.31~0.37
	副井运输巷道	4.0	高岭土化安山岩与凝灰角砾岩	喷锚	1.5	1.0	1/2.6	0.66
金山店铁矿	破碎机硐室	11.5	节理不发育的石英闪长岩	喷锚网	2.5~3.0	0.86~1.0	1/4	0.4
	运输巷道	4.0	节理间充填有高岭土、绿泥石的石英闪长岩	喷锚	1.5	1.0	1/2.6	0.66
南芬铁矿选厂	泄水洞	3.4	钙质、泥质、碳质页岩与石英岩、泥灰岩互层	喷锚	1.5	1.0	1/2.3	0.66
中条山铜矿	电耙道	3.1	节理较发育的大理岩	喷锚	1.6	1.0	1/2	0.66

D 锚杆的安装与检验

a 锚杆的安装

为了获得良好的支护效果，一般多在爆破后即安装顶部锚杆。当围岩稳定时，也可以在爆破后先喷混凝土，待装岩后再用锚杆打眼安装机进行支护工作，或者掘进与打锚杆眼、安装锚杆平行作业，即装岩机后面用锚杆打眼安装机进行支护。

灌注水泥砂浆多采用锚杆注浆罐。这类设备较多，但都大同小异，因其结构简单，各地现场皆可自制，常用的是MJ-2型锚杆注浆罐（见图5-42）。

为了提高锚杆安装的机械化程度，可使用锚杆打眼安装机，如MGJ-1型锚杆打眼安装机，将钻眼、安装、注浆三道工序集中在一台设备上进行，其结构如图5-43所示。

这种设备的优点是机械化程度高，效率高。但是由于采用轨轮式台车，大臂较短，必须在装岩后才能进入工作面，不能及时维护顶板，只有在较稳定岩层中，待装岩后或随装岩机后作业才能发挥设备能力。

b 锚杆的检验

为了保证锚杆支护质量，必须对锚杆施工加强技术管理和质量检查，主要检查锚杆眼直径、深度、间距和排距以及螺母的拧紧程度，并对锚杆的锚固力进行抽查检验。如发现锚固力不符合设计要求，则应重新补打锚杆。锚杆锚固力试验，一般可采用ML-20型锚杆拉力计（见图5-44），或其他锚固力试验装置。

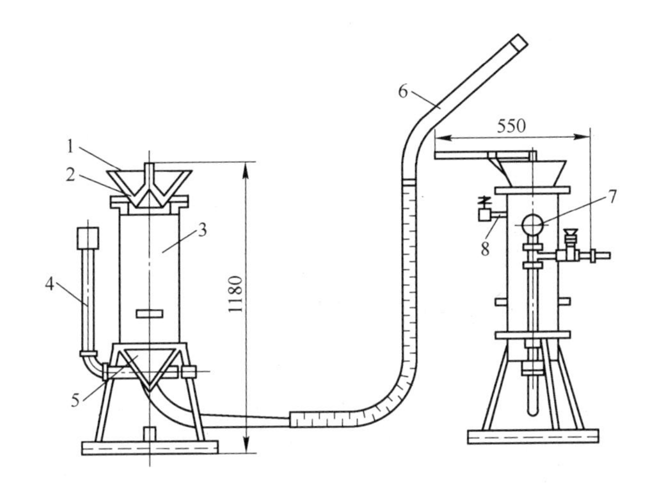

图 5-42 MJ-2 型锚杆注浆罐

1—受料漏斗；2—钟形阀；3—储料罐；4—进风管；
5—锥管；6—注浆管；7—压力表；8—排气管

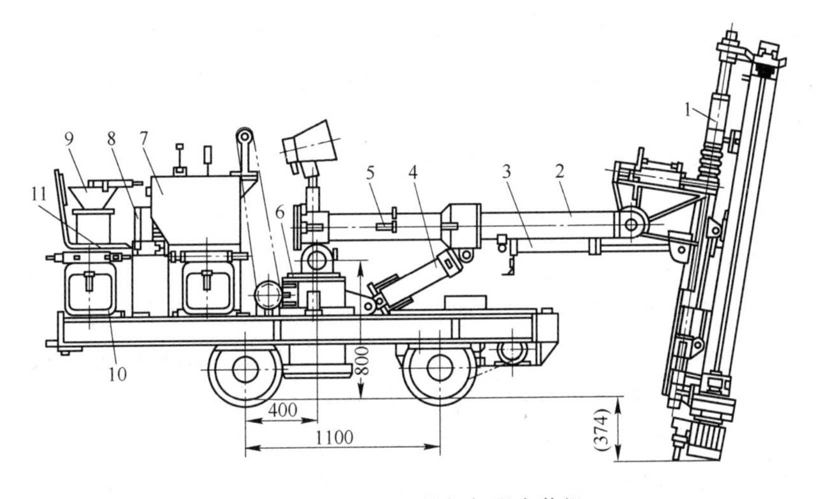

图 5-43 MGJ-1 型锚杆打眼安装机

1—工作机构；2—大臂；3—仰角油缸；4—支撑油缸；5—液压管路系统；
6—车体；7—操作台；8—液压泵站；9—注浆罐；10—电气控制系统；11—座椅

ML-20 型锚杆拉力计的主要部件是一个空心千斤顶和一台 SY4B-1 型高压手摇泵，其最大拉力为 196kN，活塞行程 100mm，重量 12kg。试验时，用卡具将锚杆紧固于千斤顶活塞上，然后将高压胶管与手摇泵连接起来；摇动油泵手柄，高压油经胶管到达拉力计的油缸，推动活塞拉伸锚杆。压力表读数乘以活塞面积即为锚杆的锚固力。锚杆位移量可从与活塞一起移动的标尺上直接读出。

拉拔试验时，除检验锚固力外，在规定的锚固力范围内还要求锚杆的拉出量

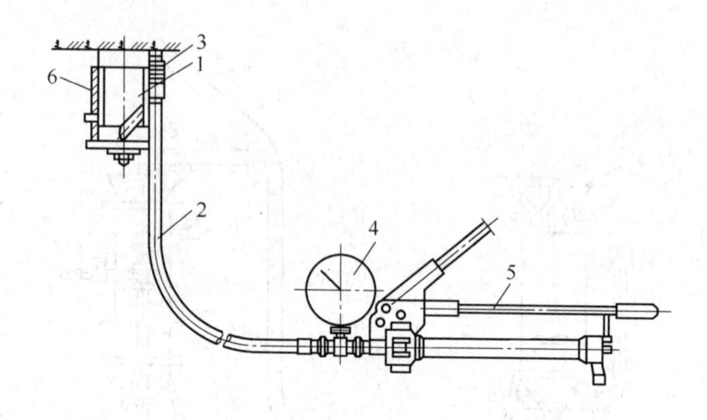

图 5-44 ML-20 型锚杆拉力计
1—空心千斤顶；2—油管（胶管）；3—胶管接头；4—压力表；5—手动油泵；6—标尺

不超过允许值。

对钢筋（钢丝绳）砂浆锚杆，还必须进行砂浆密实度试验。选取内径为38mm，长度与锚杆相同的钢管或塑料管三根，将管子一端封死，按与地面平行、垂直、倾斜方向固定，然后向管内注砂浆（砂浆配合比与施工相同），同时插入钢筋。经养护一周后，将管子横向断开，纵向剖开，检查钢筋位置及砂浆密实程度。

5.3.4.5 锚杆支护类型及其适用条件

A 喷锚支护类型及选用

a 单一锚杆支护

单体锚杆是锚杆支护结构中最简单的支护结构形式，每根锚杆是一个个体，单独对顶板起作用，但通过岩体的联系又把每根锚杆的作用联合起来。每根锚杆集合作用的结果，控制了不规则弱面的发展和危石的掉落，增强了岩体强度，形成了加固岩梁，共同支撑外部荷载。

单体锚杆支护结构主要适用于岩石稳定、坚固系数大于6、节理裂隙不发育的顶板条件，以及围岩应力较小的条件。其支护特点是：巷道支护施工方便，工序简单，有利于单进水平提高；对围岩的支护表功较弱，用于较差围岩条件时，围岩表层容易首先破坏，由表及里，导致锚杆失效。

b 锚梁支护结构

锚梁结构是指锚杆和钢筋梯或W形钢带组合的支护结构。锚杆通过钢筋梯或W形钢带扩大锚杆作用力的传递范围，把个体锚杆组合成锚杆群共同协调加固巷道围岩，这种组合大大增强了锚杆群体的作用和护表功能。

锚梁支护结构主要适用于围岩强度较大，节理裂隙较发育的Ⅱ、Ⅲ类围岩条件。

锚梁支护特点：支护操作方便，施工简单，有利于单进水平提高。

c 锚网梁支护结构

锚网梁支护结构是锚杆托梁、梁压网、网护顶的组合锚杆支护结构。它是在锚梁支护结构的基础上发展起来的，除具有锚梁结构的支护功能和作用外，由于使用金属网把锚梁间裸露的岩体全部封闭起来，护表功能更强。

锚网梁支护结构主要适用于复合层状顶板和岩体松软、压力大的Ⅳ、Ⅴ类巷道围岩条件。

锚网梁支护的特点：适应性强，支护效果好，加固岩体性能稳定；但支护结构相对复杂，操作工序增多，对掘进速度有一定的影响。

d 锚梁网索支护结构

锚梁网索支护结构是在锚网梁支护结构的基础上增加锚索的组合支护结构。它凸现了锚索对锚网梁的补强作用，增大了支后强度，改善了巷道的受力条件，提高了巷道维护的安全可靠程度。

锚网梁索支护结构主要适用于复杂地质条件下的巷道支护和岩体松软、压力大的Ⅳ、Ⅴ类巷道围岩条件，以及巷道断面加大、孤岛开采的工作面两巷、受构造影响区域的巷道等。

锚网梁索支护的特点：支护强度大，护表效果好，适用范围宽，安全可靠性高，支护结构相对复杂，施工工序和难度较大，对掘进速度有一定影响，支护成本较高。

e 锚喷支护

在破碎岩体中，采用单体锚杆支护时，锚杆之间无支护部分的岩体容易脱落，将最终导致锚杆支护失效。锚喷支护是指以锚杆为主体，在锚杆支护的岩体表面喷射一定厚度的混凝土来共同加固围岩，提高围岩强度，减小破裂区厚度。

锚喷支护适用于开挖后围岩处于破裂状态，而破裂区的形成要经历较长时间过程的巷道。

锚喷支护特点：支护操作方便，施工简单，有利于单进水平提高。

f 锚注支护

锚注是锚喷支护与围岩注浆相结合加固围岩的一种综合方法。它既是一种加固方法，又是一种独立的支护方式。这种支护方法用锚杆兼作注浆管，对巷道围岩进行外锚内注。与单纯的锚喷加固围岩不同，锚注支护在锚杆加固带的围岩深处形成一个注浆加固圈。由于锚杆外部的围岩因注浆而得到加固，整体性加强，为锚杆提供了可靠的着力基础，从而能有效地提高锚杆的锚固力，抑制巷道的收敛变形。

锚注支护结合加固围岩综合了锚喷与围岩注浆两种加固方法的优点，对巷道围岩的加固效果更显著，同时也扩大了锚喷与围岩注浆各自的适用范围。

B 喷锚支护的优越性及适用条件

a 喷锚支护的优越性

（1）施工工艺简单，机械化程度高，有利于减轻劳动强度和提高工效。

（2）施工速度快，为组织巷道快速施工一次成巷创造了有利条件。

（3）喷射混凝土能充分发挥围岩的自承能力，并和围岩构成共同承载的整体，使支护厚度比砌碹减少 1/3～1/2，从而减少了掘进和支护的工程量。此外，喷射混凝土施工不需要模板，还可节约大量的木材和钢材。

（4）质量可靠，施工安全。因喷射混凝土层与围岩黏结紧密，只要保证喷层厚度和混凝土的配合比，施工质量容易得到保证。又因喷射混凝土能紧跟掘进工作面进行喷射，能及时有效地控制围岩变形和防止围岩松动，使巷道的稳定性容易保持。许多施工经验说明，即使在断层破碎带，喷锚支护（必要时加金属网）也能保证施工安全。

喷锚支护也大量用于交通隧道及其他地下工程；既适用于中等稳定岩层，也可用于节理发育的松软破碎岩层；既可作为巷道的永久支护，也可用于临时支护和处理冒顶事故等。

b 适用条件

除严重膨胀性岩层，毫无黏结力的松散岩层以及含饱和水、腐蚀性水的岩层中不宜采用喷锚支护外，其他情况下均可优先考虑使用。表 5-11 为隧道和斜井的喷锚支护类型设计参数。

表 5-11 隧道和斜井的喷锚支护类型设计参数

围岩类别	毛硐跨度 B/m				
	$B\leqslant5$	$5<B\leqslant10$	$10<B\leqslant15$	$15<B\leqslant20$	$20<B\leqslant25$
Ⅰ	不支护	50mm 厚喷射混凝土	1. 80～100mm 厚喷射混凝土； 2. 50mm 厚喷射混凝土，设置 2.0～2.5m 长的锚杆	100～150mm 厚喷射混凝土，设置 2.6～3.0m 长的锚杆	120～150mm 厚钢筋网喷射混凝土，设置 3.0～4.0m 长的锚杆
Ⅱ	50mm 厚喷射混凝土	1. 80～100mm 厚喷射混凝土； 2. 50mm 厚喷射混凝土，设置 1.6～2.0m 长的锚杆	1. 120～150mm 厚喷射混凝土，必要时配置钢筋网； 2. 80～120mm 厚喷射混凝土，设置 2.0～3.0m 长的锚杆，必要时配置钢筋网	120～150mm 厚钢筋网喷射混凝土，设置 2.6～3.5m 长的锚杆	

续表 5-11

围岩类别	毛硐跨度 B/m				
	$B \leqslant 5$	$5 < B \leqslant 10$	$10 < B \leqslant 15$	$15 < B \leqslant 20$	$20 < B \leqslant 25$
Ⅲ	1. 80~100mm 厚喷射混凝土； 2. 50mm 厚喷射混凝土，设置 1.6~2.0m 长的锚杆	1. 120~150mm 厚喷射混凝土，必要时配置钢筋网； 2. 80~100mm 厚喷射混凝土，设置 2.0~2.5m 长的锚杆，必要时配置钢筋网	100~150mm 厚钢筋网喷射混凝土，设置 2.0~3.0m 长的锚杆	150~200mm 厚钢筋网喷射混凝土，设置 3.0~4.0m 长的锚杆	
Ⅳ	80~100mm 厚喷射混凝土，设置 1.6~2.0m 长的锚杆	100~150mm 厚钢筋网喷射混凝土，设置 2.0~2.5m 长的锚杆，必要时采用仰拱	150~200mm 厚钢筋网喷射混凝土，设置 2.6~3.0m 长的锚杆，必要时采用仰拱		
Ⅴ	120~150mm 厚钢筋网喷射混凝土，设置 1.6~2.0m 长的锚杆，必要时采用仰拱	150~200mm 厚钢筋网喷射混凝土，设置 2.0~3.0m 长的锚杆，采用仰拱，必要时架设钢架			

注：1. 表中的支护类型和参数，是指隧道和倾角小于 30°的斜井的长久支护，包括初期支护与后期支护的类型和参数；2. 服务年限小于 10 年及硐跨小于 3.5m 的隧道和斜井，表中的支护参数，可根据工程具体情况适当减小；3. 复合衬砌的隧道和斜井，初期支护采用表中的参数时，应根据工程的具体情况予以减少；4. 急倾斜岩层中的隧道或斜井易失稳的一侧边墙，以及缓倾斜岩层中的隧道或斜井顶部，应采用表中第 2 种支护类型和参数，其他情况下，两种支护类型和参数均可采用；5. Ⅰ、Ⅱ类围岩中的隧道和斜井，当边墙高度小于 10m 时，边墙的锚杆和钢筋网可不予设置，边墙喷射混凝土厚度可取表中数据的下限值；Ⅲ类围岩中的隧道和斜井，当边墙高度小于 10m 时，边墙的喷锚支护参数可适当减少。

6 沂南金矿地压活动规律及控制方法

6.1 地质概况

沂南金矿区域出露地层主要有新太古代泰山群雁翎关组、新元古代土门群佟家庄组、寒武系下统长清群和中上统九龙群，其中太古宇雁翎关组为该区结晶基底，新元古界和寒武系构成其盖层，两者之间为角度不整合。太古宙基底岩石主要为花岗片麻岩、斜长角闪岩、角闪变粒岩等，由一套钙镁铁质火山沉积岩系经中高级区域变质作用形成。新元古代土门群佟家庄组为一套浅海相沉积，底部为灰白色中细粒砂岩、含砾砂岩，中上部为灰黄、灰紫色页岩夹薄层泥灰岩。寒武系长清群自下而上由李官组、朱砂洞组和馒头组组成，主要为一套细碎屑岩、钙质泥岩、页岩与薄层泥灰岩、鲕粒灰岩、砂屑灰岩、白云质灰岩互层；寒武系九龙群自下而上包括张夏组、崮山组、炒米店组和三山子组，岩性以薄层灰岩、竹叶状灰岩、鲕粒灰岩、生物碎屑灰岩和泥质白云岩为主，局部夹页岩。

沂南金矿矿区内与成矿作用有关的围岩蚀变发育，主要有角岩化、大理岩化、矽卡岩化、硅化、绿泥石化、碳酸盐化、钾长石化、钠长石化、绢云母化、石膏化等，广泛分布于杂岩体与围岩接触带及其附近层间破碎带和不整合面附近。自岩体向外，矿化具一定的分带性，由钼矿化→磁铁矿化→砷黝铜矿化→斑铜矿化→黄铜矿化→金矿化→黄铜矿化→金矿化；矿石类型由磁铁矿型→含金铜磁铁矿型→含金铜矽卡岩型→含金铜大理岩型。

根据岩石形成时代、成因类型、岩性、物质成分、结构特征、结构面发育程度和分布特点，以及岩石物理力学性质等，矿区岩组主要为以下几种：

（1）矽卡岩类。矽卡岩类岩石主要是通过接触交代变质作用形成的，发生在霏细斑岩和寒武系石灰岩质岩石接触带附近，外蚀变带宽一般不超过 5~30m 范围，内蚀变带不发育，主要有石榴石透辉石矽卡岩、绿帘石石榴石矽卡岩。

石榴石透辉石矽卡岩，为主要含矿岩石，细粒花岗变晶结构，以透辉石为主。绿帘石石榴石矽卡岩，多为粗粒花岗变晶结构，石榴石晶体较粗大，绿帘石沿其裂隙贯入，往往不含矿。

上述矽卡岩近斑岩处以钙铝榴石为主，浅黄褐色，向外带逐渐过渡为以钙铁为主，呈褐绿色。

（2）角岩类。围岩受热力变质作用即发生矿物重结晶形成一系列角岩。角岩分布范围较矽卡岩广泛，距接触带百米以上，且不受围岩岩性限制，主要有大理岩、角岩、黏板岩、石英岩。

大理岩，由寒武系各层灰岩变质而成，浅灰白色和白色，中细粒变晶结构，块状构造。

角岩，由寒武系各层泥质和粉砂质岩石变质而成，以深色为主，形成不同色调的条带，隐晶到细晶结构，致密坚硬，主要由钙铝榴石、透辉石组成。

黏板岩，当重结晶作用达不到角岩程度时则形成黏板岩，分布于角岩外围，与角岩和原岩呈过渡关系。

石英岩，由砂岩变质而成，灰白色或蛋清色，花岗变晶结构，致密块状构造，质地坚硬，主要矿物为等轴粒状的石英。

（3）碎裂类。碎裂岩分布在断裂带内，主要由碳酸盐胶结而成，胶结程度差，岩石松散不稳固。

矿区结构面以断层、节理裂隙为主，褶皱发育不强烈。东西向、北西向和北北东向三种构造体系的断裂相互复合，联合作用，使区内断裂甚为发育。

矿体的顶板主要为含弱金铜矿化的条带状矽卡岩及矽卡岩化角岩，稳固性较好，局部矿体直接与闪长玢岩接触，因闪长玢岩节理较发育，其稳固性较差。矿体底板岩石主要为含石膏细脉的大理岩，局部发育有弱的黄铜、磁铁矿化。矿体及底板围岩的稳固性一般较好。

矿区围岩蚀变：矿区矿床属于广义的矽卡岩型矿床，围岩蚀变除接触交代变质作用外，尚有热力变质作用以及热液变质作用。

热液变质作用：为最末期的蚀变作用，蚀变范围较广，可达上述变质作用所达不到的霏细斑岩，但蚀变强度不大，只在构造发育的地段蚀变较强。

绿泥化作用：只在矽卡岩化较强的局部地段发育，叠加在矽卡岩化之上，往往伴随形成富矿段。

高岭土化作用：只局限在接触带附近和构造发育处的霏细斑岩中，斜长石部分或全部由高岭土代替。在地表高岭土散失，使原长石斑晶处出现“凹坑”，斑岩表面呈现“大麻点”状；在深部斜长石往往被细小绢云母鳞片交代。

碳酸盐化作用：蚀变不强，但范围广，矽卡岩带较发育，方解石小颗粒集合体呈团块状或细脉状产出，在角岩和斑岩中较不发育。此外，还可以见到硅化和硫酸化（石膏细脉）现象。

总之，矿田内围岩蚀变作用不强，范围有限，与矿体形成有关的蚀变-矽卡岩化作用仅沿接触带和层间构造发生，而其他蚀变作用与矿体形成关系不大。

6.2 现场调查及资料查阅

6.2.1 现场地质调查

地质调查工作主要针对金场矿区的－225m、－245m、－265m、－280m、－305m、－330m、－342m 中段作为主要调查对象。现场通过对矿区构造、采场、巷道节理裂隙分布及其发育情况进行调查，进一步了解了地压的显现情况和矿区深部开采条件。

6.2.1.1　节理裂隙调查

节理裂隙是岩体在应力作用下形成的结构面，是构造断裂的一种，没有位移或位移极小，虽然延长不远，纵深发展不大，但数目很多。节理裂隙发育的方位、数量、大小以及形态的不同，控制了矿体及其围岩的稳定性、破坏模式和破坏程度。同时，节理裂隙作为一种构造行迹，可以反映出本区主要构造的轮廓与构造运动的特点。节理裂隙大都与构造应力保持着一定的内在联系，通过节理裂隙可以推断节理裂隙形成时的构造应力场和构造运动方式，为区域构造应力场及构造体系的力学分析提供基础资料。

调查内容：(1) 节理方位，即节理在空间上的分布状态，用倾向和倾角表示，其统计结果用玫瑰花图和极点等密度图表示；(2) 节理充填情况；(3) 节理分布密度，确定节理、裂隙的优势方位及其状况。

矿区地下采场及开拓巷道中，节理多为水平节理，垂直节理、斜交节理较少。

A　节理裂隙走向赤平级投影图

节理裂隙走向赤平级投影图如图 6-1 所示。

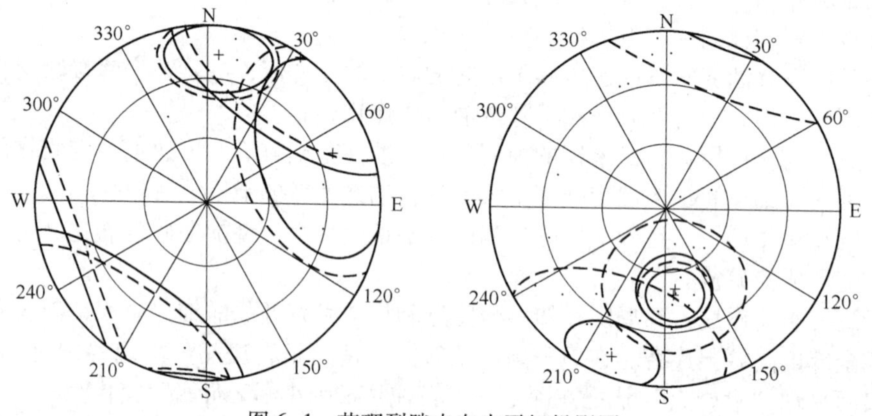

图 6-1　节理裂隙走向赤平级投影图

B　节理充填情况

节理的充填特征主要指节理的充填性质和充填物厚度等。岩体节理裂隙充填情况如图 6-2 所示。

a　节理充填性质

节理内的充填物有胶结的和非胶结的两种。胶结充填节理的强度一般较大，多数情况下它不属于软弱面。胶结充填物质可分为硅质、铁质、钙质和岩脉充填等类型。非胶结充填节理内的充填物主要是泥质材料，若非胶结充填物中含膨胀性的不良物质（如蒙脱石、高岭石、绿泥石、绢云母、蛇纹石、滑石等），则其力学性质最差；而含非润滑性质的矿物（如石英和方解石等）较多时，其力学性质较好。

对金场矿区而言，岩层节理充填物多为石膏，矽卡化矿石节理充填物多为泥质材料，力学性质较差。

b 充填物厚度

节理裂隙充填物厚度可以分为以下四种类型：

(1) 薄膜充填。它是节理面岩壁附着一层2mm以下的薄膜，由风化矿物和应力矿物等组成，如黏土矿物、绿泥石、绿帘石、蛇纹石、滑石等。虽然很薄，但由于充填矿物性质不良，也明显降低了节理面的强度。

图6-2 岩体节理裂隙充填情况

(2) 断续充填。充填物的厚度小于节理面形态高差，充填物在节理内不连续，形成断续充填，其力学性质取决于节理面的形态及充填物和岩壁岩石的力学性质。

(3) 连续充填。充填物的厚度稍大于节理面形态高差，其力学性质取决于充填物和岩壁岩石的力学性质。

(4) 厚层充填。充填物厚度大到数十厘米到数米，形成一个软弱带，其破坏有时表现为岩体沿接触面的滑移，有时则表现为软弱带本身的塑性流动破坏。

对矿区而言，巷道的节理裂隙多为薄膜充填，降低了节理面的强度。

C 节理裂隙分布密度情况

节理裂隙的分布密度表征了某一特定范围内节理裂隙的发育程度。一般来讲，节理裂隙越发育，岩体的工程稳定性就越差。

从现场调查结果来看，受矿区构造的影响，区内不同位置节理分布密度不一致。

6.2.1.2 矿区构造

矿区内断层构造发育，其断裂特点是多而小，性质多为压性或压扭性，一般断层长为几十至几百米，断距几米至几十米，断裂带内主要由碳酸盐胶结的碎裂岩组成，胶结程度差，岩石松散不稳固。按走向可分为北北东向、北西向和东西向3组，以北北东向断裂组最发育，它们是沂沭断裂带西缘的分支断裂，构成了矿区的基本构造轮廓。北北东向与北西向断裂的交汇部位控制了矿床及周边地区燕山期中酸性杂岩体的侵位。铜井成矿杂岩体受北北东向鄌郚-葛沟断裂与北西向马家窝-铜井断裂的控制，而金场成矿杂岩体则受北北东向枣林庄断裂与北西向马牧池-金场断裂的控制。控岩断裂常具多期、多阶段活动特点，如金场矿区，北西向断裂早期控制了金场杂岩体的侵位，晚期又切割错断了该杂岩体。东西向断层因活动时间较晚，通常错断了其余两组断层。

6.2.2 现场地压显现情况调查

现场宏观地压调查研究是以现场目测调查分析为手段，是研究采场地压活动规律的一种很重要、很有效的方法。本次调查主要针对金场矿区，对矿区内地压显现现象进行了统计，结果如下。

6.2.2.1 巷道底鼓现象

从金场矿区现场调查来看，金场矿区每个分层距离盲竖井附近均存在一个软弱岩层，该软弱岩层主要由黏土矿物、绿泥石等含铝、镁离子比较高的膨胀性岩石组成。该岩层在风化及水解情况下，造成岩层向巷道内膨胀，致使巷道断面缩小，巷道顶板的工字钢支护、两帮的砌石衬砌以及巷道底板的钢轨产生变形、破坏（见图6-3~图6-8）。为有效维护巷道围岩的稳定，巷道需要经常返修。

图6-3 巷道底鼓现象（一）

图6-4 巷道底鼓现象（二）

图6-5 巷道两帮回缩现象（一）

图6-6 巷道两帮回缩现象（二）

6.2.2.2 顶板层状剥落

金场矿区运输大巷及脉外巷围岩大部分为层状结构或缓倾斜层状结构，在岩层间充填着薄膜状充填物质，该充填物质在水及爆破震动影响下，产生层状脱落（见图6-9和图6-10）。

图6-7 巷道顶板冒落现象

图6-8 巷道顶板钢支护失效现象

图6-9 顶板层状剥落（一）

图6-10 顶板层状剥落（二）

6.2.2.3 钢支护破坏情况

从金场矿区的支护来看，巷道支护及出矿口支护主要采用工字钢支护，并在工字钢上方加装刚性条形空心混凝土柱进行顶板充填。尽管采用工字钢拱架+条形空心混凝土柱支护，但仍不能有效阻止拱架上方顶板岩体的冒落（见图6-11和图6-12）。在采用此支护之后，巷道顶板仍然发生冒落，且其冒落高度不能探测。该冒落岩石造成顶部的工字钢横梁发生弯曲变形，严重的还造成工字钢结构的柱腿发生屈服变形，使巷道断面面积缩小，不能满足使用功能，部分严重变形地段甚至需要进行重新返修。另外，拱架支护未与围岩形成整体，受爆破冲击影响较大。

6.2.2.4 锚杆支护失效

锚杆支护属于一个系统问题，影响支护质量的因素非常多，主要包括：岩体

图 6-11 钢支护变形失效情况（一）

图 6-12 钢支护变形失效情况（二）

的倾向和倾角、围岩松动（主要是由于倾角较陡，开挖后造成其移动）范围、锚杆间排距、安装角度、孔径大小、安装质量、锚杆作用、受力情况、锚杆类型、锚杆与岩体之间关系、锚固深度、托板作用等。通过对现场进行调研，发现管缝锚杆（网）支护存在的主要问题（见图 6-13 和图 6-14），表现为以下几个方面：

（1）管缝锚杆支护的锚杆拉拔力偏小；

（2）管缝锚杆支护机理与围岩破坏类型不符；

（3）部分锚网支护参数不合理；

（4）锚杆支护后不能即时承载，即承载速度慢；

（5）部分锚杆安装质量不好；

（6）锚杆孔方向与采场顶板不垂直。

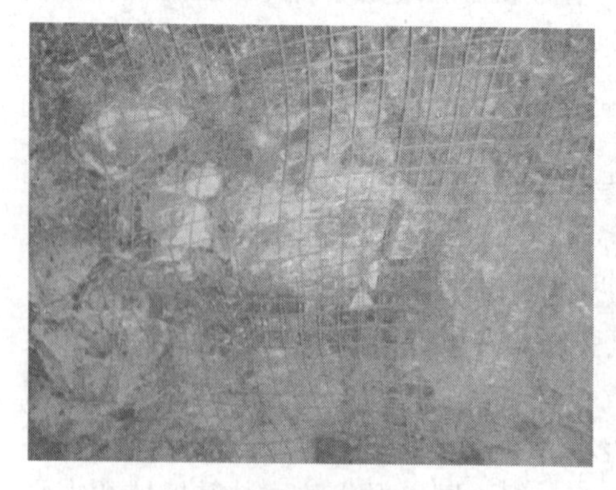

图 6-13 管缝锚杆金属网支护情况

图 6-14 管缝锚杆支护失效情况

6.2.2.5 岩爆现象

巷道发生弱岩爆现象，岩块从巷道顶板、掌子面以高速射出（其射出速度与弹性波在该种岩石中传播速度成正比）。射出的岩石呈薄透镜状，破坏深度可达0.5~0.6m。发生弹射时伴有“啪”的脆性响声，存在岩石向巷道中少量抛出的局部破坏，但对巷道支架破坏不严重（见图6-15）。

图6-15 巷道掘进掌子面发生弱岩爆弹射

6.2.3 地压活动机理分析

6.2.3.1 巷道底鼓的原因

A 岩层含水

按照L. 缪勒-萨尔茨堡的定义，底鼓仅仅是指由于水而引起的底板鼓出，特别是含有白云母-伊利石的黏土，当其含水时体积增大。而其他的含矿岩层，如硬石膏，是通过化学反应使其体积增加的，这称之为底板膨胀。岩层含水，从三个方面影响岩层本身的强度：

（1）减少了岩石裂隙间的摩擦，导致强度的减弱。

（2）减少了层面间的摩擦，将致密岩层分为薄层。

（3）使岩石结构松散。

当水在底板岩层间流动时，这种岩性改变更为突出。当底板有适当的水而底板岩体没有遭到破坏时，则影响较小。

B 弹性应变变形

巷道开采后，岩体的原始应力状态受到了干扰，在巷道空间的周边形成了新的垂直与水平应力高峰。根据弹性圆孔理论，在不利的情况下（侧向压力系数$\lambda=1$），在巷道空间周边的底板（及顶板）所作用的切向应力，相当于未开采时岩石压力的两倍。当巷道周边处切向作用应力比岩石的强度小时，巷道空间周边形成弹性应变变形。

C 破坏变形

岩体中由于开掘巷道，可将岩层分为被切割的岩层（巷道两侧的岩层）和未切割的岩层（巷道顶、底板岩层）。对于被切割的岩层，它可以向平行于层理的方向延伸。在缓斜岩层中，被切割的厚度即为巷道开掘的高度，而未切割的岩层（即在平行层理方向不可能延伸的岩层）则是指巷道的顶板和底板。

6.2.3.2 被切割和未切割的岩层破坏过程

（1）开掘巷道的被切割岩层（巷道两帮），由于垂直应力而被压裂。它既可以表现为滑移破坏（剪切作用），也可以表现为断裂破坏（拉应力作用），或者是两者的综合（剪切与断裂）。

（2）巷道的顶板和底板，由于水平应力的作用将向巷道内鼓出，其中又首先是巷道的直接底板岩层遭到破坏，然后是更下面的岩层。

（3）对巷道底板更深处的岩层，由于水平应力而将继续向巷道空间鼓出，最后达到底鼓的最终破坏深度。

（4）在巷道两侧及在巷道底板发生褶皱处的裂缝发生了错动。这种错动挤压着岩层向巷道空间方向运动，因而形成了巷道两侧的位移与底鼓明显的增加。

由于巷道所处的地质条件、底板围岩和应力状态的差异，底板岩层鼓入巷道的方式及其机理也各不相同，分为以下几类：

（1）挤压流动性底鼓。挤压流动性底鼓通常发生在直接底板为软弱岩层、两帮和顶板岩层比较完整的情况下。在两帮岩柱的压模效应和应力作用下，或者整个巷道都位于松软碎裂的岩体内，由于围岩应力重新分布及远场地应力的作用，软弱的底板岩层向巷道内挤压流动（见图 6-16（a））。

（2）挠曲褶皱性底鼓。挠曲褶皱性底鼓通常发生在巷道底板为层状岩石的情况下。其底鼓机理是底板岩层在平行层理方向的压力作用下，向底板临空方向挠曲而失稳。底板岩层的分层越薄，巷道宽度越大，所需的挤压力越小，越易发生挠曲性底鼓（见图 6-16（b））。

（3）剪切错动性底鼓。剪切错动性底鼓主要发生在直接底板。即使是整体性结构岩层，在高应力作用下，巷道底板也易遭到剪切破坏，或者在巷道底角产生很高的剪切应力而引起楔形破坏（见图 6-16（c））。

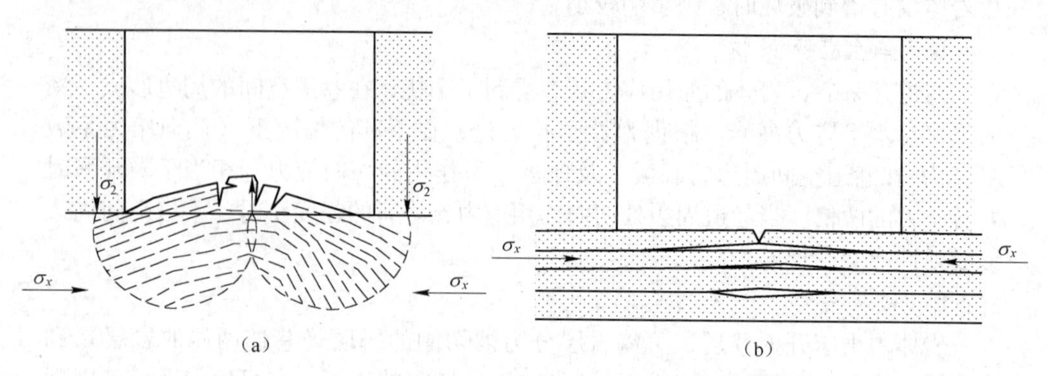

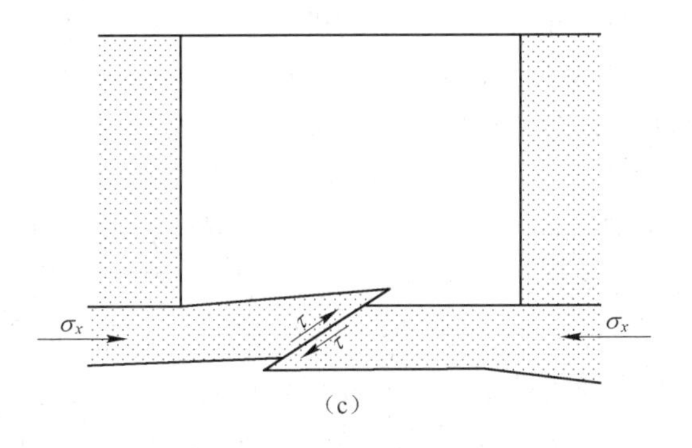

图 6-16 巷道底鼓的类型
(a) 挤压流动性底鼓；(b) 挠曲褶皱性底鼓；(c) 剪切错动性底鼓

(4) 遇水膨胀性底鼓。遇水膨胀性底鼓都发生在矿物成分含蒙脱石的黏土岩层中，它与前述各类底鼓的主要区别为底鼓是由底鼓吸水膨胀引起的，底鼓的机理不同，治理的方法也不同。

6.3 矿区岩层地压活动规律

矿区部分巷道顶板岩石的破坏属于局部落石破坏，主要是由地质和施工原因造成的。产生破坏的主要原因是岩体结构面和临空面的不利组合、结构面的风化潮解、施工中的爆破松动作用以及开挖面的不规则形状等。产生落石破坏主要是由围岩自重所造成，围岩应力属于次要因素。

地压问题是与矿山开采过程中的应力场扰动所诱发的微破裂萌生、发展、贯通等岩石破裂过程失稳问题相关的。近年来，随着开采深度的增加，矿区岩体蚀变程度增加、节理裂隙发育致使在采矿生产中出现各种地压显现形式，诸如巷道两帮收缩、顶板冒落、巷道底鼓。上述地压显现形式导致部分地段生产无法进行，制约着井下生产任务的完成，同时威胁着工人人身安全。目前，针对此种地压类型采取的支护形式主要有混凝土砌碹、木支柱以及管缝锚杆配金属网支护等，前两种支护形式既费力也费工，支护效率低下，支护成本高，支护效果不明显。另外，这些支护方法未完全有效地控制地压显现，在高压力段同样造成两帮收缩变形破坏，甚至采场顶板冒落。

6.3.1 巷道底鼓变形机理

通常深部开采矿山的地压控制主要关心巷道顶板、矿柱和两帮岩体的稳定性，很少注意巷道底板以及底鼓的防治。而在高应力蠕变条件下，巷道底板的岩体将向巷道内鼓出，形成底鼓。巷道底鼓是软岩巷道的一个显著破坏形式，其内在的破坏机理非常复杂。近年来，巷道底鼓机理及其防治问题已经受到越来越多的岩石力学工作者的关注并取得了一定的进展。奥特哥使用相似材料研究了巷道底鼓的整个破坏过程，认为：巷道在垂直应力作用下，首先巷道的两帮发生破坏；在水平应力作用下，巷道顶底板向巷道内部鼓出，直接底的岩层首先发生破坏。Haramy 把底板岩层看做是岩梁，其两端是固定的，据此研究其应力状态和其稳定性；Aafrouz 和 CHugh 等总结了形成巷道底鼓的 21 个因素，其中造成巷道底鼓的最主要的三个因素是：巷道底板为软岩层、巷道围岩的高应力和地下水的影响。Gesell 认为底鼓是泥岩遇水结果。康红普认为巷道底鼓是一个非常复杂的物理力学过程，和巷道围岩性质、应力分布及其支护方法是密切相关的。何满朝用大变形理论对巷道底鼓变形破坏机理进行了研究，并提出相应的治理巷道底鼓方法。

研究应用岩石破裂过程分析系统（RFPA^{2D}），在考虑岩体的长期强度和弹性模量衰减情况下，研究矿区在恒定荷载情况下，巷道底板岩层蠕变造成巷道底鼓破坏过程，进而揭示金场矿区蠕变岩体巷道底鼓机理。

岩石破裂过程分析软件（RFPA^{2D}）系统是一个基于有限元应力分析模块和微观单元破坏分析模块的岩石变形、破裂过程研究的数值分析程序，它将细观力学与数值计算方法有机地结合起来，通过考虑岩石性质的非均匀性特点，模拟岩石变形和破裂的非线性行为，是一种用连续介质力学方法解决非连续介质力学问题的新型数值分析工具。在 RFPA^{2D} 中，引入岩石蠕变方程，建立数值计算模型，如图 6-17 所示。数值模型的单元划分为 100×200＝20000，模型的尺寸为 200m×100m（长×高），模型两端的荷载为恒定荷载。开挖巷道的尺寸为 3.5m×5m（高×宽）。为了考虑岩体的非均匀性，其细观单元的弹模和强度服从 Weibull 分布。在此计算模型中，只考虑强度衰减，其折减系数为 0.6，弹模折减系数为 1，即弹模不发生折减。

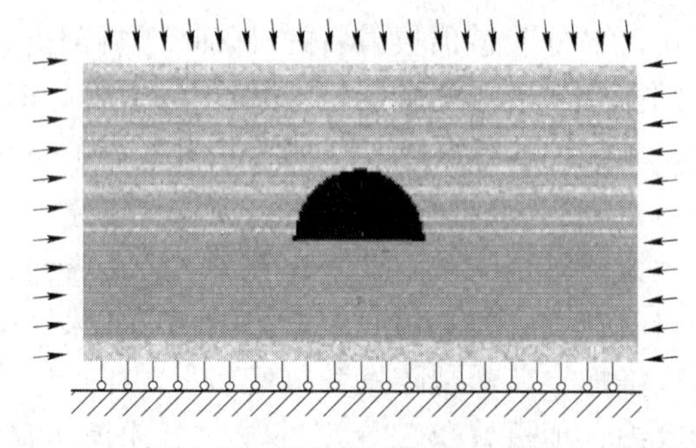

图 6-17　数值模型和边界条件

当围岩强度折减到原围岩强度的 0.6 倍时，底鼓现象开始发生。从数值模拟结果可以看出（见图 6-18 和图 6-19），巷道开挖导致巷道围岩应力重新分布，同时巷道围岩出现快速初始变形。当巷道围岩经历应力重新分布和初始变形以后，在长期荷载作用下，巷道围岩的破坏主要以蠕变为主，其蠕变位移量（诸如顶底板之间）比较缓慢，低于前一阶段巷道围岩的变形速度。

由于巷道围岩应力作用及岩石蠕变特性，巷道围岩的应力集中造成巷道围岩

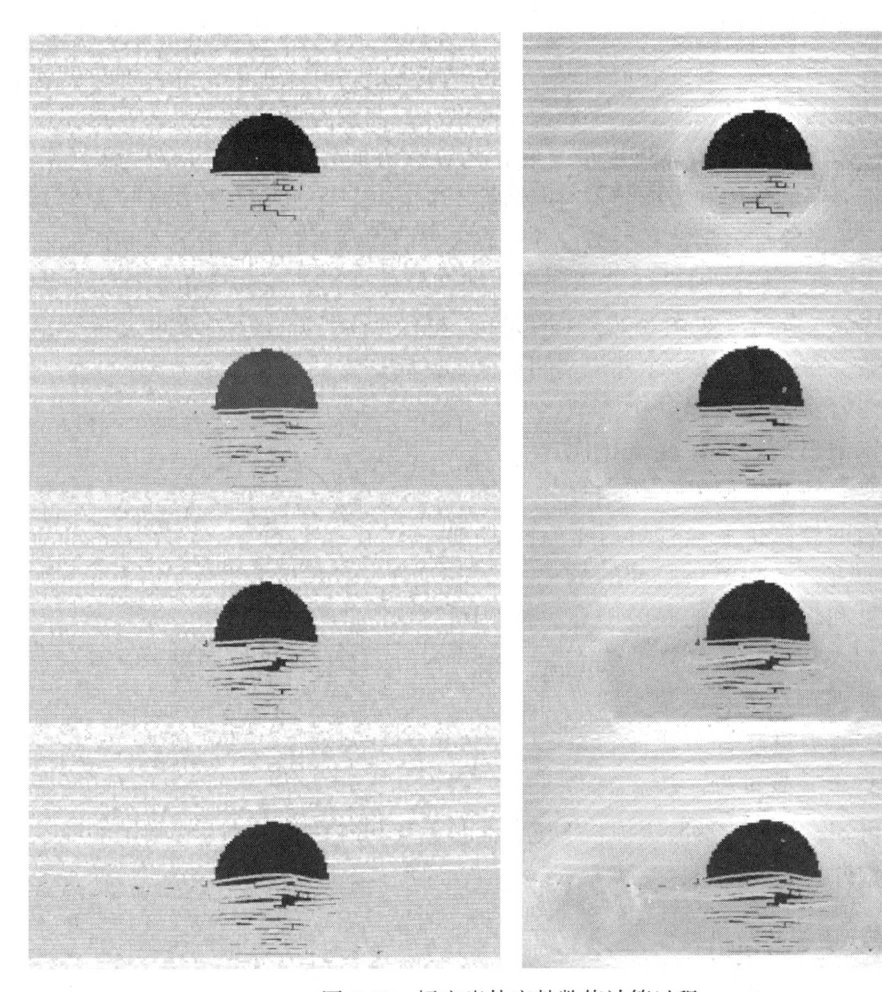

图 6-18 蠕变岩体底鼓数值计算过程

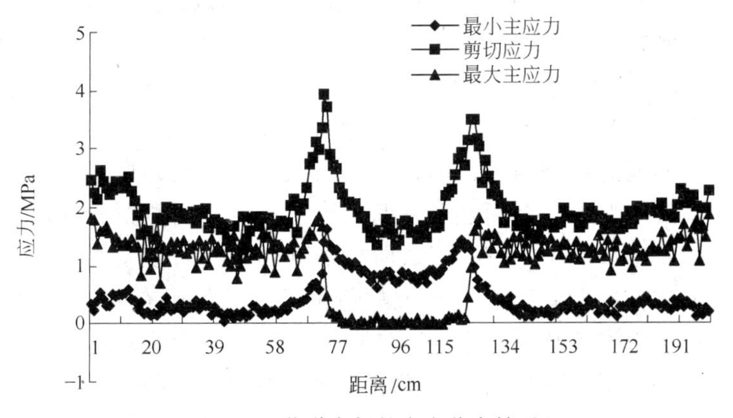

图 6-19 巷道底板的应力分布情况

的初始破坏。底板岩层在水平应力的作用下（见图6-19），出现初始变形破坏、离层。垂直应力降低，导致巷道围岩的两帮和底板出现裂纹扩展，并且加快了巷道围岩向巷道内的移动速度。水平应力不断增加，巷道底板的第一层岩石首先发生破坏，接着底板岩层的破坏逐步向底板的纵深方向发展，由于岩石的蠕变特性，其底板岩层的强度和弹模随着时间增加不断衰减，水平应力沿着底板岩层方向开始向底板的深部岩层转移，造成巷道底板岩层在水平应力作用下不断地向巷道内鼓出，底板岩层达到最终破坏深度。蠕变导致巷道两帮和底板产生永久变形，巷道底鼓位移量（见图6-20）在700mm左右，而且其变形过程可能持续很长时间，蠕变变形能导致整个巷道空间被全部封闭。

通过在岩石破裂过程分析系统（RFPA^{2D}）中引入岩石蠕变演化模型，对蠕变岩体巷道底鼓破坏过程和两帮围岩的裂纹扩展过程进行了数值模拟研究，清晰给出底鼓的数值计算结果和沂南金矿的底鼓破坏试验结果相一致。数值计算的优点在于能够直观地给出巷道的底鼓过程、变形、应力重新分布特征和裂纹扩展到整个底鼓过程。从底鼓的破坏机理可知，每种能够减缓顶板下沉、两帮位移和底鼓的支护方式都影响整个巷道的稳定性。

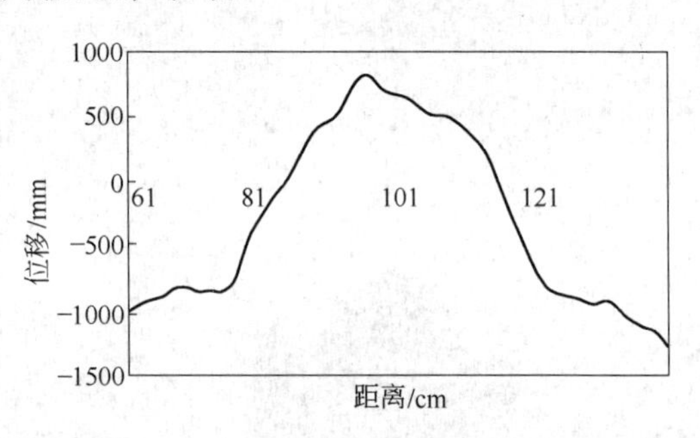

图6-20　巷道底鼓的位移曲线

6.3.2　层状顶板破断机理

由于矿区大多数巷道围岩位于层状或者似层状岩石中，部分巷道顶板围岩由于受拉而出现拉断破坏，破碎岩石和软弱结构面是造成此类型破坏的主要原因。

复合层状顶板的赋存状态主要为水平层状结构。影响顶板事故发生规模的地质条件及开采技术条件的定量因素有：裂隙方向、密度、巷道掘进长度、巷道净高、支架的排距、支柱的初撑力、工作阻力和掘进速度等。

顶板中有明显的层理弱面，而且主要压力来自顶板，故岩石破坏时基本上沿层理弱面离层、弯曲下沉而逐层折断。由于岩层靠两侧折断处留有残根，使每层的冒落跨度顺次向上递减，形成阶梯形冒落空洞。多发生在水平或缓斜埋藏的层状结构岩体中及巷道跨度较大的情况下，顶板中有明显的层理和弱面，由于破裂带范围发展不均匀，沿层理和弱面冒落时形成非对称的不规则的冒落空洞。多发生在倾斜埋藏的层状结构或块状结构的岩层中，顶板中有明显滑面或层间面有泥质或云母等矿物质，常出现沟状的抽条式冒落；或顶板中有断层带，掘巷后断层带岩块或碎屑首先出现沟状抽条式冒顶，最后引起顶板中两侧岩层顺沿层理面冒落。多发生在急倾斜层状坚硬岩体中，存在水的作用时更易出现抽条式冒顶。

金矿层状顶板中夹杂有软弱岩层屡见不鲜，这些软弱夹层对巷道顶板的稳定性造成很大的威胁。夹杂有软弱夹层层状顶板破坏过程一直是科研工作者研究的对象，因为只有清楚其破坏过程以及其应力分布状态，才能较好地采取合适的支护方案，对层状顶板进行更好地维护，同时对层状顶板的支护工作予以指导。

本部分利用岩石破裂过程分析系统（$RFPA^{2D}$）对层状顶板中不同软弱夹层厚度对层状顶板的破坏过程进行了分析。本模型中的岩层主要由砂岩、页岩、煤等组成，其赋存状态为水平。模型主要考虑层状顶板中不含有软弱夹层和含有不同厚度软弱夹层（软弱夹层厚度分别为 50mm、500mm）对层状顶板稳定性及其破坏形态的影响。设定软弱夹层距离顶板的距离为 500mm。

软弱夹层对巷道稳定性的影响，从数值计算结果（见图 6-21 ~ 图 6-23）中可以看出：

（1）由图 6-21 可知，随着巷道的掘进，层状顶板悬露，在自重应力的作用下，由于层状顶板为坚硬岩层，不含有软弱夹层，层状顶板没有发生变形破坏，只是在层状顶板的中部有拉应力集中，在巷道四角有压应力集中，巷道保持完好，此种情况下巷道没有发生冒顶现象。

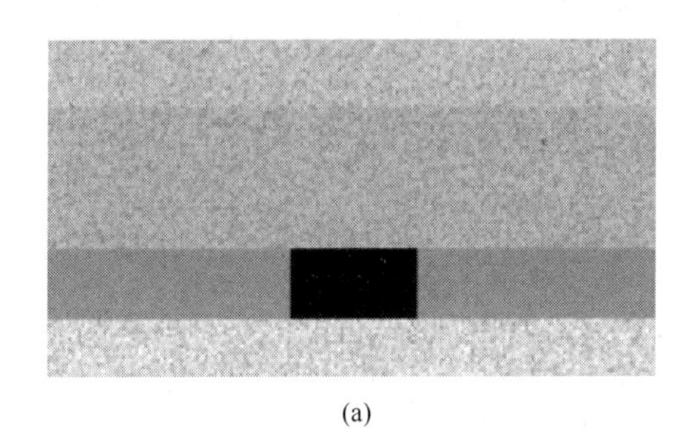

(a)

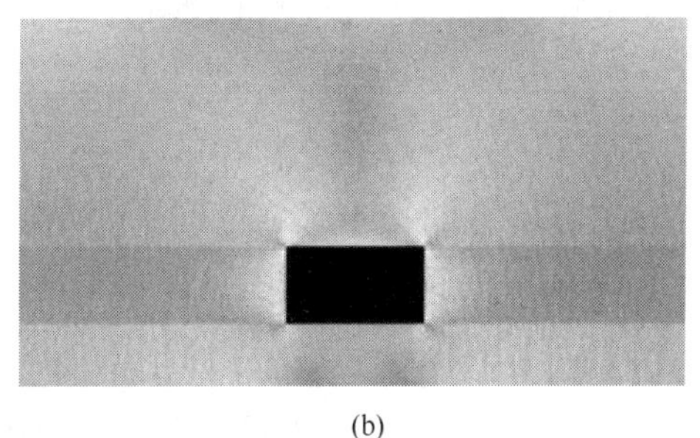

(b)

图 6-21 层状顶板中没有软弱夹层

（a）弹模图；（b）剪应力图

（2）在层状顶板中含有 50mm 厚的软弱夹层时（见图 6-22），巷道掘进以后，层状顶板悬露，在自重应力作用下，层状顶板中的软弱夹层首先产生拉破坏，然后逐步向两侧扩展，最终软弱夹层下部薄岩层在巷道两端发生剪切破坏，而薄岩层上部的岩体没有发生破坏，基本保持完好。

（3）在层状顶板中赋存有 500mm 厚的软弱夹层时（见图 6-23），巷道开挖以后，层状顶板悬露，在自重应力作用下，同样是先在巷道层状顶板中的软弱夹层内部发生拉破坏，软弱夹层上部的岩层没有发生破坏，而软弱夹层与其下部的岩层发生整体下沉冒落。从计算结果中可以看出来，该冒落是拉应力和剪切应力共同作用的结果。

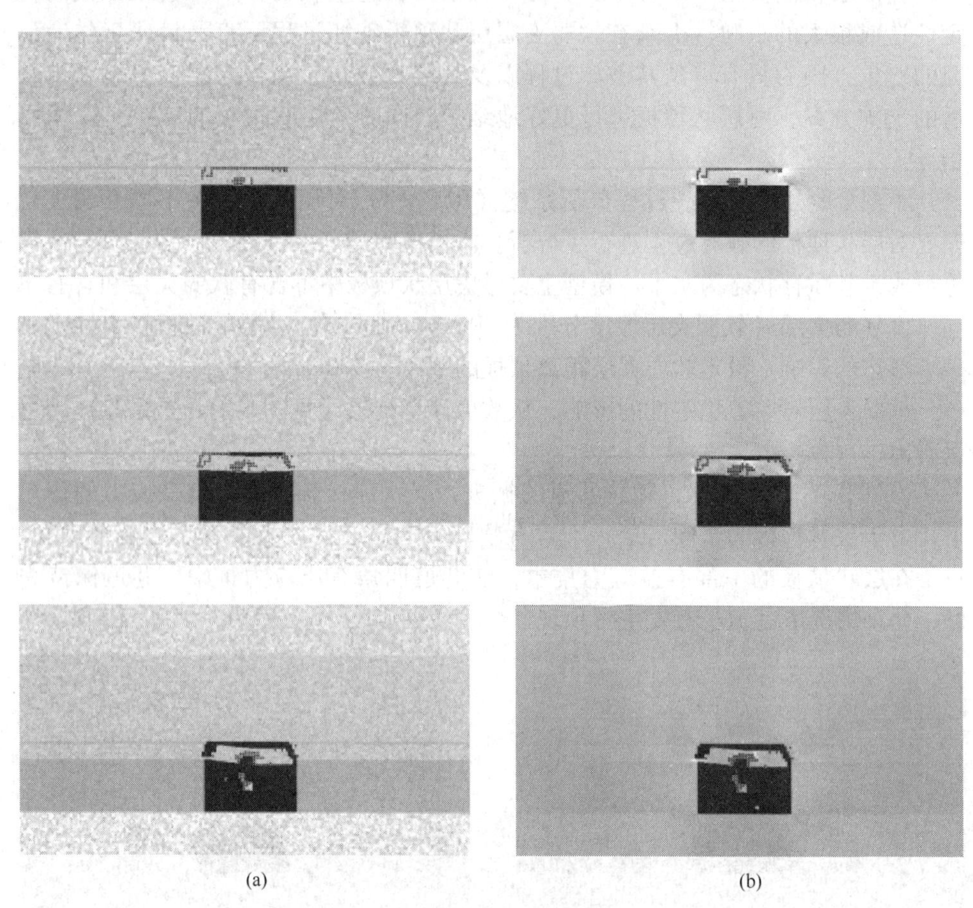

图 6-22 层状顶板中软弱夹层厚度为 50mm 情况
（a）弹模图；（b）剪应力图

6.3.3 软弱夹层厚度逐渐变化层状顶板破坏情况

从数值计算结果（见图 6-24~图 6-28）中可以看出：

（1）当巷道层状顶板上部的软弱岩层为 0.5~2m 之间的厚度（见图 6-24~图 6-27）时，巷道开挖以后，软弱岩层悬露出来，由于软弱岩层和坚硬岩层之间赋存有层理面，在自重应力作用下，层状顶板下沉，发生弯曲变形，首先在层理面处发生拉伸破坏，然后向两侧扩展，最终软弱岩层在巷道顶板的两端发生剪切破

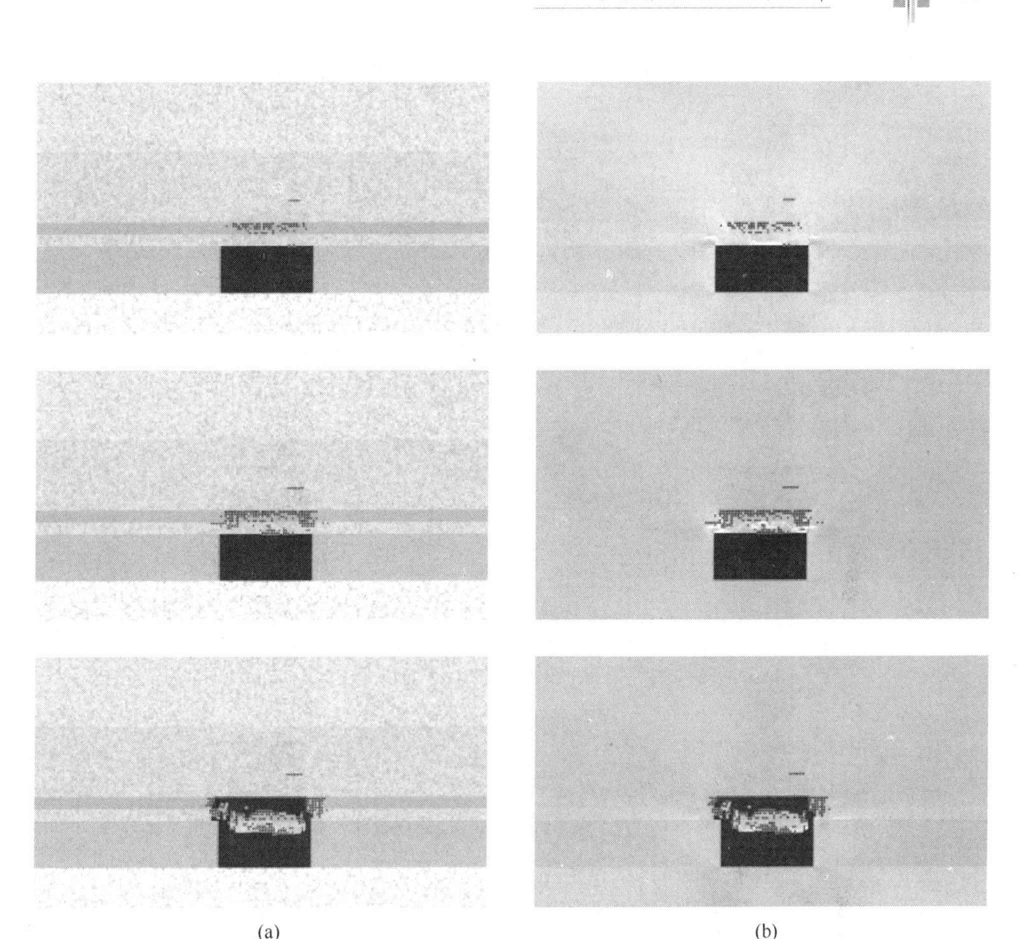

图 6-23 层状顶板中软弱夹层厚度为 500mm 情况
（a）弹模图；（b）剪应力图

坏，造成整个层状顶板整体冒落，但在软弱岩层上部的坚硬岩体没有发生破坏，基本保持完好。从此计算结果也可以得出，当巷道上部的软弱岩层厚度在 2m 以内时，主要是发生拉伸破坏与剪切破坏，但最终还是由于在巷道顶板两端的剪切破坏，造成巷道顶板的整体冒落。

（2）当巷道顶板上部存在有较厚的软弱岩层（见图 6-28）时，巷道开挖以后，顶板悬露，由于顶板为较厚的软弱岩层，在自重应力作用下，首先在顶板上部软弱岩层与坚硬岩层相接触的部分产生局部的拉破坏，这种破坏随着应力的重新分布，造成围岩的破坏变得越来越剧烈，最后在剪切应力的作用下，发生整体冒落。由于顶板由较厚的软弱岩层组成，冒落体的形状表现为拱形，即为冒落拱。

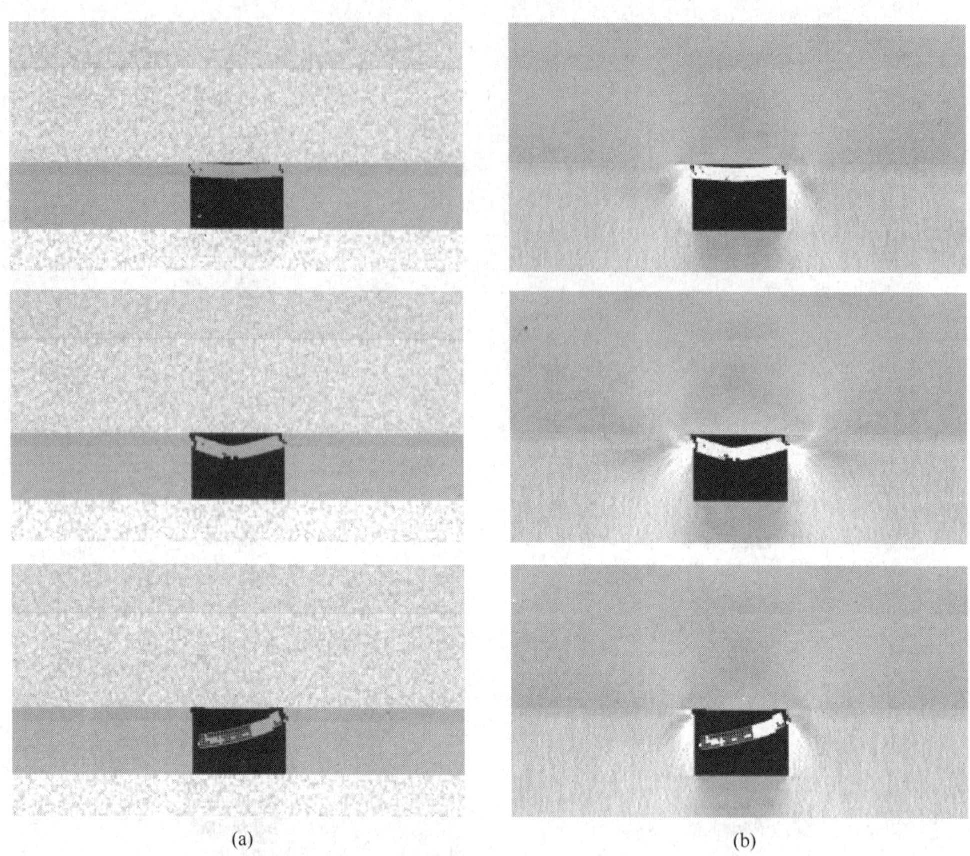

(a) (b)

图 6-24 层状顶板上部为 0.5m 厚软弱夹层情况

(a) 弹模图；(b) 剪应力图

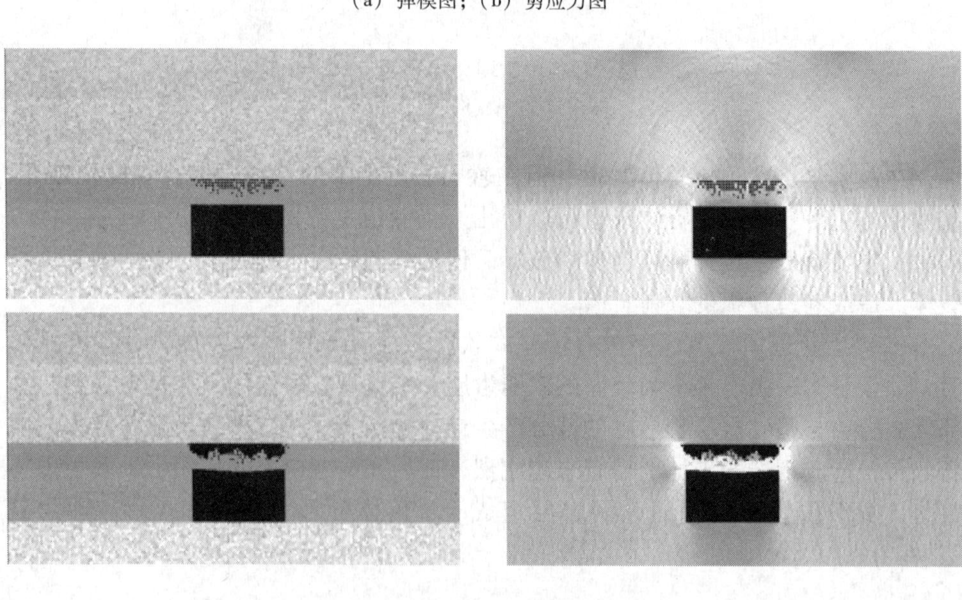

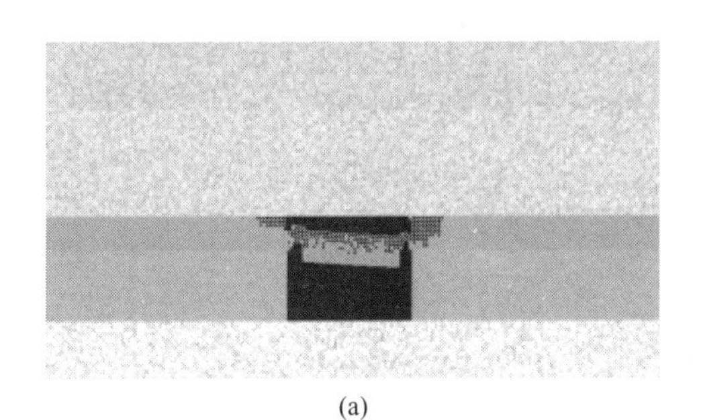

(a)

(b)

图 6-25 层状顶板上部为 1m 厚软弱岩层情况
（a）弹模图；（b）剪应力图

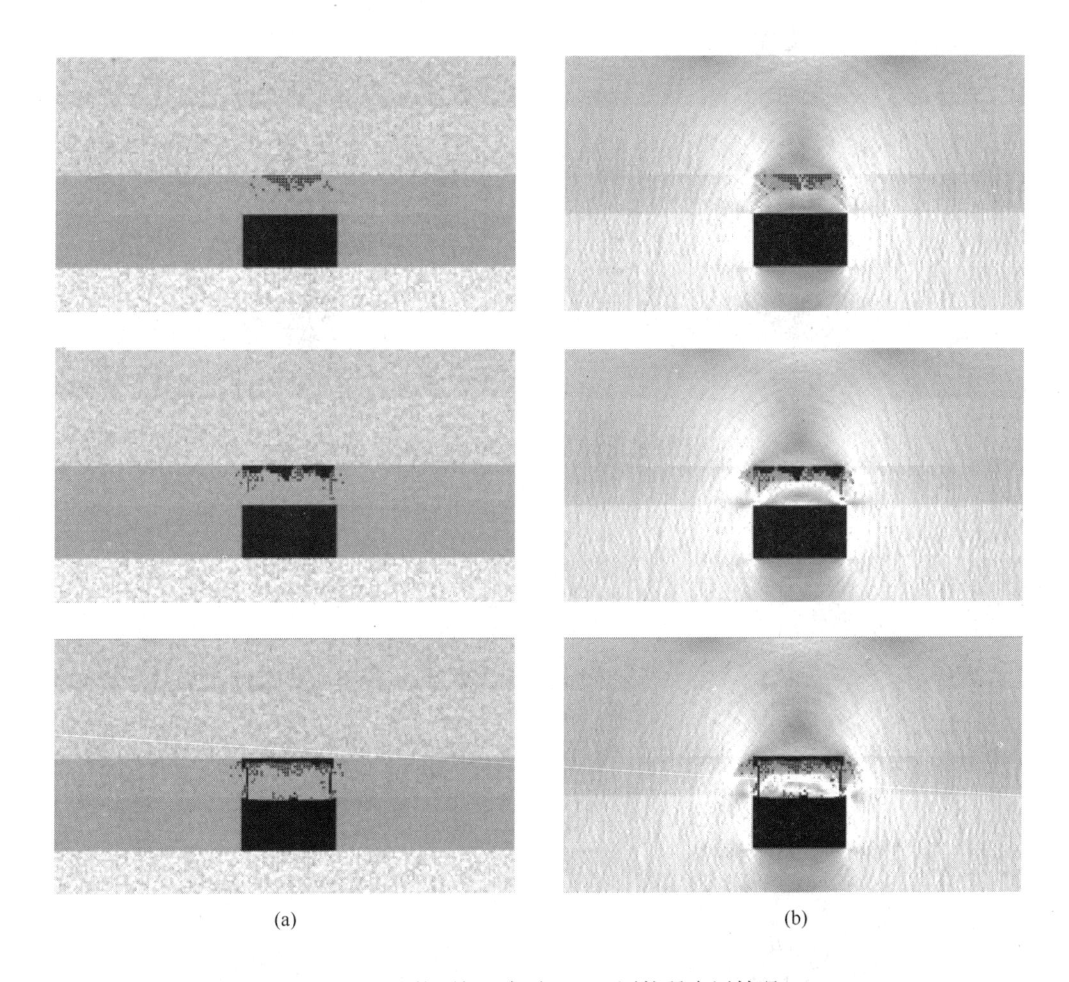

(a) (b)

图 6-26 层状顶板上部为 1.5m 厚软弱岩层情况
（a）弹模图；（b）剪应力图

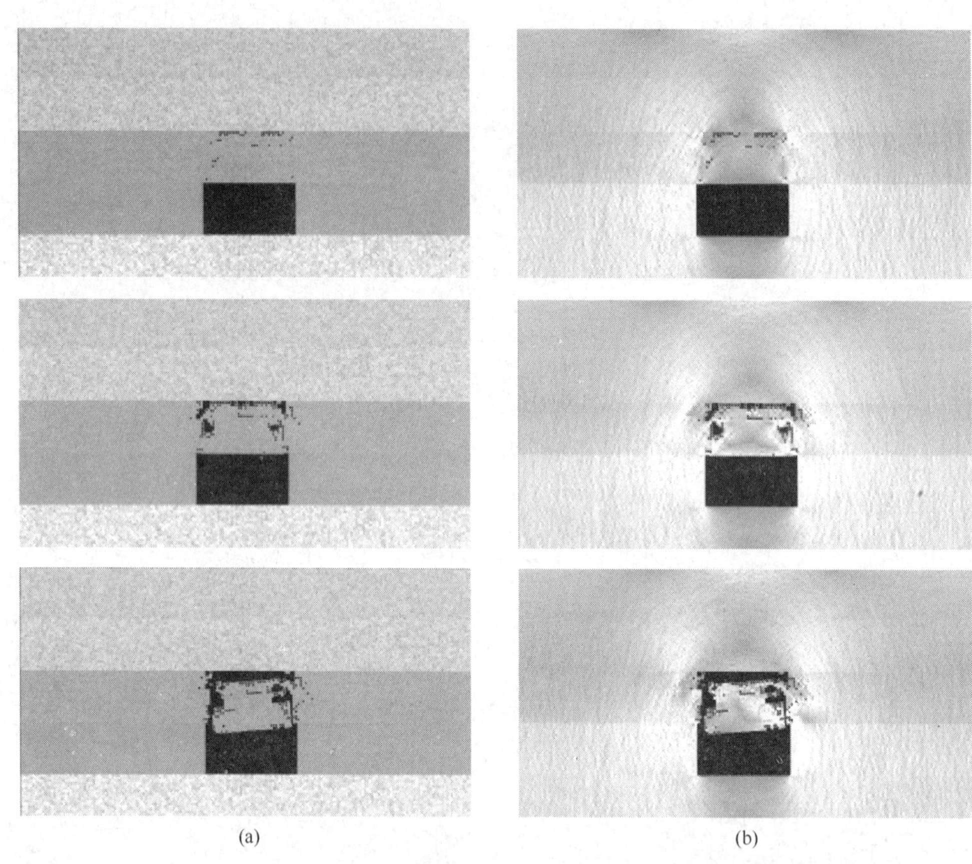

图 6-27 层状顶板上部为 2m 厚软弱岩层情况
（a）弹模图；（b）剪应力图

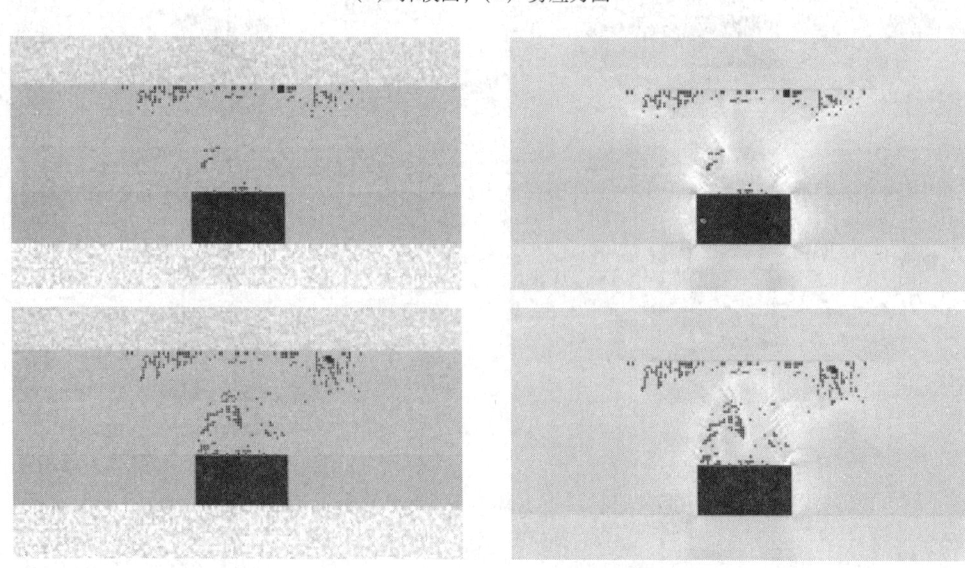

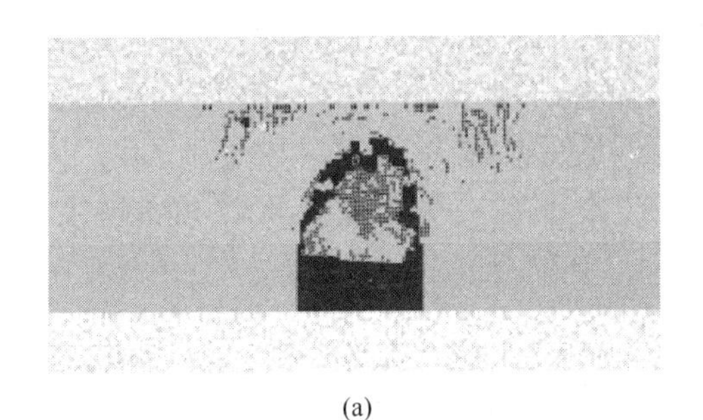

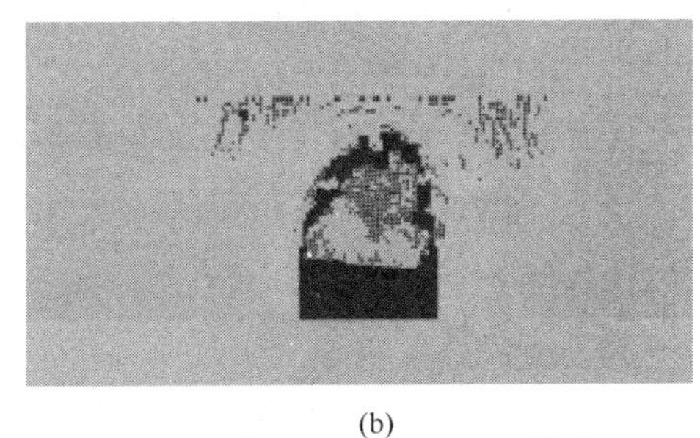

(a) (b)

图 6-28 层状顶板上部为 4m 厚软弱岩层情况
（a）弹模图；（b）剪应力图

6.3.4 层状顶板软弱岩层中含有不同厚度的坚硬岩层情况

从数值计算结果（见图 6-29~图 6-31）中可以看出：

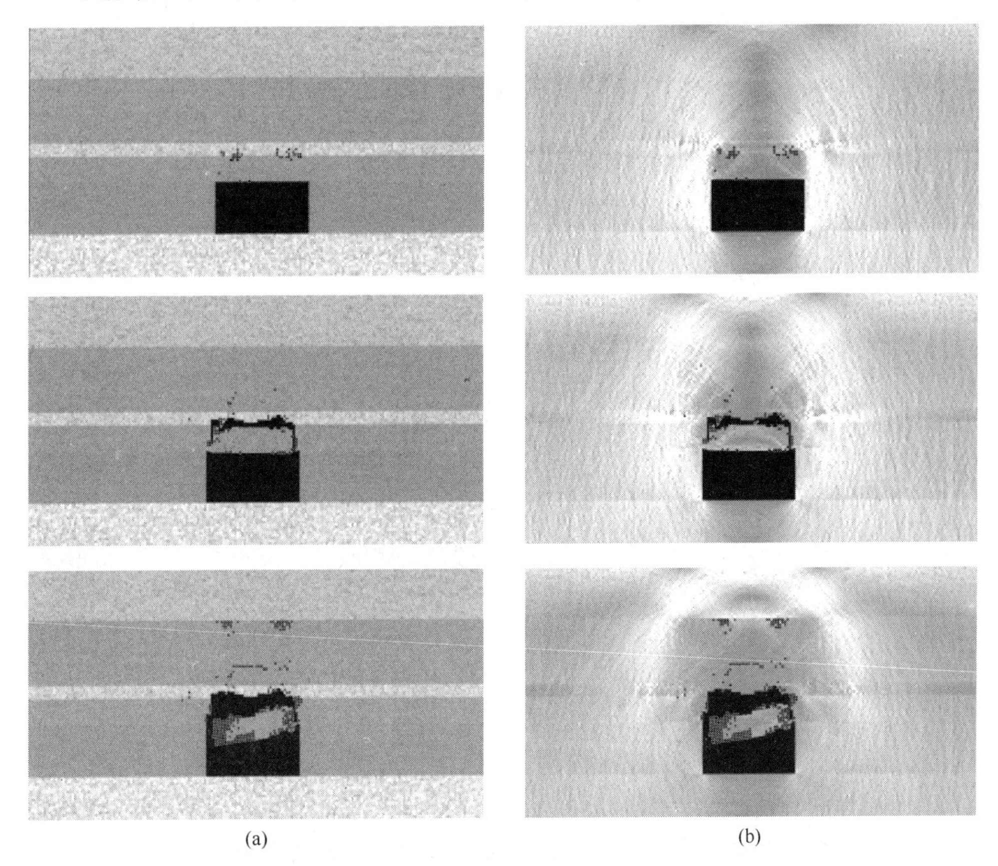

(a) (b)

图 6-29 层状顶板软弱岩层中含有 0.5m 厚坚硬岩层情况
（a）弹模图；（b）剪应力图

（1）在层状顶板软弱岩层中含有 0.5m 和 1m 厚的坚硬岩层（见图 6-29 和图 6-30）情况下，巷道开挖以后，层状顶板出现悬空，在坚硬岩层下面的软弱岩层首先发生冒落，并逐步向上传递，最后导致坚硬岩层和坚硬岩层下面的软弱岩层均发生变形破坏，说明薄层的坚硬岩层不能控制软弱岩层顶板的冒落形态。

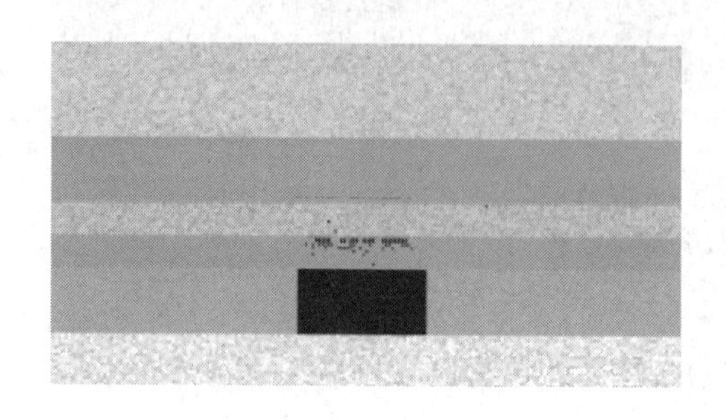

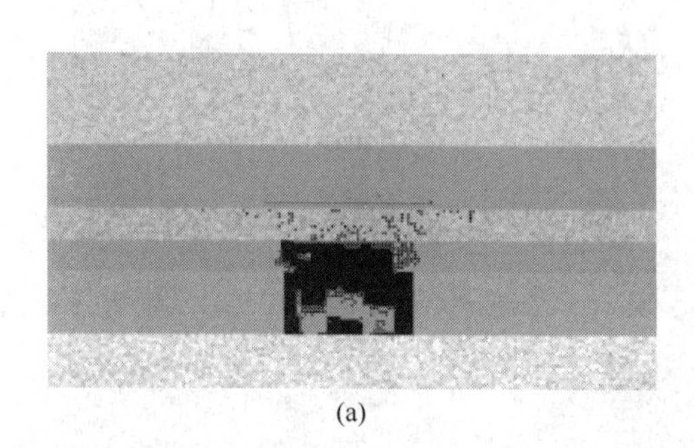
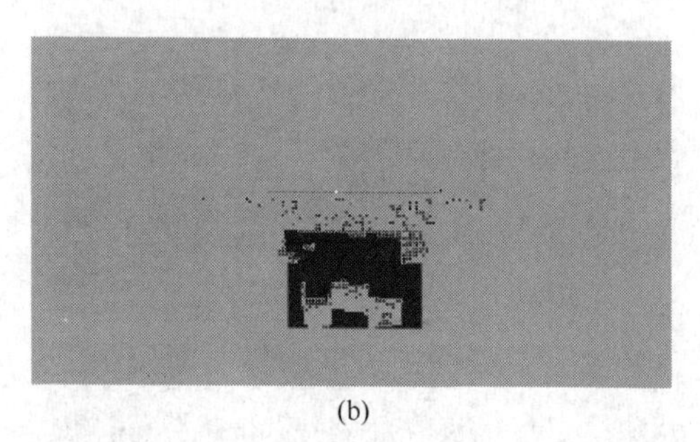

(a) (b)

图 6-30 层状顶板软弱岩层中含有 1m 厚坚硬岩层情况
（a）弹模图；（b）剪应力图

（2）当层状顶板软弱岩层中含有 2m 厚坚硬岩层（见图 6-31）时，仅仅是坚硬岩层下面的软弱岩层发生变形破坏，而坚硬岩层上面的软弱岩层没有发生变形破坏，坚硬厚层状岩层上面的软弱岩层基本保持完好。

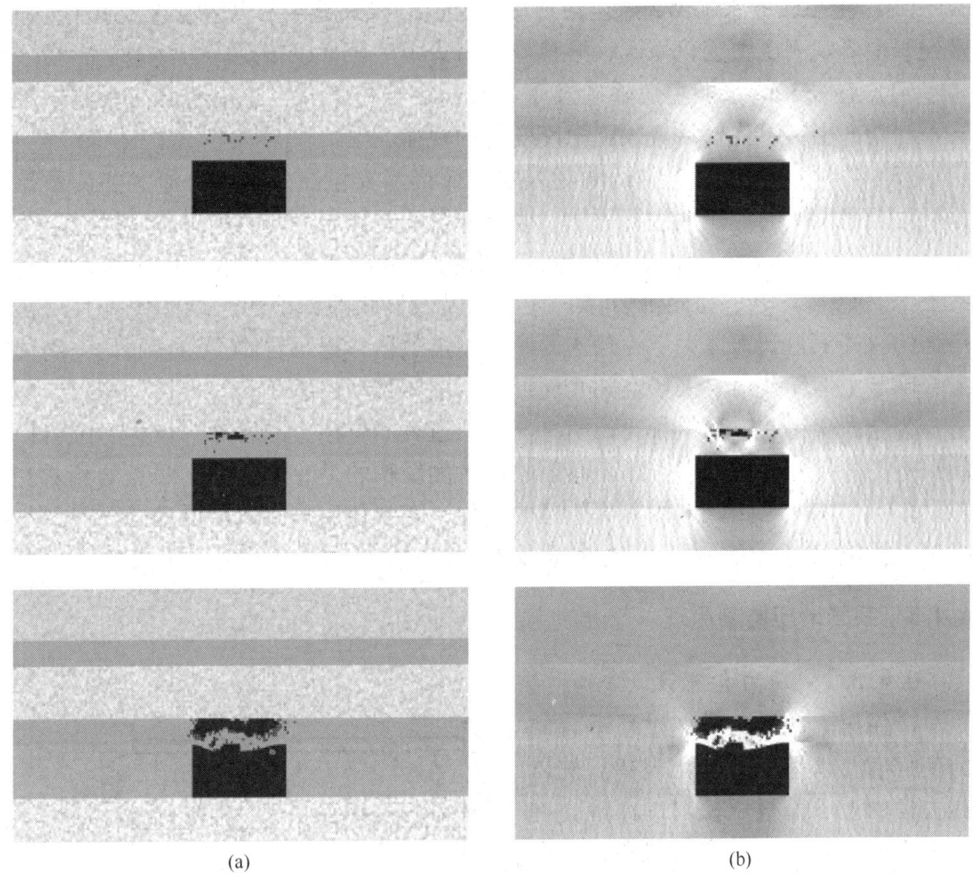

图 6-31 层状顶板软弱岩层中含有 2m 厚坚硬岩层情况
（a）弹模图；（b）剪应力图

6.4 矿区采场地压监测

6.4.1 采场地压监测目的

采场及巷道地压是采矿工作管理的核心任务。通过对金场矿区采场及巷道进行变形、应力监测，掌握采矿活动过程的围岩应力、变形变化规律，为选择适合的地压管理方法提供依据；同时，应用声波法观测采场以及穿脉的围岩松动圈范围，以对采场以及围岩进行稳定性分级；量测岩体完整性系数。应用 3DGSM 系统观测巷道开掘过程其节理、构造分布情况，为研发矿区地压管理系统奠定基础。

6.4.2 采场地压监测布设原则

采场地压监测布设的原则主要是：

（1）在-330m 水平 W2 地压活动显著处、-342m 处左 1 主运输巷地压活动显著处，主要观测压力变化情况，寻找出应力集中区域，以布设压力盒为主。

（2）在-330m 水平主运输巷及采场布设多点位移计、应用超声波仪测试围岩松动圈范围，寻找松动范围随深度变化的规律。

（3）在-330m 水平北主运输巷末端岩爆区域安设声发射仪，通过实测数据分析对岩爆发生的可能性进行评估，确立岩爆危险区岩石的岩爆倾向性指标。

（4）在-330m 水平主要运输巷道及采场应用岩体几何参数三维不接触测量系统（3DGSM）测量和评价岩体，它可以提供显著的详细的三维图像并且提供三维的软件来得到岩体大量、翔实的几何测量数据，记录岩体不连续面的空间位置、确定主运输巷道、采场空间几何形状、块体移动分析等。

为全面获得巷道稳定状况的信息，对巷道表面位移、围岩深部位移、围岩松动圈范围等指标进行动态监测。巷道收敛量测反映的是巷道壁面上两点的相对变形；多点位移计可测试岩体内部位移的变化，直观地反映了地压活动的规律，是指导支护施工与评价围岩稳定性的重要指标。

6.4.3 采场地压监测原理

6.4.3.1 压力盒布设

应用压力盒量测采矿过程垂直应力变化以及水平应力变化规律。枕体压力盒由上下盖板压模对焊而成，枕体上下面均处于三向应力状态，只有枕体四周处于二向应力状态，如在垂直方向发生地压活动，压力盒（见图 6-32）将及时显示地压变化情况，为掌握地压活动规律提供依据。

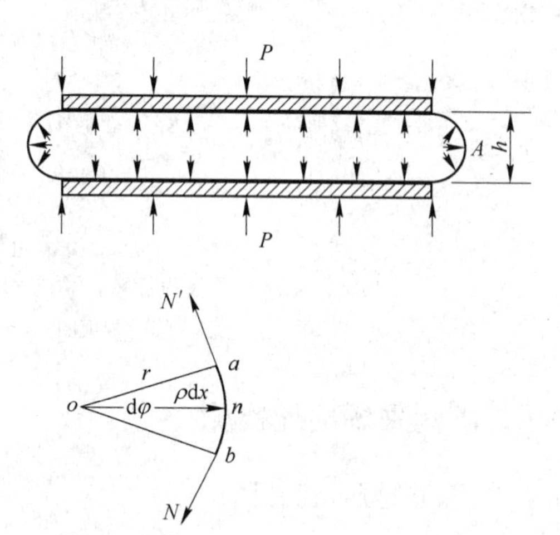

图 6-32 压力盒枕体受力工作状态

6.4.3.2 多点位移计使用

先在巷道周围测点处打好安装位移计用钻孔，再进行吹洗，并测量深度。安装时，先将锚固头的压缩木用水浸湿，然后用推进杆将锚固头推进孔内。锚固头推进时，测尺从杆体中穿出，再将保护管用杆体送到测点的尾部，利用压缩木湿胀，起固定作用。保护套管安装完毕后，测量孔口处所余钢尺的长度。每次量测数据时，如与前一次测量数据一致，则表示在孔内没有发生折叠。根据每个锚固头所带钢尺的长度和孔口所余钢尺长度，绘出每个锚固头在孔内的实际位置。最后将孔口装置固定。

D-4 多点位移计主要由基点锚头、测绳、基准点座、弹簧、标尺组成。各组锚头安装在不同的位置（见图 6-33），当岩石发生位移时，不同层次的测点位置移动量由标尺指示。

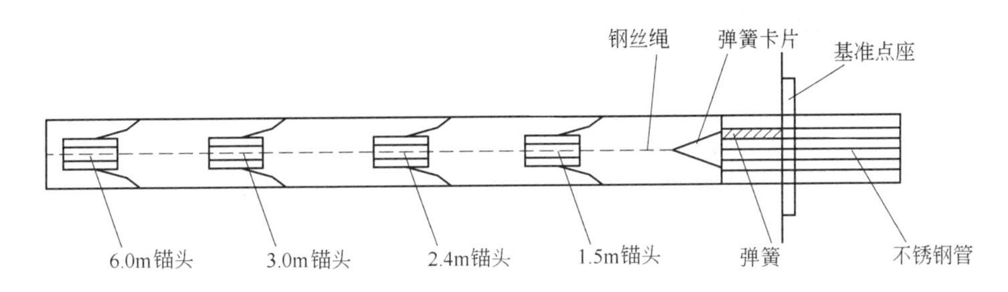

图 6-33 D-4 多点位移计

当在浅部范围内移动时（如 1.5m），浅部标尺位置不变，深、中部位置的标尺向内移动，表明岩石浅部有移动，离动量由标尺指示；当在中部范围内移动时（如 3m），3m、2.4m、1.5m 标尺位置不变，6m 的标尺向内移动，离动量由标尺指示。

设位移计安装后各测点在孔口的读数为 $S_{i,0}$，变形后第 n 次测量时各测点在孔口的读数为 $S_{i,n}$，则第 n 次测量时，测点 6（最深测点）相对于孔口的总位移量为 $S_{6,n}-S_{6,0}=D_{6,n}$，测点 5 相对于孔口的总位移量为 $S_{5,n}-S_{5,0}=D_{5,n}$，测点 i 相对于孔口的总位移量为 $S_{i,n}-S_{i,0}=D_{i,n}$，于是测点 i 相对于测点 6（最深测点）的位移量是 $\Delta S_{i,n}=D_{i,n}-D_{6,n}$。结合相应的围岩表面位移观测数据，还可算出各测点的绝对位移值。注意基准点座与标尺 0 对齐。

主要技术特征如下：

测量方式	显示与标尺读数
测量点数/个	4（6.0m、3.0m、2.4m、1.5m）
最大量程/mm	150
读数精度/mm	1
安装钻孔直径/mm	36

6.4.3.3 声发射仪使用

声发射仪借助传感器收集数据信号，然后把这些数据放大，通过处理，形成相应波形，通过分析对岩爆发生的可能性进行评估，确立岩爆危险区岩石的岩爆倾向性指标。声发射原理和声发射仪安装如图 6-34 和图 6-35 所示。

声发射定位原理如下：

$$(X_i - X_0)^2 + (Y_i - Y_0)^2 + (Z_i - Z_0)^2 = V_i^2 \times (T_i - T_0)^2$$

$$a_j X_0 + b_j Y_0 + c_j Z_0 + d_j T_0 = e_j$$

对上式进行最小二乘运算，求出最优解向量 $[X_0, Y_0, Z_0, T_0]$；根据初定位结果推测各通道方程的合理性，将不合理通道删掉，进一步求出精确的定位结果；判断解的合理性，求出误差范围。

清洗巷道内岩爆区域传感器探头布设点，涂抹上黄油，使传感器紧贴岩体，传感器一侧线头连接声发射仪，固定声发射仪。

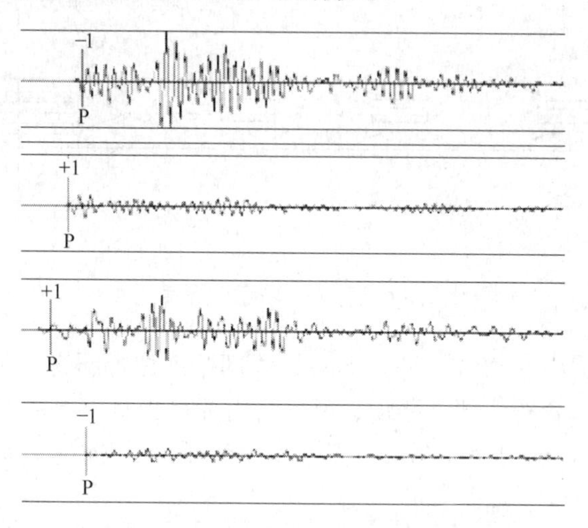

图 6-34 声发射原理示意图

图 6-35 声发射仪安装图

6.4.3.4 围岩松动圈超声波测试原理

根据弹塑性介质中波动理论，应力波波速为

$$v_{\mathrm{p}} = \sqrt{\frac{E(1-\mu)}{\rho(1+\mu)(1-2\mu)}}$$

式中，E 为介质的动态弹性模量；ρ 为密度；μ 为泊松比。

弹性模量与介质强度之间存在相关性。超声波在岩土介质和结构物中的传播参数（声时值、声速、波幅、衰减系数等）与岩土介质和结构物的物理力学指标（动态弹性模量、密度、强度等）之间的相关关系就是超声波检测的理论依据。超声波随介质裂隙发育、密度降低、声阻抗增大而降低，随应力增大、密度增大而增高。因此，可根据松动圈理论，测出各段煤岩体中超声波的大小，超声波波速减小的区域即为松动圈所在的范围。测量出距孔口不同深度（L）处的纵波波速（v_p），绘制 v_p-L 曲线图，再结合围岩具体情况便可知道围岩松动圈的厚度与分布情况。

RSM-SY5 超声波仪测试：对巷道周围测试的区域钻孔，在打好的孔中灌满清水，将单孔换能器放入孔底，记下孔深；RSM-SY5 主机与计算机连接，连接电源，连接换能器；启动程序，设置参数，采集数据，储存数据，分析检测结果。

6.4.3.5 3DGSM 应用原理

用单反相机（尼康 D80，3872×2592 像素），从两个不同角度对指定区域进行成像，并通过像素匹配技术进行三维几何图像合成。使用软件系统对不同角度的图像进行一系列的技术处理，实现实体表面真三维模型重构，在计算机上观察三维实体图像，并实现每个结构面个体的识别、定位、拟合、追踪，获取几何形态信息参数。

该系统的两个测量产品的主要区别是成像系统和图像处理方法：ShapeMetriX^{3D}使用一个没有支架的校准的单反相机（尼康 D80），从两个不同角度对指定区域进行成像并通过像素匹配技术进行三维几何图像合成，几何图像分辨率是 3872×2592 像素。JointMetriX^{3D}基于旋转的 CCD 线扫描照相机和软件组件。成像系统安装在一个三脚架上，当轮换单位转动折线传感器时，该系统一行行地获取全景图像。面对庞大而复杂的几何形状时，两个系统组合使用：有大量露头和需要彻底分析时，JointMetriX^{3D}系统用来制作全面积的三维基准（定位）模型，而 ShapeMetriX^{3D}系统则是对三维图像进行细节部分的精细测量。

该系统由一个可以进行高分辨率立体摄像的照相机（见图 6-36）、进行三维图像生成的模型重建软件（见图 6-37~图 6-39）和对三维图像进行交互式空间可视化分析的分析软件包组成。软件系统对不同角度的图像进行一系列的技术处理（基准标定、像素点匹配、图像变形偏差纠正），实现实体表面真三维模型重构，在计算机可视化屏幕上从任何方位观察三维实体图像，使用电脑鼠标进行交互式操作来实现每个结构面个体的识别（见图 6-40）、定位、拟合、追踪以及几何形态信息参数（产状、迹长、间距、断距等）的获取，并进行纷繁复杂的结构面的分级、分组、几何参数统计（见图 6-41~图 6-43）。

该系统的两大优点：

（1）解决了传统现场节理地质测量低效、费力、耗时、不安全甚至难以接近实体和不能满足现代快速施工要求的弊端，真正做到现场岩体开挖揭露面的即时定格和精确定位。

（2）传统方法对具有一定分布规律和统计意义的Ⅳ级和Ⅴ级结构面几何形态数据无法做到精细、完备、定量的获取，该系统完全可以胜任，使得现场的数据可靠性和精度满足进一步分析的要求。

（a）

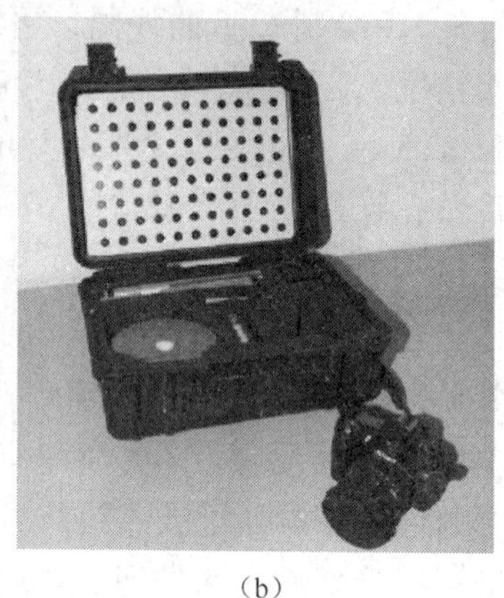

（b）

图 6-36 JointMetriX^{3D}和 ShapeMetriX^{3D}成像系统

（a）JointMetriX^{3D}成像系统；（b）ShapeMetriX^{3D}成像系统

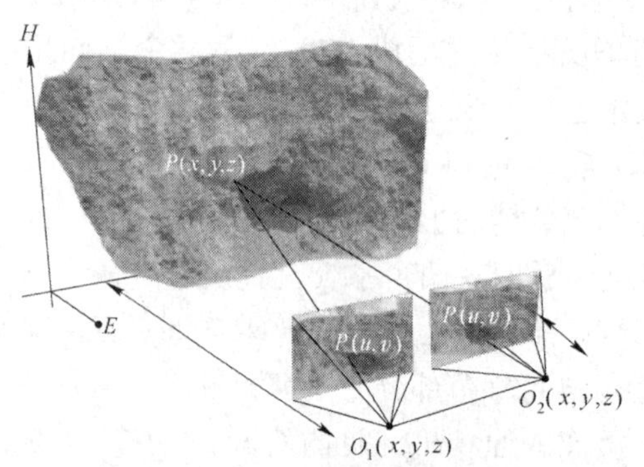

图 6-37 立体图像合成原理

图 6-38 地下巷道不同开挖断面的三维图像

图 6-39 地下巷道不同开挖断面的三维图像合成

图 6-40 计算机屏幕显示的三维图像

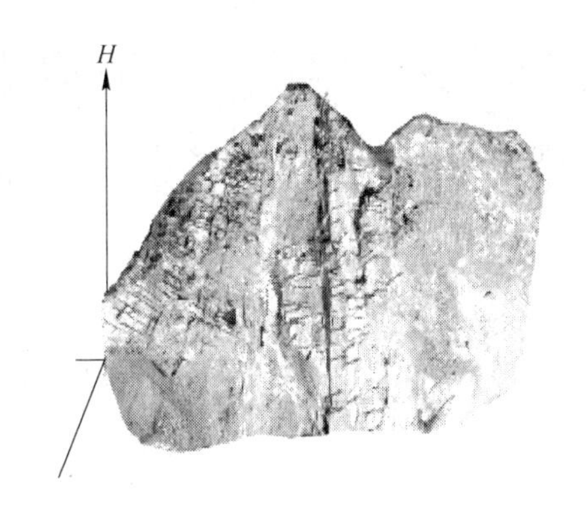

图 6-41 岩石边坡节理分布及产状统计

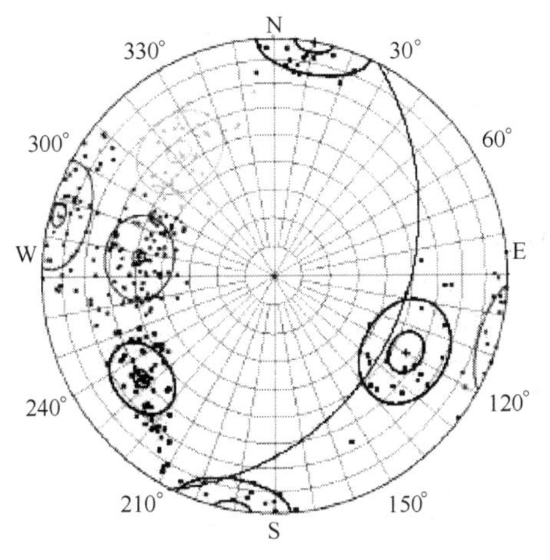

图 6-42 边坡节理分组统计赤平投影图

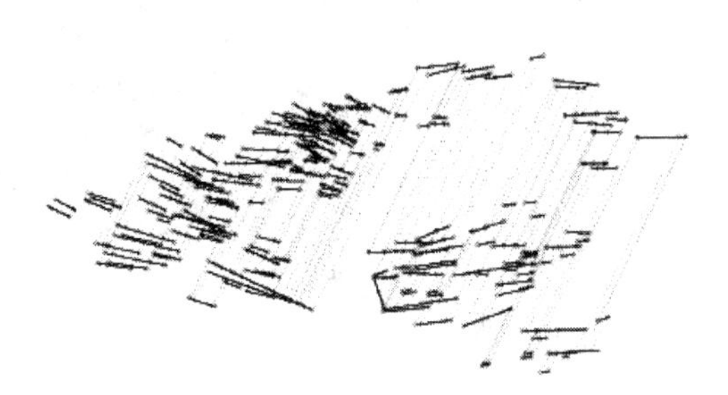

图 6-43 边坡不连续节理组的间隔统计

对地下巷道不同开挖断面进行数字测量，形成的三维图像合成在一个基于连续面成像的间断三维模型中，这样可以对每个断面的结构面按产状进行空间追踪拼接，从而实现结构面空间分布的真实标定，如图 6-44 所示。

项目研究在目前现有 3DGSM 基础上，系统地研究了岩体结构面分级的数字图像识别处理算法，对其空间分布不同级别结构面进行了准确识别，得到了不同规模级别的结构面分组：Ⅲ级结构面（小规模的次级断层）、Ⅳ级结构面（原生的具有一定分布规律和统计意义的节理面）和Ⅴ级结构面（次生卸荷裂隙、爆破裂隙和风化裂隙）。一般工程尺度范围内揭露的结构面为Ⅲ、Ⅳ和Ⅴ级。对于三维空间模型，一般工程尺度范围内揭露的Ⅲ级结构面，按实测长度进行空间延伸，研究该结构面和边坡、隧道的空间方位的组合关系，确定危岩体。对于具有统计意义的Ⅳ级结构面，分两种方式确定节理空间分布：（1）对地下采场不同开挖断面进行跟踪照相测量，形成三维图像合成在一个基于连续面成像的间断三维模型中，这样可以

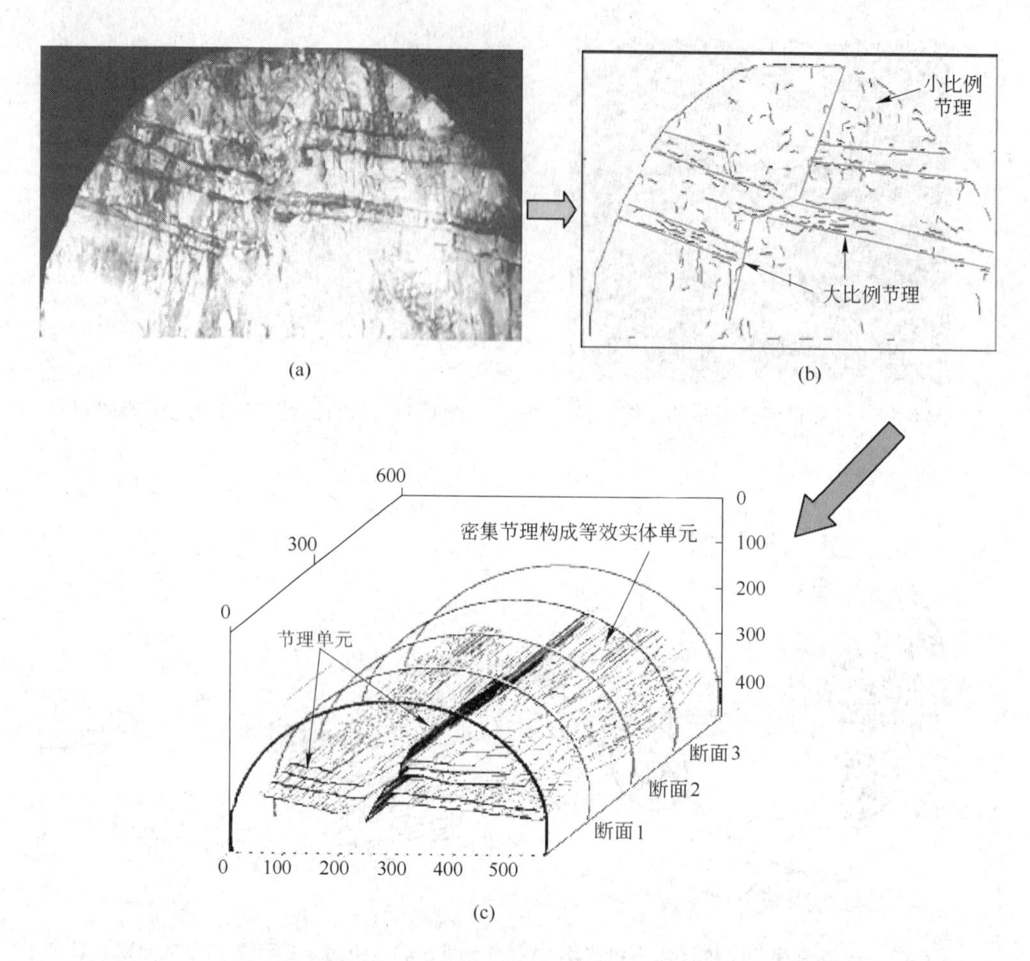

图 6-44 巷道工程三维可视化模型及力学计算处理思路

（a）隧道围岩断面 1 图像；（b）断面 1 节理分布；（c）断面 1 模型重构

对每个断面的结构面按产状分组进行空间追踪拼接，从而实现结构面空间分布的真实标定；（2）根据产状聚类进行分组，计算每组结构面的平均迹长、间距和断距，按照这些平均参数生成同组结构面的空间分布（见图 6-45）。

对出露面积较大的结构面，进行局部高精度精细测量，得到节理的粗糙度指标 JRC，研究三维表面粗糙程度特性。这些取值可表征粗糙度的各向异性和剪切变形方向，为节理面参数确定提供依据。

6.4.4 采场地压监测方案

通过现场地质调查发现，地压活动明显区域在-330m 水平和-342m 水平。为达到观测地压活动规律的目的，地压观测点安装的位置分别选择在-330m 水平

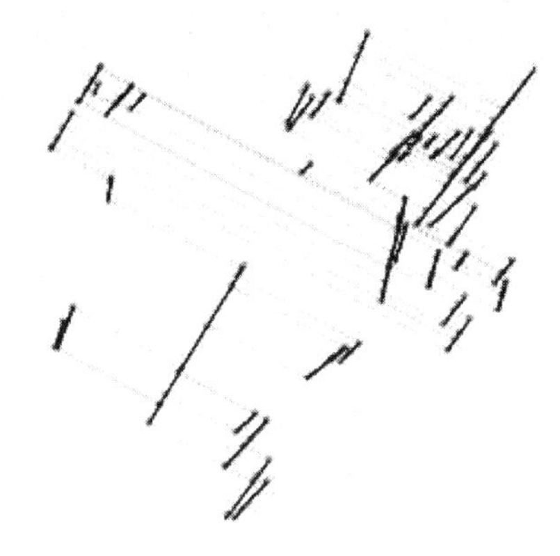

图 6-45 一组结构面的平均迹长、间距和断距的确定

W2 处安设压力盒，-342m 水平左 1 主运输巷处安设压力盒。在-330m 水平，分别在 A6、N1-2、N1-8、N1-10、N1-12、N1-3-7 处，埋设多点位移计、压力盒，测试围岩松动圈、RQD 值，分析岩体结构。在-330m 水平主运输巷末端岩爆处安设声发射仪，对岩爆发生的可能性进行评估，确立岩爆危险区岩石的岩爆倾向性指标。

初步确定的地压观测形式有以下几种：

（1）应用压力盒观测整个采矿过程的围岩应力变化规律。

（2）借助声发射仪，通过分析对岩爆发生的可能性进行评估，确立岩爆危险区岩石的岩爆倾向性指标。

（3）应用 3DGMS 对指定区域进行成像及三维几何图像合成，通过技术处理，实现实体表面真三维模型重构，获取岩体几何形态信息参数（产状、迹长、间距、断距等），实现结构面的分级、分组。

（4）通过取芯钻测试 RQD 值。

（5）应用多点位移计观测整个采矿过程巷道围岩深部位移变化规律，以探讨采矿活动诱发围岩松动范围的变形规律。

6.4.5 监测数据及分析

6.4.5.1 地压监测数据分析

从 2010 年 7 月 1 日开始对不同位置进行地压监测，通过监测发现不同位置的压力盒其地压一直处于上升阶段（见图 6-46～图 6-49）。-330m 水平 A7 监测站地压变化最小，其变化值为 1.5MPa；-330m 水平 N7 监测站地压变化最大，其变化值为 10.8MPa；其余两个观测站的压力变化值分别为 2.3MPa、4MPa。以此可以看出，金场矿区局部区域地压变化较大，而大部分监测位置其地压变化不是很大；但是每个监测站的地压数据变化趋势均为增长趋势，说明在巷道或者采场开挖之后，巷道或者采场顶板地压随着时间变化在逐渐增加。由此可知，顶板地压变化是诱发顶板产生拉破坏的主要因素。

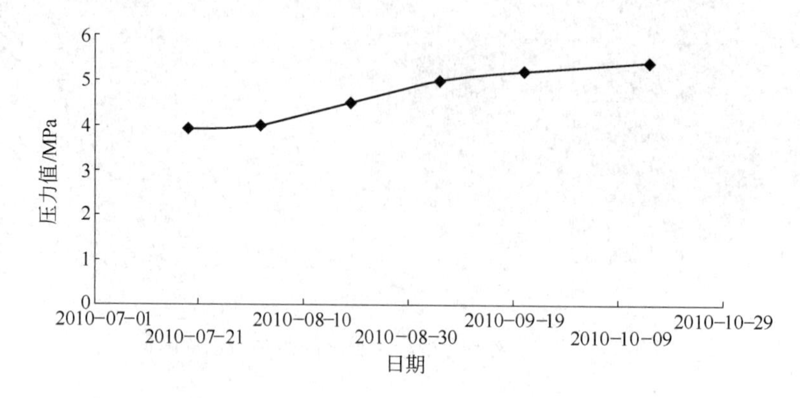

图 6-46 -330m 水平 A7 监测站地压变化规律

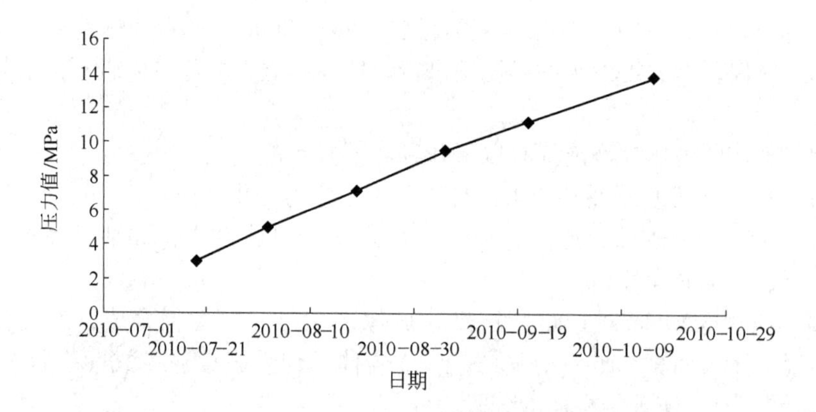

图 6-47 -330m 水平 N7 监测站地压变化规律

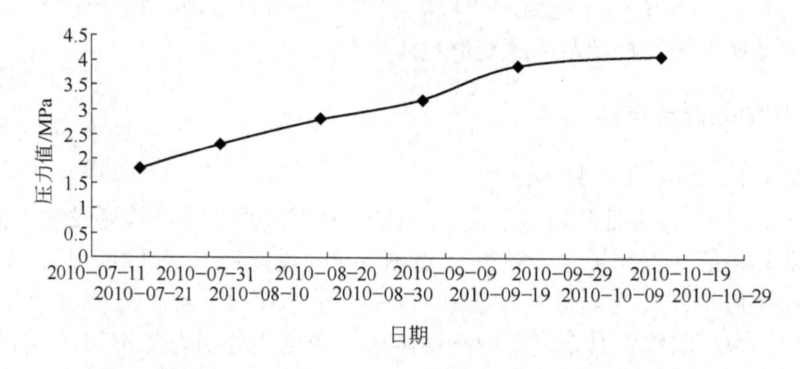

图 6-48 -342m 水平左 1 监测站地压变化规律

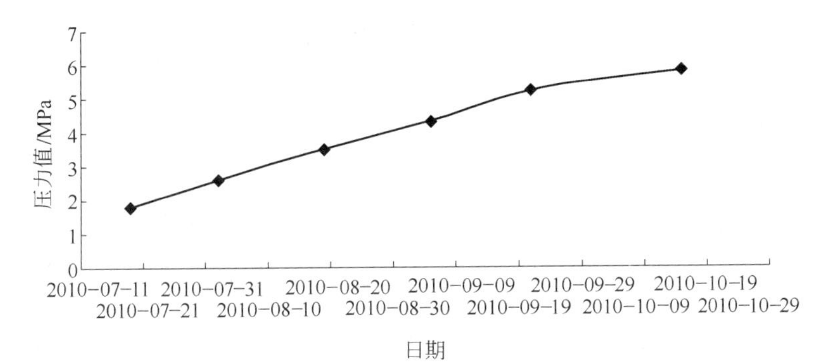

图 6-49 -342m 水平左 3 监测站地压变化规律

6.4.5.2 多点位移计监测数据分析

应用多点位移计对四个断面采场或者巷道顶板（6m 深孔）的不同深度位移变化规律进行现场测试（见表 6-1~表 6-7）。从监测数据的结果来看，各监测站多点位移计的读数均未有明显的变化，说明各监测断面尽管有压力变化，但是在巷道或者采场顶板的不同深度未有明显的位移变化，即：矿区的采场顶板及巷道有压力变化，但其位移变化很小，其破坏是应力与构造共同作用的结果，而非变形地压。

表 6-1 A7 垂直孔多点位移计记录表

时　间	接点 1 (5.5m)	接点 2 (3m)	接点 3 (2.3m)	备　注
2010-06-05 (初读数)	104	91	95	-330m 水平北主运输巷，竖直孔 (A7)
2010-06-07	104	91	95	
2010-06-09	105	91	95	
2010-06-15	105	92	96	
2010-06-22	105	92	96	
2010-07-02	105	92	96	
2010-07-14	105	92	96	
2010-07-20	105	92	96	

表 6-2 N6-30°孔多点位移计记录表

时　间	接点 1 (5.5m)	接点 2 (3m)	接点 3 (2.3m)	备　注
2010-06-09 (初读数)	48	55	67	-330m 水平北主运输巷， N6-30°孔
2010-06-15	48	55	67	
2010-06-22	48	55	67	
2010-07-02	损坏	损坏	损坏	

表 6-3 N6-90°孔多点位移计记录表

时 间	接点 1（5.5m）	接点 2（3m）	接点 3（2.3m）	备 注
2010-06-09（初读数）	40	55	42	-330m 水平北主运输巷，N6-90°孔
2010-06-15	40	55	42	
2010-06-22	41	55	42	
2010-07-02	41	55	42	
2010-07-14	41	54	41	
2010-07-20	41	55	41	

表 6-4 N10-30°孔多点位移计记录表

时 间	接点 1（5.5m）	接点 2（3m）	接点 3（2.3m）	备 注
2010-06-10（初读数）	49	47	45	-330m 水平北主运输巷，N10-30°孔
2010-06-15	49	47	45	
2010-06-22	48	47	45	
2010-07-02	48	47	45	
2010-07-14	48	47	44	
2010-07-20	49	47	45	

表 6-5 N10-90°孔多点位移计记录表

时 间	接点 1（5.5m）	接点 2（3m）	接点 3（2.3m）	备 注
2010-06-10（初读数）	45	45	54	-330m 水平北主运输巷，N10-90°孔
2010-06-15	45	45	54	
2010-06-22	45	45	54	
2010-07-02	44	44	54	
2010-07-14	45	45	54	
2010-07-20	45	45	54	

表 6-6 N14-30°孔多点位移计记录表

时 间	接点 1 (5.5m)	接点 2 (3m)	接点 3 (2.3m)	备 注
2010-06-22 (初读数)	8	19	22	-330m 水平北主运输巷，N14-30°孔
2010-07-02	8	19	22	
2010-07-14	8	18	22	
2010-07-20	8	19	22	

表 6-7 N14-83°孔多点位移计记录表

时 间	接点 1 (5.5m)	接点 2 (3m)	接点 3 (2.3m)	备 注
2010-06-22 (初读数)	3	6	11	-330m 水平北主运输巷，N14-83°孔
2010-07-02	4	7	11	
2010-07-14	4	6	11	
2010-07-20	4	7	11	

6.4.5.3 围岩松动圈测试分析

通过应用超声波测试系统对围岩松动圈测试，其各断面 N6、N10、N14 测试孔的波速变化值分别为如图 6-50～图 6-52 所示。

(1) N6 断面钻孔不同深度波速变化比较大，说明孔内岩层变化比较复杂。该顶板岩层非常破碎，不利于巷道顶板稳定。

(2) N10 断面在距孔底 1.2m 深范围内岩层稳定，1.2m 深之后波速变化较大，层状节理发育。此段岩层破碎，不利于巷道顶板稳定。

(3) N14 断面距孔底 1.2m 波速变化较大，岩层破碎；距孔底 1.2～4.2m 深度，波速比较稳定，该段岩层比较稳定；距孔底 4.1～4.9m 处，波速变化较大，此段岩层破碎；距孔底 4.9～5.7m 处波速稳定，此段岩层稳定，即该段岩层顶板 0.8m 为稳定岩层，利于巷道顶板稳定。

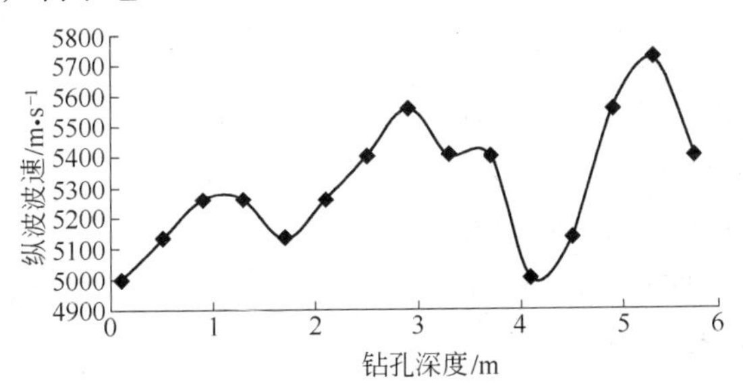

图 6-50 N6 钻孔深度波速变化图

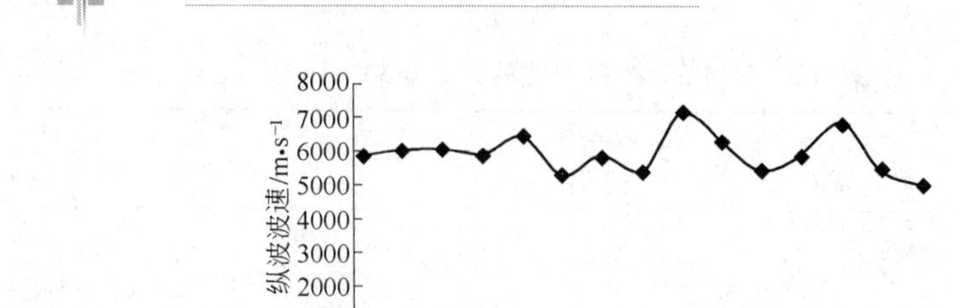

图 6-51 N10 钻孔深度波速变化图

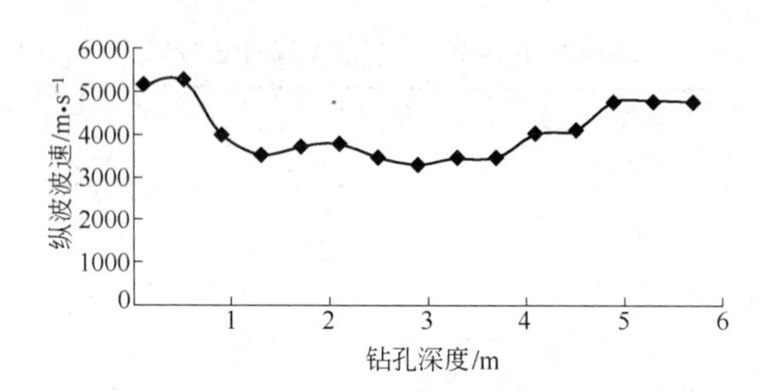

图 6-52 N14 钻孔深度波速变化图

6.4.5.4 围岩顶板 RQD 层状结构

按岩石质量指标分类是根据钻探时的岩芯完好程度来判断岩体质量，对岩体进行分类，即将长度在 10cm（含 10cm）以上的岩芯累计长度占钻孔总长的百分比，称为 RQD。根据岩芯质量指标大小，将岩体分为五类。

通过应用工程地质钻对矿区的 RQD 值进行测试，测试结果如表 6-8 所示。

表 6-8 RQD 值测试结果

钻孔位置	RQD 值
A7-30°孔（孔深 610cm）	54.82%
A7-90°孔（孔深 606cm）	31.25%
N6-30°孔（孔深 610cm）	16.18%
N6-60°孔（孔深 610cm）	13.43%
N6-90°孔（孔深 610cm）	22.34%
N10-30°孔（孔深 620cm）	4.11%
N10-60°孔（孔深 620cm）	2.13%
N10-90°孔（孔深 610cm）	14.48%
N14-30°孔（孔深 610cm）	无大于或等于 10cm 岩芯段
N14-60°孔（孔深 28m，收 660cm）	3.67%
N14-83°孔（孔深 610cm）	无大于或等于 10cm 岩芯段

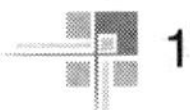

从表6-8中可以看出，除A7断面岩芯质量为差和一般外，其余监测断面的结果均为很差。

6.4.5.5 岩爆测试结果及分析

在矿区-330m水平巷道开挖之后，巷道表面产生应力集中情况比较明显，出现轻微岩爆现象，岩石发生脆性破坏，并产生弹射，并伴有“啪”的响声。通过应用声发射仪器，在金场矿区-330m水平对其岩爆现象进行连续监测。通过连续两天的岩爆监测结果（见图6-53和图6-54）来看：

（1）在2009年11月14日的监测结果来看，其最大分贝为42dB，最大电压振幅为43mV，超过门槛值的声脉冲数量在0.6左右，发生岩爆的最大能量为19kJ，监测到的岩爆事件中，其大部分岩爆事件幅度在60~90dB。

（2）在2009年11月15日的监测结果来看，其最大分贝为50dB，最大电压振幅为100mV，超过门槛值的声脉冲数量在0.1以下，发生岩爆的最大能量为19kJ，监测到的岩爆事件中，其大部分岩爆事件幅度在50~70dB。

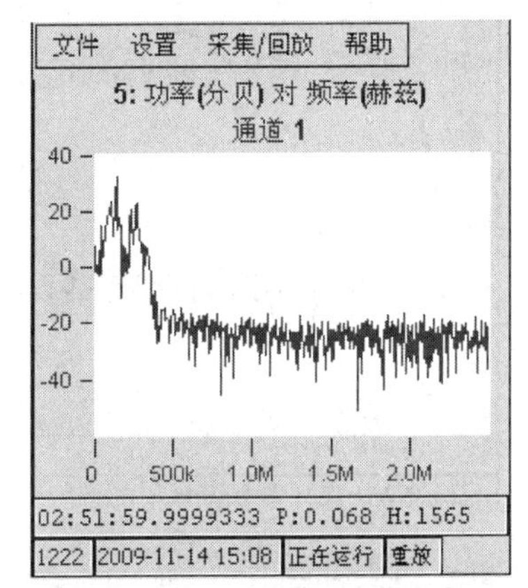

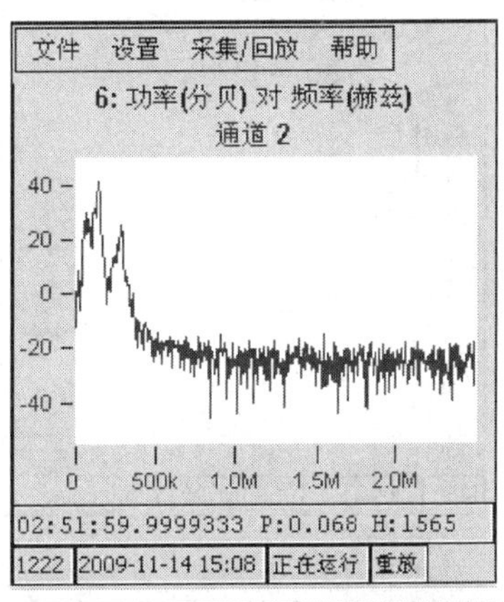

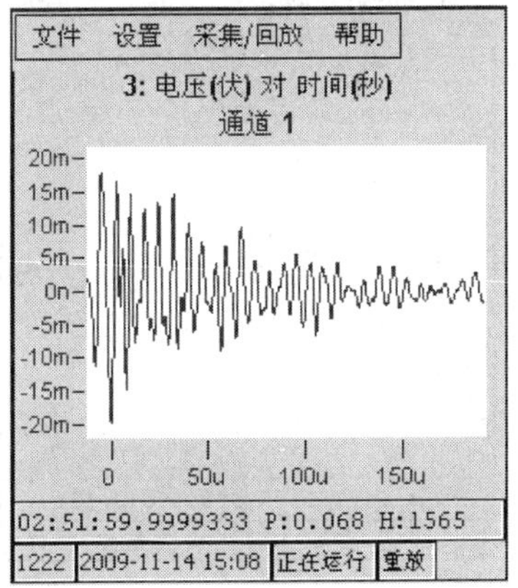

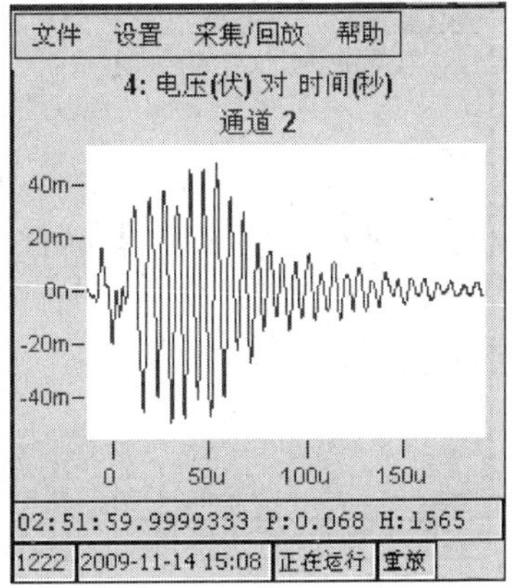

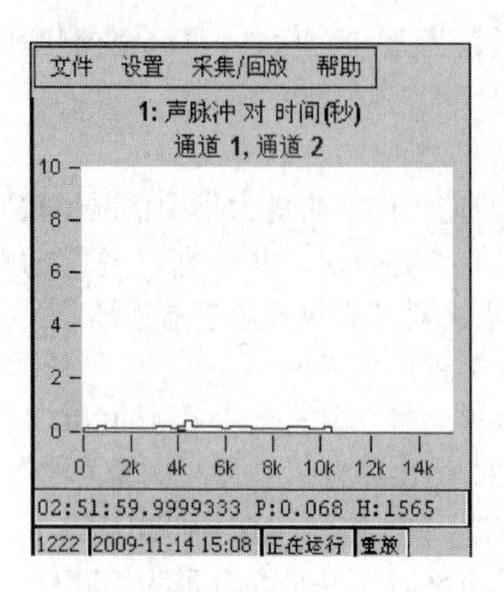

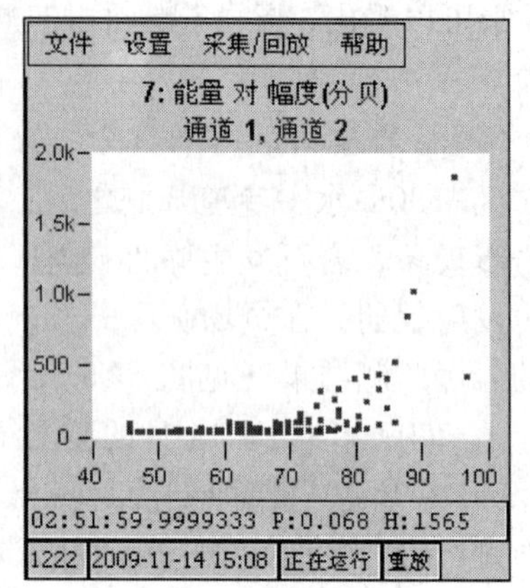

图 6-53 2009 年 11 月 14 日岩爆监测结果

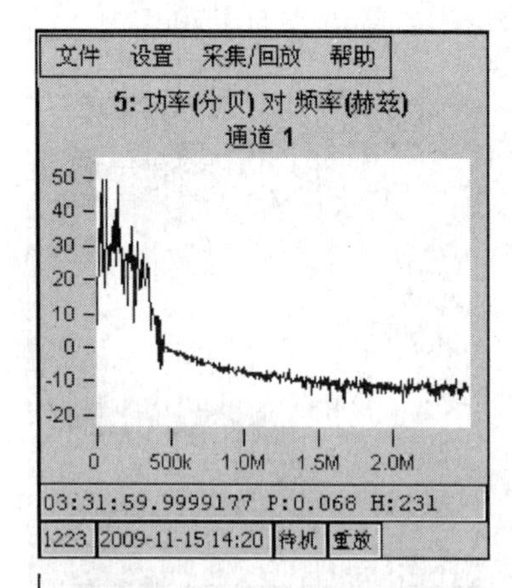

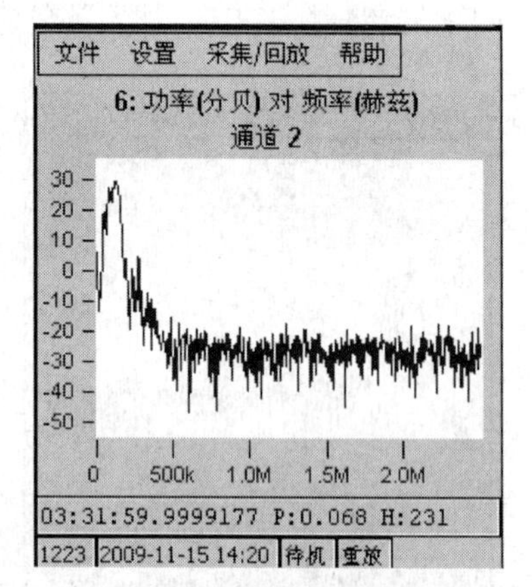

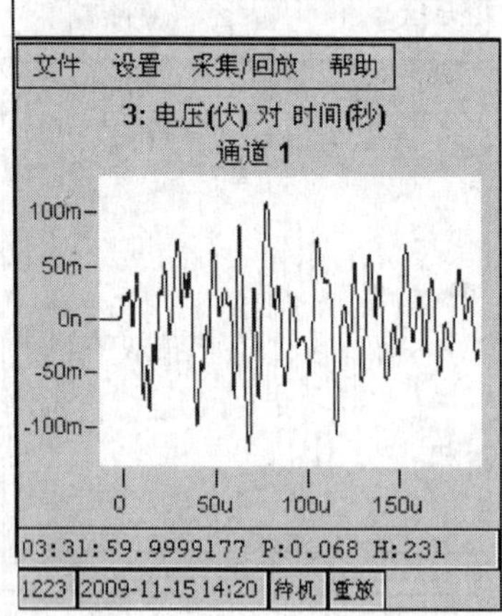

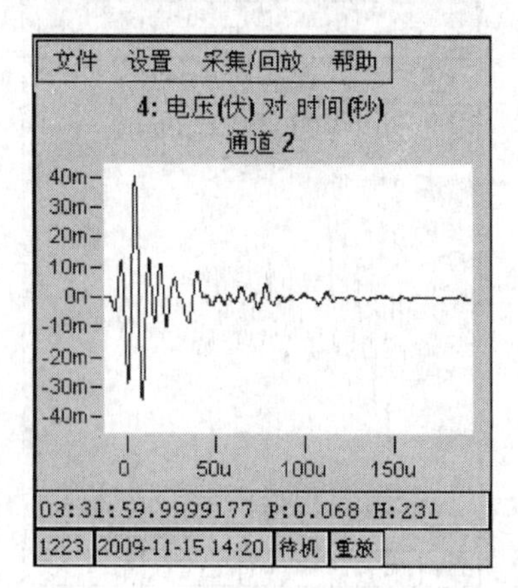

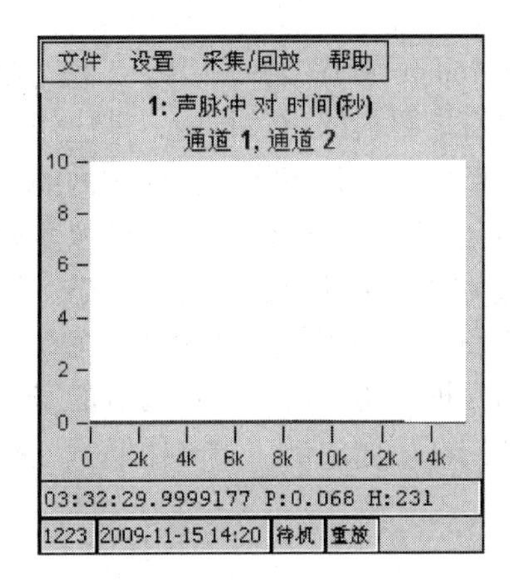

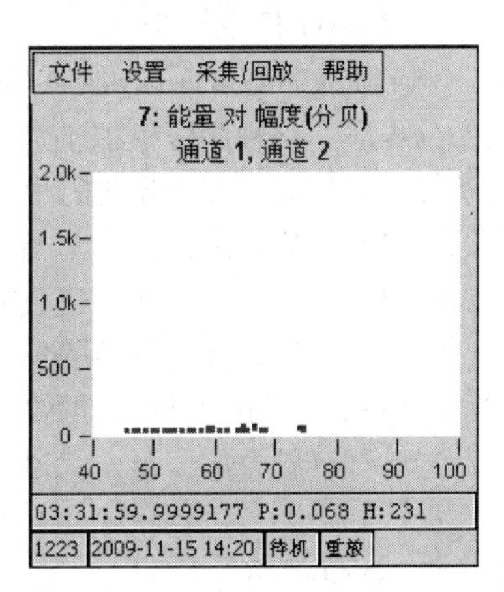

图 6-54 2009 年 11 月 15 日岩爆监测结果

（3）从连续两天的监测数据对比来看，2009 年 11 月 14 日发生岩爆的数量和能量明显高于 2009 年 11 月 15 日发生岩爆的数量和能量。2009 年 11 月 15 日发生岩爆次数相比较明显降低，由此可以看出，金场矿区岩爆发生随时间变化逐渐减少，并将逐渐趋于平静状态。但存在的主要问题是，发生岩爆的区段其顶板会出现片落，如不及时清理和支护顶板，将造成巷道顶板连续垮落，这不利于工人施工安全。

6.4.6 小结

通过应用压力盒、多点位移计、超声波仪、声发射系统、RQD 值分析以及 3DGSM 系统对沂南金矿金场矿区的巷道及部分采场的顶板进行监测及分析，从测试结果来看，金场矿区的地压随着时间变化有增大的趋势，而且属于不封闭曲线。岩体受结构面切割破坏占主导位置。从采场顶板的 RQD 值来看，顶板岩体质量很差，不利于顶板的稳定；从应用声发射仪对金场掘进巷道的岩爆监测来看，其岩爆属于轻微岩爆，巷道开挖后其岩爆现象随着时间变化逐渐减弱。

6.5 金场矿区地压控制方法

6.5.1 锚网支护机理数值分析

随着计算机技术的快速发展，计算机软件在工程实际中的应用也越来越多。数值模拟方法正是计算机与工程实际问题相结合的结果。近年来，数值模拟方法已经在采矿工程和岩土工程中得到了快速发展和广泛的应用。FLAC 软件是一种性能比较优越的数值计算软件，在解决几何非线性、大变形问题上尤为突出，为巷道支护设计提供了一个有力工具。

6.5.1.1 FLAC 程序简介

FLAC（Fast Lagrangian Analysis of Continua）程序是一种用于工程力学计算的显式有限差分程序。该程序可模拟土、岩石等材料的力学行为，其应用了节点位移连续的条件，可以对连续介质进行大变形分析。程序将计算区域内的介质划分为若干个二维单元，单元之间用节点相互连接。FLAC 程序可以模拟多种模型的材料；可以模拟地应力场的生成、边坡或地下洞室开挖、混凝土衬砌、锚杆或锚索设置等；能够计算出锚杆沿杆长的位移和应力分布，并且能分析锚杆或锚索加固效果。本次模拟对象是金场矿区的锚网支护试验，此巷道受两侧的采动影响比较大，而且岩体具有较大的变形，巷道开挖在矿体内部，对采用锚网支护控制围岩的稳定性进行分析。

6.5.1.2 数值模型

FLAC 的锚杆模型是一种理想弹塑性模型。随着围岩的变形，锚杆工作阻力以线弹性增长到最大值，锚杆进入理想塑性状态，并保持在最大工作阻力上。数值分析方法以及数值分析计算机软件 FLAC 可以有效地揭示锚杆作用机理，可方便地模拟巷道锚杆支护问题，能模拟出全长黏结式锚杆控制巷道肩窝作用机理和作用规律。为了对上述锚网支护参数进行优化，应用 FLAC 对锚网支护进行数值分析。该联络巷道的断面积为 4.2m^2，巷道的周长为 8m，其规格为 2.2m×2m（宽×高），联络巷距地表深度约为40m，联络巷围岩的岩石弹性模量为3480MPa，泊松比为 0.2，其自重为 3.86g/cm^3，内聚力为 3.54MPa。

6.5.1.3 数值结果及分析

用 FLAC（快速拉格朗日有限元程序）模拟采用锚网支护进路围岩的受力及变形情况。结果表明（见图6-55~图6-57）：

（1）在垂直应力场的作用下，采用锚网支护以后巷道围岩没有发生较大的变形、破坏。

（2）锚网支护以后在进路的两个拱角部位剪应力集中程度降低，巷道两侧没有进入塑性区。

（3）采用锚网支护在初始阶段巷道围岩出现一定的变形，但随后巷道围岩变形趋于稳定状态，从模拟情况来看，锚杆支护是维护高应力破裂岩体稳定的一种较为理想的支护方法。

（4）从锚网支护的受力情况看，此次模拟的锚网支护结构基本合理，能主动及时地支护围岩，锚网支护起到了应有的支护作用，进一步提高了围岩的整体性和稳定性。

锚杆的力学特性是锚杆与围岩相互作用的结果，是锚杆约束围岩变形的实际工作状况的力学反映。采用高强预应力锚杆（树脂锚杆），能够立即对围岩施加足够的预紧力，不仅能够阻止围岩的初始变形，还能消除锚杆自身的初始滑移，

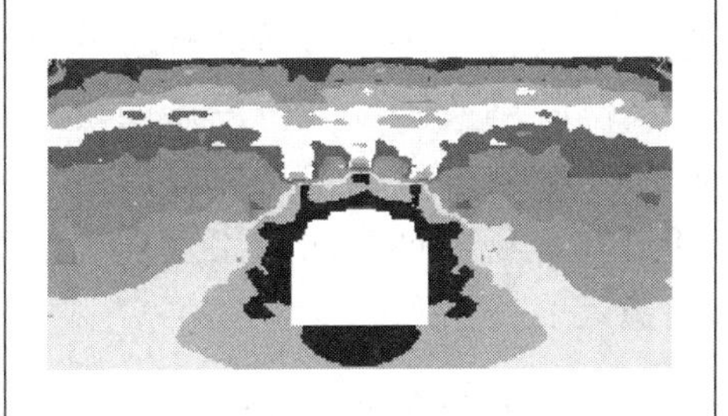

图 6-55 最大主应力

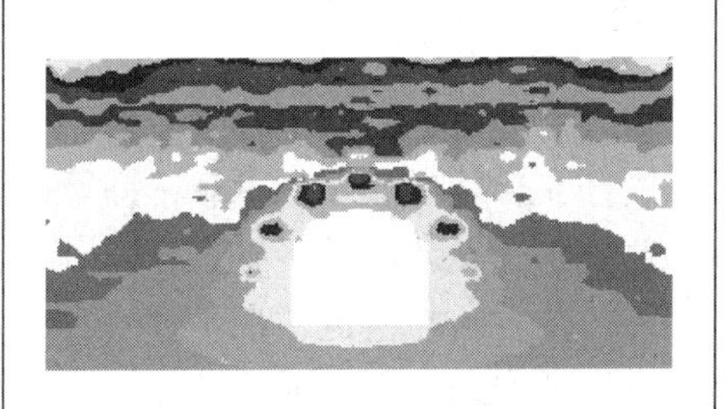

图 6-56 最小主应力

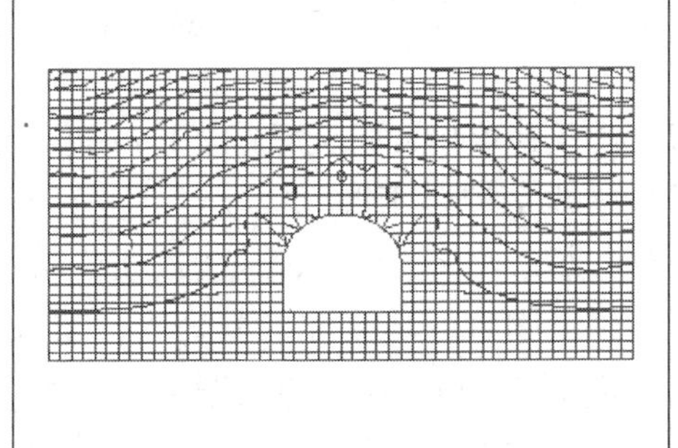

图 6-57 *y* 方向位移等值线

而且能给围岩施加一定的预紧力，使巷道围岩的受拉截面拉应力降低。锚杆给围岩施加一定的预紧力，产生的摩擦力大大提高了围岩的抗剪强度，进而避免了巷道围岩过早出现裂缝，减缓围岩的弱化。锚杆与金属网相结合，形成整体结构，锚网支护以后，围岩的抗压、抗拉、抗剪以及残余强度均有所提高，改善了围岩的应力状态，并形成压缩拱结构，共同维护巷道围岩的稳定性。通过在金场矿区现场应用发现，锚网支护能够有效控制高应力破裂岩体围岩的稳定。

6.5.2 巷道及采场锚网支护参数设计

通过对现场进行调研，发现目前矿区锚杆支护存在的主要问题表现为以下几个方面：

（1）锚杆支护的锚杆拉拔力偏小。

（2）锚杆支护机理与围岩破坏类型不符。

（3）部分锚杆安装方向与岩体节理方向平行，致使锚杆支护作用表现不明显。

（4）部分锚网支护参数不合理。

（5）锚杆支护后不能即时承载，即承载速度慢。

（6）部分锚杆安装质量不好。

（7）锚杆孔方向与巷道顶板不垂直。

（8）拱架支护未与围岩形成整体。

从上述分析来看，主要问题是金场矿区地压现象与所采用的锚杆支护机理不相匹配，造成尽管采用锚杆支护，但其锚杆支护作用在一定情况下仍没有充分发挥出来，致使支护后的岩体仍然发生破坏，使采掘设备被砸坏以及工人施工无安全感，甚至造成部分矿石无法开采出来。

目前，采准巷道支护存在主要问题是：

（1）破碎巷道支护成本高，采用钢材支护，每米巷道支护成本在 1000 元左右。

（2）施工速度慢，每天只能支护一架，影响采掘速度。

（3）拱架支护属于被动支护，支护后的拱架仍然受上部冒落岩体的干扰，造成拱架上方有大量冒落体，致使拱架被动受力，拱架被压弯。

（4）部分围岩节理裂隙极其发育，造成巷道围岩破碎，在凿岩过程中，受凿岩机振动影响，造成围岩自行脱落，严重影响工人的施工安全。

（5）部分巷道采用管缝锚杆支护，其支护强度等级和支护质量不能完全满足巷道支护要求。

（6）巷道存在二次返修问题，影响矿山正常施工。

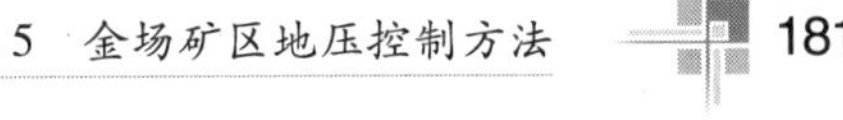

（7）巷道支护区域划分不明确，应对采准巷道进行围岩类别合理划分，相应采取不同的支护方式和支护等级。

目前，由于初次使用树脂锚杆支护，树脂锚杆支护也存在一些问题：

（1）树脂锚杆应采用左旋螺旋钢锚杆，保证其支护不受锚杆孔深限制，能够使锚杆支护压缩到围岩表面，与围岩形成一体。

（2）目前，采用锚网支护，金属网质量强度高，致使在应用风动扳手压紧时，不能贴近围岩表面。

（3）凿岩时，围岩过于破碎，在凿岩过程中，锚杆孔周围形成锥形破坏。

（4）在破碎围岩表面实施锚网支护缺少临时支护结构保护顶板。

（5）在极破碎地段要采用锚网梁支护结构。

（6）锚杆施工质量差，部分树脂锚杆孔深不够，致使锚杆外露长度过长。

（7）锚杆孔钻孔角度过大，在50°~60°左右，应合理调控锚杆钻孔质量。

对于即将推行的高强预应力锚杆支护，其设计为：

（1）锚杆采用树脂锚杆，其材质为左旋螺旋钢，顶板锚杆长度为2.1m，直径为ϕ20mm，两帮的锚杆长度为1.8m，直径为ϕ20mm。

（2）每个锚杆孔采用树脂锚固剂为：快速树脂药卷ϕ28mm×600mm（msk2360）和中速树脂药卷ϕ28mm×600mm（zk2860）各一根。

（3）托盘材料为钢板，其规格为80mm×80mm×8mm（长×宽×厚），托板中部冲压成碗状，托板中间的锚杆孔直径为ϕ20mm。

（4）锚杆孔直径为ϕ32mm，锚杆的间、排距为1m×1m。

（5）钢筋网采用8号钢丝编织成网，网的规格为1.2m×2.2m（宽×长），网度为80mm×80mm。

（6）钢筋梁为两条平行的ϕ8mm盘圆，其间距为100mm，长度为3m，采用点焊制作。

（7）锚杆孔角度：两帮眼不低于85°，顶眼不低于80°。

（8）锚网安装布置形式如图6-58和图6-59所示。

（9）锚杆的安设时间。树脂锚杆能够在安装之后即时承载，所以为了更好地维护围岩的稳定性，应在巷道开挖之后的24h之内将锚杆安装完毕，这样才能真正实现对围岩的主动支护。

（10）锚网支护施工工艺。本锚网支护设计主要是从新奥法的整个施工流程来考虑锚网支护的施工顺序。

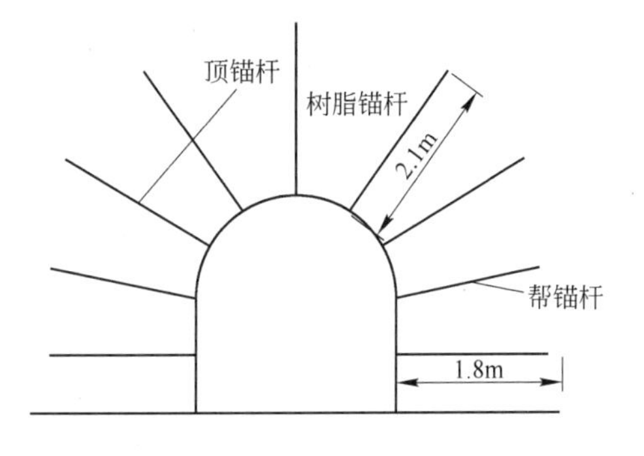

图6-58 锚杆支护安装示意图

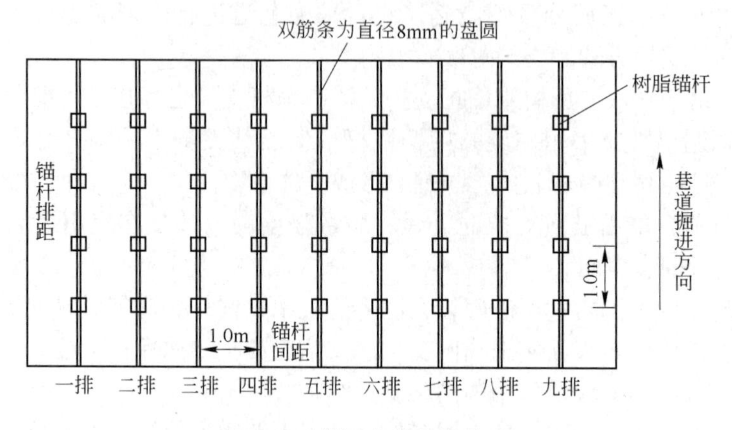

图 6-59　锚网支护布置形式

锚网支护施工工艺：钻凿锚杆孔→吹洗锚杆孔→安装锚杆→挂网→安装托板→上紧螺母。

光面爆破管理工艺：在光面爆破管理工艺上要“一专、四定、一要求”。

“一专”：即打眼前必须有专人看中线、量腰线，并按照爆破图表要求画半圆、定点位。

“四定”：即打眼必须定人、定钻、定眼、定责及定炮眼的角度、方向、深度。

“一要求”：即要求每班迎头 5m 必须清理干净；要求锚杆的间、排距和安装角度必须符合标准。

树脂锚杆安装示意图及锚梁支护施工工艺如图 6-60 所示，锚网支护效果如图 6-61 所示。

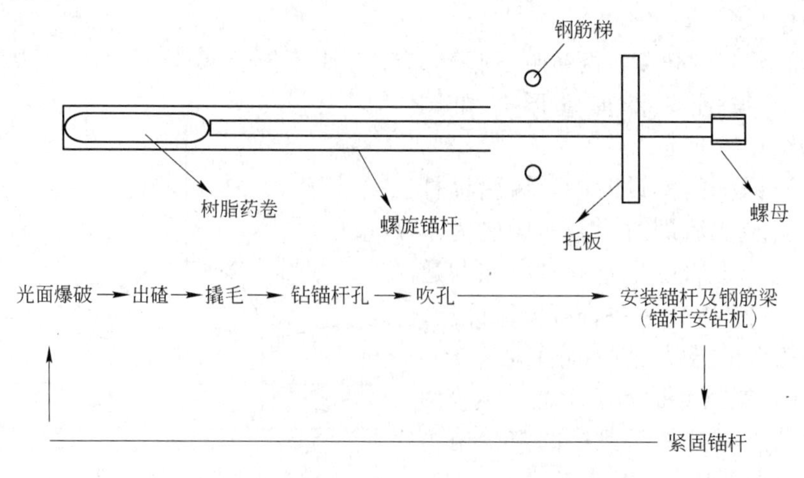

图 6-60　树脂锚杆安装示意图及锚梁支护施工工艺

图 6-61 锚网支护效果

锚杆支护应注意的问题如下：

（1）加强光面爆破工作，必须保证爆破后的岩面尽量平整。

（2）爆破后巷道围岩的撬毛工作要加强，安装锚网的岩面要保证无浮石。

（3）锚杆眼必须打得直，眼底与孔口的眼孔直径基本保持一致，眼深与锚杆杆体长度要配套，既不能深也不能浅。

（4）安装锚杆前必须用压风清扫眼内的碎矸、岩粉以及积水。

（5）打眼工及安装工必须熟悉树脂锚杆的性能及安装要求，严格按程序操作。

（6）安装锚杆前要检查锚杆规格，孔径、孔位、孔深是否满足要求，不合格的坚决不能安装。

（7）锚梁安装的具体程序是：将锚杆放入孔内，注浆，将砂浆锚杆进行养护；养护好以后，铺网，上托板以及螺母。

（8）锚杆杆体应全部推入钻孔，直到托板完全贴紧岩面，并产生一定的预紧力，达到 50~60kN · m 为宜；锚杆外露长度不大于 100mm。

（9）在钻凿锚杆眼时，必须使用合适的钻机和钻头（ϕ32mm）。

（10）安装锚杆的同时要注意安全，按照《金属非金属矿山安全规程》进行操作：锚杆质量检测；树脂药卷的试验；螺旋钢在使用之前要进行抗拉试验。对于所安装锚杆的检测，可以用锚杆拉拔器对其进行拉拔试验，试验标准为每 100 根安装好的锚杆中随机挑选 5 根做拉拔试验，看其锚固力是否满足要求。

6.5.3 巷道底鼓控制方法

锚注支护是兼有锚杆支护与注浆加固共同优点的一种支护方式。在巷道开挖以后，对巷道围岩进行喷浆封闭，防止围岩进一步风化；然后在围岩中打入注浆锚杆进行注浆加固。注浆锚杆既有锚杆支护的特点，又能通过此锚杆对围岩进行注浆。通过注浆、浆脉充填、压密裂隙空间，可使围岩由注浆前的无约束松散状态变为由锚杆、浆体和围岩共同作用的具有承受抗压、抗剪切、抗拉等适应复杂应力-应变状态的支护体，支护体的支护状态成为三拱状态。

针对矿区现场巷道底鼓变形破坏实际情况，采取注浆锚杆+反拱（见图 6-62）支护控制金场矿区巷道底鼓。支护参数如下：

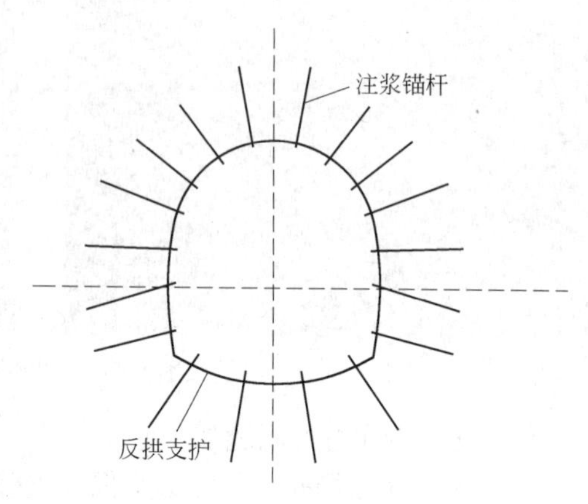

图 6-62 注浆锚杆+反拱

（1）普通锚杆规格：顶、帮为 ϕ20mm×2400mm，一支树脂锚固剂锚固；墙脚为 ϕ20mm×3000mm，两支树脂锚固剂锚固，下扎角度为 30°~45°，锚杆间、排距为 1.0m×1.0m。

（2）金属网为 ϕ4mm 冷拔丝加工而成的压痕网，网格规格为 100mm×100mm。

（3）在巷道底板架设反拱，采用工字钢制作，工字钢反拱的间距为 800mm。

（4）喷射混凝土强度 C20，初喷厚度 70mm，复喷厚度 80mm。

（5）注浆锚杆规格：顶、帮均采用 ϕ22mm×2200mm 的锚杆，其间、排距为 1.0m×1.5m，两底脚锚杆为 ϕ22mm×3000mm，下扎角度 30°~45°，排距为 1.0m。注浆锚杆采用外径 $D=22$mm、壁厚 $d=3.0$mm 的冷拔无缝钢管制作，为便于注浆，在锚杆上有交叉布置的 ϕ6mm 出浆孔。

（6）注浆采用水泥单液注浆，水泥为 425 号普通硅酸盐水泥，水灰比为 0.7~1.0，注浆压力为 2.0~3.0MPa。漏浆处加入水玻璃双液注浆进行封堵，水玻璃浓度为 45Be，掺量为水泥量的 4.5%。

其施工工序为：开帮、挑顶、挖底至设计断面→初喷 70mm 厚混凝土→挂网、安装普通螺纹钢树脂锚杆→反拱→复喷 80mm 厚混凝土→打注浆锚杆孔→安装注浆锚杆→注底脚注浆锚杆→注两帮注浆锚杆→注拱部注浆锚杆→复注。

6.6 结论

矿山岩层失稳问题是与矿山开采过程中的应力场扰动所诱发的微破裂萌生、发展、贯通等岩石破裂过程失稳问题相关的。在矿床开采过程中，形成采空区，诱发采场顶板的垮落，形成直至地表。而诱发微破裂活动的直接原因则是岩层中应力或应变增加的结果。因此，在岩层地压活动及其控制方法研究过程中，借助地质力学手段以及应力测试方法，研究矿山地质力学特征及其应力分布规律；通过地压监测以及位移监测，掌握围岩变形规律；应用围岩松动圈测试系统，研究岩体内深部岩体岩移规律；借助声发射仪器，掌握围岩开挖后岩体内岩爆活动对开挖时间关系；建立金场矿区岩层有效侦测手段；结合上述信息，应用数值模拟方法分析岩层地压活动规律。针对地压活动规律提出相应有效的巷道以及采场地压支护方法，为矿山的安全、高效开采提供保障。通过研究得出以下结论：

（1）随着开采深度的增加，金场矿区岩体蚀变程度增加、节理裂隙发育以及地压显现明显，致使在主要平巷掘进过程中出现各种地压显现形式，诸如：巷道两帮收缩、顶板下沉、巷道底鼓以及岩爆现象。上述地压显现形式使巷道断面缩小，导致部分地段生产无法进行，制约着井下生产任务的完成，同时威胁着工人人身安全。目前，针对此种地压形式采取的支护形式主要有混凝土砌碹、工字钢支架、浆砌块石以及管缝锚杆配金属网支护等，前三种支护形式既费力也费工，支护效率低下，支护成本高，支护效果不明显。另外，这些支护方法未完全有效地控制地压显现，在高压力段同样造成两帮收缩变形破坏。采用多种形式支护后，仍出现下述现象：底鼓需要隔一段时间进行拉底，顶板下沉致使电机车的架线高度明显降低，危及工人生命安全，断面缩小导致矿车无法正常通过，影响正常生产。

金场矿区岩层地压活动，顶板为整体性下沉，造成巷道及采场矿柱承受压力大，并呈无收敛状态，原岩构造应力小；顶板岩层结构复杂，不同位置顶板岩层受其缓倾斜岩层赋存状态控制，无统一规律；故顶板岩层的破坏是自重应力与水平层状节理构造共同作用的结果，而非变形地压。

（2）通过矿岩物理力学性质实验发现，金场矿区矿岩岩块的力学强度指标较高，其破坏系节理构造造成的。

（3）通过应用岩石破裂过程分析系统对金场矿区巷道底鼓及顶板冒落过程进行数值分析，结果表明：造成巷道底鼓的主要原因是岩体的蠕变和构造应力场共同作用的结构；顶板冒落主要是巷道顶板上覆岩层组成结构不同，在自重应力及层状组合节理共同作用造成其破坏。

（4）通过对沂南金矿进行岩爆监测分析表明，其岩爆现象发生具有明显的时效性，巷道刚刚开挖后，其岩爆现象明显，随着时间变化，其岩爆现象逐渐减弱，但造成顶板的破坏深度逐渐增加。

（5）目前沂南金矿采取的支护方式为管缝锚杆支护及钢拱架+水泥条柱背板，但该支护形式与围岩变形不协调，造成其顶板破坏逐步扩大，并致使在钢拱架及其混凝土条柱背板的上方为冒落空区，导致其顶板进一步恶化，产生循环破坏。

（6）研发沂南金矿岩层稳定分析与管理系统，对沂南金矿的采场及巷道围岩的稳定等级进行分类，并针对相应的岩体稳定等级提出相对应的稳定性控制方法。

（7）针对沂南金矿金场矿区不同采场及巷道的破坏形式，提出相应的支护方法；对一般破坏巷道采用锚网梁支护方法，对巷道底鼓严重区段提出采用反拱及锚注支护方法，对部分采场顶板支护设计采用树脂锚杆支护。

7 玲珑金矿中厚破碎矿体高效采矿技术

7.1 矿体特征

7.1.1 矿体

7.1.1.1 矿体条件

区内的矿脉主要表现为沿断裂破碎带充填交代形成的蚀变带。主矿脉为171号脉。171号脉分布于160~156线间，矿脉长2600m，宽300m，走向NE60°~70°，倾向SE，倾角35°~45°。出露标高一般为150~200m，最大标高260m。矿脉中赋存有1711号主矿体，呈大脉状，严格受断裂构造控制。控制矿体最低标高-600m，控制斜深510~920m，向深部矿体仍未尖灭。

矿区内大致查明金矿体6个，1711号矿体为主要矿体，其余5个矿体为小矿体，分别为1712、1713、1714、171支1和208Ⅱ1号矿体。现将各金矿体进行简单叙述。

A 1711号金矿体

1711号矿体为主要矿体，占矿床资源总量的91%，为一盲矿体，赋存于171号脉的160~108线之间，赋存标高+80~-670m，矿体埋深最浅120m，最深980m。

矿体呈大脉状，在走向及倾向上均呈舒缓波状。矿体与矿脉产状基本一致，总体走向NE60°，倾向SE，倾角36.5°~43.5°。矿体控制长1380m，控制斜深510~920m，单工程真厚度0.27~19.66m，平均厚度3.28m，矿体厚度变化系数141%，属厚度变化较不稳定矿体。金品位$(1.00\sim24.78)\times10^{-6}$，矿体平均品位$2.76\times10^{-6}$，品位变化系数117%，属有用组分分布较不均匀矿体。矿石为黄铁绢英岩和黄铁绢英岩质碎裂岩。

矿体厚度及品位的变化，沿走向具有自西向东厚度减少、品位降低的特点；沿倾向具有向深部厚度加大、品位增高的特点；矿体的厚大部分（160~148线深部）具有向北东侧伏的特点，沿走向及倾向均未封闭。

B 1712号矿体

1712号矿体位于矿区东部，为一盲矿体，也赋存于171号脉中。由于对矿脉中部96~108线一带缺少工程控制，故暂圈为独立矿体（有可能与1711号连为同一矿体)。控矿工程间距 180~330m。

矿体呈脉状，沿走向和倾向均呈舒缓波状。矿体与矿脉产状大体一致，总体走向 NE60°，倾向 SE，倾角 39°~45°。矿体控制长 500m，控制斜深 150~320m，赋存标高-162~-400m，矿头埋深 314m。单工程真厚度 0.62~1.06m，平均厚度 0.92m，为薄矿体。金品位$(1.11\sim3.62)\times10^{-6}$，平均品位 2.23×10^{-6}。矿石为绢英岩质碎裂岩。矿体沿走向及倾向均未封闭。

C 1713 号矿体

1713 号矿体为一盲矿体，赋存于 171 号脉中，位于 1711 号矿体的下盘 19~58m 处。控矿工程间距 150m。

矿体呈脉状，沿走向和倾向均呈舒缓波状。矿体与矿脉产状大体一致，总体走向 NE60°，倾向 SE，倾角 40°~50°。矿体控制长 230m，控制斜深 55~330m，赋存标高-100~-340m。单工程真厚度 0.80~3.79m，平均厚度 1.75m。金品位$(1.38\sim1.86)\times10^{-6}$，平均品位 1.47×10^{-6}。矿石为黄铁绢英岩质碎裂岩。矿体沿走向及倾向均未封闭。

D 1714 号矿体

1714 号矿体位于 171 号脉上部（不在主矿脉中），控矿工程间距 300m。产状与 171 号脉一致。矿体长 340m，单工程真厚度 0.74~1.15m，平均厚度 0.95m，金品位$(1.59\sim7.60)\times10^{-6}$，平均品位 4.37×10^{-6}。矿石为绢英岩化碎裂岩。

E 171 支 1 号矿体

171 支 1 号矿体赋存于 171 号脉下盘的 171 支脉中，分布于 80~68 线，控矿工程间距 300m。产状与 171 号脉大致相同，倾角 45°~57°。矿体控制长 480m，单工程真厚度 0.45~0.64m，平均厚度 0.54m，为薄矿体。金品位$(2.14\sim10.52)\times10^{-6}$，平均品位 5.40×10^{-6}。矿石为绢英岩化碎裂岩。

F 208Ⅱ1 号矿体

208Ⅱ1 号矿体赋存于勘查登记区北边部 208Ⅱ号脉中。区内控制长 100m，单工程真厚度 0.91~5.64m，平均厚度 2.78m，控制斜深 196m。控矿工程间距 200~320m。矿体呈脉状，走向 NE25°，倾向 SE，倾角 40°左右。平均品位 4.30×10^{-6}。矿石为绢英岩化碎裂岩。

7.1.1.2 矿石矿物成分

矿石矿物主要有黄铁矿、黄铜矿、方铅矿、淡红银矿、银金矿等，脉石矿物主要有石英、绢云母、方解石等。

7.1.1.3 矿石化学成分

矿石有益组分为金，伴生有益组分为银，有害组分为铅、锌、砷等。

矿石中金含量一般为$(1.00\sim10.52)\times10^{-6}$，样品最高品位为 24.78×10^{-6}，矿

床平均品位 2.77×10^{-6}，矿石品位以低品位为主。

有害组分为铅、锌、砷。铅含量一般在 0.00~0.065%之间，锌含量一般在 0.003%~0.10%之间，砷含量一般(13.76~13.96)×10^{-6}，三元素含量甚低，对矿石的选冶性能影响甚微。

7.1.1.4 矿石结构、构造

矿石结构以自形-半自形晶粒状结构和碎裂结构为主，其次为包含结构、填隙结构、交代溶蚀结构、交代残留结构、胶状结构、乳浊状结构等。

矿石构造主要有浸染状构造、细脉状构造、网脉状构造，其次有块状构造、条带状构造和斑状构造、角砾状构造等。

7.1.1.5 金矿物赋存状态

金矿物赋存状态主要有三种：包体金占 40%，晶隙金占 31%，裂隙金占 29%。

金矿物粒度以细粒金为主，其次为微细粒金，少量中粒金及粗粒金。

7.1.1.6 矿石类型

根据矿石的氧化程度分类，矿石类型全部为原生矿。

根据矿石的工业类型分类，矿石为含金蚀变岩型。

根据矿石中硫化物的含量分类，矿石工业类型为低硫化物金矿石。

7.1.1.7 围岩

矿田金矿床赋存于厚大断裂蚀变带中，矿体位于断裂蚀变带的中央，矿体的顶、底板围岩为绢英岩化花岗岩或绢英岩化碎裂岩。蚀变带之外上、下盘岩石，分别为文登超单元、阜山单元和玲珑超单元大庄子中粗粒二长花岗岩。

近矿围岩的化学成分与矿石化学成分基本相同，差别仅为金含量高低不同而已。

对 6 个金矿体的统计表明，矿体夹石不多，仅于 1711 号矿体西部局部地段见有少量夹石分布，岩性为黄铁绢英岩化碎裂岩。

7.1.2 水文地质条件

7.1.2.1 矿区水文条件

矿区地处构造剥蚀的中低山区，区内山峦起伏，沟谷发育。矿区内主要河流为罗山河、龙通河和永汶河，均属季节性河流。气候属暖温带大陆性半干旱气候，平均气温 11.5℃；多年平均降雨量 671.1mm，多集中于 7~9 月份；年平均蒸发量 1691.6mm。矿区内地表水体发育，沿沟谷建有多个小型水库，库容一般在 2000~5000m^3。

大气降水为区内地下水的主要补给来源，第四系松散岩类孔隙水除接受大气

降水直接补给外，还接受基岩裂隙水的侧向补给和地表水的渗入补给；基岩裂隙水和构造裂隙水除接受大气降水直接补给外，还接受第四系松散岩类孔隙水的渗入补给。

区内地下水径流严格受地形、地貌和构造的控制，地下水流向与地形基本一致。但是，由于受周边矿山的多年开采，地下水流向在局部可能发生变化。

7.1.2.2 含水层（带）特征

根据矿床充水因素，按地下水的富水特征，划分为第四系松散岩类孔隙潜水含水层、基岩裂隙水、构造裂隙水和隔水层（体）。

A 第四系松散岩类孔隙潜水含水层

第四系松散岩类孔隙潜水含水层主要为坡洪积孔隙潜水含水层，主要在矿床中部和西部沿沟谷分布，岩性以砂质粉土、粉质黏土为主，夹有薄层砂砾石透镜体。厚度2~6m，水位埋深0.30~1.35m。该层渗透性较弱，富水性弱，单井涌水量小于$100m^3/d$，水质类型为$NO_3 \cdot SO_4$-Ca·Na水，矿化度为0.268g/L。

该含水层透水性和富水性虽相对较强，但其分布范围小，厚度薄，矿体埋藏深度大，两者之间水力联系不密切，对矿床开采不会构成威胁。

B 基岩裂隙水含水层

基岩裂隙水含水层分布于整个矿区，岩性主要为含斑中粗粒二长花岗岩、绢英岩化碎裂状花岗岩等。由于受风化作用的影响，地表岩石风化裂隙较发育，随着深度的增加风化裂隙逐渐减弱。由于受地形、岩性、地下水等因素的影响，风化深度差异较大，一般为5~15m，水位埋深为2.65~14.80m。该层渗透性弱，富水性弱，单井涌水量小于$100m^3/d$，水质类型为SO_4-Na·Ca·Mg水，矿化度为0.387g/L。

该层虽分布整个矿区，但其厚度小，渗透性较弱，富水性弱，与矿床水力联系不密切，为矿床充水的间接因素。

C 构造裂隙水含水层

构造裂隙水含水层在矿区沿断裂构造分布，岩性主要为黄铁绢英岩化碎裂岩、绢英岩等，金矿脉均赋存其中，矿脉自身岩芯完整，裂隙不发育，含水微弱。根据钻孔编录和RQD值统计情况看，构造裂隙水主要来源于构造带的上盘，岩石裂隙较发育，但多呈闭合状态，沿裂隙面有绿泥石化和绢英岩化，富水性弱，为弱透水层。

该含水层（带）为承压水，受地形、地貌等因素影响较大，水位埋深和标高相差较大，地下水水位埋深为10.40~79.96m，单井涌水量小于$100m^3/d$，水质类型为$HCO_3 \cdot Cl$ -Ca·Na水，矿化度为0.607g/L。

构造裂隙含水层（带）是矿床充水的直接因素，其富水特征是：上强下弱；同一含水带中水力联系较强，水量随季节变化不明显。

7.1.2.3 非含水层及隔水层（体）特征

非含水层主要为风化层以下含斑中粗粒二长花岗岩、绢英岩化碎裂状花岗岩等，在矿区普遍分布，透水性、富水性极弱，位于潜水面以下，隔水层主要为闪长玢岩和煌斑岩脉，该岩脉岩石完整，透水性弱，具有良好的阻水作用。

7.1.2.4 坑道涌水量预测

171号脉为隐伏矿床，矿床位于地表分水岭北侧，地表无出露，矿体埋藏深度大，未来开采深度大，受完整花岗岩的影响，矿体与地表水和风化裂隙水关系不密切，对矿床充水影响小。从周围矿山坑道涌水量观测情况来看，矿床充水的主要因素为构造裂隙水，但富水性弱，补给来源贫乏。矿区水文地质条件属简单类型。

预测矿床涌水量为：-660m中段正常涌水量5000m^3/d，最大涌水量8000m^3/d。

7.1.3 工程地质条件

矿区属鲁东低山丘陵稳定区。绢英岩质碎裂岩，赋存于厚大断裂蚀变带中，矿体的顶、底板围岩为构造破碎蚀变带和玲珑、文登超单元花岗岩。花岗岩岩石构造致密，极限抗压强度高，属坚硬-高度坚硬岩石，稳固性良好。矿岩交界破碎蚀变带岩石破碎，蚀变较强烈、裂隙虽发育、但胶结程度好，岩芯完整，稳固性较好。

矿岩主要技术参数：矿岩松散系数1.7，岩石硬度系数f=6~14，矿石体重2.78t/m^3，岩石体重2.70t/m^3。

综上所述，矿段171号脉的矿脉属于倾斜薄到中厚矿体，倾角平均42°，厚大块段平均厚度20m以上，160线以西逐渐变薄，厚度平均在6~8m；矿体稳定，围岩总体稳定性较好，不易产生塌陷、崩塌等不良地质现象；工程地质条件属简单类型。

7.2 采矿方法选择及数值模拟研究

7.2.1 矿体开采技术条件

根据矿山规划，矿体171号脉当前探矿工作是从毗邻的大开头矿区施工一条长3000m的平巷联通171号脉，即从大开头矿区经+250m平硐、250~-270m盲竖井、-270~-680m盲竖井联合开拓，经-420m运输大巷通达矿体171号脉。其中171号脉-410~-380m块段现正施工一个采区斜坡道，该斜坡道从-410m标高向-380m标高开拓，现已经贯通。该采区斜坡道贯通后，作为该块段人员、设备、材料上下的通道，同时作为通风的主要入口。工程施工后发现-380m、

-410m 均有民采工程。矿区的探矿工程及时开展和探矿工程的施工，及时地阻止了民采工程的乱挖乱采的盗采行为。但民采人员在撤退之时，已将-380m 水平民采巷破坏，致使-380m 没有直通地表的直接回风通道，回风风流当前通过残留缝隙经民采工程形成回路。故建议矿方尽快施工玲珑金矿大开头矿段 171 号脉的开拓工程，形成回风通道，以保证该采区通风效果，促进该采区安全生产。

7.2.2 采矿方法选择的原则

在矿山企业中，采矿方法决定着回采工艺、材料设备、掘进工程量、劳动生产率、储量回收以及采出矿石质量等，因而在设计中必须给予足够的重视。同时，由于矿床埋藏条件是多种多样的，各个矿山的技术经济条件又不尽相同，所以在采矿方法选择中必须按具体条件来选择合适的采矿方法。正确合理的采矿方法选择应满足以下要求：

（1）工作安全。包括采准、回采、出矿及采空区处理过程中的作业安全，保证人在采矿过程中生产安全，有良好的作业条件（如有可靠的通风、防尘措施，合适的温度和湿度等），使繁重的作业实现机械化。如在一个采场中，应保证有两个安全出口，使人行、风流畅通。防止大规模地质活动，防止地下火灾和水灾等。同时也要保证地下生产不给未来生态、环境遗留安全隐患。

（2）生产高效。生产能力大，劳动生产率高，材料消耗少，生产成本低（不仅采出矿石成本低，而且最终产品成本也低）。也就是说，所选择的采矿方法应具有较大的采场综合生产能力和良好的经济效果。

（3）回贫差高。由于矿产资源的不可再生性，为了实现矿业可持续发展，保护和综合利用资源极为重要，因此所选择的采矿方法要损失少、贫化小，充分利用地下资源，尽量提高矿石质量以满足加工部门对矿石质量的要求。应坚持“贫富兼采、厚薄兼采、大小兼采、难易兼采”的原则，力求使全矿回收率达到80%~85%以上。

（4）工艺简单。采用简单的生产工艺，易于生产组织管理，有利于提高生产效率，易于推广普及。

具体的选择过程可参见图 7-1 和图 7-2。

7.2.3 采矿方法选择

由于玲珑金矿大开头矿段 171 号脉充填系统尚未建成，不具备充填条件，另据目前了解的情况，大开头-420m 中段周围有民采活动，为了尽快安全高效回采 171 号脉，满足目前玲珑系统生产需要，决定采用非充填采矿方法。在综合分析矿体赋存状况的基础上，结合现有的中段开拓运输系统，初步选择下述几种采矿方法。

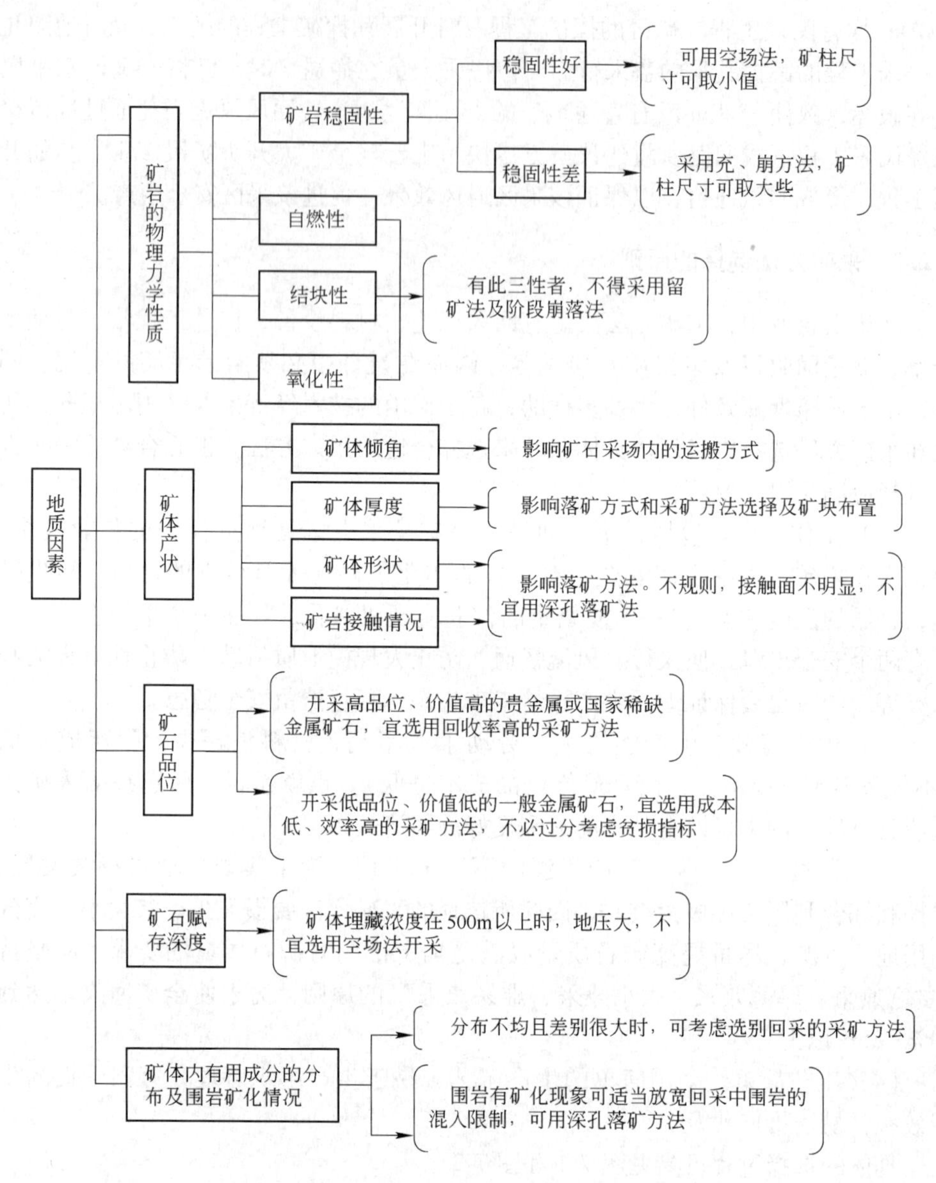

图 7-1 采矿方法选择地质因素图

7.2.3.1 下盘脉外进路无底柱分段崩落采矿法

无底柱分段崩落采矿法要求回采时自上而下分层开采，首先形成覆盖层，-380m 分段前期有民采活动，有部分民采巷道可供利用，在-380m 分段矿体厚度较薄，约 10m 左右，矿体倾角较缓，在 *J—J* 位置处约 38°左右，在 *H—H* 处约 50°左右，属于缓倾斜矿体。进路沿矿体走向布置，该分层回采巷道设置一条，布置在下盘矿岩交界处，回采进路宽 2.4m，高 2.5m，三心拱断面。在 162 线西

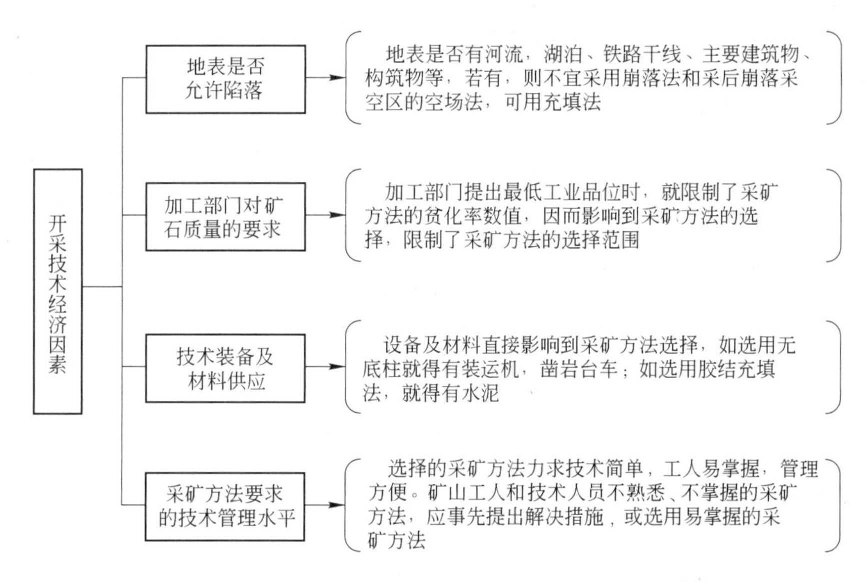

图 7-2　采矿方法选择经济因素图

10m 处与斜坡道沟通，在 162 线西 15m 左右，与西部毛石溜井通过分层溜井送道连通。-380m 分层作为首采分层，担负着覆盖层的形成任务，故 380m 分段进行开采的时候，边孔角可以放小，尽量将-380m 到-370m 的矿石尽可能崩下，设计放出崩落矿石的 30%~40%时停止出矿，形成下分层出矿的矿石覆盖层。

-390m 分段矿体厚度约 15m，倾角在 *E—E* 剖面位置附近为 40°，在 *F—F* 剖面附近为 49°。采用下盘单进路沿脉布置，在下盘矿岩交界附近设置一条沿脉回采巷道，巷道断面回采进路宽 2.4m，高 2.5m，三心拱断面。在 160 线通过溜井送道连通斜坡道和东部毛石溜井，在 161 线附近，施工溜井联络道，连通 161 线附近矿石溜井。

-400m 分段，矿体厚度约 20m，倾角在 *C—C* 剖面处为 31°，在 *D—D* 剖面处为 39°，故采用双进路沿脉布置形式，在矿体下盘 8m 左右布置第一条下盘沿脉进路，在矿体中距离下盘 5.5m 处布置第二条沿脉进路，进路断面采用三心拱断面，宽 2.4m，高 2.5m。在 162 线西 11m 处施工溜井联络道，连通西部毛石井（现有 3 号溜井），在 161 线东 8m 处施工第二条溜井联络道，连通 2 号矿石溜井，并将该联络道延伸至矿体中进路，负责矿石运输。

-410m 分段，矿体厚度约 20m，矿体倾角在 *A—A* 剖面处为 37°，在 *B—B* 剖面处为 42°，故采用双进路沿脉布置形式，在矿体下盘 3m 外布置沿脉回采进路，在 161 线附近与现有工程连通，在矿体中距离下盘 8m 处，施工第二条沿脉回采巷道，在 161 线附近与现有工程连通。在 160 线以东，矿体明显变薄，倾角变陡，故在 160 线以东，在矿体下盘边界施工沿脉回采巷道，在 160 线与现有工程连通，在160~158线之间，距离下盘5m处施工第二条沿脉回采巷道，回收该部分矿体，该进路与现有工程在160线处可以贯通。炮孔边孔角采用55°~60°，孔底距为1.5m，排间距为1.5m。具体参数根据现场揭露矿岩情况而定。

该采矿方法对于开采厚大破碎矿体而言，由于采用凿岩台车落矿和电动铲运机出矿，具有很大的优越性：一是人员几乎不用进入采场，大大增加了采矿安全系数，极大地减轻了工人劳动强度；二是采用中深孔落矿，生产效率大幅度提高，而且可大大缩短采场回采周期和顶板暴露时间。

下盘脉外进路无底柱分段崩落法采矿方法如图7-3所示。

采场生产能力：200~450t/d；

采切比：68.62m/kt；

采矿损失率：8%~12%；

采矿贫化率：5%~8%。

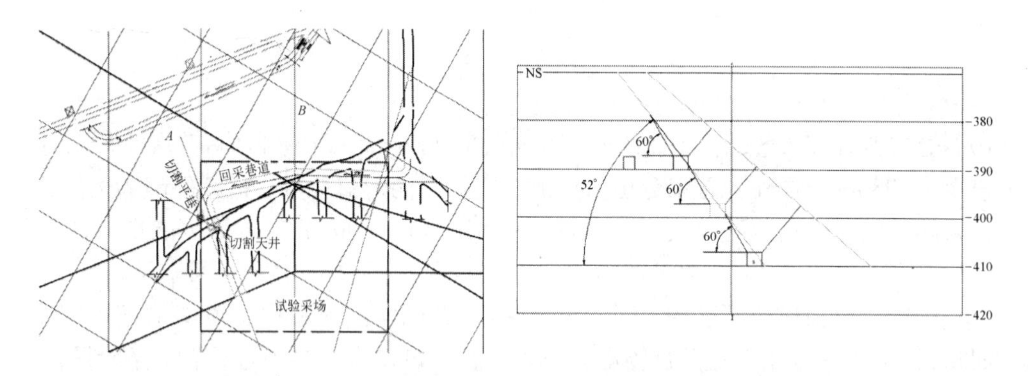

图7-3 下盘脉外进路无底柱分段崩落法采矿方法图

7.2.3.2 分段矿房采矿法

分段矿房采矿法是空场采矿法的一种，它是在划分矿块的基础上，沿矿块的垂直方向再划分为若干分段，在每个分段水平上布置矿房和矿柱，各分段采下的矿石，分别从各分段的出矿巷道运出。也就是说，各分段既凿岩，同时也出矿。分段法的每个分段都是一个独立的回采单元，分段凿岩，分段出矿。分段法的矿房回采结束后，可以立即回采本分段的矿柱（顶柱和间柱），并同时处理了采空区，如图7-4和图7-5所示。分段法适用于矿石和围岩中等以上稳固、倾斜30°~55°和急倾斜大于55°的原矿体开采。分段矿房法使用无轨装运设备，应用时灵活性大，回采强度高，矿房回采完以后，允许立即回采矿柱和处理采空区，这样既提高了回采矿柱的矿石回收率，又较好地进行了采空区处理，从而为下分段回采创造了良好的条件。但其存在如下缺点：采准工作量大，因为每个分段都要掘进分段运输巷道、凿岩巷道、矿柱回采硐室和切割巷道等，大部分巷道都开掘在岩石中，副产矿石少。

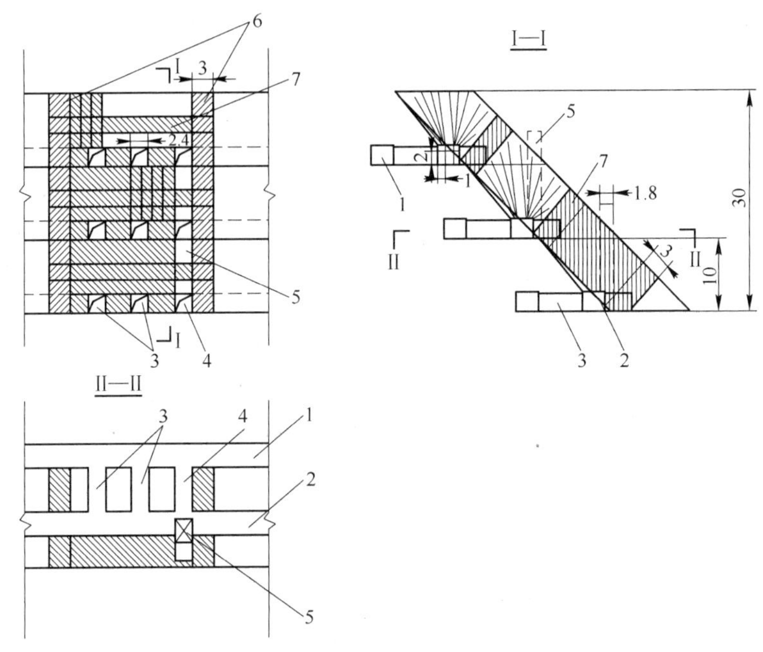

图 7-4 分段矿房采矿法（单位：m）

1—脉外分段运输巷道；2—分段凿岩平巷；3—出矿横巷；4—切割横巷；5—切割天井；6—间柱；7—顶柱

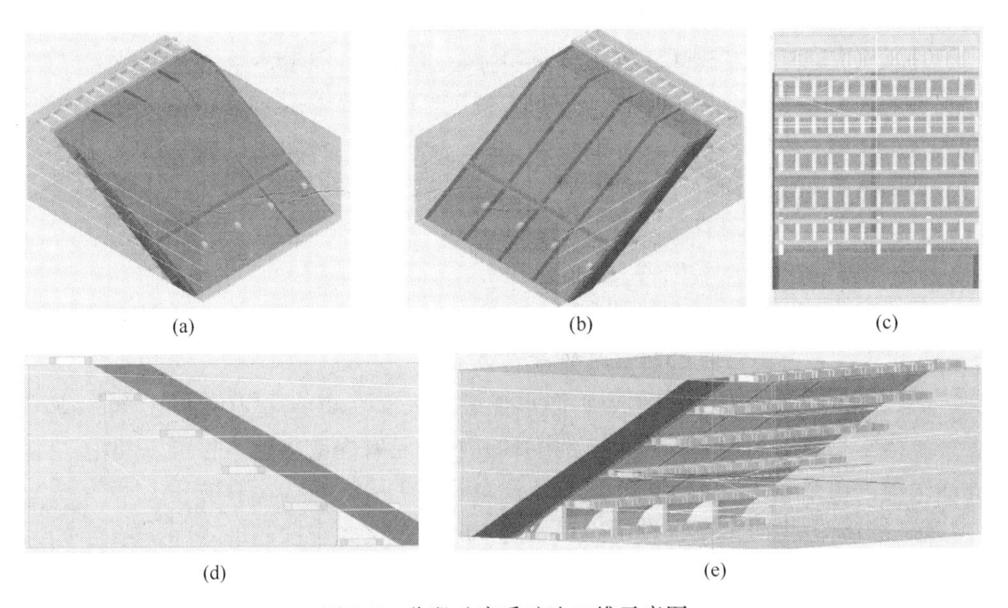

图 7-5 分段矿房采矿法三维示意图

（a）轴测图 1；（b）轴测图 2；（c）主视图；（d）右视图；（e）轴测图 3

根据分段矿房法的特点，设计玲珑金矿中段高度40m，分段高度10m。矿房沿矿体走向布置。中段内矿房长度为20m，矿房间留10m间柱，矿房留3~5m斜顶柱，不留底柱。实行两步骤回采，先采矿房，后采矿柱。矿房采完后，采用胶结废石充填。采准工程包括分段沿脉运输平巷、凿岩平巷、与运输巷道相通的间距为7m左右的出矿穿脉巷道、连通各个分段的采区斜坡道、连接各个分段运输巷道的放矿溜井。切割工程包括矿房内的切割横巷、切割井和矿房底部的堑沟。施工时首先施工采区斜坡道连通-400m、-390m、-380m水平。由于-380m水平有民采活动时掘进的工程，斜坡道沟通该层。在-410m水平相距50m下盘布置三条溜井，连通三个分段。由于-380m分层过去有民采活动，故首先进行-380m分层残采活动，将民采崩落尚未处理的矿石及时回收，同时施工-390m分段凿岩巷道，进行切割拉槽，完成矿房准备工作。由于目前玲珑金矿充填系统正在建设中，当前仅采矿房，当矿房胶结充填完毕后，再进行矿柱回采。

矿房回采在凿岩巷道内完成。在矿体下盘沿着矿岩接触面掘进凿岩巷道，如果矿体倾角变缓，凿岩巷道应该向岩石中移动适当的距离。在矿房与矿柱交汇位置，从凿岩巷道向矿体上盘掘进2.5m×2.6m的切割巷道。在矿体上盘矿岩交界处，掘进2m×2m的切割立井。以切割井为自由面，从凿岩巷道中用YG90掘进上向炮孔，排距1.5m，孔距1.2m，每排3孔，进行切割拉槽。形成切割槽后，在凿岩巷道中，用YG90掘进上向扇形孔，边孔角45°，用装药器将乳化铵油炸药装入孔内，导爆索和非电起爆管起爆。崩落矿石用2m^{3}铲运机运到就近溜井放到-410m运输大巷，再用2m^{3}矿车运出。

通风从中段运输巷进风，通过采场斜坡道进入凿岩巷道；采场通风采用局扇加风筒结构。由于分段凿岩同样属于独头掘进，故需要采用局扇和风筒将新鲜风流压入工作面，同时将污风用风筒抽出。

采场生产能力：100~120t/d；

采切比：75.56m/kt；

采矿损失率：15%~20%；

采矿贫化率：10%~15%。

7.2.3.3 分段局部控制出矿阶段矿房法

矿段171号脉-410~-380m矿体水平厚度大多在10m左右，仅在160线附近，矿体水平厚度约为20m，考虑到-410m水平已有探矿穿脉工程可以利用，因此本次设计选择160线附近较厚大矿体作为阶段矿房法的试验采场。

矿块沿矿脉走向布置，设计矿块长度20m，高度为中段高度30m，采场宽度为矿体厚度，垂直高度上每10m布置一条分段穿脉凿岩巷道；采用堑沟式底部结构，底柱高10m，堑沟坡面角为42°。由于矿体倾角较缓，不留顶柱对-380m以上影响较小，而且目前暂时不考虑-380m水平以上矿体的回采，因此设计该试验采场不留顶柱。

采准工作主要是掘进阶段运输巷道、先进天井（作为行人、通风之用）、切割天井、切割巷道，拉底等。先进天井布置在矿体内靠近上盘的矿房两侧，矿房中央靠近上盘布置一条倾角为60°的切割天井，在-390m、-400m水平矿体上盘，通过分段穿脉凿岩巷道掘进切割巷道将矿房两侧的先进天井和矿房中央的切割天井贯通。

切割工作主要是以矿房中央的切割天井和-410m水平靠近矿体上盘的切割巷道为自由面，按照堑沟形状形成切割面，工人在矿房中央-410m水平的穿脉集矿巷道中开凿上向扇形中深孔，形成拉底空间；-390m和-400m水平的切割工作是以该分段切割天井为自由面，在该分段切割巷道中开凿上向中深孔，逐步形成切割面，作为回采作业的自由空间。采切工程量如表7-1所示。

表7-1 采切工程量

序号	工程名称	长度/m	规格/m×m	工程量/m^3	备 注
1	出矿巷道	40	2.4×2.6	237.6	
2	集矿巷道	20	3.6×2.6	160	
3	出矿川	36	2.4×2.6	214	
4	先进天井	104	2.0×2.0	416	
5	切割天井	50	2.0×2.0	200	
6	分段穿脉凿岩巷道	40	2.4×2.6	237.6	
7	切割巷道	60	2.4×2.6	356.4	
合 计		350		1821.6	

采用YGZ-90钻机在分段穿脉凿岩巷道中施工上向扇形中深孔，孔底距为1.5~1.8m。以矿体上盘形成的切割面为自由面崩矿，逐步向矿体下盘推进。每个分段配备一台凿岩机，-400m和-390m分段同时作业，-390m分段超前-400m分段3m，分段工作面呈梯段式推进。爆破采用人工装药，分段微差爆破，非电导爆管起爆；崩落的矿石借助爆力搬运至-410m水平的堑沟内。采场出矿在出矿川内进行，铲运机从-410m水平矿房两侧的出矿巷道进入矿房，通过出矿川进行装矿。待矿房回采结束后，可通过矿房两侧的出矿巷道，开凿上向炮孔，从矿体上盘向下盘后退式爆破，达到对底柱回采的目的。爆破后采用局扇加强通风。新鲜风流经-410m沿脉阶段运输巷道进入采场，冲洗工作面后，污风从采场天井排至-380m中段回风巷道，然后进入矿井通风风路。

在生产过程中造成矿石损失的原因有：永久矿柱的损失；采场内不规则的边角矿体无法回采的损失。经计算，试验采场底柱损失矿量约为1614m^3，占采场矿量的13.5%，考虑到矿房回采完毕，可对底柱进行回收，按回收率50%计算，试验采场实际损失率约为7%；矿体边角等损失3%，总损失率10%。

采矿工艺中采用中深孔凿岩爆破，加上矿体上盘不稳固等原因，回采过程中上盘围岩混入是造成矿石贫化的主要原因。另外，矿体形态不规则导致部分工程施工到矿体外也是回采中废石混入的原因。部分混入的废石难以计算，一般根据该采矿方法的统计资料推荐选取指标。本次开采方案选取贫化率为15%。

分段局部控制出矿阶段矿房法如图7-6所示。

采场生产能力：200~450t/d；

采切比：68.62m/kt；

采矿损失率：8%~12%；

采矿贫化率：15%~18%。

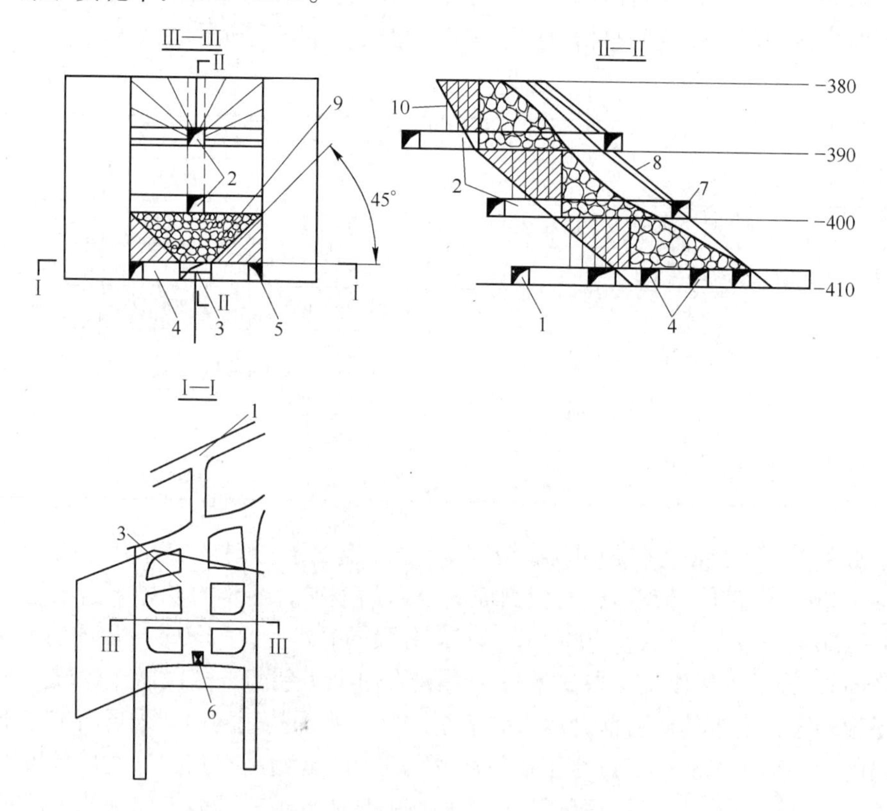

图7-6 分段局部控制出矿阶段矿房法

1—脉外阶段运输巷道；2—分段凿岩平巷；3—堑沟集矿巷；4—出矿横巷；5—穿脉巷道；6—切割井；7—切割巷；8—切割槽；9—堑沟；10—炮孔

7.2.3.4 采矿方法比较与选择

根据以上三种采矿方法的对比分析，在矿体倾角为倾斜的情况下，采用下盘脉外进路的无底柱分段崩落法，虽然可以有效地对矿石进行回收，但由于矿体倾

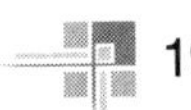

角较缓，所以进路均需要在脉外布置，不能副产矿石，而且由于矿体倾角较缓，在进行爆破落矿石时，势必崩落较多下盘岩石，造成矿石的较大贫化。由于开采对象为贵金属矿产资源，且平均品位较低，采用崩落法势必造成资源的浪费与经济效益的损失。另外，由于-420m 分段属于矿体的中部，矿体上部仍然具有可以开采的对象，如果采取崩落法，在下部形成采空区，势必造成未来上部矿产资源回采的困难。有鉴于此，设计不考虑采用无底柱分段崩落法。

7.2.4 回采过程中围岩应力场演化规律的数值模拟分析

7.2.4.1 数值计算模型建立

A 基本假定

数值计算模型建立的基本假定如下：

(1) 岩体为理想弹塑性介质。

(2) 不考虑地下水作用。

(3) 由于周边大量民采空区的存在和相关地质参数的缺乏，不考虑构造应力的影响。侧向应力参照前苏联学者金尼克修正的海姆静水压力假设。

(4) 每层岩体为各向同性均匀介质。

(5) 试验矿房两侧由于只有探矿工程，因此不考虑相互的影响。

(6) 以岩体自重计算垂向荷载。

B 计算范围及边界条件

计算范围的大小对弹塑性分析结果有较大的影响。弹性理论分析表明，在四周全部约束的情况下，围岩的范围为采空区最大断面尺寸的 3~5 倍。

结合试验矿房的特点，本次计算选定的范围为：矿房尺寸 20m×20m×30m，分段高度 10m，左右边界距矿房左右边界为 155m，上下边界距离为 75m，矿体倾角 45°。对模型四周采用速度约束，顶部施加垂向荷载。

C 计算模型及力学参数

数值计算模型如图 7-7 所示，共划分单元 84825 个，节点 90880 个。模型中

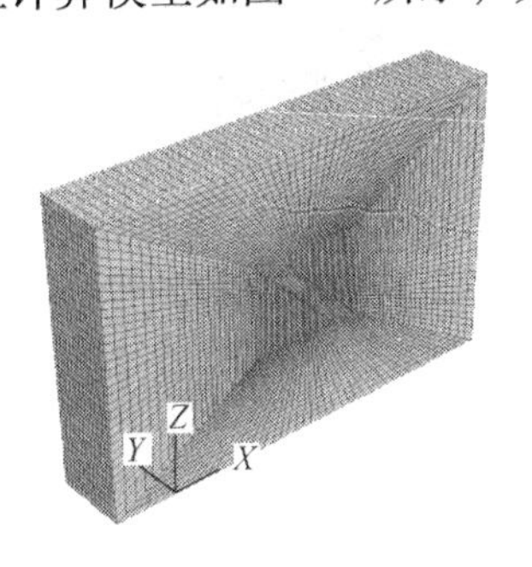

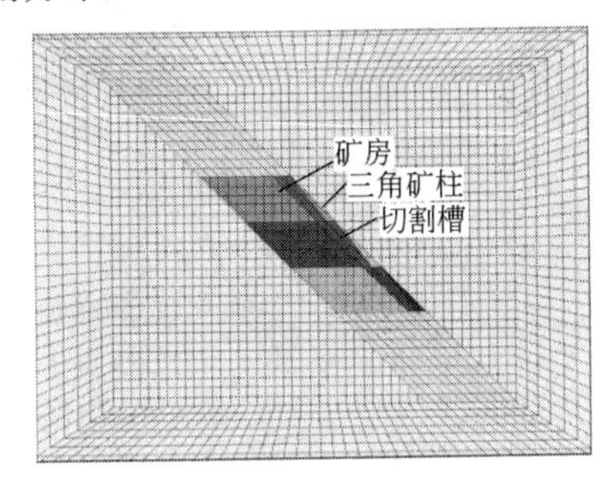

图 7-7 数值计算模型

布置三组测点，分别位于矿房上盘顶板表层的中间位置、-390m 的拐角和顶板，用于记录上盘的位移和应力状态。根据岩石力学实验和现场调查结果，得到试验矿房的岩体力学参数，如表 7-2 所示。图 7-8 为回采前工程岩体中的初始应力场状态，其中图 7-8（a）为垂向应力分布图，图 7-8（b）为水平应为分布图。计算过程中采用 Mohr-Coulomb 准则，依采矿设计模拟回采过程。

表 7-2　实验矿房岩体力学参数

矿房岩体	弹性模量 E/GPa	泊松比 μ	内聚力 C/MPa	摩擦角 φ/(°)	密度 ρ/kg · m^{-3}
上盘	7.0	0.15	2.3	46.0	2652.0
矿体	7.2	0.17	2.5	47.0	2654.0
下盘	7.5	0.20	3.1	50.0	2657.0

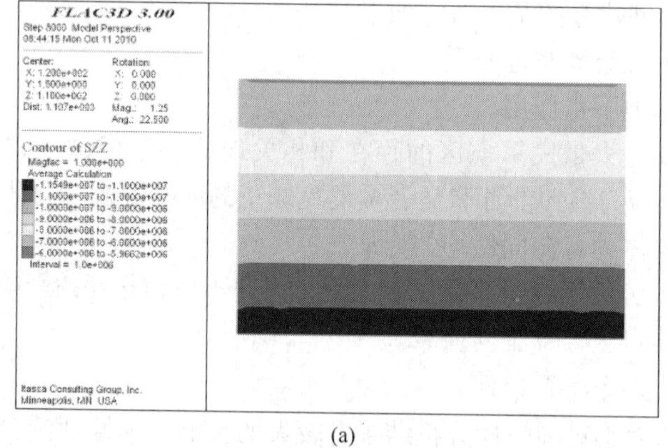

(a)

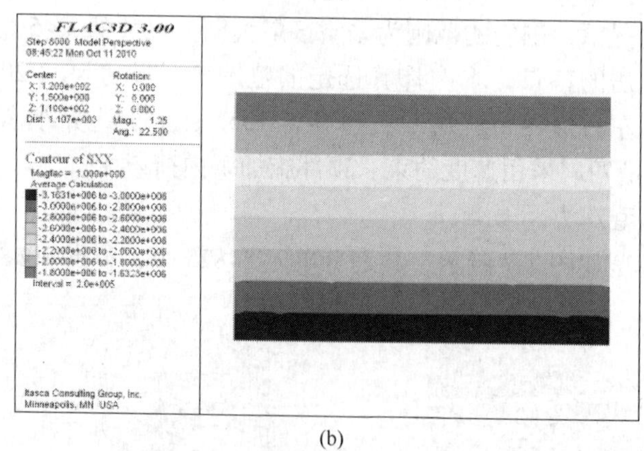

(b)

图 7-8　初始应力场分布图

（a）垂向应力分布图；（b）水平应力分布图

7.2.4.2　模拟计算方案

试验采场所处的大开头采区尽管围岩总体稳定性较好，但上盘矿体边界是破碎蚀变带，岩石较破碎，而且矿区内地表水体较发育，上盘围岩中有含水层，因此应考虑各分段开采对上盘稳定性的影响，采取合理的技术措施，预防和减少上盘围岩的冒落，对提高采场矿石回采率和降低损贫指标具有重要意义。

因此，本研究提出在矿体上盘矿岩交界处，在形成切割槽时，预留 2m 三角矿柱，以防止或阻止回采过程中围岩的片落。同时，考虑三角矿柱的回收，减少矿石的损失，在下分段回采时，采用诱导冒落技术进行回收。

为分析三角矿柱在回采过程中的作用，本模拟研究设计了两种计算方案，分别为：

（1）不预留三角矿柱。

（2）预留三角矿柱，从应力场变化规律的角度，探讨三角矿柱对上盘稳定性的影响。

7.2.4.3 初始应力场计算

初始应力场由岩体的自重生成，如图 7-9 所示。

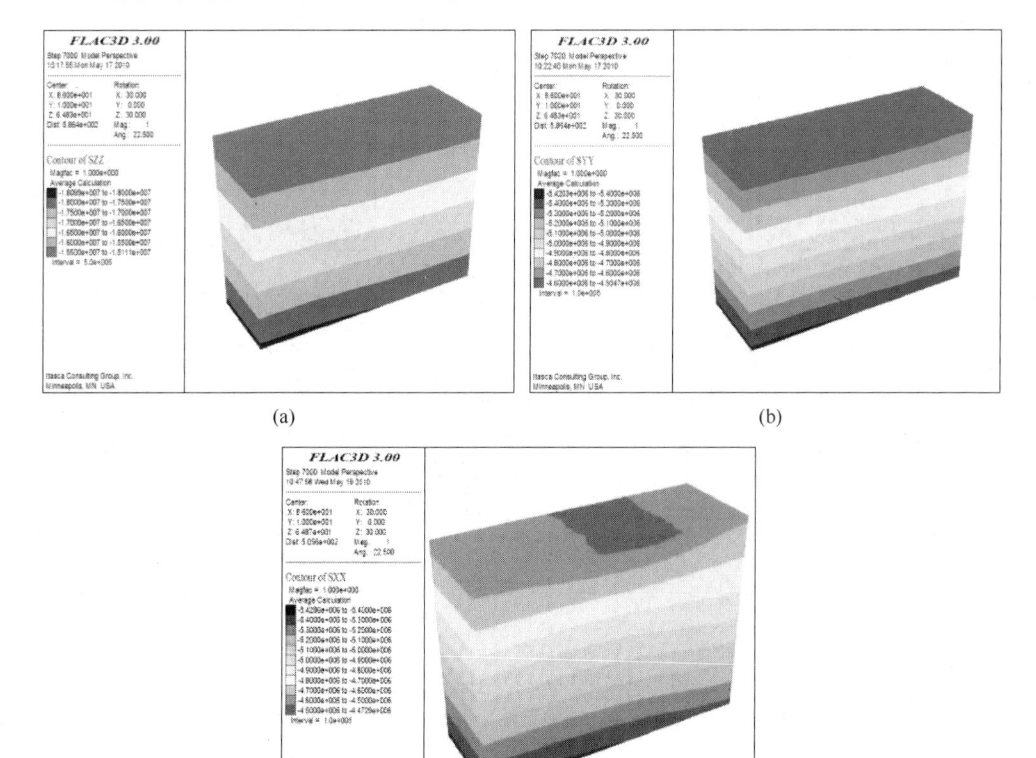

(a) (b) (c)

图 7-9 初始应力场分布

（a）Z 方向初始应力场；（b）Y 方向初始应力场；（c）X 方向初始应力场

由图 7-9 可知，模型颜色随深度的增加而变深，表示应力场随深度的增加而变大。模型中垂向（Z 方向）应力分布为 15~18MPa，水平方向（X、Y 方向）应力分布为 4.5~5.5MPa。

7.2.4.4 开采过程数值模拟

采矿过程中，岩体的应力场状态在不断地发生重新分布。本模型在数值计算过程中，并不考虑时间作用对岩体应力的影响，即不考虑岩体的流变性。因此，每次开挖之后，应先将模型计算至平衡状态，再查看应力的变化情况，并分析开挖引起的岩体应力变化规律。

A 应力状态分析

图 7-10 为-390m 拉槽后围岩应力分布图，其中（a）和（b）分别为方案 1 和方案 2 的最大主应力分布图，（c）和（d）分别为剪切应力分布图。

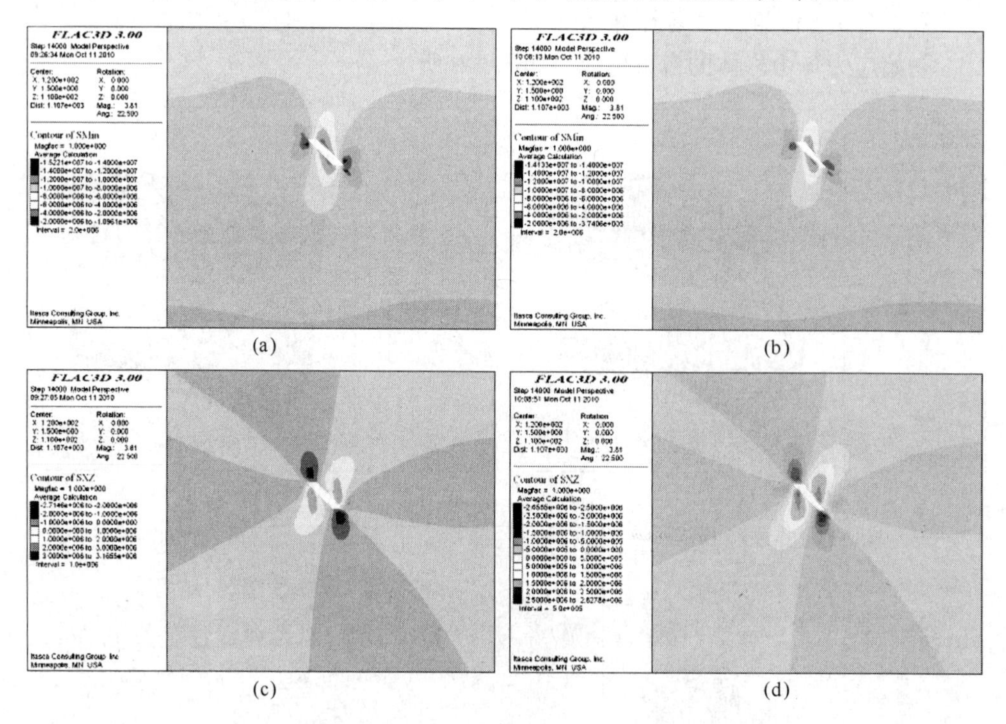

图 7-10 -390m 拉槽应力分布图

（a）方案 1 最大主应力分布；（b）方案 2 最大主应力分布；（c）方案 1 剪切应力分布；（d）方案 2 剪切应力分布

从图 7-10（a）和（b）中可以看出，开挖后岩体的最大主应力发生了明显的重新分布，在槽的上盘和下盘部位均出现了对称状的应力降低区，范围近似等于槽的垂直高度；在槽两侧拐角部位则出现了应力集中区，呈扇形对称分布，分别于左拐角的下方和右拐角的上方，应力集中程度最高。

从图 7-10（c）和（d）中可以看出，在槽的左右两个角出现了对称的双耳状剪切应力集中区，最大值分别位于顶底板和上下盘的两侧，其中分布于上下盘的剪切应力最高。比较两种方案可以看出，虽然切槽后应力的分布规律基本一致，但应力集中区的最大主应力，方案 1 要大出方案 2 约 1MPa，剪切应力，方案 1 要大出方案 2 约 0.5MPa。

图 7-11 和图 7-12 分别是最大主应力和剪切应力随回采过程变化分布特征图，其中图（a）和图（b）分别为方案 1 和方案 2 的应力场变化。

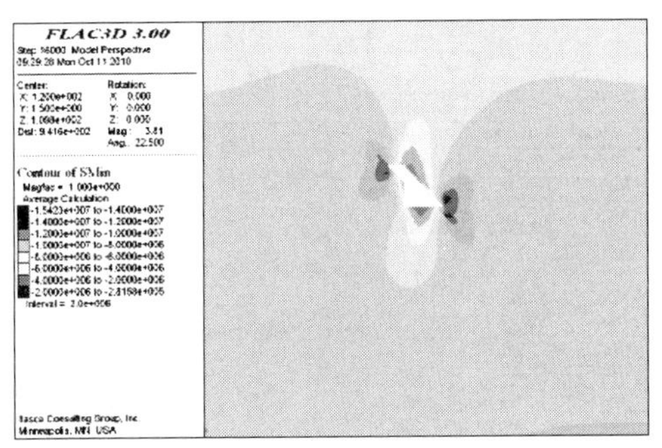

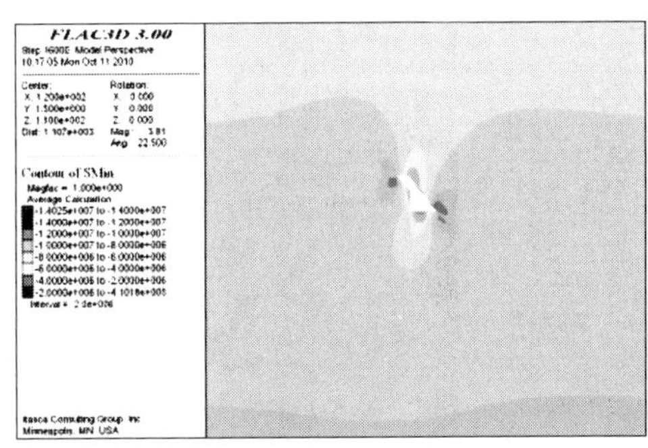

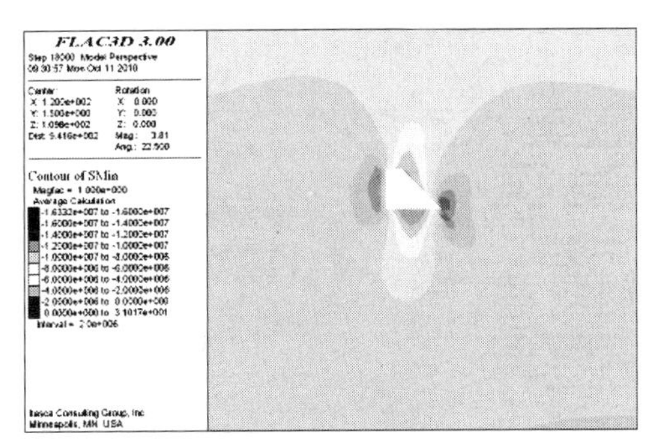

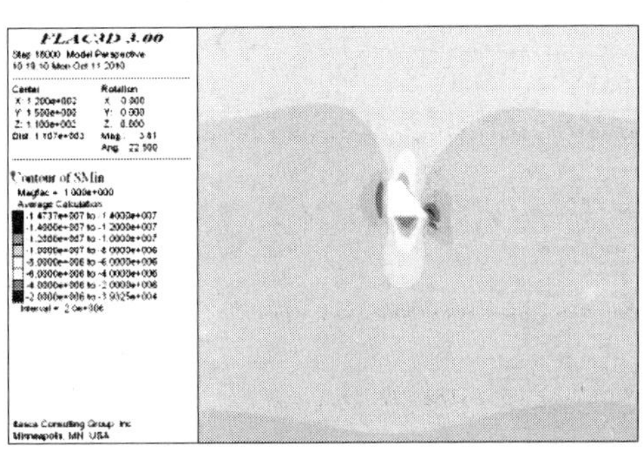

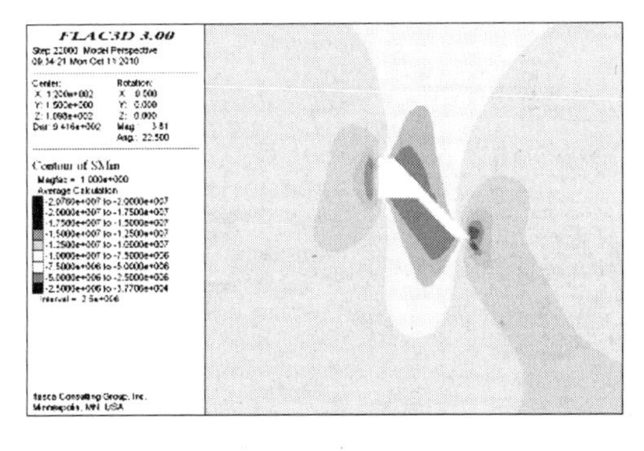

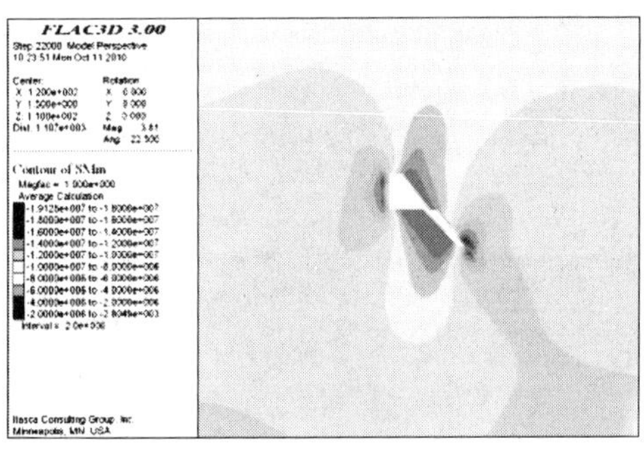

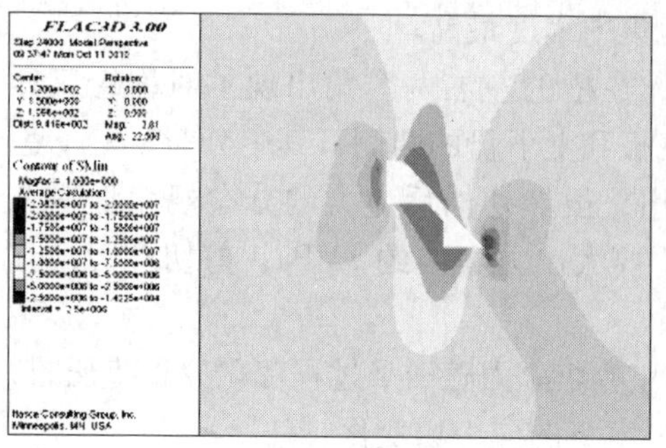
FLAC3D 3.00
Contour of SMin
Itasca Consulting Group, Inc.
Minneapolis, MN USA

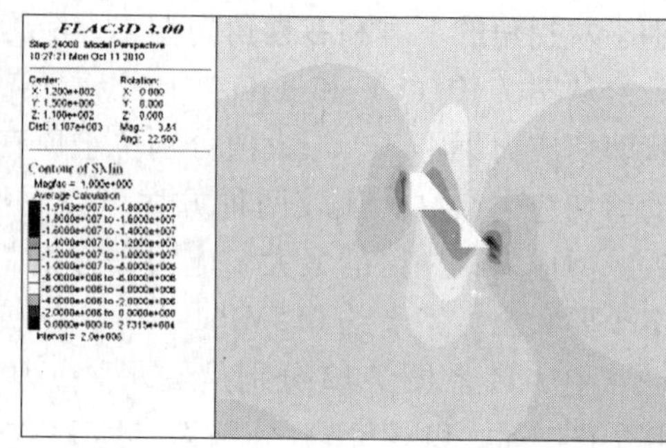
FLAC3D 3.00
Contour of SMin
Itasca Consulting Group, Inc.
Minneapolis, MN USA

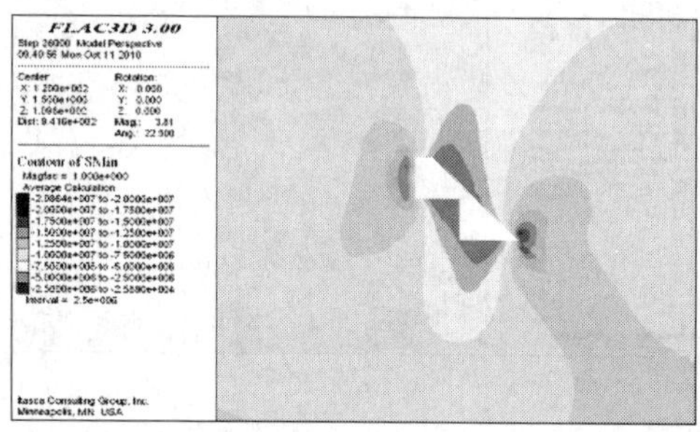
FLAC3D 3.00
Contour of SMin
Itasca Consulting Group, Inc.
Minneapolis, MN USA

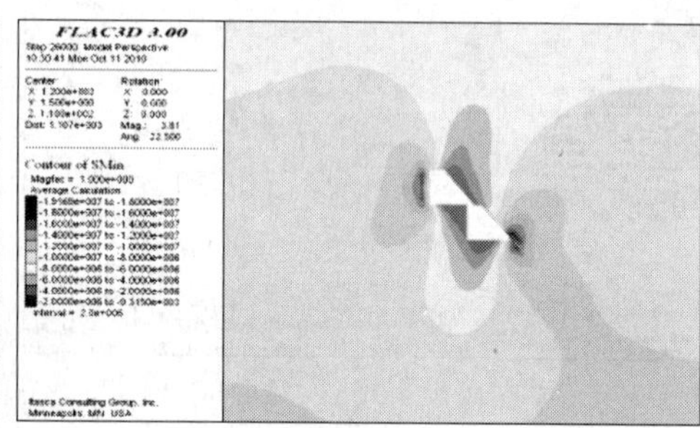
FLAC3D 3.00
Contour of SMin
Itasca Consulting Group, Inc.
Minneapolis, MN USA

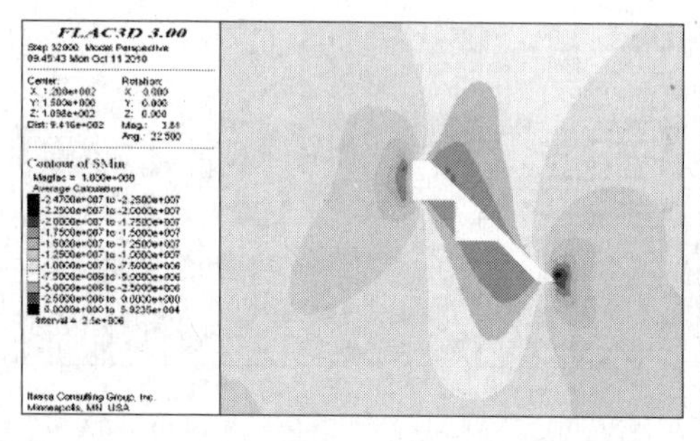
FLAC3D 3.00
Contour of SMin
Itasca Consulting Group, Inc.
Minneapolis, MN USA

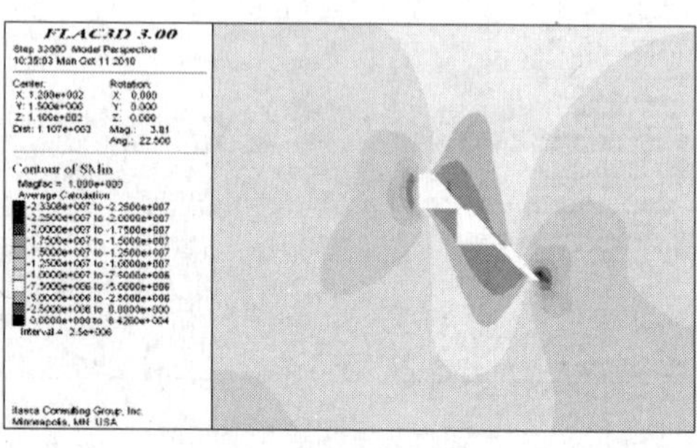
FLAC3D 3.00
Contour of SMin
Itasca Consulting Group, Inc.
Minneapolis, MN USA

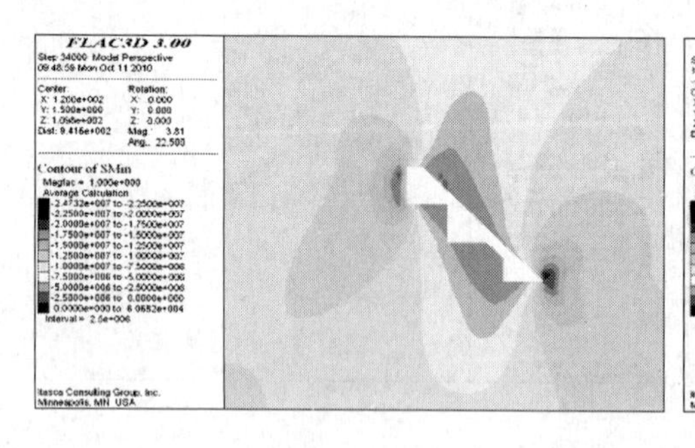
FLAC3D 3.00
Contour of SMin
Itasca Consulting Group, Inc.
Minneapolis, MN USA

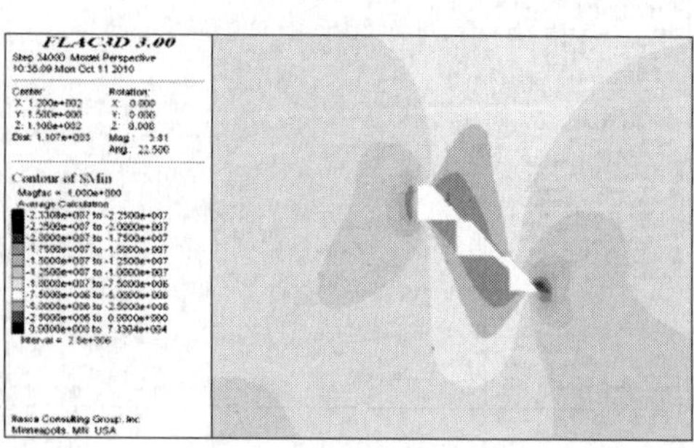
FLAC3D 3.00
Contour of SMin
Itasca Consulting Group, Inc.
Minneapolis, MN USA

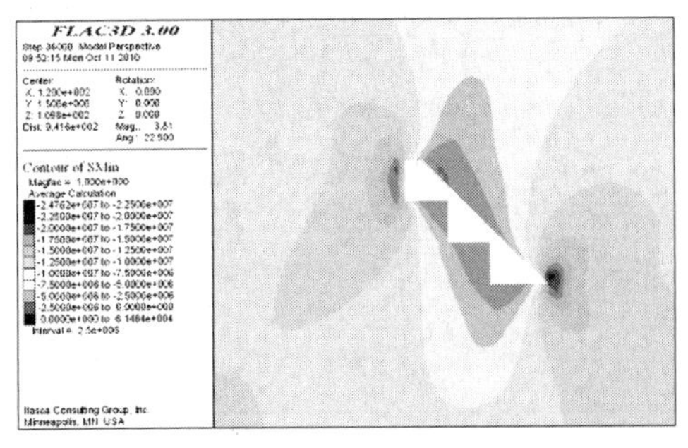

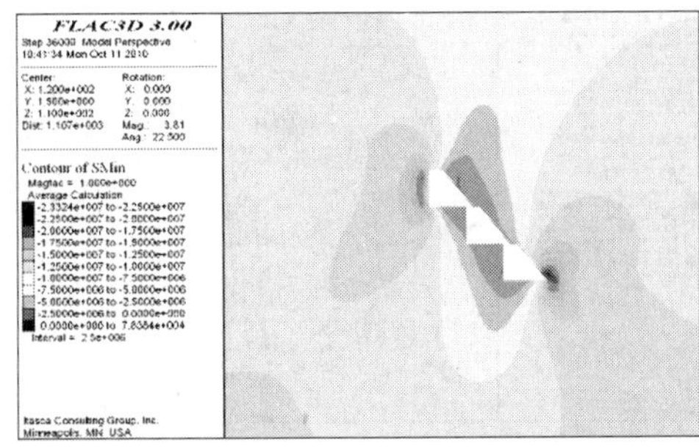

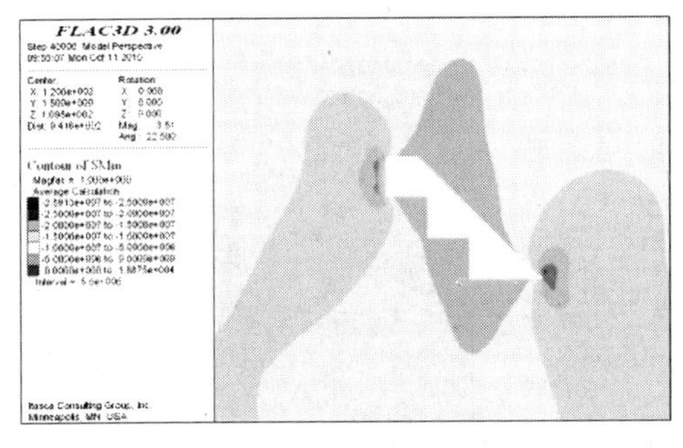

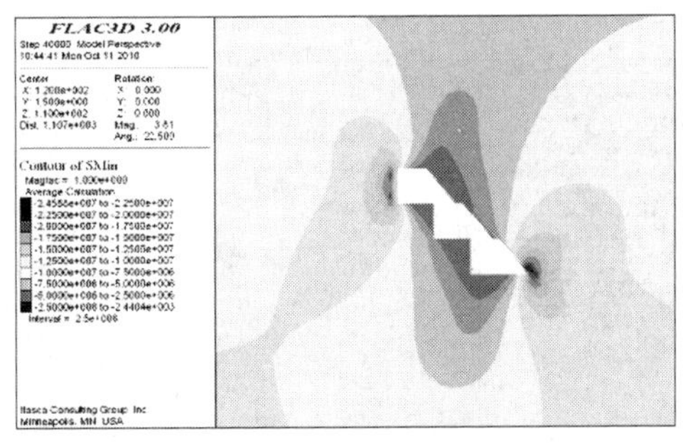

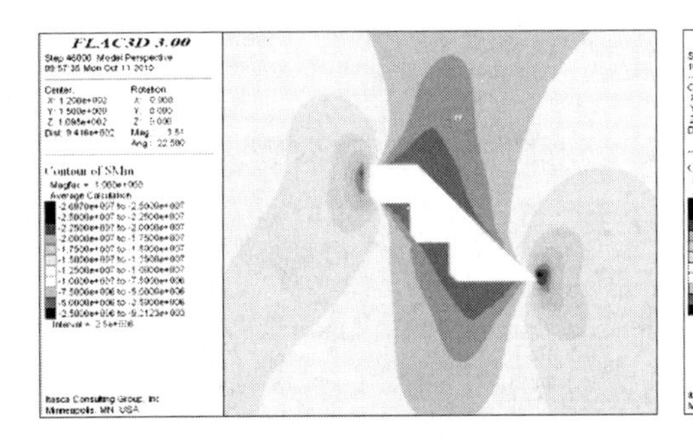

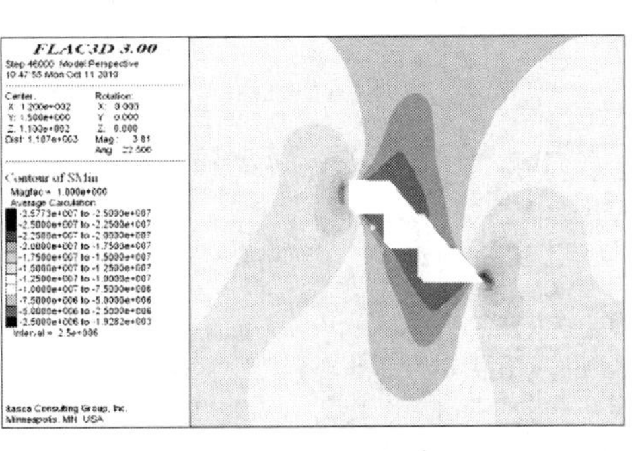

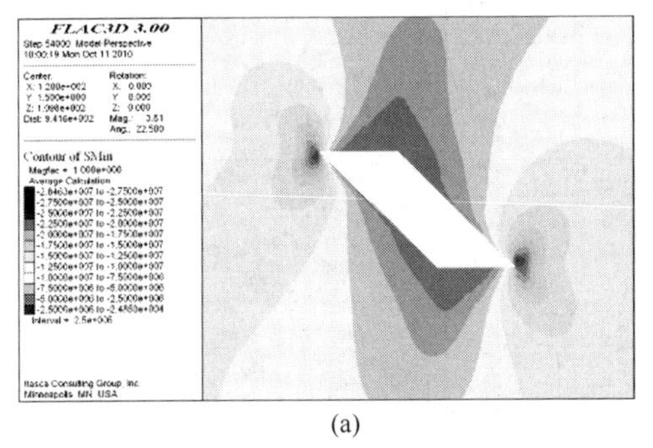

(a)

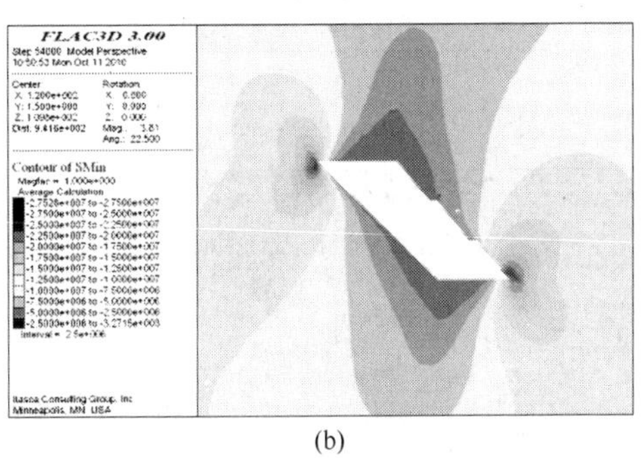

(b)

图 7-11　最大主应力随回采过程变化分布特征图

（a）方案 1 最大主应力分布变化；（b）方案 2 最大主应力分布变化

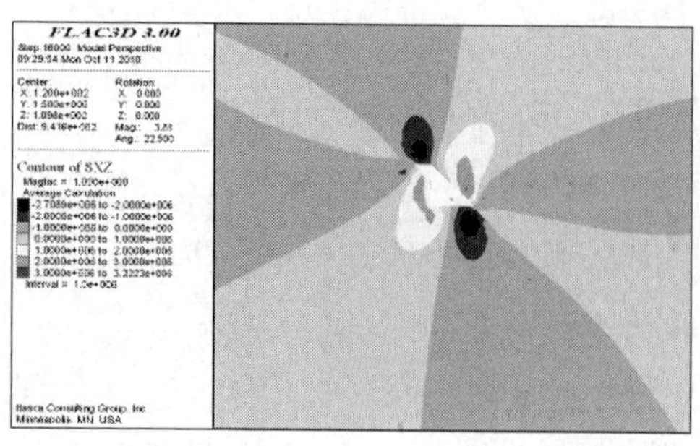
FLAC3D 3.00
Contour of SXZ
Itasca Consulting Group, Inc.
Minneapolis, MN USA

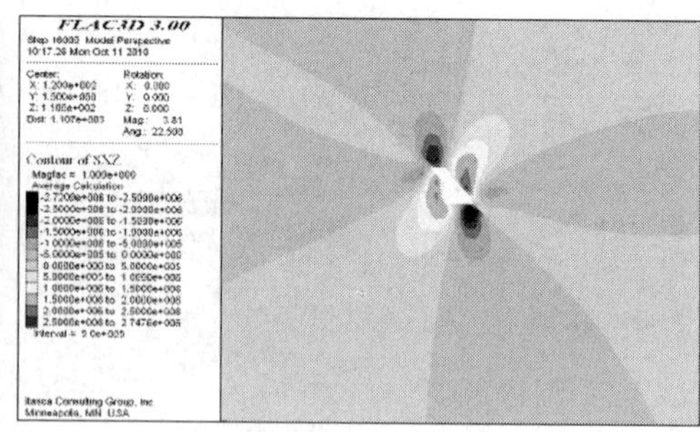
FLAC3D 3.00
Contour of SXZ
Itasca Consulting Group, Inc.
Minneapolis, MN USA

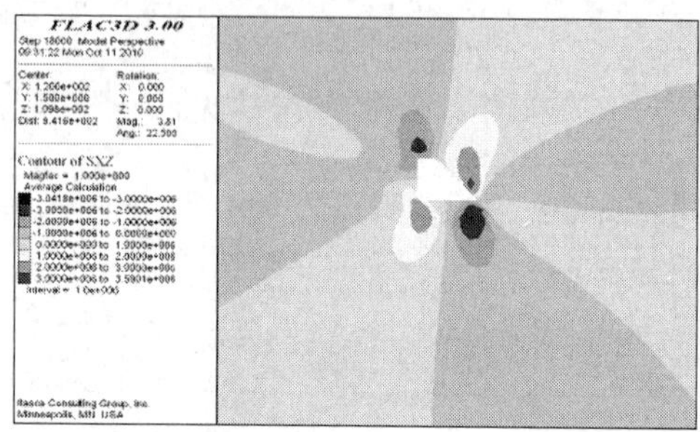
FLAC3D 3.00
Contour of SXZ
Itasca Consulting Group, Inc.
Minneapolis, MN USA

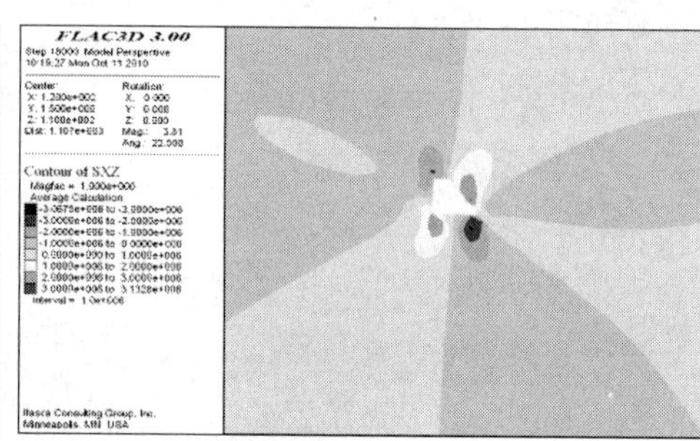
FLAC3D 3.00
Contour of SXZ
Itasca Consulting Group, Inc.
Minneapolis, MN USA

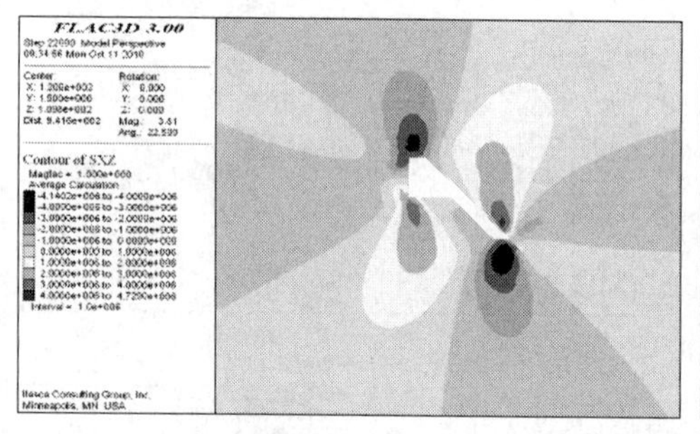
FLAC3D 3.00
Contour of SXZ
Itasca Consulting Group, Inc.
Minneapolis, MN USA

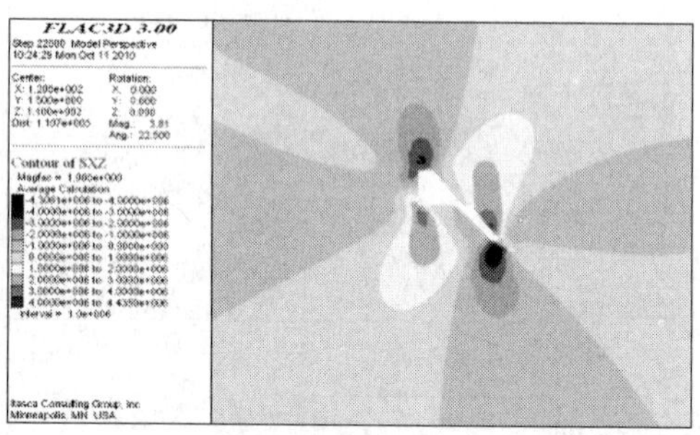
FLAC3D 3.00
Contour of SXZ
Itasca Consulting Group, Inc.
Minneapolis, MN USA

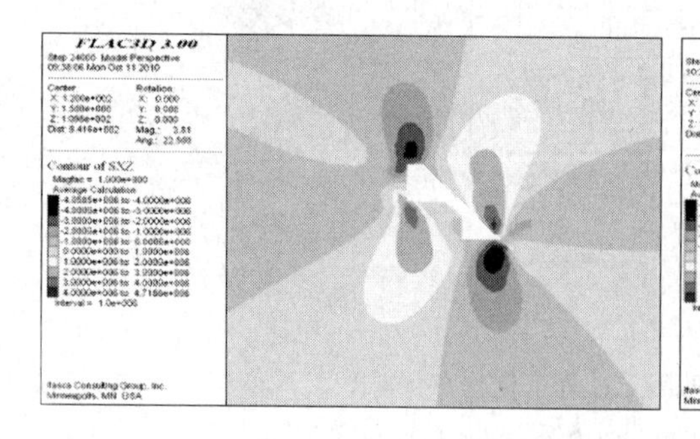
FLAC3D 3.00
Contour of SXZ
Itasca Consulting Group, Inc.
Minneapolis, MN USA

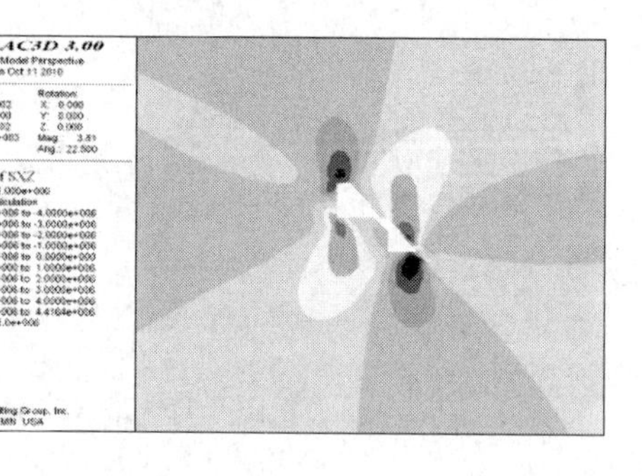
FLAC3D 3.00
Contour of SXZ
Itasca Consulting Group, Inc.
Minneapolis, MN USA

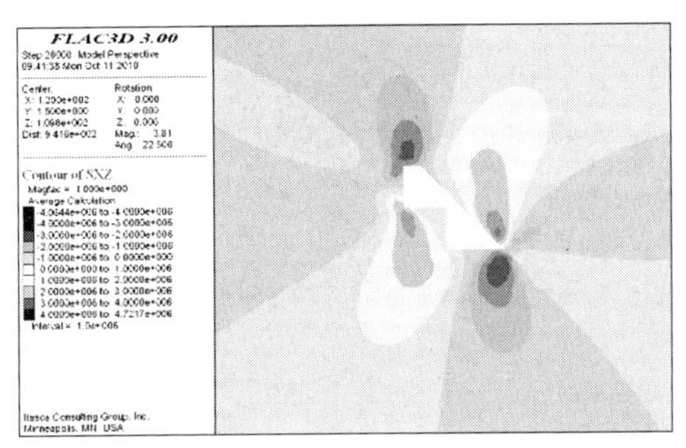
FLAC3D 3.00
Step 28000 Model Perspective
Contour of SXZ
Itasca Consulting Group, Inc.
Minneapolis, MN USA

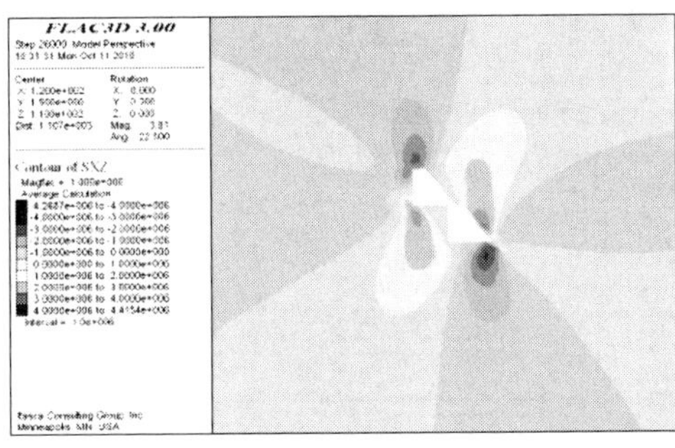
FLAC3D 3.00
Step 28000 Model Perspective
Contour of SXZ
Itasca Consulting Group, Inc.
Minneapolis, MN USA

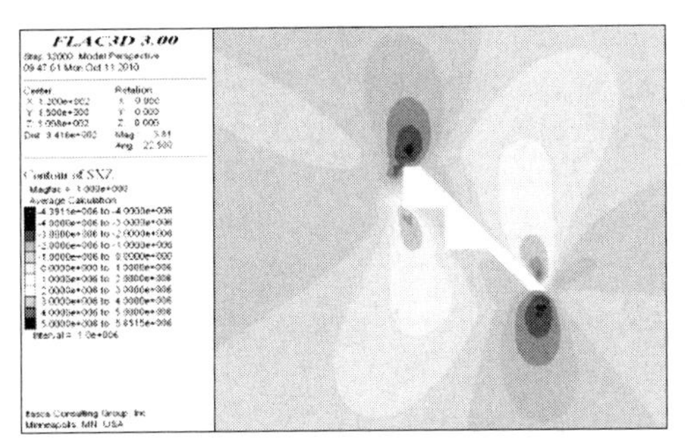
FLAC3D 3.00
Step 32000 Model Perspective
Contour of SXZ
Itasca Consulting Group, Inc.
Minneapolis, MN USA

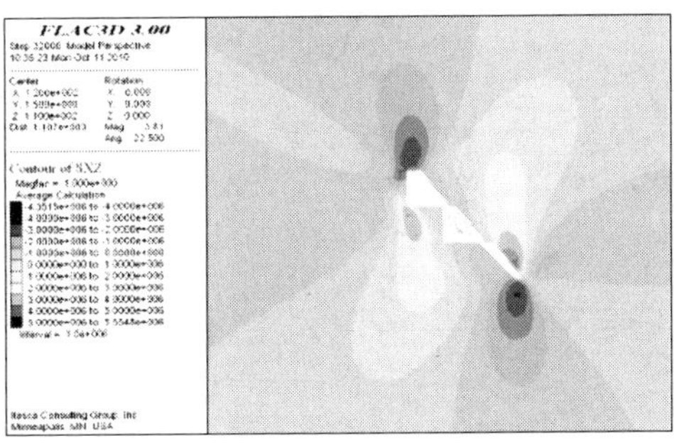
FLAC3D 3.00
Step 32000 Model Perspective
Contour of SXZ
Itasca Consulting Group, Inc.
Minneapolis, MN USA

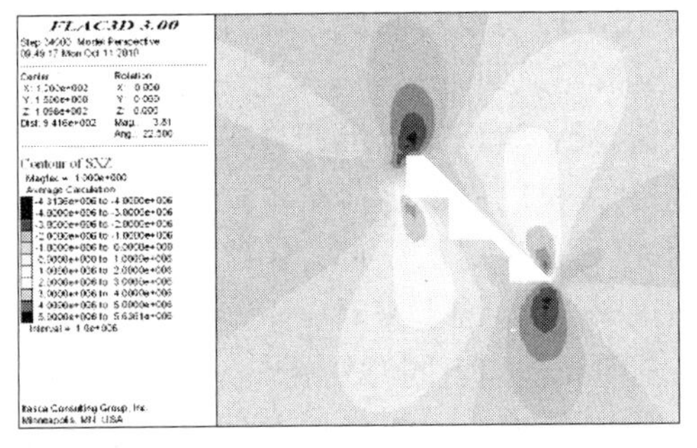
FLAC3D 3.00
Step 34000 Model Perspective
Contour of SXZ
Itasca Consulting Group, Inc.
Minneapolis, MN USA

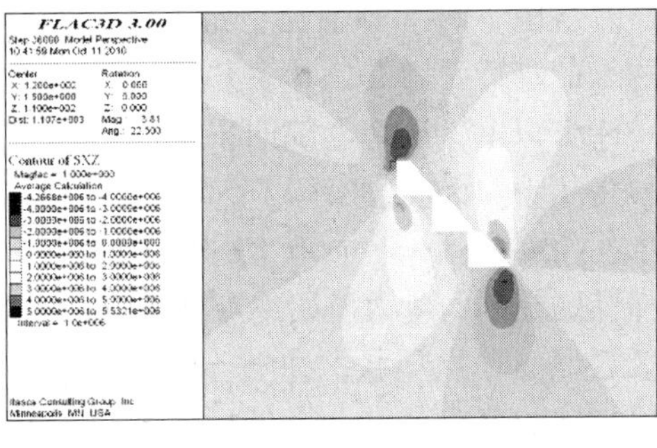
FLAC3D 3.00
Step 36000 Model Perspective
Contour of SXZ
Itasca Consulting Group, Inc.
Minneapolis, MN USA

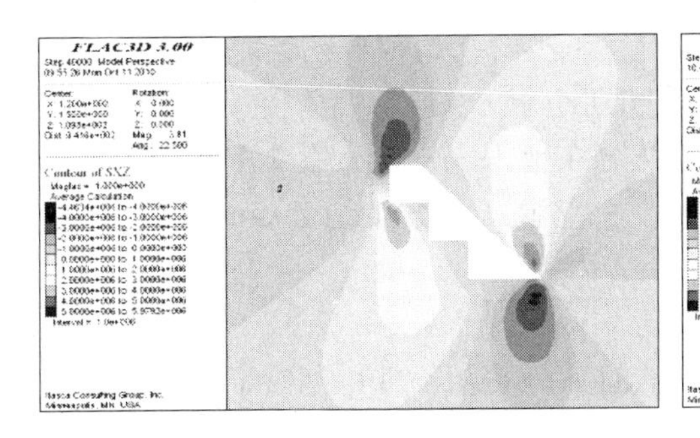
FLAC3D 3.00
Step 40000 Model Perspective
Contour of SXZ
Itasca Consulting Group, Inc.
Minneapolis, MN USA

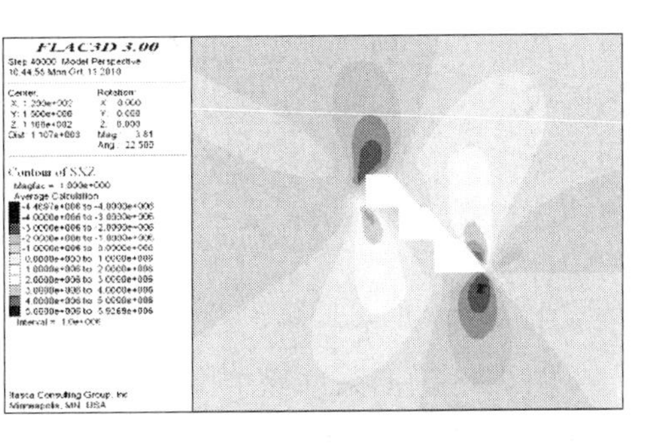
FLAC3D 3.00
Step 40000 Model Perspective
Contour of SXZ
Itasca Consulting Group, Inc.
Minneapolis, MN USA

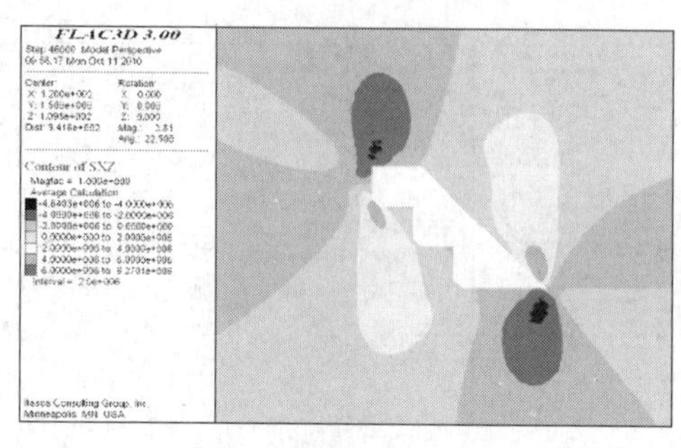

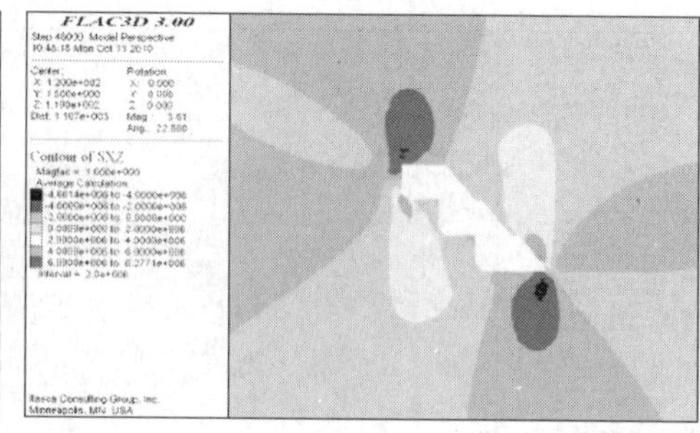

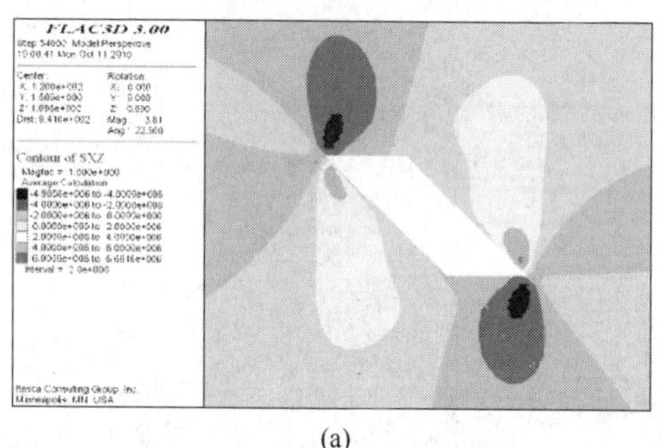

(a)

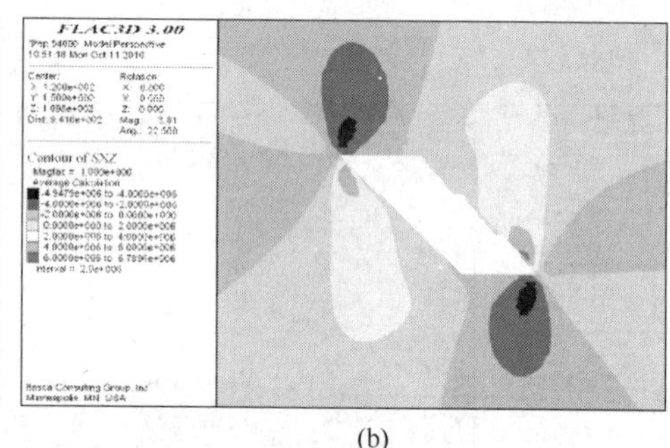

(b)

图 7-12 剪切应力随回采过程变化分布特征图

（a）方案 1 剪切应力分布变化；（b）方案 2 剪切应力分布变化

从图 7-11 可以看出，最大主应力集中在矿房的左右两侧，并且随着拉槽和回采的进行而增大，其中方案 1 在-390m 拉槽完成回采 6m 后，主应力最大值在 15MPa 以上，矿房全部回采完成后，最大值达到 28MPa 以上；方案 2 的变化过程为从 14MPa 增加到 27.5MPa。可见在整个回采过程中，荷载主要由矿房的两个拐角（包括-390m 矿房下盘的帮壁）承担。在矿房的中部，始终受一个应力降低区控制，应力值始终在 2.5MPa 以下。从分布范围上来看，上盘的应力降低区近似呈“拱”状，并随着回采的进行在垂向和横向上同时发展。方案 2 由于三角矿柱的存在，应力降低区的发展受到一定的影响，一般保持在最下切割槽的中部。

从图 7-12 剪切应力场的演化过程来看，矿房的拐角部位初始是剪应力集中的区域，方案 2 的剪切应力最大值在回采初期小于方案 1，但差值逐渐变小，在回采基本完成后，最大值略大于方案 1。从分布范围来看，方案 2 下拐角上盘的剪切应力集中区，由于受三角矿柱的影响，始终高于方案 1 约 2~4m，接近于槽的中部。

B 位移状态分析

图 7-13 为回采过程中围岩垂向位移随回采分布图，其中图（a）和图（b）分别为方案 1 和方案 2 的位移场演化过程。

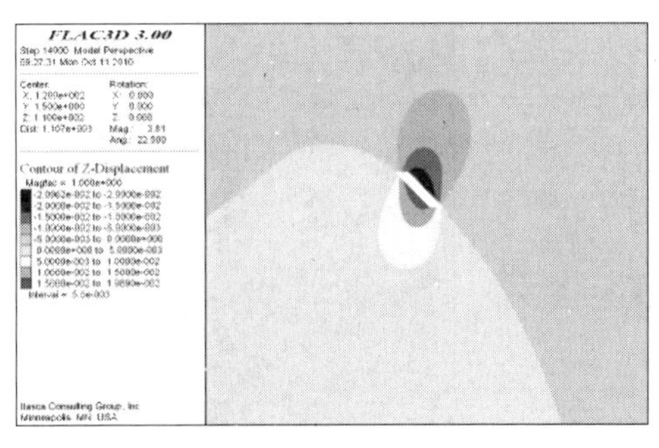
FLAC3D 3.00
Contour of Z-Displacement
Itasca Consulting Group, Inc.
Minneapolis, MN USA

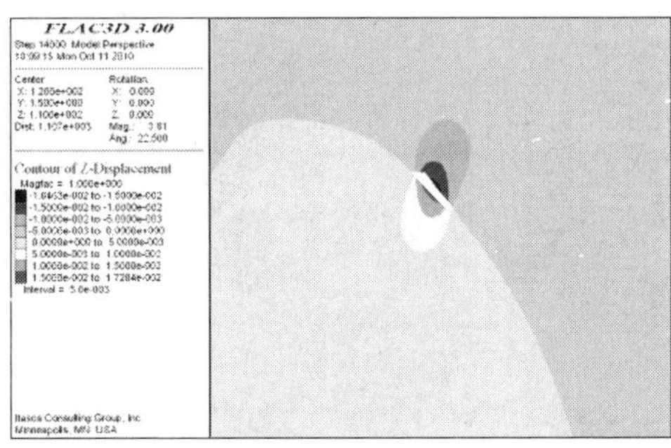
FLAC3D 3.00
Contour of Z-Displacement
Itasca Consulting Group, Inc.
Minneapolis, MN USA

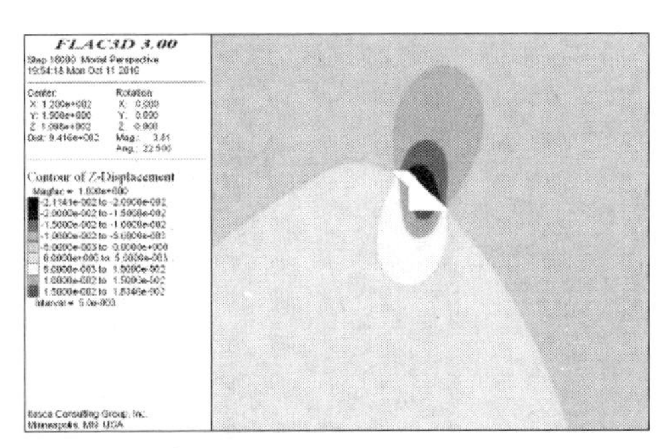
FLAC3D 3.00
Contour of Z-Displacement
Itasca Consulting Group, Inc.
Minneapolis, MN USA

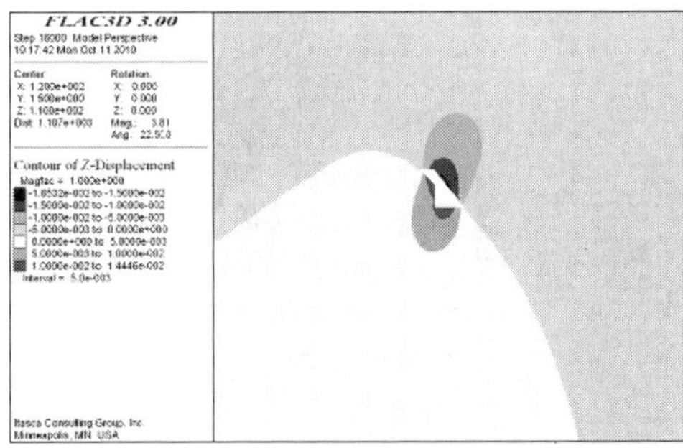
FLAC3D 3.00
Contour of Z-Displacement
Itasca Consulting Group, Inc.
Minneapolis, MN USA

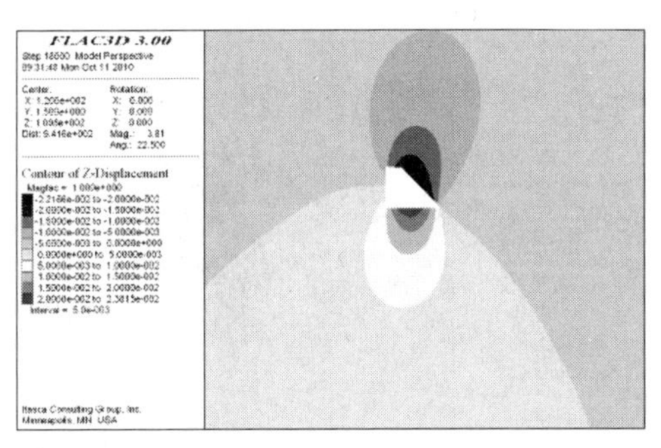
FLAC3D 3.00
Contour of Z-Displacement
Itasca Consulting Group, Inc.
Minneapolis, MN USA

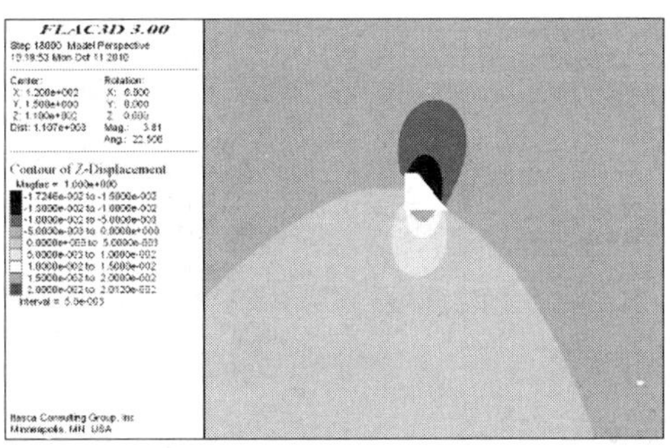
FLAC3D 3.00
Contour of Z-Displacement
Itasca Consulting Group, Inc.
Minneapolis, MN USA

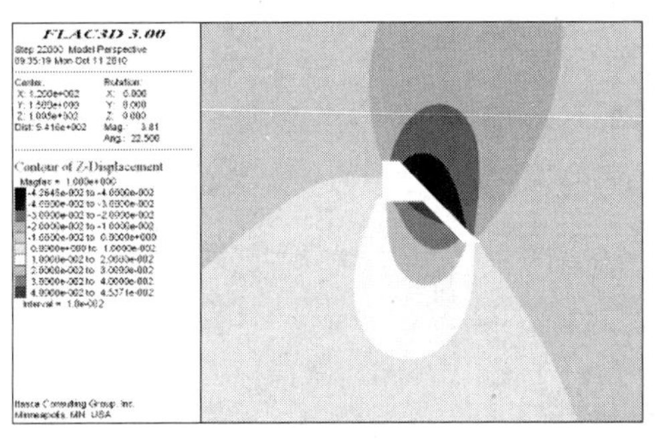
FLAC3D 3.00
Contour of Z-Displacement
Itasca Consulting Group, Inc.
Minneapolis, MN USA

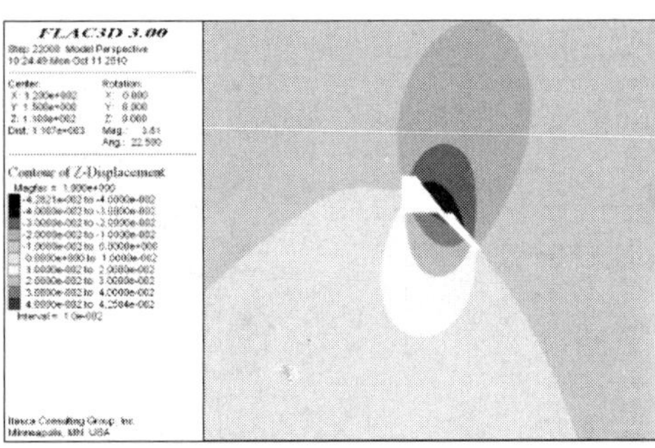
FLAC3D 3.00
Contour of Z-Displacement
Itasca Consulting Group, Inc.
Minneapolis, MN USA

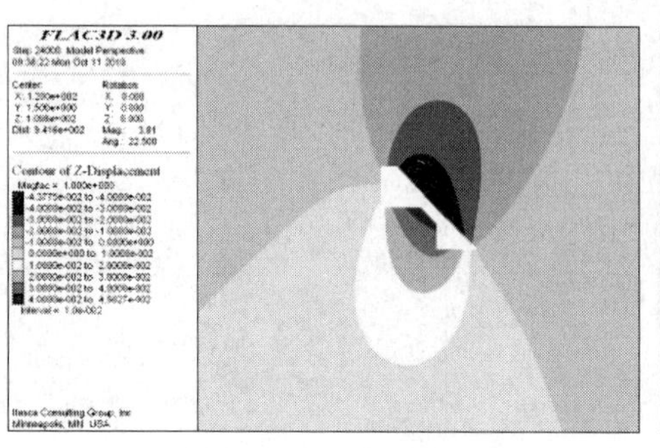
FLAC3D 3.00
Step 24000 Model Perspective
Contour of Z-Displacement
Itasca Consulting Group, Inc
Minneapolis, MN USA

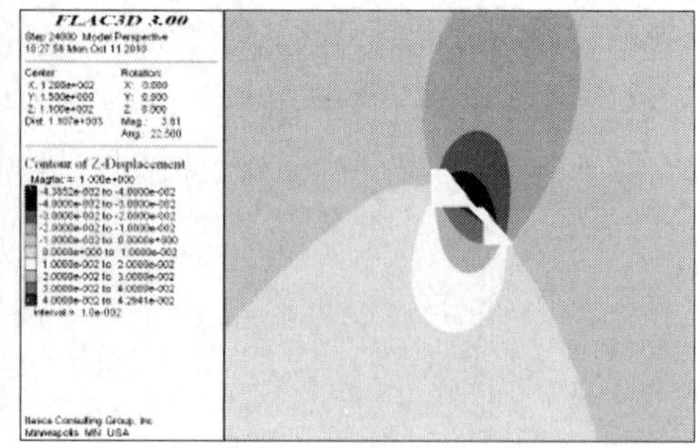
FLAC3D 3.00
Step 24000 Model Perspective
Contour of Z-Displacement
Itasca Consulting Group, Inc
Minneapolis, MN USA

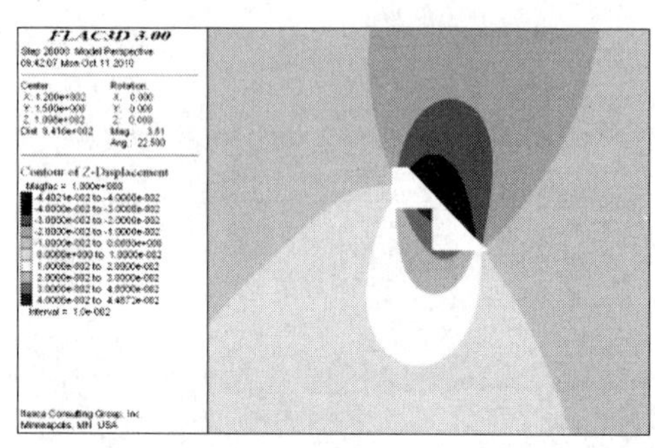
FLAC3D 3.00
Step 26000 Model Perspective
Contour of Z-Displacement
Itasca Consulting Group, Inc
Minneapolis, MN USA

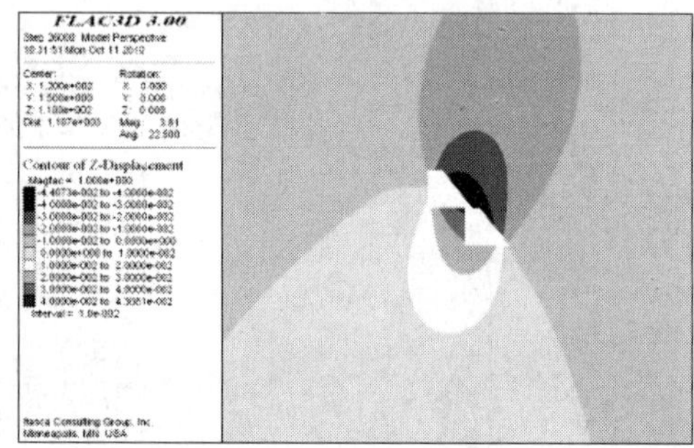
FLAC3D 3.00
Step 26000 Model Perspective
Contour of Z-Displacement
Itasca Consulting Group, Inc
Minneapolis, MN USA

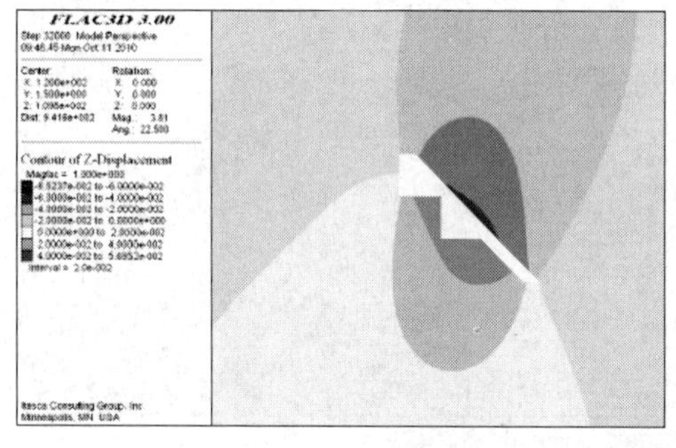
FLAC3D 3.00
Step 32000 Model Perspective
Contour of Z-Displacement
Itasca Consulting Group, Inc
Minneapolis, MN USA

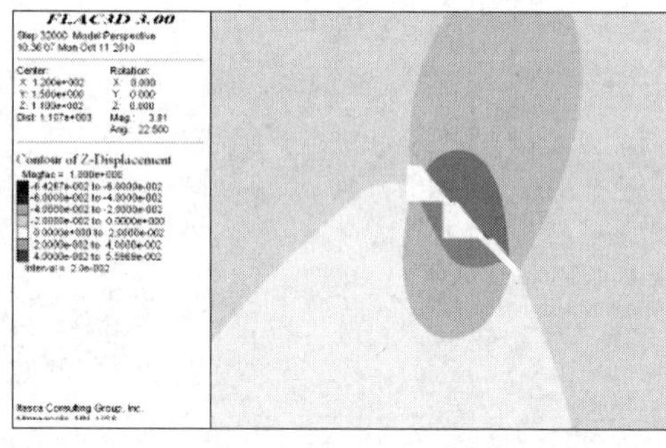
FLAC3D 3.00
Step 32000 Model Perspective
Contour of Z-Displacement
Itasca Consulting Group, Inc

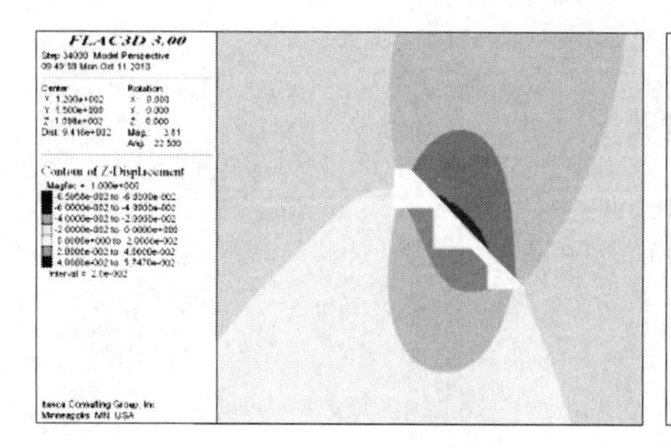
FLAC3D 3.00
Step 34000 Model Perspective
Contour of Z-Displacement
Itasca Consulting Group, Inc
Minneapolis, MN USA

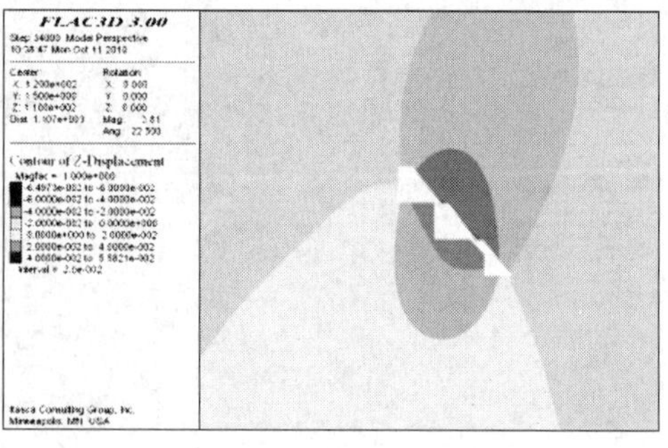
FLAC3D 3.00
Step 34000 Model Perspective
Contour of Z-Displacement
Itasca Consulting Group, Inc
Minneapolis, MN USA

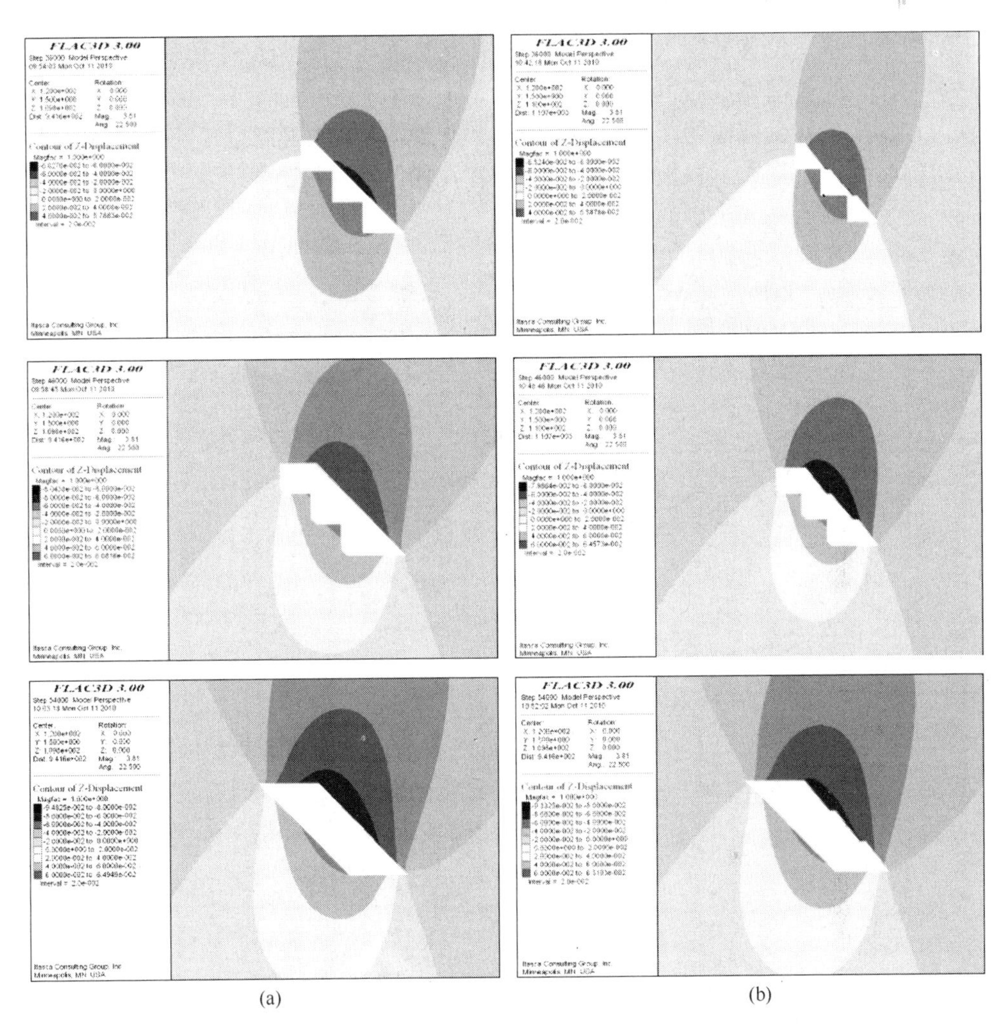

图 7-13 围岩垂向位移随回采分布图
（a）方案 1 位移场演化过程；（b）方案 2 位移场演化过程

由图 7-13 可以看出，当-390m 拉槽后，围岩位移分布出现了明显的调整，最大位移量位于切割槽上盘的中部，下沉达 0.02m 以上；其次是切割槽下盘的表面，自槽底向上约 8m 的范围内，上升量在 0.015～0.02m 之间。随着回采的进行，方案 1 的位移发展的范围和规律变化，即持续沿切割向下和-390m 矿房顶板发展，最大位移量从 0.02m 逐步递增至接近 0.1m。方案 2 的位移发展规律与方案 1 类似，但最大位移量略小于方案 1，位移的范围在回采的过程中主要集中于三角矿柱的下端点，在回采的后期虽然有所增大，但仍局限于-410～-390m 的上盘顶板之间，没有向-390m 矿房的顶板发展。

图 7-14 为拉槽和回采过程中的位移-时步曲线，其中垂向位移测点为上盘顶

板的中点，水平位移的测点为上盘的顶板。可以看出，垂向位移受后两次拉槽的影响明显，受拉槽完成后退采的影响不大，但受回采完成时最后一次出矿的影响较大；水平位移受拉槽的影响较小，但受大规模退采的影响较大，特别是受最后一次出矿的影响较大。顶板位移测点由于在拉槽阶段并没有拉开，因此主要受退采，特别是最后一次出矿的影响较大。

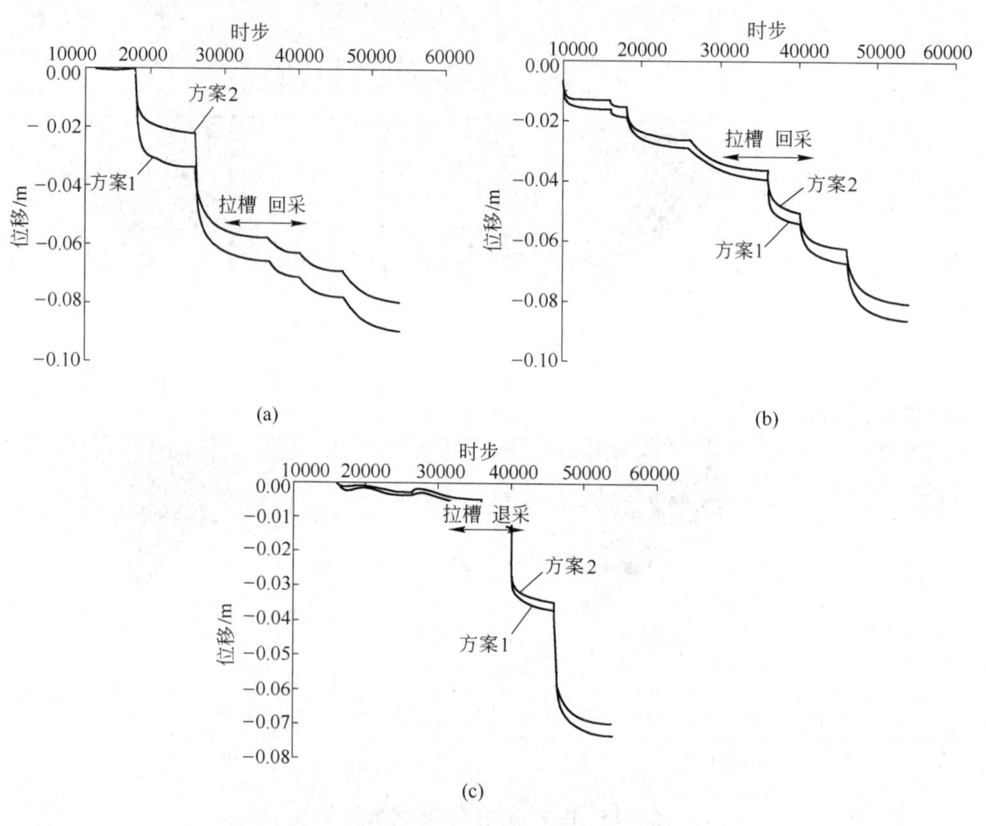

图 7-14 位移-时步曲线

（a）垂向位移；（b）水平位移；（c）顶板垂向位移

C 单元破坏状态分析

对于方案 1，在采准拉槽过程中，上下盘的围岩中均出现较大的塑性区。由于下拐角为高应力集中区，塑性区在向下拉槽的过程中，在拐角处向上盘岩体中持续发展。在三个台阶状的采场中，由于开采卸荷的作用，也出现了大范围的塑性区，至拉槽完成后，几乎贯通了整个采场。在采场进入退采作业后，-410～-400m 的上盘的塑性区基本上处于稳定状态，但由于矿房拉开，顶板的矿体失去支持，随着暴露面积扩大，-390m 矿房顶板中的塑性区持续扩大，并且与上盘岩体中的塑性区贯通，最终形成一个似拱形的塑性区，并且延伸到了矿房下盘的上部，同时，-410m 的底板也出现了大范围的塑性区。

对于方案 2，由于三角矿柱的支持作用，上盘岩体的塑性区明显减小，只在上盘拐角的应力集中处小范围扩展，并且在-390m 上盘的拐角没有形成向上发展的塑性区，但三角矿柱在拉槽后即进入塑性状态。当矿房进入退采阶段后，塑性区的发展趋势和范围与方案 1 类似。

图 7-15 为上盘破坏单元数随时步变化曲线，可以看出：方案 1 的破坏单元数大于方案 2；拉槽后分段矿房的小范围退采对上盘不会产生影响；从上盘破坏单元递增规律看，-390～-400m 拉槽对上盘的影响效果类似，而-410m 拉槽将会对上盘产生较大影响；矿房进入退采阶段后，上盘的破坏单元数小幅度增长，但退采的最后一步，即全部矿体采空后，又会引起上盘的单元大量破坏。

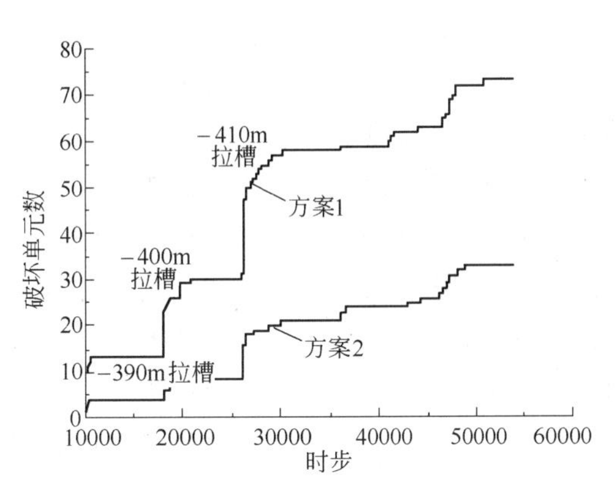

图 7-15 上盘破坏单元数随时步变化曲线

7.2.5 小结

由上述数值模拟计算结果可以看出：

（1）自-390m 分段拉槽开始，岩体中的最大主应力进行了重新调整，切割槽的两端出现了应力集中区，随着开采的进行应力集中区持续扩展。同时，在矿房的上下盘出现了应力降低区，而矿房的四个拐角处始终受高剪切应力带控制。

（2）上盘岩体稳定性受三个分段依次回采的扰动影响较大，其中-410m 切割槽的形成对上盘稳定性影响最大。随着-390～-410m 水平各分段的回采，采场上盘围岩暴露面积逐渐变大，导致采场顶板出现大范围塑性区，并且与上盘岩体的塑性区贯通，对上盘稳定性造成较大影响，使矿石损失贫化增大，而且由于岩体节理裂隙的不断发育扩展，对上盘岩体中的含水层影响较大。

（3）预留的三角矿柱减缓了矿房上盘的倾角，使上盘围岩应力集中区得到了一定程度的改善，有利于维持上盘的稳定性，控制塑性区的发展。同时，在下分段回采过程中，上分段的三角矿柱产生较大位移，这对在后续阶段通过诱导冒落等方式回采这一部分矿体创造了有利条件。

（4）由于受开采卸荷的影响，采场顶板在拉槽后出现大范围塑性区，在底板中存在深约 6m 的塑性区，这必将对穿脉巷的稳定性产生影响，因而在回采过程中应加强对顶板的监控及支护工作。

7.3 基于诱导冒落理论的矿柱回收技术

由试验采场的矿床开采条件可知，尽管围岩总体稳定性较好，但由于矿体上盘矿体边界是破碎蚀变带，岩石较破碎，回采过程中上盘岩石的片落，将会产生大量矿石的贫化，同时矿区内地表水体较发育，上盘围岩中有含水层，如果上盘产生较大范围的岩石冒落，随着裂隙的扩展，将会使含水层发生破坏，给回采工作带来更大的困难。因此，必须考虑各分段开采对上盘稳定性的影响，采取措施保持上盘围岩的稳定。

各分段回采时，在矿体上盘矿岩交界处，设置预留一定宽度的三角矿柱，以防止或阻止回采过程中围岩的片落。同时，考虑三角矿柱的回收，减少矿石的损失，在下分段回采时，采用诱导冒落技术对上分段的三角矿柱进行回收。因此，确定合理的三角矿柱宽度是维持上盘稳定和矿柱回收的重要参数。本研究采用数值模拟的方法，通过分析回采过程中不同三角矿柱参数情况下围岩应力场的演化机制，对三角矿柱的变形和破坏过程进行分析，优化回采工艺和结构参数。

7.3.1 计算模型的建立

7.3.1.1 计算范围

计算范围的大小对弹塑性分析结果有较大的影响。弹性理论分析表明，在四周全部约束的情况下，围岩的范围为采空区最大断面尺寸的 3~5 倍。但此分析没有考虑塑性区的范围，事实上，在进行弹塑性分析时，塑性区的大小与材料的强度有很大的关系，因此必须根据材料的屈服极限来考虑计算区域的范围。通过理论解的估算和 FLAC 的试算，并结合试验矿房的特点，本次计算选定的范围为：选取矿房中线一侧作为研究对象，采用准三维模式，矿房尺寸 20m×20m×10m，左右边界距矿房左右边界为 155m，上下边界距离为 75m，矿体倾角 45°。对模型四周采用速度约束，顶部施加垂向荷载。考虑到拟采用诱导冒落技术回收护盘矿，设计 4 种计算方案，分别为不预留和预留 2m、3m 和 4m 三角矿柱的情况，以探讨三角矿柱对上盘稳定性的影响及三角矿柱的诱导冒落回收。

7.3.1.2 计算模型

数值计算模型如图 7-16 所示，共划分单元 84825 个，节点 90880 个。模型中布置三组测点，分别位于-390m 矿房上盘与顶板交点的表层（测点 1），-390m 矿房切割槽上盘的中点（测点 2）和底点（即三角矿柱的下顶点，测点 3），用于记录上盘和三角矿柱的位移。根据岩石力学实验和现场调查结果，得到试验矿房的岩体力学参数，如表 7-3 所示。图 7-17 为回采前工程岩体中的初始应力场分布图，其中图 7-17（a）为垂向应力分布图，图 7-17（b）为水平应力分布图。计算过程中采用 Mohr-Coulomb 准则，依采矿设计模拟回采过程。

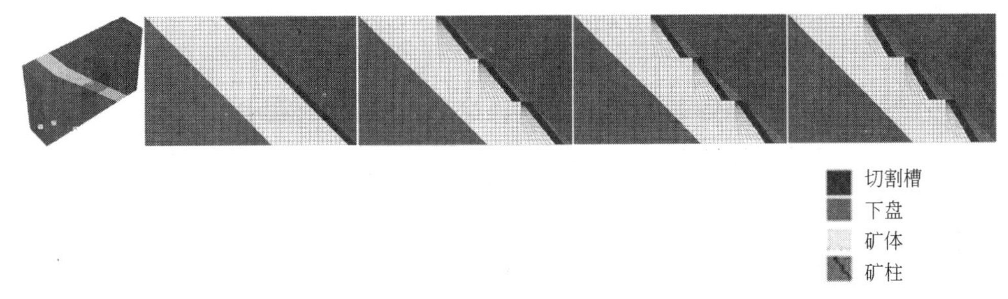

图 7-16　数值计算模型

表 7-3　试验矿房的岩体力学参数

岩体名称	弹性模量 E/GPa	泊松比 μ	内聚力 C/MPa	抗拉强度 σ_t/MPa	摩擦角 φ/(°)	容重 ρ/kg · m^{-3}
上盘	7.0	0.15	2.3	0.75	46.0	2652.0
矿体	7.2	0.17	2.5	0.75	47.0	2654.0
下盘	7.5	0.20	3.1	1.7	50.0	2657.0

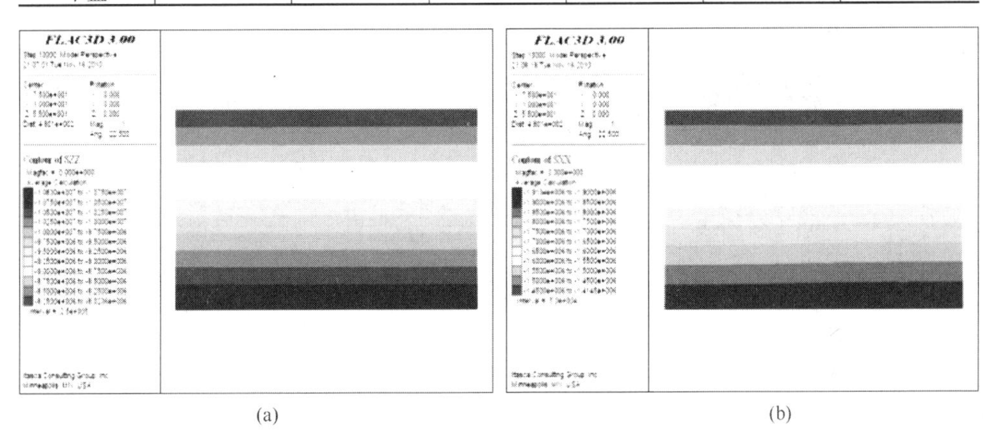

(a)　　　　(b)

图 7-17　初始应力场分布图
(a) 垂向应力分布图；(b) 水平应力分布图

7.3.2　计算结果分析

采矿活动是一个不断对岩体进行爆破开挖的过程，只要采矿活动不停止，其对岩体的完整状态和岩体应力的平衡状态就是一个不断的破坏过程。因此，采矿过程中，岩体的应力状态在不断地发生重新分布，可以认为实际中的岩体应力没有绝对的平衡状态，所谓的平衡也只是相对一定的开采活动和时间的平衡状态而已。本模型在数值计算过程中，并不考虑时间作用对岩体应力的影响，即不考虑岩体的流变性。因此，每次开挖之后，都先将模型计算至平衡状态，再查看应力的变化情况，并分析开挖引起的岩体应力变化规律。下面就 4 种方案的计算结果展开比较分析。

7.3.2.1　根据应力状态分析

图 7-18 为 4 种方案自-390m 拉槽后至回采完成时围岩最大主应力随回采分

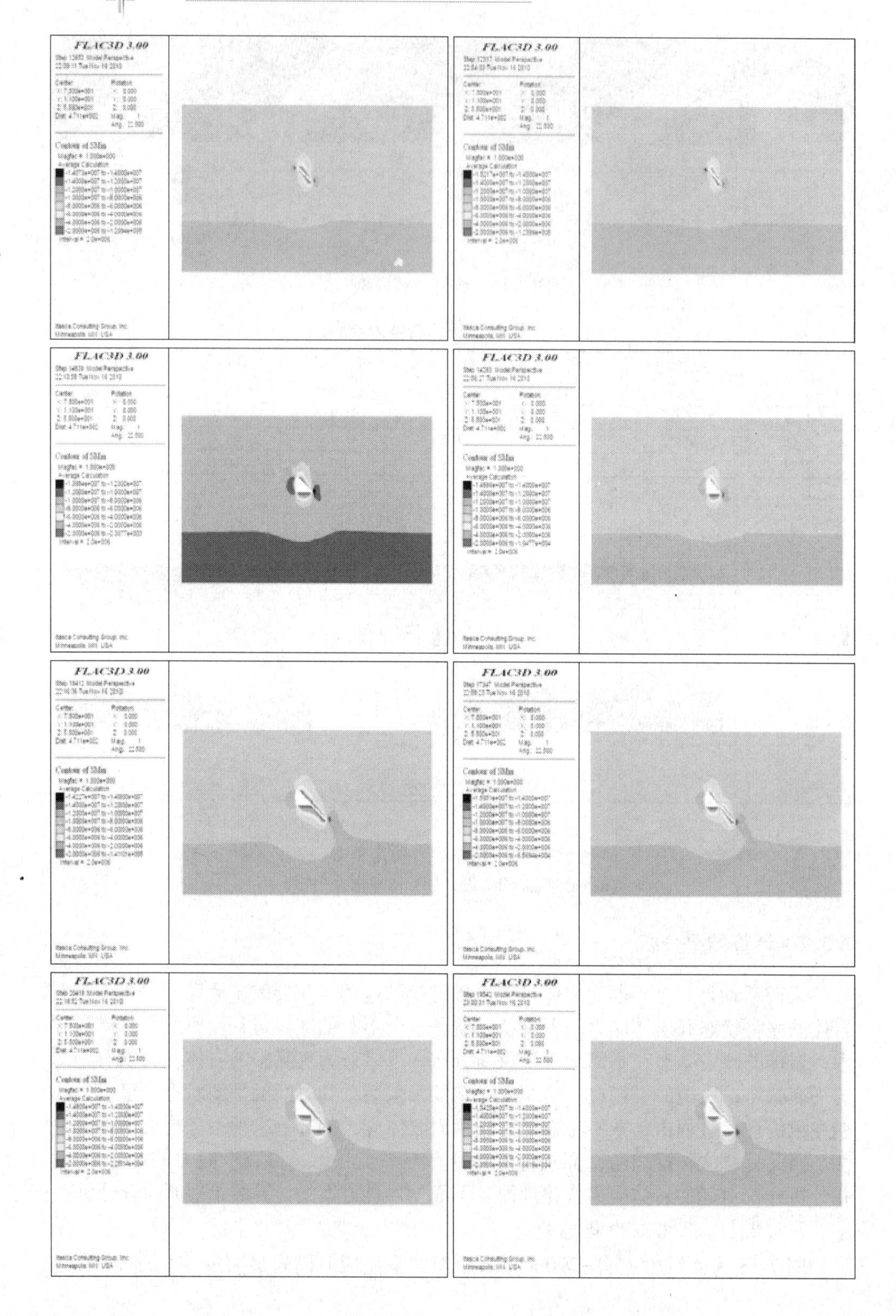

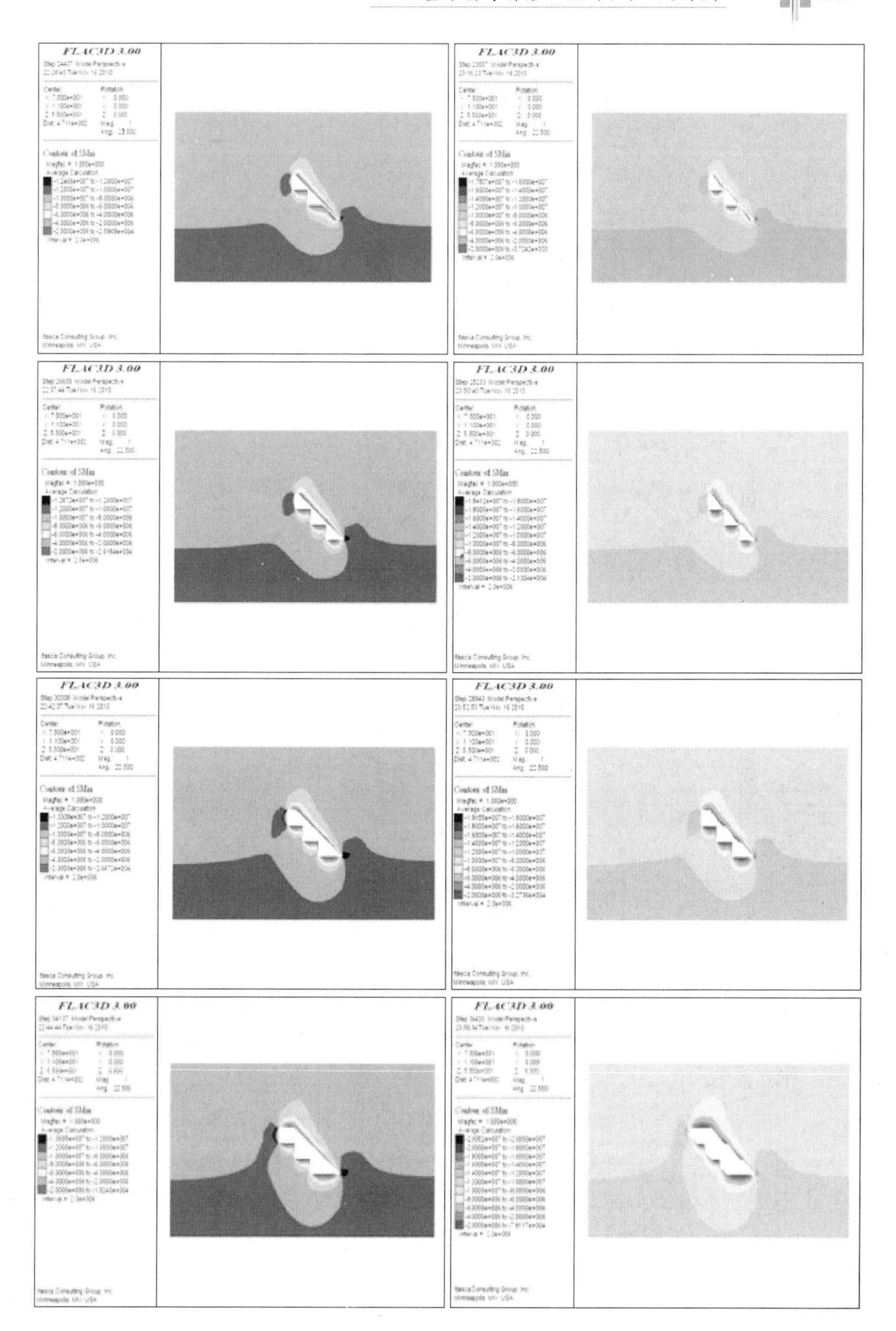

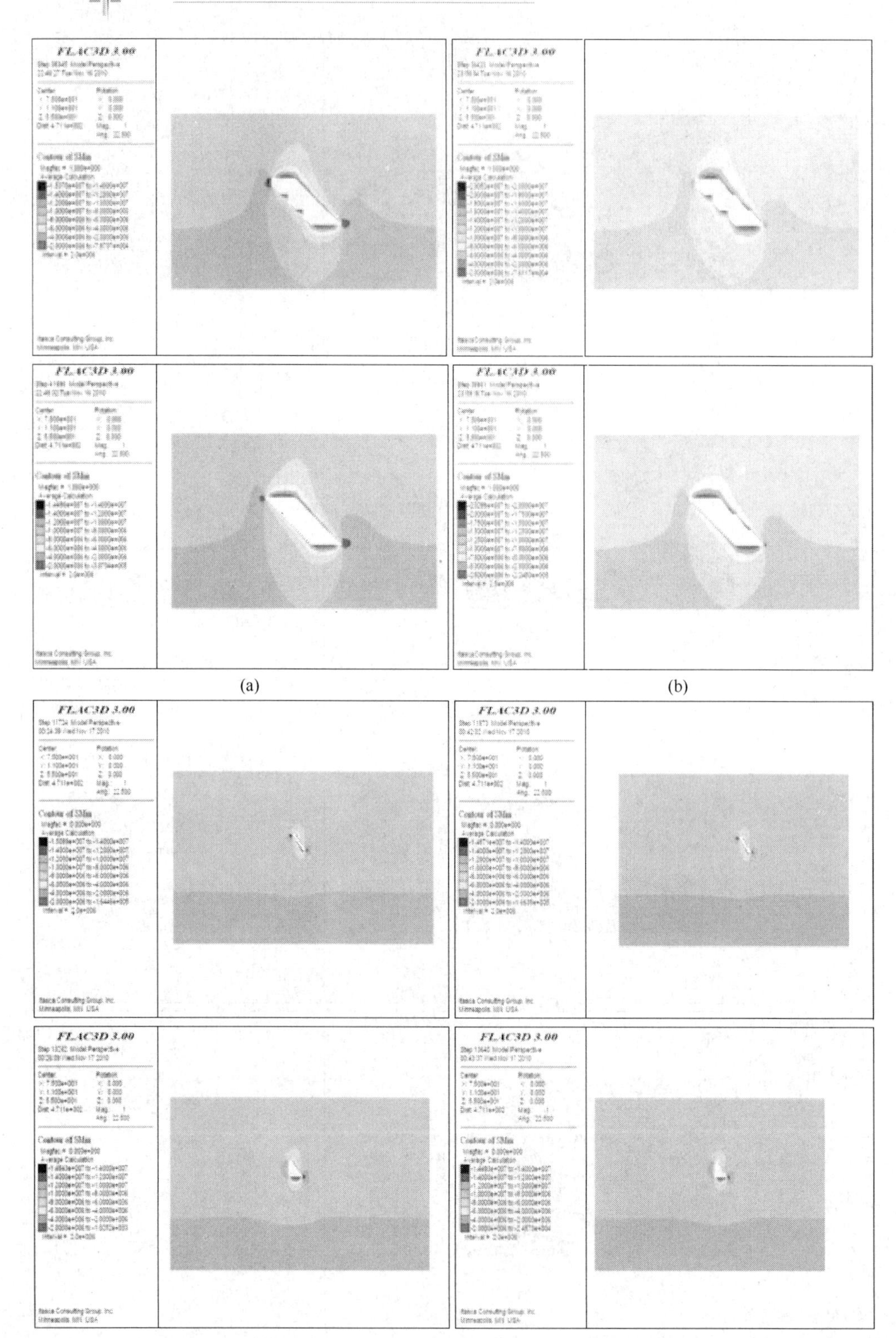
FLAC3D 3.00
(a)
(b)

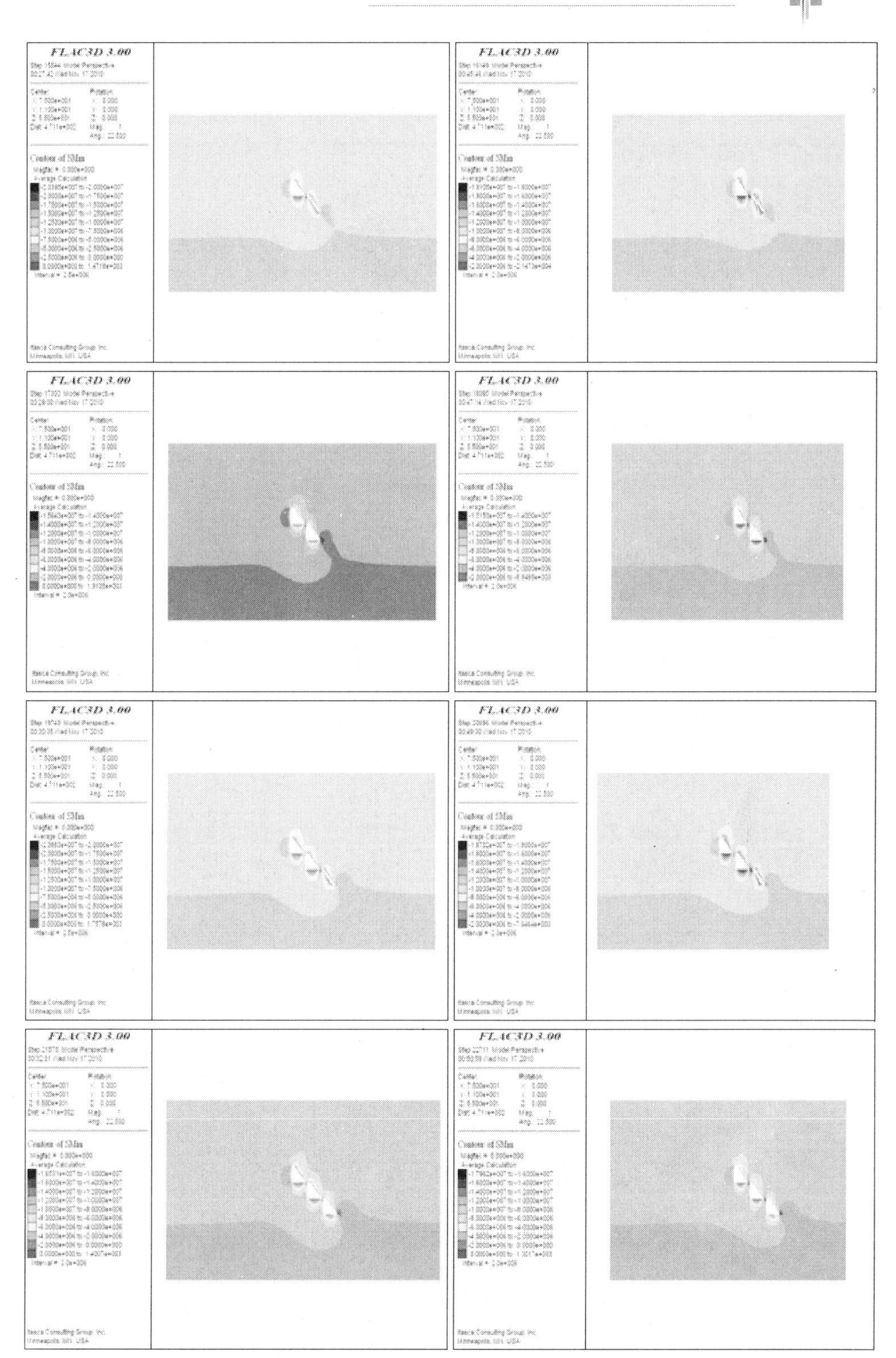
FLAC3D 3.00
Contour of SMin
FLAC3D 3.00
Contour of SMin
FLAC3D 3.00
Contour of SMin
FLAC3D 3.00
Contour of SMin
FLAC3D 3.00
Contour of SMin
FLAC3D 3.00
Contour of SMin

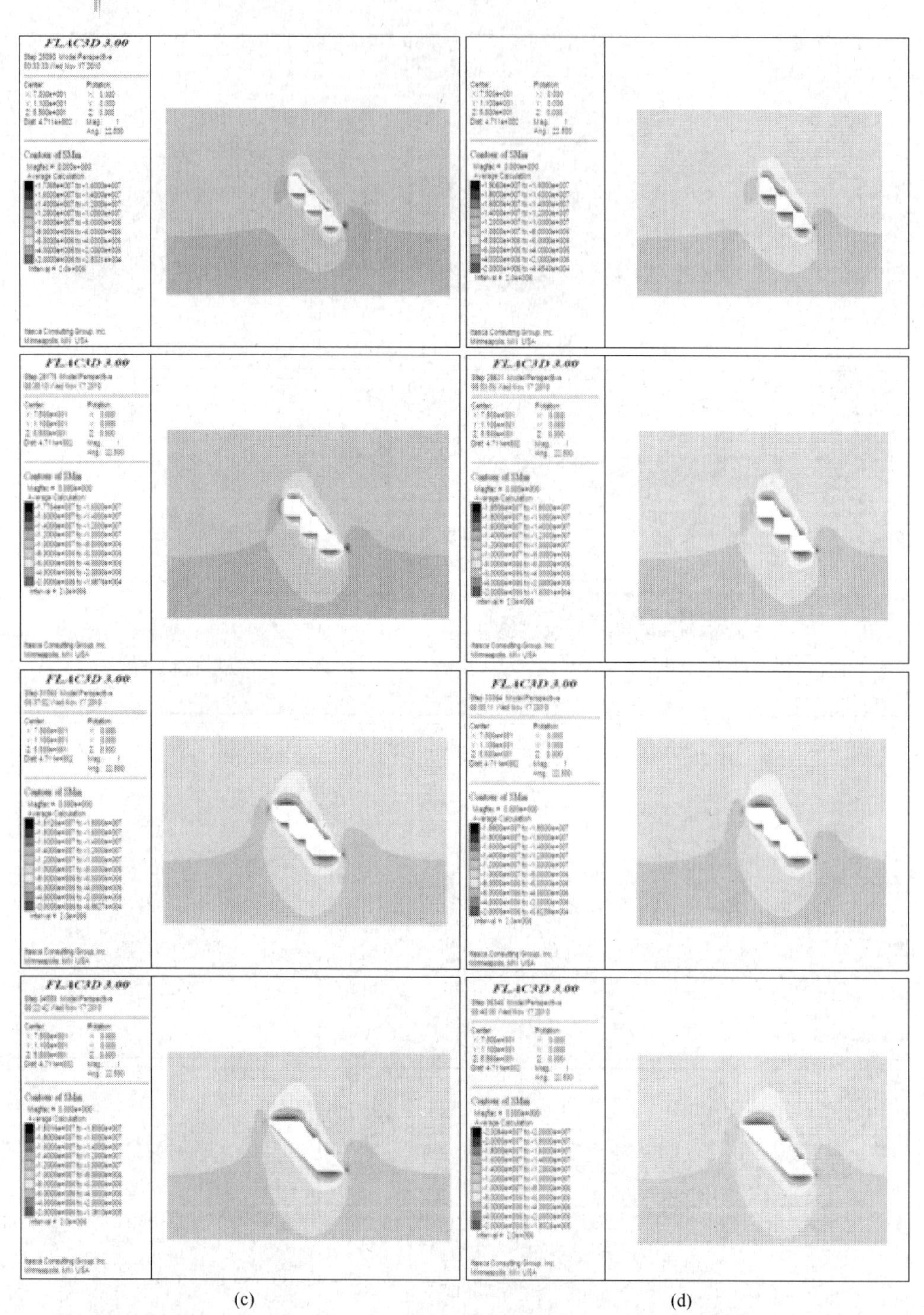

图 7-18 围岩最大主应力随回采分布图

（a）方案 1；（b）方案 2；（c）方案 3；（d）方案 4

布图，可以看出：开挖后岩体的最大主应力发生了明显的重新分布，在槽的上盘和下盘部位均出现了对称状的应力降低区，应力值降至 2MPa 以下，范围近似等于槽的垂直高度；在槽两侧拐角部位则出现了应力集中区，呈扇形对称分布，分别于左拐角的下方和右拐角的上方应力集中程度最高，达到 14MPa 以上。随着回采水平的下降，围岩的应力分布不断调整，表现为上盘的应力降低区的范围持续扩大，同时矿房的底板也为应力降低区所控制，形状近似拱形，在全部矿房回采完成后，4 种方案上下盘的应力始终处于 2MPa 以下，变化不大。由于回采卸荷的作用，矿房周边的最大主应力主要由矿房上盘切割槽的下拐角处和一侧的帮壁承担，至回采完成后，位于下拐角处的应力值达 20MPa 以上。回采过程中产生的拉应力集中于上盘和顶底板，由于矿岩体不抗拉，因此空区顶板随开采水平下降和空区暴露面积的增加，将逐渐失稳破坏。

7.3.2.2 根据位移状态分析

图 7-19 为模型中垂向位移随回采分布图，可以看出：-390m 切割槽形成后，最大位移量产生于槽的上盘，其中方案 1 的上盘位移量最大，达 5mm 以上。预留三角矿柱后，相当于使切割槽的倾角逐渐变缓，方案 2～4 的上盘位移量变小至 3～3.7mm。对于开挖后围岩的变形范围，同时也表现出了随三角矿柱的增大而变小的趋势。随着开挖向下水平的进行，上盘的垂向位移量逐渐变大，回采完成后，方案 1 的上盘位移量最大，达 1.5cm，并且最大位移量的范围从矿房的顶板延伸到上盘的中部。方案 2 的最大位移量最小，为 1.39cm，方案 3 和 4 的最大位移量较大，分别为 1.42cm 和 1.45cm。从开挖导致围岩变形的范围来看，方案 1 的影响范围明显大于方案 2～4，在上盘形成了清晰的拱形下沉区。对于方案 2，最大位移量在矿房的顶板中间至-390m 三角矿柱间连续分布，而方案 2 和 3 的最大位移量存在于三角矿柱的顶点位置。

图 7-20 为测点垂向位移随时步演化曲线，可以看出：-390m 切割槽完成后，对于方案 1，对上盘岩体的较大扰动始于-400m 的切割槽，此后的采准过程对上盘的影响较小，当矿房进入大规模回采后，对上盘的扰动比较明显；对于方案2～4，由于三角矿柱的支撑作用，切割槽作业在三角矿柱的下方进行，对上盘的扰动始于-400m 退采，当三角矿柱失去支撑后，上盘表现出较大的位移，当矿房进入回采阶段后，对上盘的扰动规律相似。从测点位移量上看，方案 1 导致的上盘位移量最大，随着三角矿柱的加大，上盘的位移量变小；对于方案 2，三个测点的位移量相近，表明三角矿柱处于整体下移状态；而方案 3 和 4，在后续回采阶段，测点 3 的位移量明显变大，测点 1 和 2 的位移量小于方案 2，表明三角矿柱下端点存在较大的垮落可能性，而整体垮落的可能性小于方案 2。

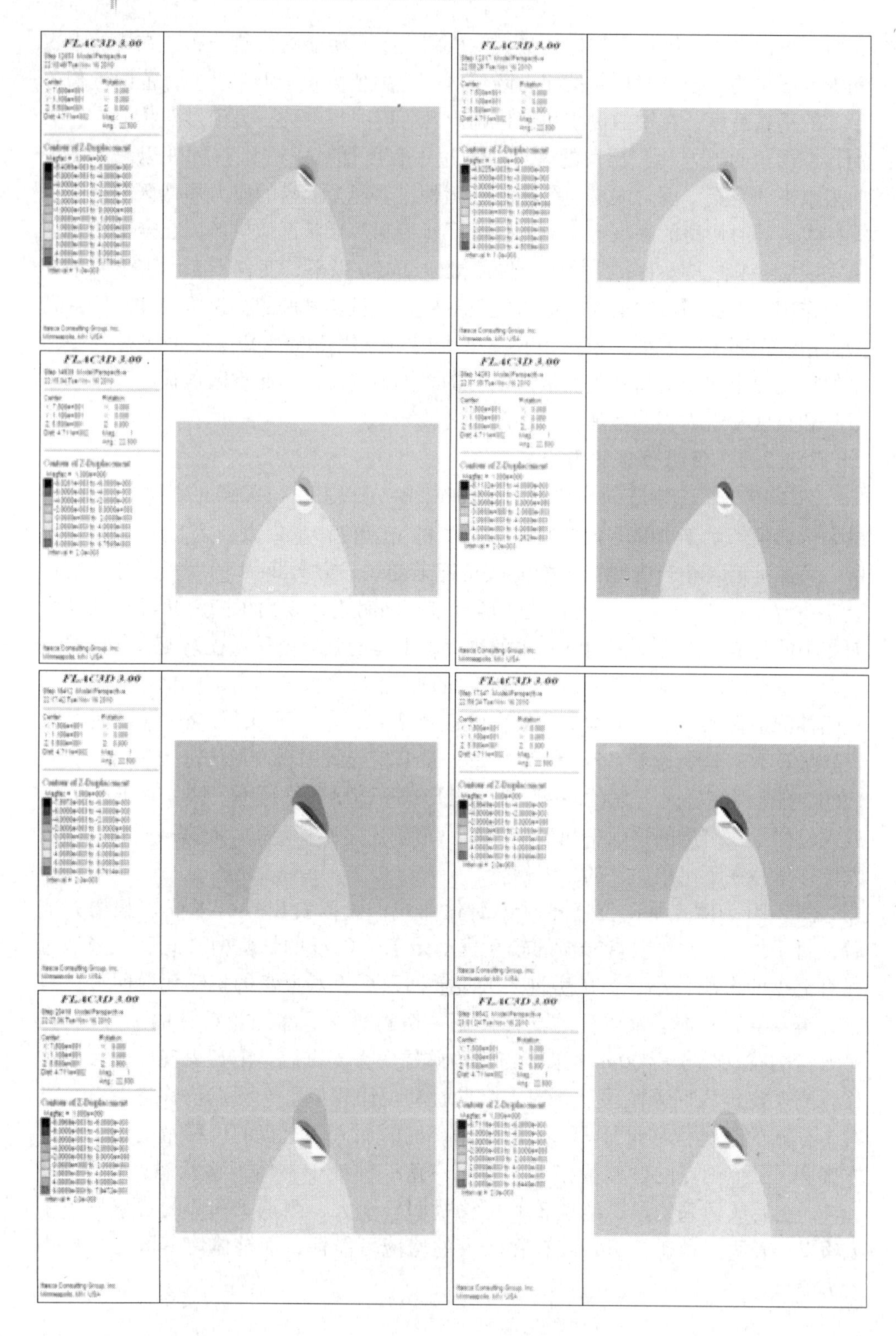
FLAC3D 3.00
FLAC3D 3.00
FLAC3D 3.00
FLAC3D 3.00
FLAC3D 3.00
FLAC3D 3.00
FLAC3D 3.00
FLAC3D 3.00

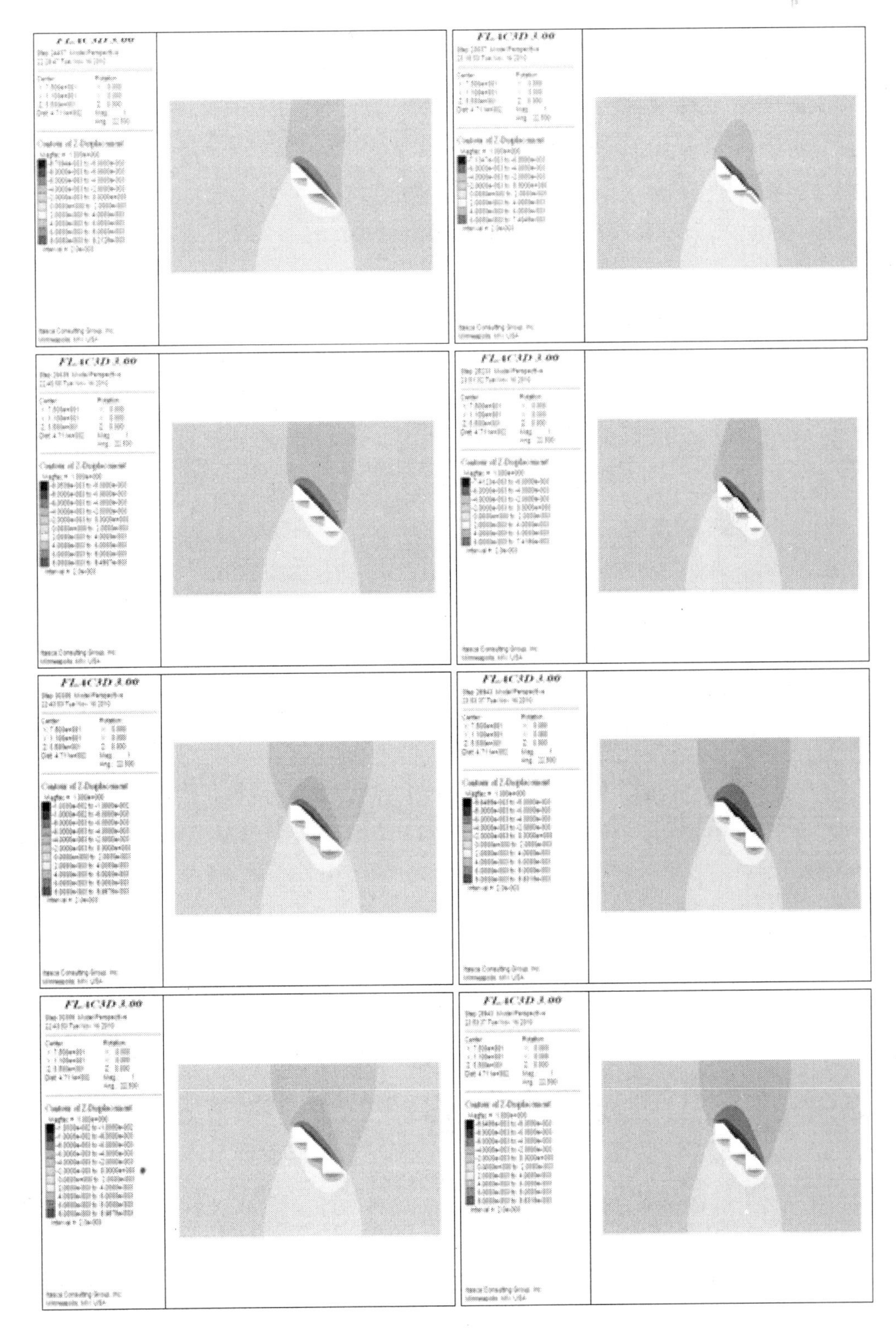

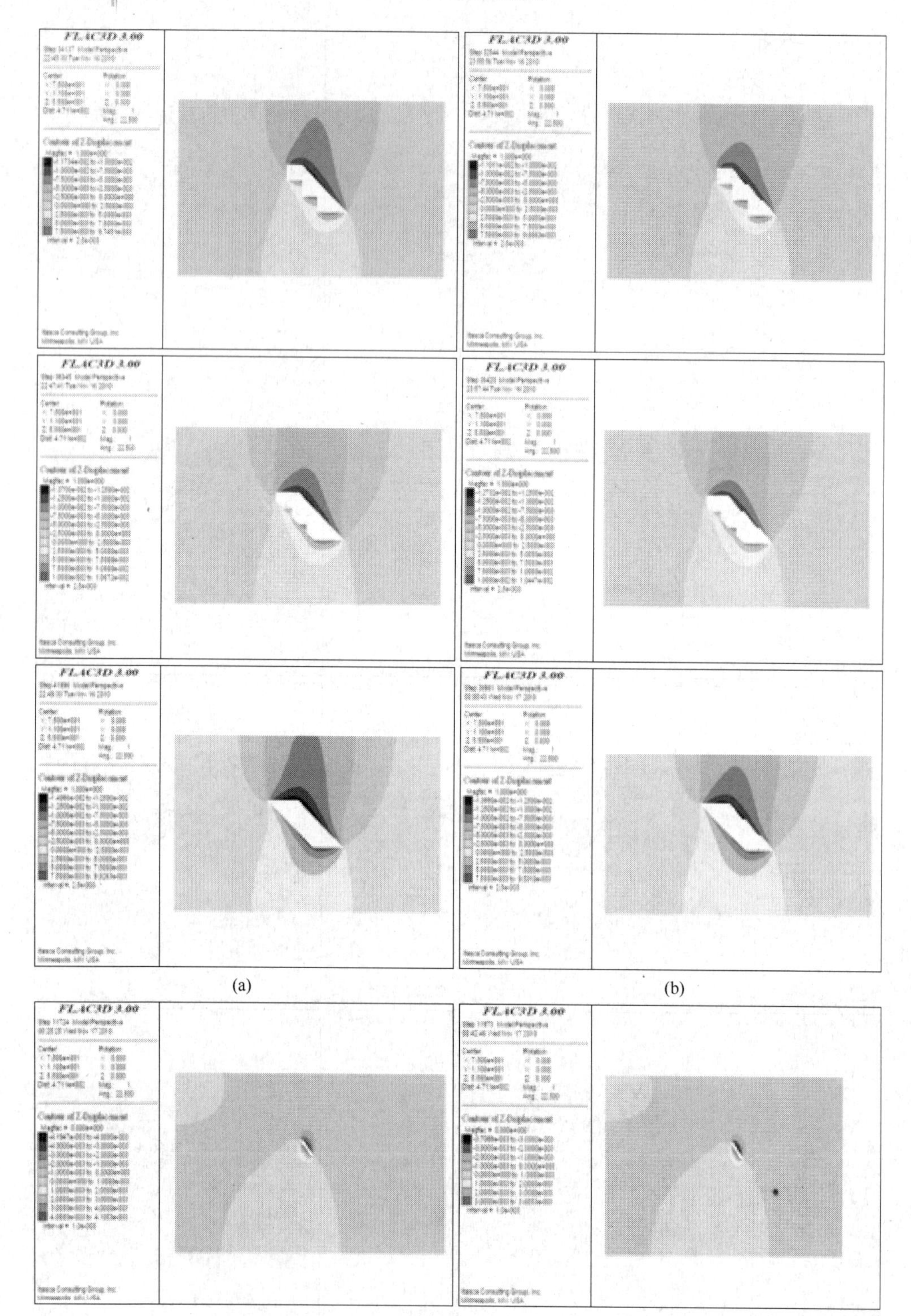

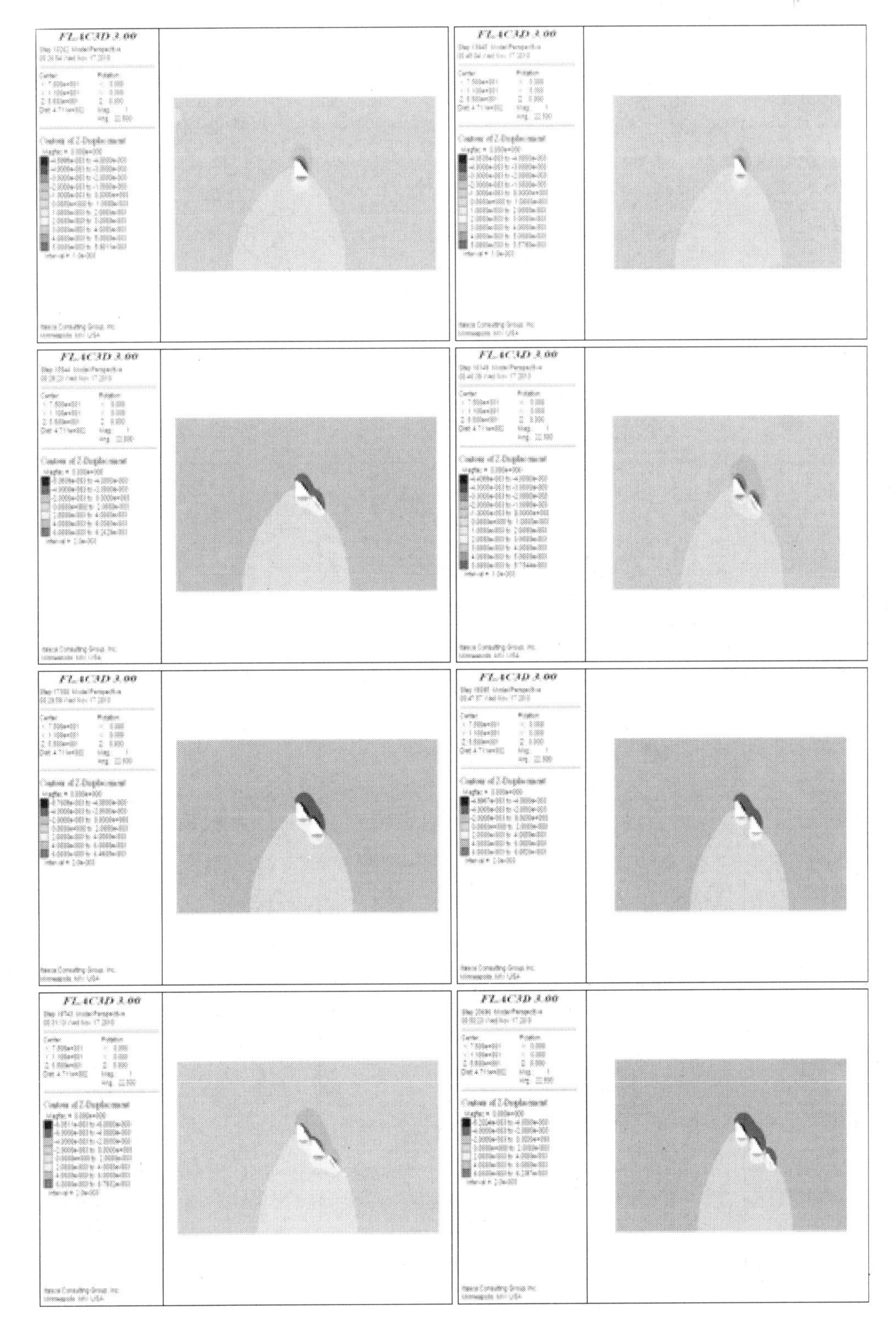
FLAC3D 3.00
FLAC3D 3.00
FLAC3D 3.00
FLAC3D 3.00
FLAC3D 3.00
FLAC3D 3.00

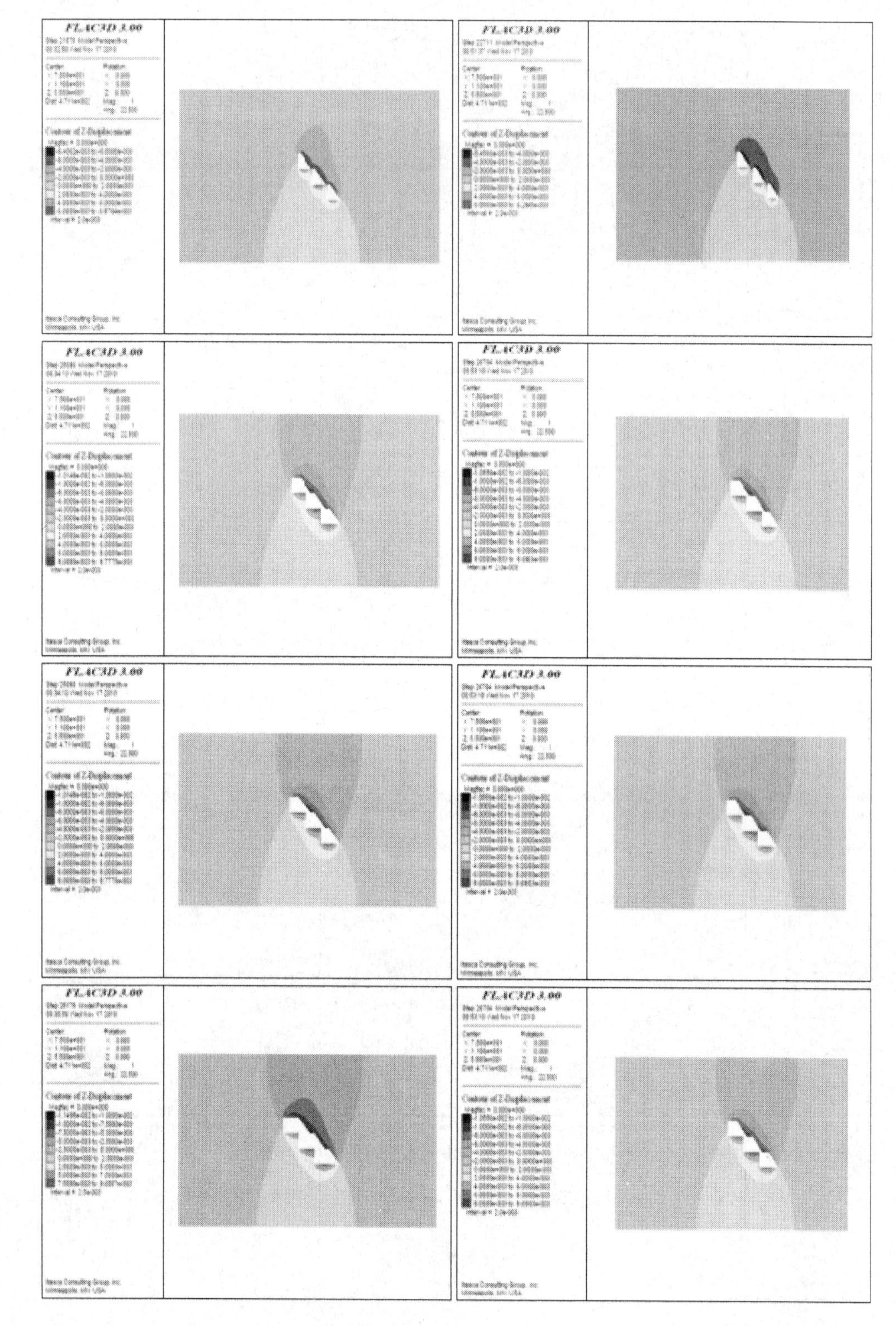

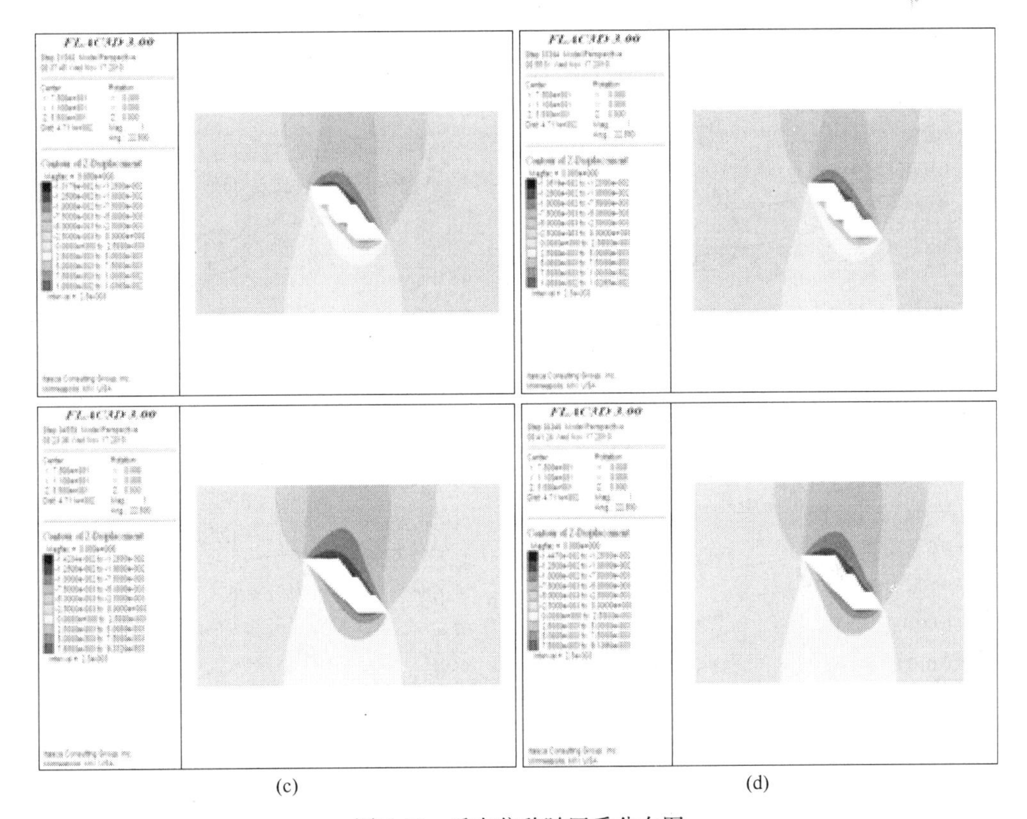

(c) (d)

图 7-19 垂向位移随回采分布图

(a) 方案 1；(b) 方案 2；(c) 方案 3；(d) 方案 4

7.3.2.3 依据单元破坏状态分析

在-390m 采准拉槽过程中，上下盘的围岩中均出现较大的塑性区，对于方案 1 和 2，由于切割槽的倾角较大，围岩表层的单元以受拉伸破坏为主，而方案 3 和 4 以受剪切破坏的单元居多。从上盘塑性区的分布范围来看，方案 1 的塑性区最大水平厚度为 6m，由于三角矿柱的存在，方案 2~4 的塑性区水平厚度逐渐变小。随着开挖向下阶段的进行，上盘的塑性区持续发展，在三个台阶状的采场中，由于开采卸荷的作用，也出现了大范围的塑性区，至拉槽完成后，几乎贯通了整个采场。

在采场进入退采作业后，-410 ~ -400m 的上盘的塑性区基本上处于稳定状态，但由于矿房拉开，顶板的矿体失去支持，随着暴露面积扩大，-390m 矿房顶板中的塑性区持续扩大，并且与上盘岩体中的塑性区贯通，最终形成一个似拱形的塑性区，并且延伸到了矿房下盘的上部，同时，-410m 的底板也出现了大范围的塑性区。对于方案 2~4，由于三角矿柱的支持作用，上盘岩体的塑性区明显减小，只在上盘拐角的应力集中处小范围扩展，并且在-390m 上盘的拐角没有形成向上发展的塑性区，但三角矿柱在拉槽后即进入塑性状态。当矿房进入退采阶段

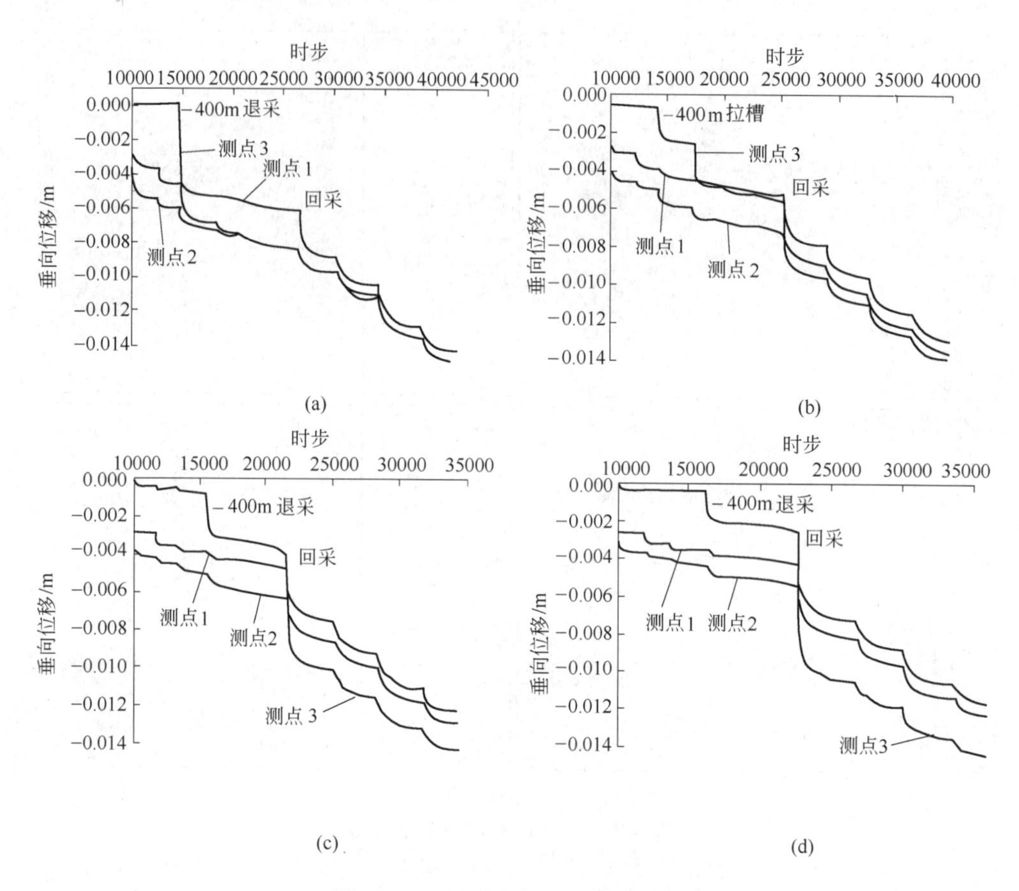

图 7-20 垂向位移随时步演化曲线

(a) 方案 1；(b) 方案 2；(c) 方案 3；(d) 方案 4

后，塑性区的发展趋势和范围与方案1类似，上盘塑性区的范围随着三角矿柱厚度的变大而减小。

图 7-21 为上盘破坏单元数随开挖顺序变化曲线，其中横轴 1 为 -390m 拉槽，2 为-390m 退采，3 为-400m 拉槽，4 为-400m 退采，5 为-410m 拉槽，6 为-410m 退采，7~10 为回采过程。可以看出：方案 1 的破坏单元数大于其他方案，方案 4 引起上盘单元破坏最少；对上盘单元破坏产生最大影响的是拉槽阶段，其中-400m 和-410m 的拉槽对上盘的

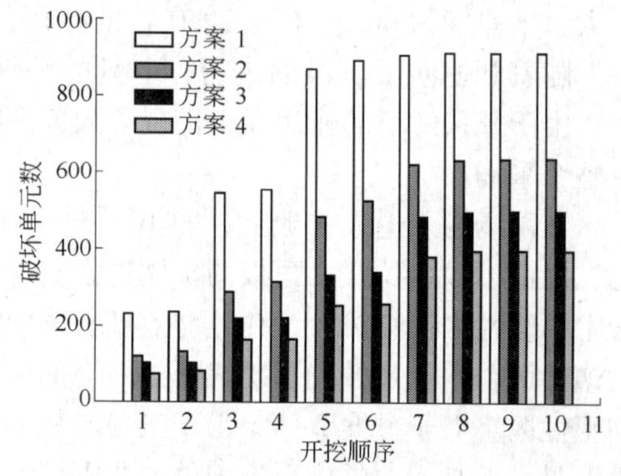

图 7-21 上盘破坏单元数随开挖顺序变化曲线

影响较为显著；拉槽后分段矿房的小范围退采对上盘不会产生影响；矿房进入回采阶段后，上盘的破坏单元数保持稳定。

7.3.3　三角矿柱状态分析

在-400m 水平以上，方案 2 中三角矿柱的单元完全受拉伸破坏，并且在矿柱的下部，与上盘中拉破坏单元贯通；方案 3 中矿柱表层的单元受拉伸破坏，下部拉破坏单元集中，拉破坏单元体积占单元总体积的 73%；方案 3 中矿柱拉破坏单元集中于两端，拉破坏单元未贯通，占单元总体积的 46%。由于矿房围岩的垮落主要由岩体受拉伸断裂引起，可以推断方案 2 中三角矿柱整体垮落的可能性较大，而方案 3 和 4 中矿柱垮落的范围主要位于矿柱的下部。

图 7-22 为开挖过程中测点水平位移变化曲线，可以看出：矿房的水平位移量并不大，其中方案 2 中测点 3 的水平位移最大值为 1. 2mm，在回采完成后的位移量为 0. 9mm；而方案 3 和 4 的最大水平位移量在 1m 以下，回采完成后的位移量小于 0. 8mm。综合图 7-22 的分析可以得出，方案 2 的矿柱位移量较大。

7.3.4　小结

（1）自采准第一步拉槽开始，岩体中的最大主应力便进行了重新调整，切割槽（矿房）的两端出现了应力集中区，并随着开采的进行持续增长，在矿房的上下盘出现了应力降低区，矿房的两侧拐角的位置始终受高应力区的控制。

（2）上盘岩体的破坏主要受三次拉槽作业的影响，这当中，第三步拉槽的影响最为严重。

（3）在退采阶段，-390m 矿房顶板逐渐失去支持，暴露面积变大，导致顶板单元出现大范围塑性区，并且与上盘岩体的塑性区贯通，并有可能对下两个分段的矿体回采产生影响。

（4）预留的三角矿柱相当于减小了上盘顶板的倾角，这有利于维持上盘的稳定性，控制塑性区的发展，三角矿柱的厚度越大，对上盘的保护作用越明显。在开采的过程中，三角矿柱破坏严重，位移较大，这有利于在后续阶段通过诱导冒落等方式回采这一部分的矿体。这当中，预留 2m 的三角矿柱中的单元完全受拉伸破坏，并且表现出了最大的位移量，存在较高的整体垮落的可能。

（5）由于受开采卸荷的影响，矿房内的矿体在拉槽后出现大范围塑性区，这必将对穿脉巷的稳定产生影响，在出矿的过程中应加以注意。另外，在底板中存在深约 6m 的塑性区，在下一阶段回采时，应加强对顶板的监控以确保安全。

（6）开挖后在采空区的上方顶板处开始出现拉应力，并且伴随塑性区的产生。随着开采的进行，上覆围岩的剪切和拉破坏范围不断增加，顶板逐渐冒落，不会造成大面积的空场而引起大范围、短时、高强度的冒落。

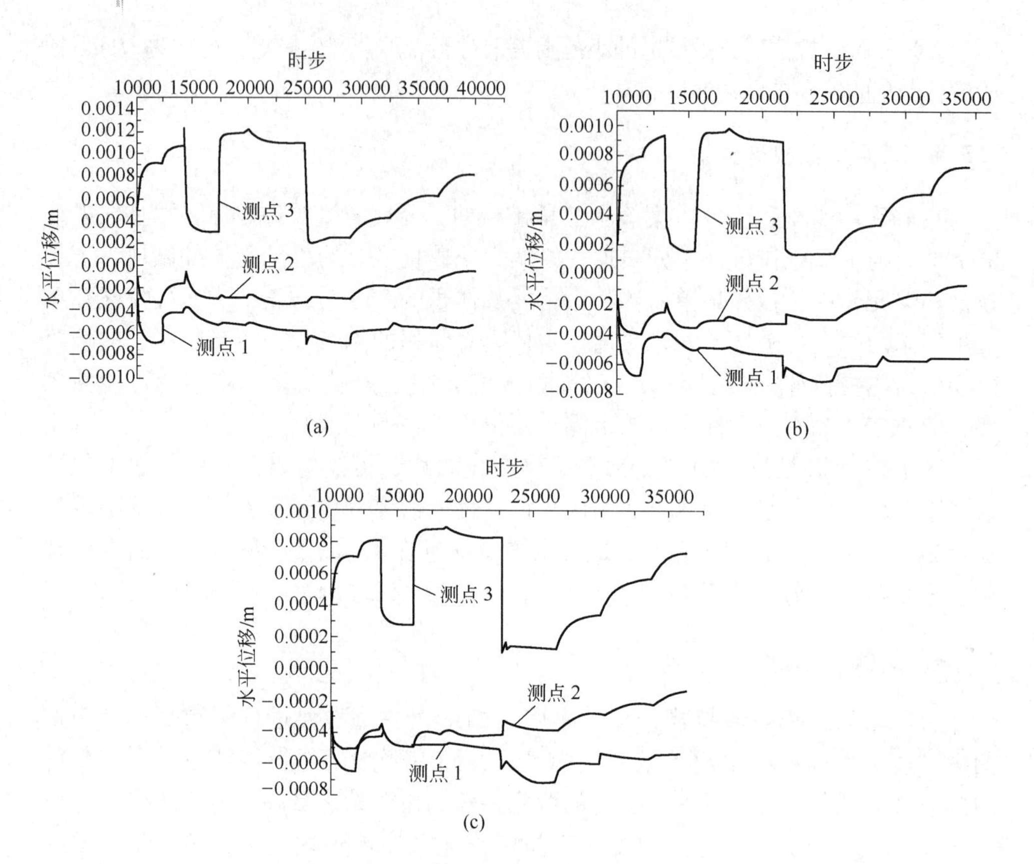

图 7-22 开挖过程中测点水平位移变化曲线

（a）方案 2；（b）方案 3；（c）方案 4

8 露天转地下开采境界矿柱稳定性分析

在露天转地下开采的过渡期间，境界矿柱的稳定性是关系到矿山安全生产的重要问题。通过留设境界矿柱，露天与地下可以同时进行开采，以使产量保持稳定，但是境界矿柱的留设也会给地下开采的安全带来隐患。如果境界矿柱留的过薄，易造成境界矿柱突然间崩落，会对地下采空区产生强动力冲击。当境界矿柱塌落时，对采空区内空气进行压缩，被压缩的空气从与采空区连通的巷道泄出，形成破坏性很大的气浪，对井下设施及人员构成很大危害，甚至可使矿井报废。由于境界矿柱部位地压复杂，境界矿柱如果留的过厚又会造成矿产资源的浪费，因为矿柱回采率低（只有40%左右，甚至更少），贫化率大，回采境界矿柱的掘进工程量和投资较大，可能造成永久的损失。因此，境界矿柱稳定性研究是一项重要而又复杂的科研课题。

目前关于境界矿柱安全厚度的解析方法主要适用于条件简单的情形，要分析更为复杂的实际问题，主要还是借助试验或数值计算方法。本章结合归来庄金矿的实际采矿现状，考虑坑底爆破动荷载对正下方地下采场的影响，采用数值分析的方法，对境界矿柱的合理厚度和稳定性进行了研究。

8.1 爆破荷载的加载模型

考虑露天矿坑底爆破对境界矿柱的影响，其中一项关键工作是建立爆破荷载的加载模型，这包括确定爆破激振力的大小、作用位置、峰值时刻和持续时间等方面的内容。由于炸药的爆轰过程是极其复杂的物理、化学变化过程，确定爆破冲击荷载的形式与参数一直是研究中的难点之一。

爆破荷载的确定目前大致有三种方法。第一类方法为常规的半经验半理论的统计分析方法，例如萨道夫斯公式、兰格弗尔斯公式和美欧公式等。根据爆破施工中的大量资料，采用统计回归的方法，求得不同药量作用下的加速度峰值沿空间的分布及典型的加速度时程曲线。第二类方法为爆破地震加速度时程曲线的理论分析法，如爆破荷载的正、反演理论分析方法，根据空间足够多点处的完整爆破实测时程，利用数值模型反演推求爆破预裂面上的爆破荷载分布，由此再进行正演，求得地震的空间分布。第三类方法则从爆破的机理出发以计算炮孔壁上压力为主要目标来计算爆破荷载，可以根据炮孔的装药量、装药方式与炸药理论爆压、爆燃速度及炮孔裂纹的动态演化与气体状态方程来确定爆破荷载所施加炮孔壁上的压力。

8.1.1 动力计算参数

岩土工程的动力计算与静力计算不完全相同，需要同时从以下方面考虑。

8.1.1.1 阻尼的选取

因为岩体的运动是不可逆的过程，要避免系统在平衡位置来回振荡，就要采用加阻尼的办法来耗散系统在振动过程中产生的动能。因而在动力分析时，需要确定阻尼形式和大小。FLAC 动力计算中主要采用了两种形式的阻尼，即瑞利阻尼（Rayleigh Damping）和局部阻尼（Local Damping），其他还有滞后阻尼、哈丁阻尼等，但目前仍处于研究阶段。瑞利阻尼是结构分析和弹性体系分析中用来抑制系统自振的，可以用矩阵形式表示为：

$$\boldsymbol{C}=\alpha\boldsymbol{M}+\beta\boldsymbol{K}$$

式中，$\boldsymbol{C}$、$\boldsymbol{M}$ 和 $\boldsymbol{K}$ 分别是阻尼矩阵、质量矩阵和刚度矩阵；α 为质量阻尼常数；β 为刚度阻尼常数。

在 FLAC 岩土体动力计算中，设置瑞利阻尼时须选择中心频率 f_{mid}，$\boldsymbol{C}$ 和 f_{mid} 一般是相互独立的。在选择瑞利阻尼参数 ξ_{min} 时，根据 FLAC 手册的建议，对于岩石或土，ξ_{min} 一般取 2%～5%；对于结构系统，ξ_{min} 取 2%～10%。

局部阻尼是 FLAC 在静力计算中采用的阻尼方法，即在振动中通过在节点上增加或者减少质量的方法达到收敛，但系统保持质量守恒。当节点速度符号改变时增加节点质量，当速度达到最大或最小值时减少节点质量，因此损失的能量是最大瞬时应变能的一定比例，这个比值 $\Delta W/W$，是临界阻尼比 D 的函数，与频率无关。用公式表示为：

$$\alpha_L=\pi D$$

式中，α_L 为局部阻尼系数；D 可以参照 ξ_{min}。

大量计算实践表明，瑞利阻尼计算得到的边坡动力响应规律比较符合实际，但存在的一个主要问题是计算时步太小，对于单元较多的计算模型，将导致动力计算时间过长，对于使用强度折减法反复搜索安全系数这一问题，显然不太合适。因而本部分选用局部阻尼，D 选取目前岩土动力分析中的典型值 5%，从而求得局部阻尼为 0.1571。

8.1.1.2 边界条件

在动力计算中，波传播到模型边界会产生反射，这势必会影响计算的结果。理论上，模型边界选取的越大越好，但过大的模型会引起巨大的计算负担，影响效率，可操作性差。因而在 FLAC 中提供两类边界条件，即静态边界和自由场边界来解决这个问题。

静态边界通过施加法向和切向的粘壶来吸收来自模型内部的入射波，对于入射角>30°的入射波可以完全吸收，此范围外的波也具有一定的吸收能力。自由场边界通过在模型的四周生成一圈单元，与主单元的侧面通过阻尼器进行耦合，提供了与无限场地相同的效果，使面波不会发生扭曲。

自由场边界大多用于从模型底部输入的动力条件，例如地震，并且选用自由场边界条件影响计算效率。本模型的研究对象为爆破荷载，来自模型的内部，范围有限。如果模型的范围足够大，选用静态边界完全可以达到计算的精度要求。

8.1.1.3 爆破动荷载的输入

FLAC 动力计算中的动荷载可以采用加速度时程、速度时程、力时程和应力时程 4 种方式。如果选取实测的最大质点振动速度，可以转换为应力形式输入。由于采用的是现场实测的数据，这样得到的计算结果更具有可信性。如果最大实测振动速度为垂向速度，则输入法向压应力的形式，速度和应力之间的转换公式如下：

$$\sigma_n = \rho C_p v_n \tag{8-1}$$

式中，ρ 为岩体密度，kg/m^3；C_p 为纵波波速，m/s；v_n 为质点垂向振动速度，m/s。

当 C_p 没有实测数据时，可以采用下式计算：

$$v_p = \left[\left(K + \frac{4}{3}G\right) \Big/ \rho\right]^{0.5} \tag{8-2}$$

式中，K 为岩体体积模量，Pa；G 为岩体剪切模量，Pa。

K 和 G 通过岩体弹性模量和泊松比求得，即：

$$\left.\begin{aligned} K &= E/[3(1-2\mu)] \\ G &= E/[2(1-\mu)] \end{aligned}\right\} \tag{8-3}$$

8.1.1.4 屈服准则和计算软件

屈服准则描述了不同应力状态下材料某点进入塑性状态，并使塑性变形继续发展所必须满足的条件。Mohr-Coulomb 准则是目前岩土力学研究中应用最为广泛的屈服准则，其表达式为：

$$f = \frac{I_1 \sin\varphi}{3} - C\cos\varphi + \sqrt{J_2}\left(\cos\theta_0 + \frac{\sin\theta_0 \sin\varphi}{\sqrt{3}}\right) = 0 \tag{8-4}$$

式中，I_1 和 J_2 为应力张量第 1 不变量和应力偏量第 2 不变量；θ_0 为应力罗德（Lode）角。

由于岩土工程强度折减计算中难免会遇到大变形和计算不收敛的情形，因此有限差分软件 FLAC 采用动态松弛方法，应用质点运动方程求解，通过阻尼使系统运动衰减至平衡状态，可以较好地处理大变形、计算不收敛等问题。同时，FLAC 中的 Mohr-Coulomb 准则考虑拉伸截断（tension cut off），适用于求解复杂的顶板大变形这一类问题。

在进行数值计算时，爆破荷载的施加目前大多采用如下的三种方法：

（1）利用实测的爆破震动数据，通过式（8-1）转换成应力；对于开挖面上的爆破震动荷载，必须得到开挖面附近爆破震动的速度-时间曲线。目前，这在实测上尚有一定的难度，虽然可以利用爆破震动衰减规律进行推导，但误差较大。

（2）采用等效方法，即将爆破荷载经近似等效后作用在同排齐响炮孔中心连线与炮孔轴线所确定的面上，这样在建模时可以不再考虑微小的炮孔形状对模型的影响。

（3）爆破荷载直接作用于炮孔壁或者粉碎区（压缩区）的边界上，炮孔压力变化历程以半理论半经验的指数衰减型荷载或者三角形荷载为主。这是目前应用较多的方法，在本书中，即使用三角形波加载的形式，如图 8-1 所示。

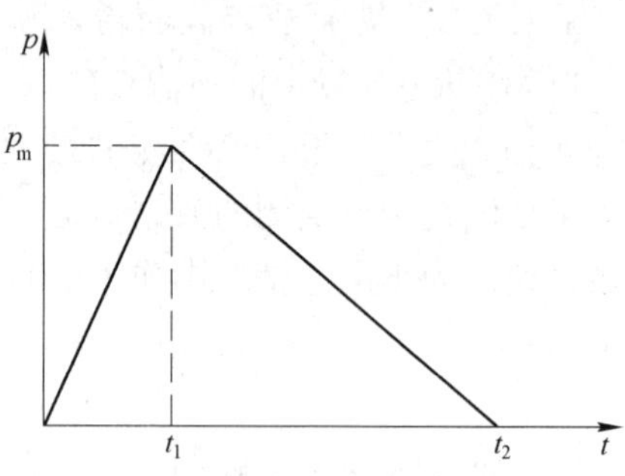

图 8-1 爆破荷载加载曲线

8.1.2 炮孔壁压力计算模型

三角形荷载形式需要确定两大要素：（1）爆破荷载峰值 p_m；（2）爆破荷载升压时间 t_1 和作用时间 t_2。

8.1.2.1 柱状药包炮孔壁上初始压力峰值的确定

确定爆破荷载峰值，即确定作用在炮孔壁上的爆生气体峰值压力。在 C-J 爆轰条件下，炸药的平均爆轰压力为：

$$p_D = \frac{\rho_e D^2}{2(\gamma + 1)} \tag{8-5}$$

式中，p_D 为炸药爆轰平均初始压力；ρ_e 为炸药密度；D 为炸药爆轰速度；γ 为与凝聚态炸药性质和装药密度相关的常数，近似取值为 $\gamma=2\sim3$，本书取 3。

空气冲击波后是爆轰产物撞击炮孔壁，孔壁受到的压力明显增大，增大系数为 $n=8\sim11$，本书取 $n=9$。对于不耦合系数较小的柱状药包，此时炮孔壁上冲击波峰值压力为：

$$p_b = p_D\left(\frac{r_e}{r_b}\right)^{2\gamma}\left(\frac{l_e}{l_b}\right)n \tag{8-6}$$

式中，p_b 为作用在炮孔壁上的峰值冲击压力；r_e 为药柱半径；r_b 为炮孔半径；l_e 为装药长度；l_b 为炮孔长度。

8.1.2.2 粉碎区边界冲击压力的确定

岩石属于脆性材料，抗拉强度远小于抗压强度。在爆炸荷载作用过程中，岩

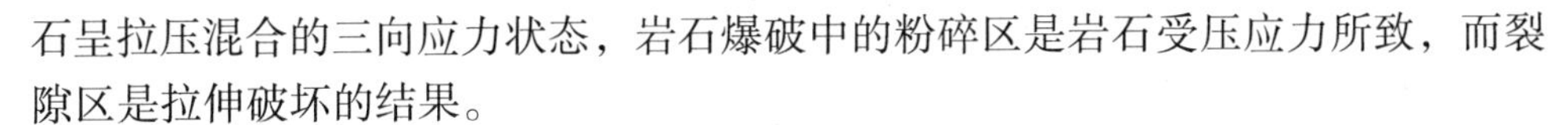

石呈拉压混合的三向应力状态，岩石爆破中的粉碎区是岩石受压应力所致，而裂隙区是拉伸破坏的结果。

根据 Mises 准则，将问题看作平面应变问题时，岩石中任一点的应力状态 σ_i 为：

$$\left.\begin{aligned}\sigma_i &= \frac{1}{\sqrt{2}}\sigma_r[(1+b)^2 - 2\mu_d(1-b)^2(1-\mu_d) + (1+b)^2]^{0.5} \\ b &= \frac{\mu_d}{1-\mu_d}\end{aligned}\right\} \tag{8-7}$$

式中，σ_r为径向应力；μ_d为动态泊松比，可以近似取静态泊松比的 0.8 倍。

如果 σ_i超过岩石的动态抗压强度 σ_{cd}，则岩石将粉碎破坏。

设炮孔粉碎区半径为 R_c，则炮孔粉碎区边缘的冲击荷载峰值压力 p_m为：

$$p_m = \sigma_r = p_b\left(\frac{r_b}{R_c}\right)^{\alpha} \tag{8-8}$$

式中，α 为冲击波压力衰减系数，$\alpha=2+b$。

对上述公式整理可得：

$$p_m = \sqrt{2}\sigma_{cd}[(1+b)^2 - 2\mu_d(1-b)^2(1-\mu_d) + (1+b^2)]^{0.5} \tag{8-9}$$

$$R_c = \left(\frac{p_b}{p_m}\right)^{\frac{1}{\alpha}} r_b \tag{8-10}$$

8.1.2.3 荷载作用时间的确定

一般认为，炸药爆炸时的冲击波作用持续时间约为 10^{-6}~10^{-1}s，爆生气体压力作用时间约为 10^{-3}~10^{-1}s 左右。目前，采用三角形脉冲荷载进行爆破震动数值模拟时，爆破荷载的持续时间大多为毫秒量级。在本书中，确定 t_1 为 1ms，t_2 为 5ms。

8.1.3 爆破参数

计算中以某一次现场露天坑底开挖爆破为工程背景，爆破形式采用深孔爆破，台阶高度为 8~10m，钻孔直径 ϕ150mm，超深 0.5~1m，双排方形布孔，共 8 个炮孔，最小抵抗线约 2m。布孔间距为 4m×4m，微差起爆，间隔 30ms。由于已接近最终开采境界，单孔最大药量小于 24kg，使用 2 号岩石乳化炸药，相应的 $l_e/l_b \approx 0.1$~0.15。

按照表 8-1 内所提供参数并根据上一节中的公式，经过调整和数值试算，最终确定：$R_c \approx 0.3$m，约为炮孔半径的 4 倍，$p_m \approx 120$MPa。

表 8-1 炮孔壁压力计算参数

爆速/$m \cdot s^{-1}$	炸药密度/$kg \cdot m^{-3}$	药柱半径/mm	炮孔半径/mm
3600	1100	65	75

8.2 数值计算模型

选取南坡某一部位为研究区域，从上一章的分析中可知，进路式回采矿房的稳定性较好，同时对边坡的扰动较小，这一章在考虑进路式回采方式的同时，分析扩大矿房暴露面积后，跨度增为 8m 和 12m 矿房的稳定性。因而，本文采用三维计算模型，共计 132352 个单元，141378 个节点。单元划分及几何尺寸如图 8-2 所示，建模过程中的基本假设和动力计算条件同上章。

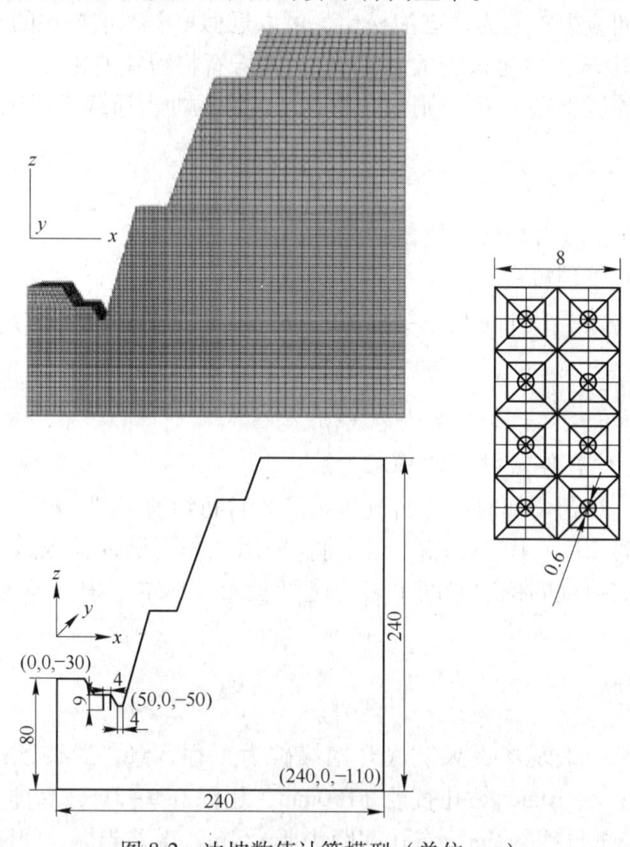

图 8-2　边坡数值计算模型（单位：m）

模型长和高均为 240m，边坡高 180m，边坡角 65°。炮孔布置在坑底，自由面为靠近边坡的一侧，坑底部分宽 4m。模型简化为准三维模式，纵深（即 y 轴方向）长 64m，炮孔和拟采矿房在模型 y 方向中间位置，采场位于爆心垂向（z 方向）的下方。为了讨论不同采场布置条件下境界矿柱（顶板）的稳定性，考虑 3 种回采方案，即跨度分别为 4m、8m 和 12m，采场长度为矿体水平厚度 24m。进路式回采考虑同时回采 3 个矿房，其他为一次回采一个矿房。首采水平设为 -76m，采高 4m，此后每步采高 2m。矿房回采后胶结充填，由于采矿方案中要求充填体强度不低于矿体，因而参照矿体参数为充填体赋值。计算中认为先有地下矿房，然后在露天坑底进行爆破，所以首先进行地下矿房的回采，静力计算符合收敛条件后，再在设定的炮孔中施加动荷载，第一段爆破荷载作用时间为0~5ms，第二段为35~40ms，合计45ms，总动力计算时间100~120ms。

8.3 计算结果及分析

一般来说，顶板以受拉、剪或者两者的共同影响而破坏，评价顶板稳定性的因素有两个：一是顶板本身的因素，包括顶板的厚度、跨度及形态，岩石的性质，岩层产状、节理、裂隙状况，岩石的物理力学指标等，这是影响顶板稳定性的主要因素；二是外在因素，例如爆破、附加荷载以及水等。目前通过数值分析的方法研究顶板的稳定性大多从应力、变形及塑性区等方面考虑，在这一节中，考虑不同的采场布置条件在动荷载作用下顶板关键点的振动速度与附加应力之间的关系，以地下采场顶板塑性区的贯通至一定程度作为破坏的判别标准。其图形显示清楚，物理意义明确，符合数值分析的原理，这样既可以提高计算效率，还可避免因其他数值原因导致的收敛失败。

计算过程布置的测点如图8-3所示，各测点的y坐标统一为模型的正中间，即炮孔和采场跨度方向的中间位置。其中测点1~3固定，分别位于坑底的两侧坡脚和中点。测点4~9位于采场上下盘的拐角，并随采场位置的改变而调整，另外布置一组测点于采场顶板的正中间。

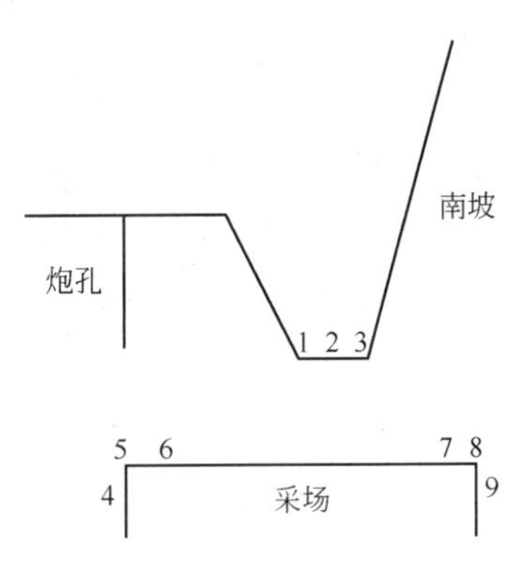

图8-3 模型测点位置布置图

8.3.1 进路式回采

8.3.1.1 爆炸冲击波传播过程

以进路式回采-74m水平为例，选取模型中间剖面，两排炮孔依次起爆不同时刻速度云图如图8-4所示。从图中可以清晰地看出爆炸冲击波在岩体中的传播过程。在第10ms，第一排炮孔爆破完成，断面最大速度位于坑底自由面的一侧，同时波阵面抵达矿房下盘拐角位置；第20ms，波阵面抵达矿房上盘拐角，在矿房顶板中部表现出较大的速度；第30ms，波阵面传播至边坡岩体内部，在矿房下盘拐角表现出较大的速度。第二排炮孔爆破始于第35ms，在第40ms，爆破荷载作用结束，在炮孔周边表现出较大速度，见图8-4（d），10ms后波阵面抵达矿房上盘，传播过程与第一排炮孔类似。可见，波阵面传播至矿房大约需要10ms的时间，作用于矿房的持续时间约20ms，而矿房顶板上的速度要大于底板。

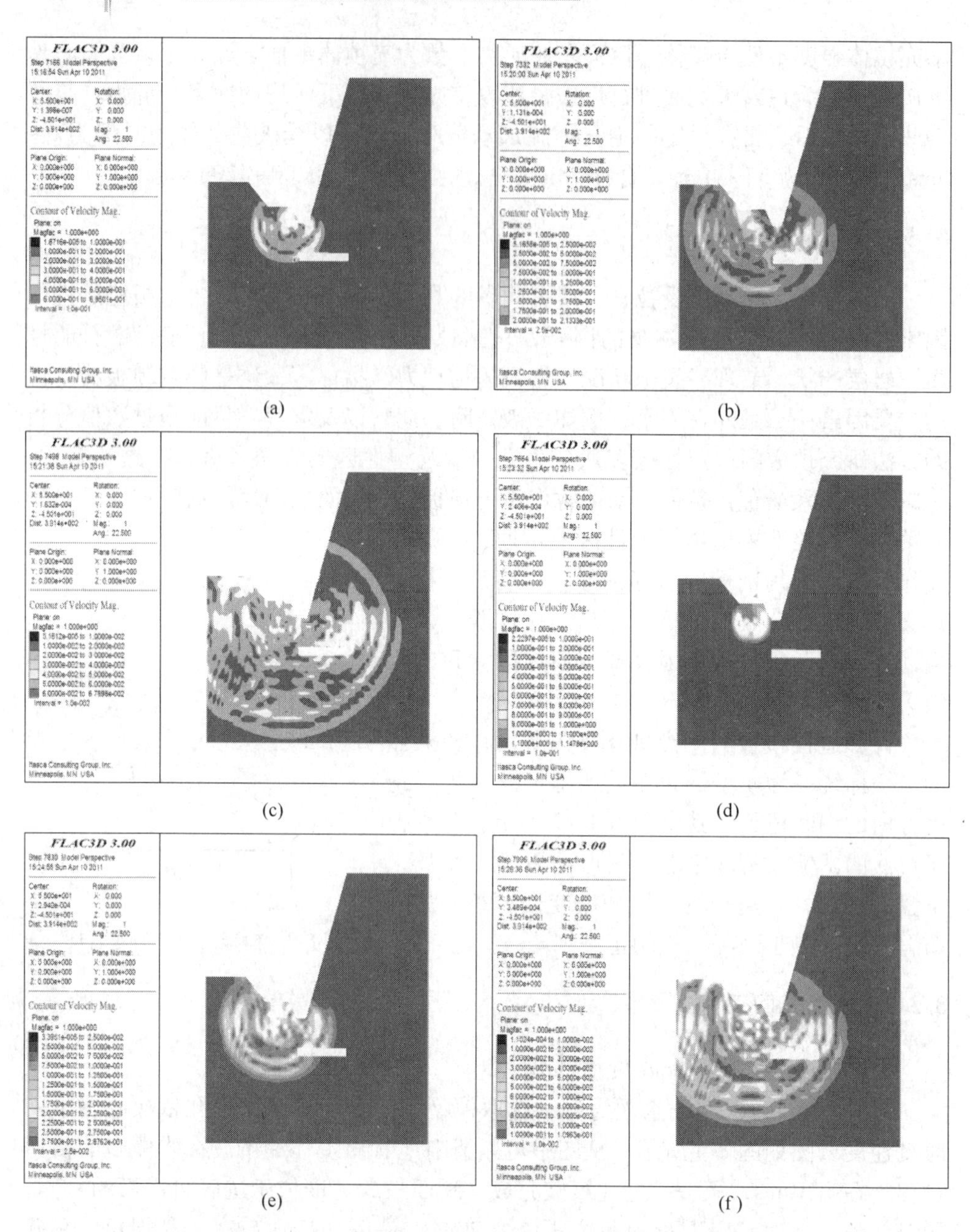

图 8-4 爆炸冲击波的传播

(a) 10ms；(b) 20ms；(c) 30ms；(d) 40ms；(e) 50ms；(f) 60ms

8.3.1.2 进路式回采计算结果

进路式回采是一种偏于保守的采矿方法，由于矿房的长度为跨度的 6 倍，其顶板的稳定性完全由跨度所决定，在 4m 跨度的条件，围岩的应力集中程度有限，塑性区主要集中于矿房的表面，其中-68m回采后（顶板至坑底14m）的计算结果如图8-5（a）所示，剖面位置为中间进路的轴线。可见，单元以受剪切破坏为主，塑性区并没有向岩体内发展，在顶板至坑底之间的大部分岩体仍为弹性。图8-5（b）为动力计算完成后的塑性区分布图，可以看到，在矿房下盘的上拐角处塑性区向岩体内延伸，与坑底爆破产生的大面积塑性区贯通，但贯通的范围有限，顶板的塑性区向岩体内发展了约2m，如图8-5（c）所示。

图8-6为坑底测点1~3的速度时程曲线，在10ms内，3个测点的速度均达到峰值，其中最大的为测点1的垂向速度，由于距爆心最近，达到80cm/s以上。由于4个炮孔同时起爆的相互叠加作用，测点3的横向速度略大于垂向速度，为30cm/s以上。依照目前的边坡振动速度控制，有可能产生轻微的破坏，数值计算结果也表明，坡脚位置的塑性区有所扩大，但并没有向边坡和顶板内发展。另外，从图8-6中可以清晰地看出两次速度的峰值，表明两排炮孔爆破作用并没有相互叠加。

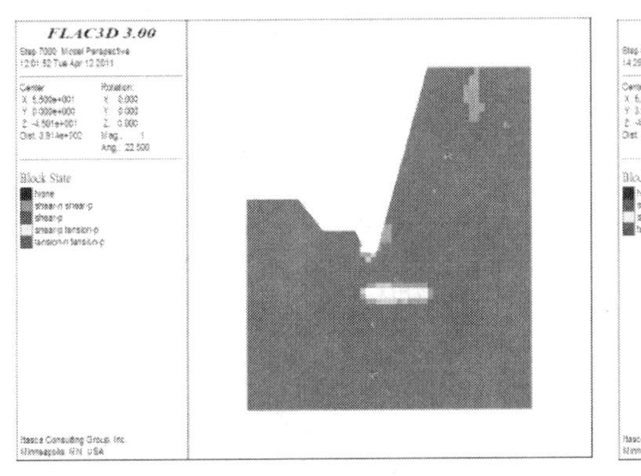

(a)

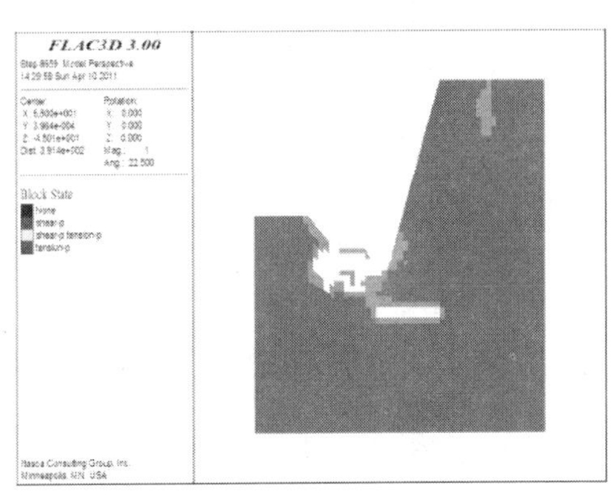

(b)

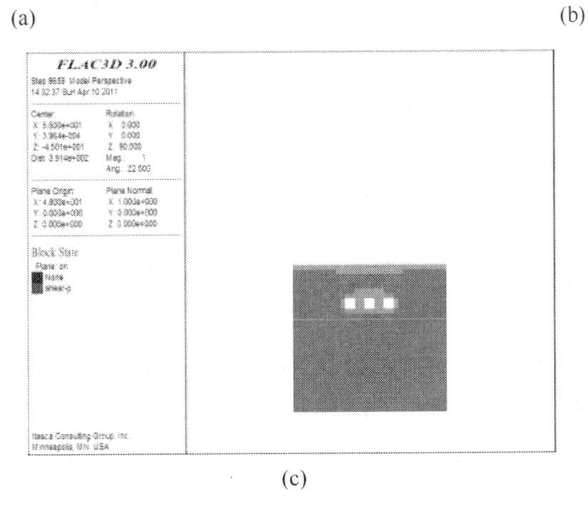

(c)

图8-5 进路式回采塑性区分布图

（a）爆破前轴线剖面；（b）爆破后轴线剖面；（c）爆破后矿房断面

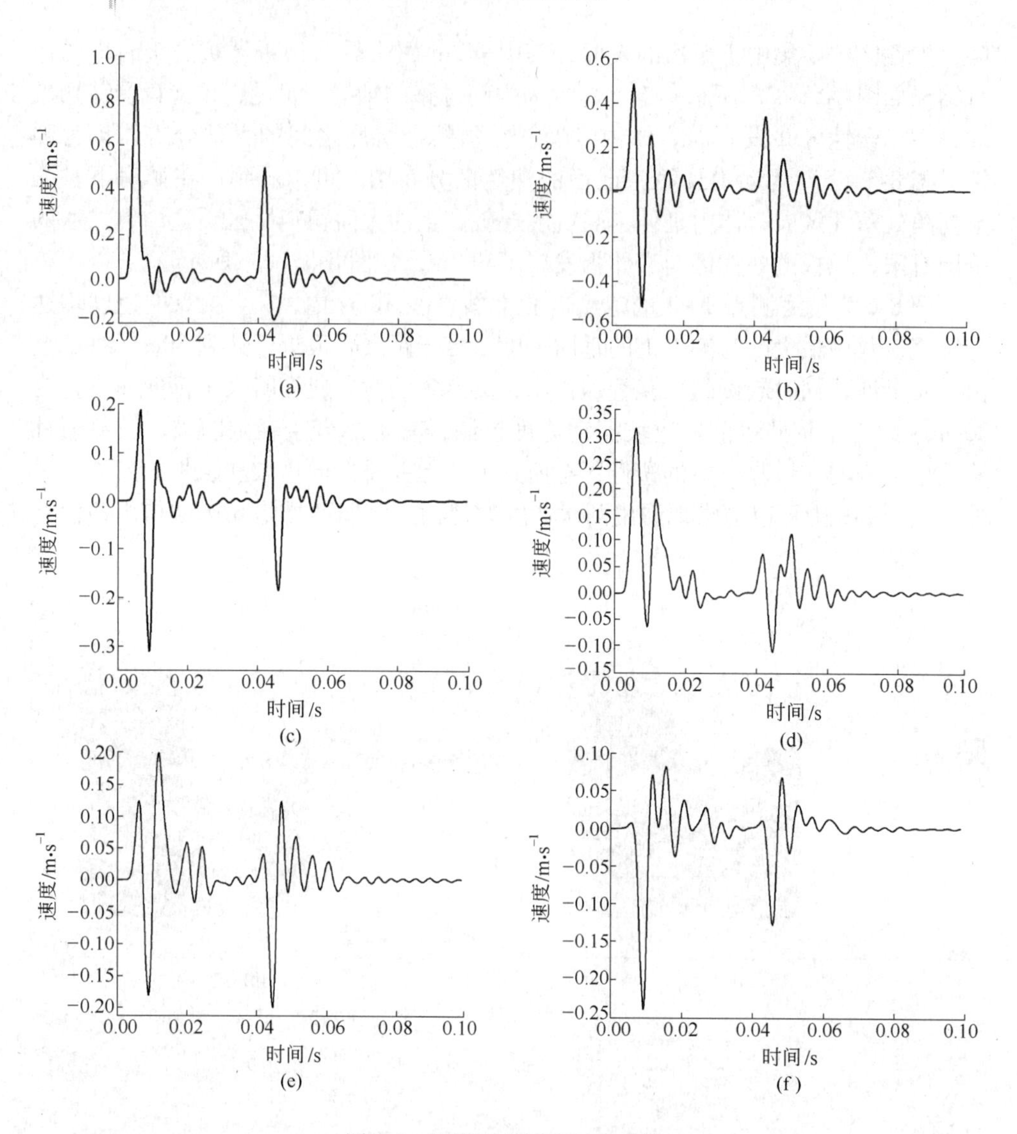

图 8-6 坑底测点速度时程曲线

(a) 测点 1 横向速度；(b) 测点 2 横向速度；(c) 测点 3 横向速度；(d) 测点 1 垂向速度；(e) 测点 2 垂向速度；(f) 测点 3 垂向速度

数值计算的结果表明，矿房下盘拐角的位置存在较高的剪切应力集中，其中剪切应力最大值在测点 6 的位置，即顶板靠近拐角的部位。图 8-7 为该点的最大剪切应力时程曲线，最大剪切应力 τ 通过式（8-11）求得：

$$\tau = 0.5(\sigma_1 - \sigma_3) \tag{8-11}$$

式中，σ_1和 σ_3分别为最大和最小主应力。

图 8-8 为该点的速度时程曲线，可以看出，在 10ms 时，也就是波阵面抵达

该位置的时刻，见图 8-4（a），测点的剪切应力达到最大值 1.8MPa；而测点的横向和垂向速度，见图 8-8（a），在同一时刻达到最大值，分别为 14.5cm/s 和 25cm/s；在约 45ms，即第 2 排炮的波阵面抵达的时刻，见图 8-4（e），测点的剪切应力再次激增至 1.6MPa 以上，测点速度也表现出相应的规律，但速度峰值略小。图 8-8（b）为顶板中点速度时程曲线，可见，在第 1 排炮孔爆破后，速度达到峰值，但在时间上与拐角的速度峰值略有滞后。

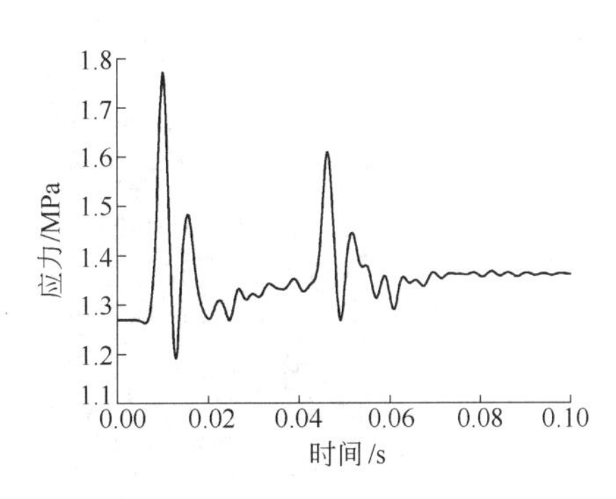

图 8-7 下盘拐角最大剪切应力时程曲线

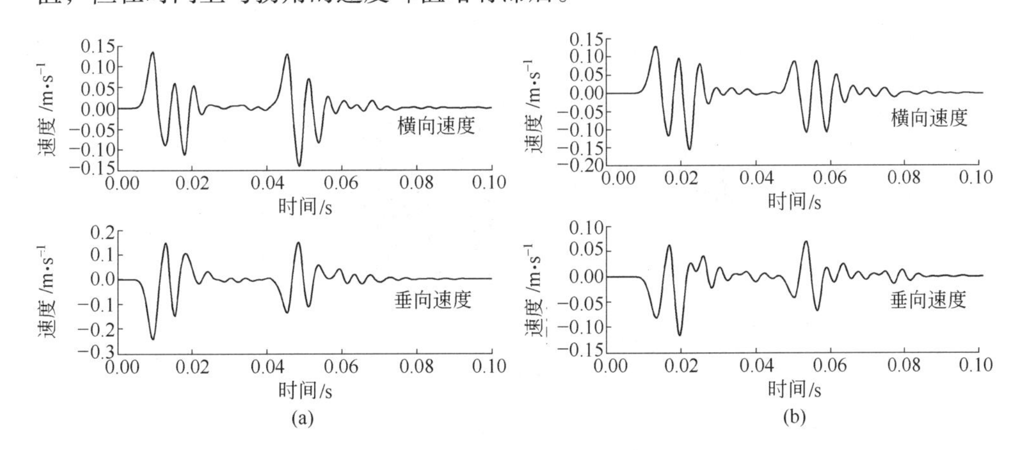

图 8-8 下盘拐角及顶板中点速度时程曲线

（a）下盘拐角速度时程曲线；（b）顶板中点速度时程曲线

8.3.2 8m 跨度矿房

8m 跨度矿房回采至−68m 水平后，矿房剖面塑性区分布如图 8-9（a）所示，可以看出，矿房顶板存在拉伸破坏区，下盘的拐角存在剪切破坏区，并且剪切破坏区向顶板上方的岩体内发展。在爆破作用后，爆心至顶板一侧的塑性区贯通，如图 8-9（b）所示，同时顶板中的塑性区进一步向内发展，如图 8-9（c）所示。

对于坑底而言，坡脚的振动速度是相对重要的，因而重点选取该位置进行分析。图 8-10 为测点 3 的速度时程曲线，可以看出，横向与垂向的速度相差不大，均接近 40cm/s，较进路式回采至同一水平后有明显的提高。对比图 8-5 可以发现，坡脚位置的塑性区有所增大，几乎从坡脚向下贯通至顶板。

同样选取测点 6 所在的位置，得到速度时程曲线如图 8-11 所示，可以看出，

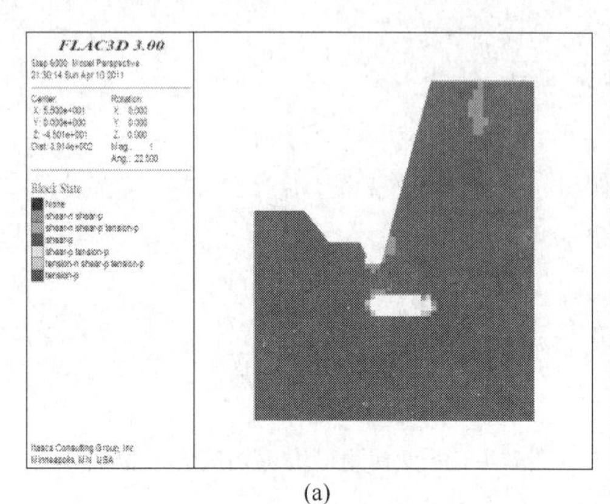

(a)

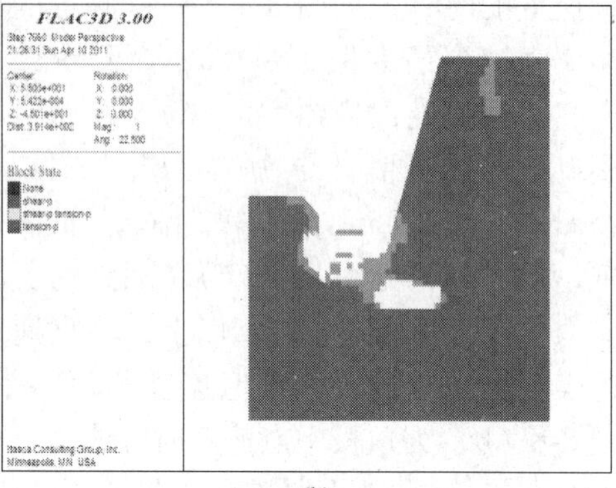

(b)

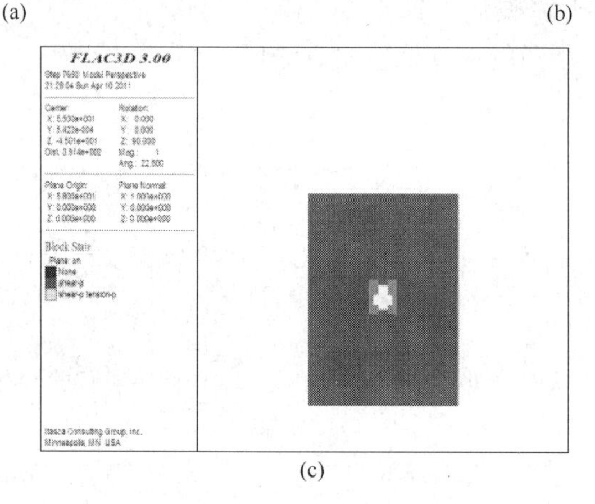

(c)

图 8-9 8m 跨度矿房塑性区分布图

（a）爆破前轴线剖面；（b）爆破后轴线剖面；

（c）爆破后矿房断面

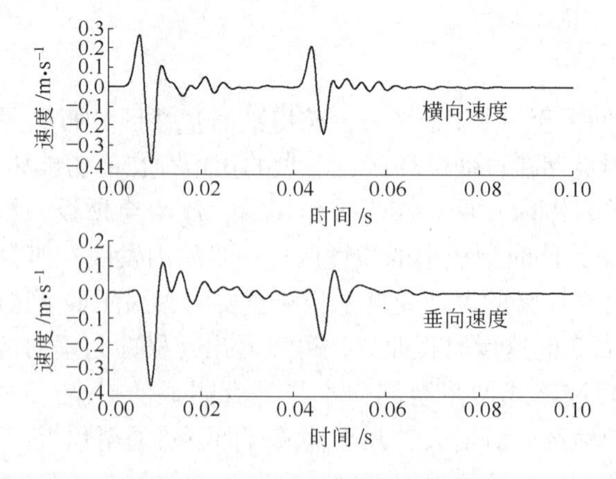

图 8-10 测点 3 速度时程曲线

在第1排炮孔爆破后，10ms时测点表现出的最大速度为垂向速度，接近40cm/s；横向速度最大速度时刻与垂向速度基本一致，最大值约22.5cm/s，两个方向的速度均较图8-8明显增加。图8-12为测点6的剪切应力时程曲线，可见在10ms时应力达到峰值，与速度时程曲线的发展规律类似。

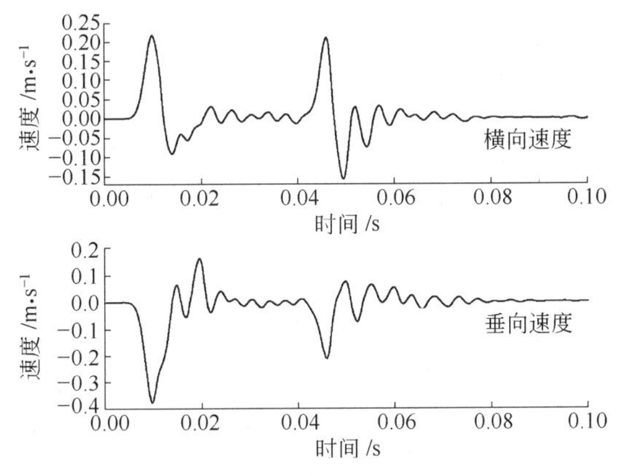

图8-11 测点6速度时程曲线

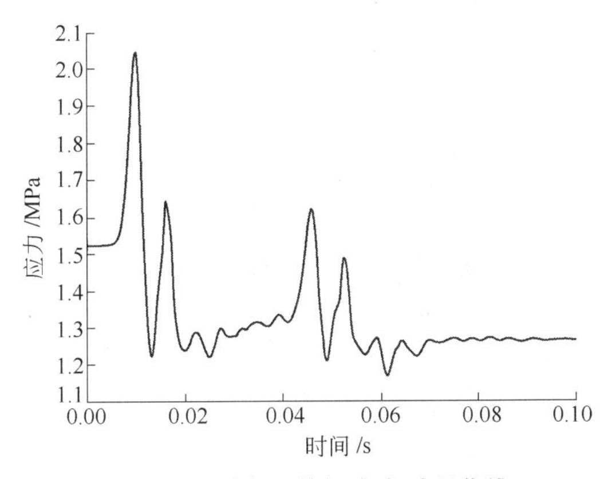

图8-12 测点6剪切应力时程曲线

从顶板中点的速度时程曲线图8-13中可以看出，速度最大的为横向速度，约在13ms时达到峰值24cm/s，垂向速度的峰值较横向有所滞后，约在20ms达到峰值15cm/s。图8-14为相应位置的最大主应力时程曲线，在FLAC中，对应力的规定为"拉正压负"，可见该位置表现为拉伸应力。其中的三次峰值分别出现在13ms，20ms和50ms，与速度峰值的时刻相一致，达到0.2MPa以上，超过了顶板单元的拉伸强度。

8.3.3 12m跨度矿房

矿房跨度增至12m后，当回采至-70m水平，爆破荷载作用后的中间剖面塑性区分布如图 8-15 所示。可以看出，由于矿房跨度的增大，在爆破荷载作用前，矿房顶板的上下盘拐角位置均出现较大面积的塑性区，如图 8-15（a）所示。爆破荷载作用后，顶板上的塑性区大面积贯通和扩大，并且呈“X”形向岩体内发展，如图 8-15（b）和（c）所示。

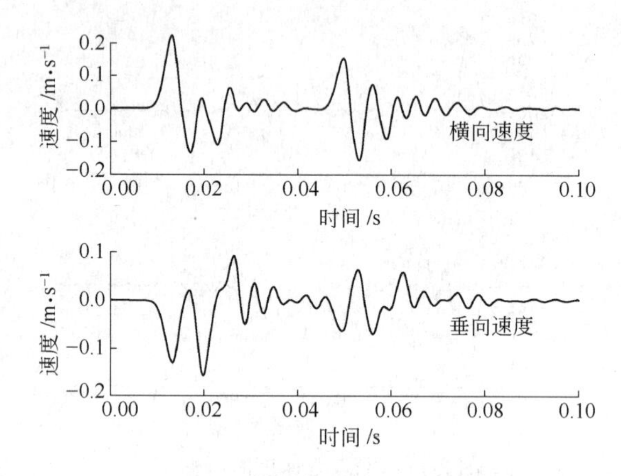

图 8-13 顶板中点速度时程曲线

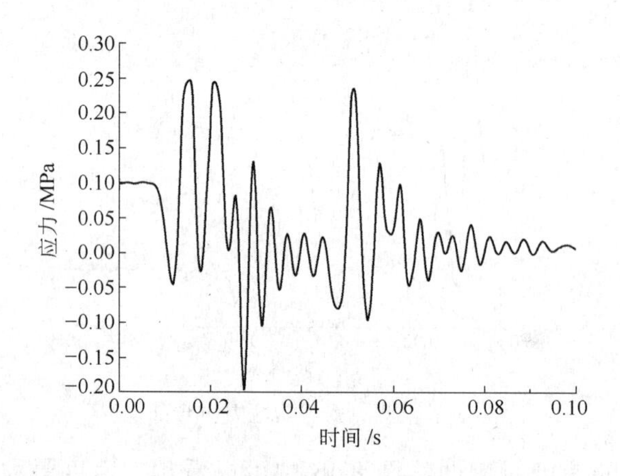

图 8-14 顶板中点最大主应力时程曲线

同样选取测点 3，得到速度时程曲线如图 8-16 所示，对比图 8-10 可以看出，虽然 12m 跨度矿房的采高较 8m 跨度的要小 2m，但测点的横向最大速率却增大了约 3cm/s，而垂向速率的差异并不明显。

图 8-17～图 8-20 分别为顶板拐角点和中点的应力及速度时程曲线，其最大附加应力与速度间的关系同前文类似，这里不再赘述，但由于采高降低 2m，速度峰值有所下降。

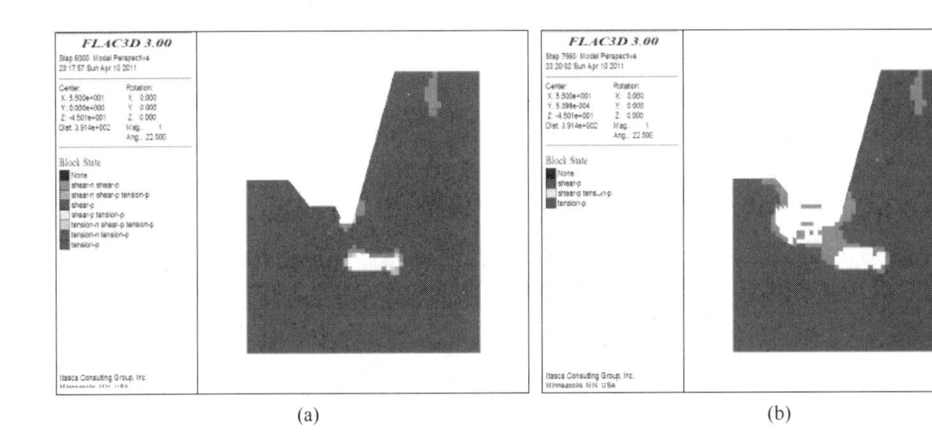

(a) (b)

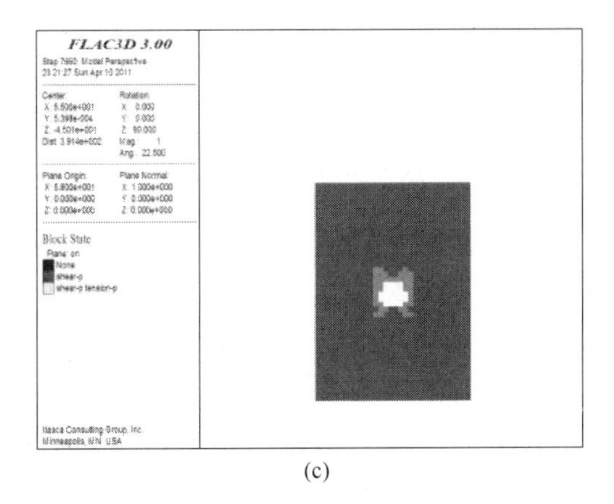

(c)

图 8-15 12m 跨度矿房塑性区分布图

（a）爆破前轴线剖面；（b）爆破后轴线剖面；（c）爆破后矿房断面

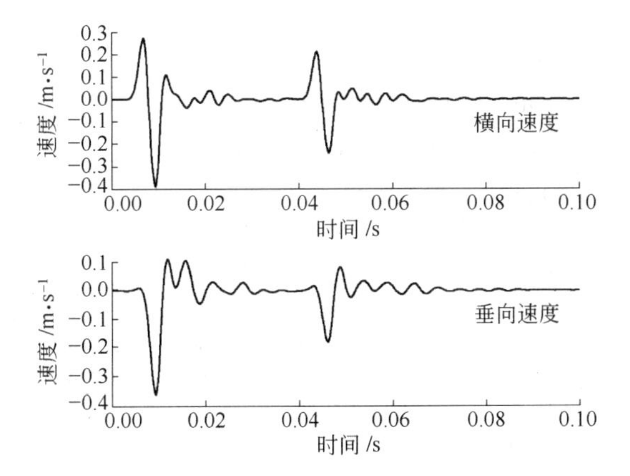

图 8-16 测点 3 速度时程曲线

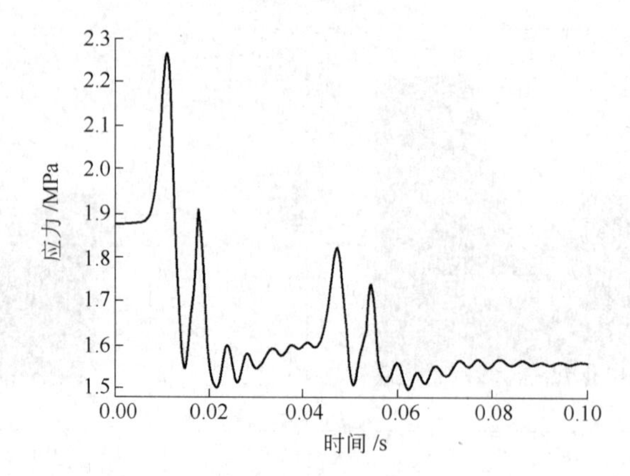

图 8-17 测点 6 剪切应力时程曲线

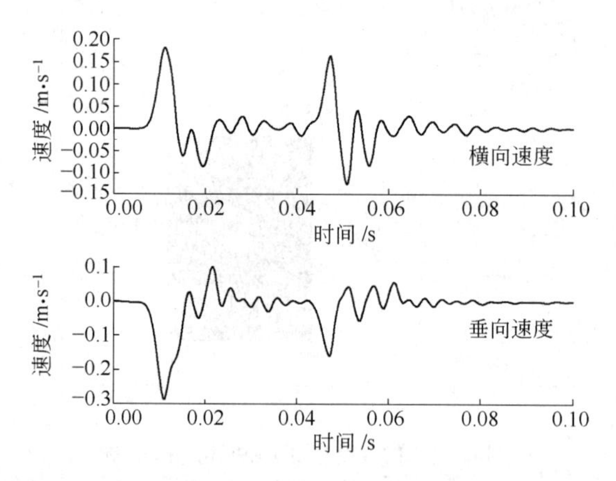

图 8-18 测点 6 速度时程曲线

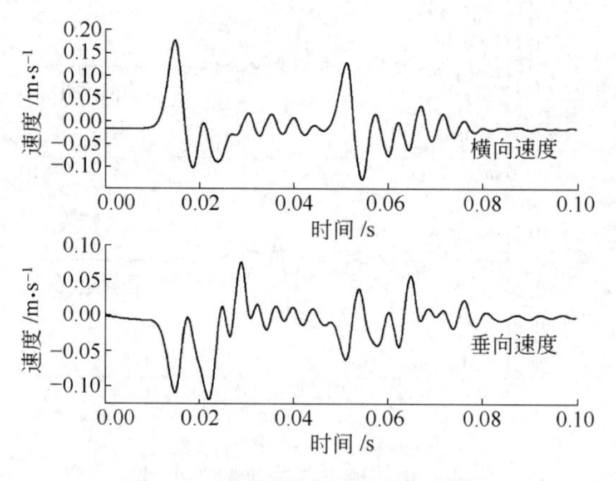

图 8-19 顶板中点速度时程曲线

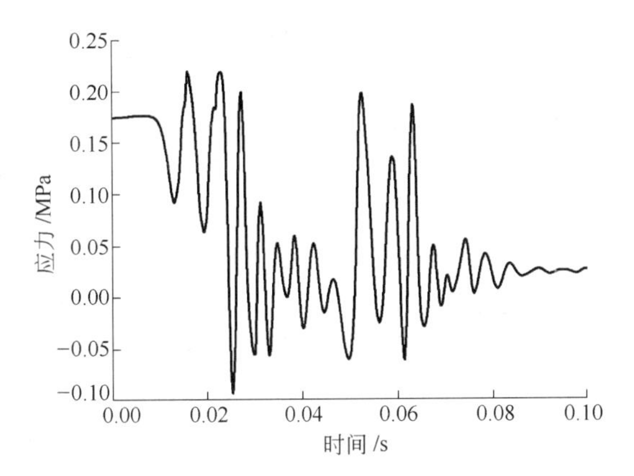

图 8-20 顶板中点最大主应力时程曲线

8.3.4 计算结果分析

就浅埋地下采场而言，顶板往往是最薄弱的部位，在矿房拉开后，顶板在一定程度上为上方的爆破起着自由面的作用，为此，应该把矿房的顶板部位作为考察的重点。上文的数值计算结果显示，虽然矿房的跨度并不相同，但在拐角和顶板等剪、拉应力集中的部位已经出现塑性单元，因而以下重点讨论在爆破附加荷载的作用下，顶板重点部位进一步破坏乃至贯通至坑底的过程。

因为数值记录点与爆心之间夹角的变化，从前文的计算结果中可以看出顶板振动速度的普遍规律为：

（1）拐角部位测点的垂向速度要大于横向速度，而中点的横向速度大于垂向速度。拐角点的垂向速度受第 1 排炮孔爆破的影响明显，对第 2 排炮孔爆破的响应较弱，最大响应速度下降了约 1/2。而横向速度对两排炮孔爆破的响应都比较明显，第 2 排爆破的影响甚至略高于第 1 排。

（2）顶板中点的横向振动速度要略大于垂向振动速度，最大振动速度产生于第 1 排炮孔爆破后，同时对第 2 排炮孔的爆破也表现出较明显的响应。

（3）爆破动荷载作用后，测点附加应力的响应与速度的响应呈现出良好的对应关系。

（4）随着采场跨度的增加，关键位置点的振动速度呈递增的趋势。

而坑底爆破对坡脚的影响，计算结果表明：

（1）横向的振动速度略大于垂向，这主要是由于测点布置在四个炮孔中间的位置，振动速度存在一定的叠加效应。

（2）因为自由面布置在靠近边坡的一侧，所以起到了很大的减振作用，坡脚的振动速度小于 42cm/s，即标准中规定的边坡允许振动速度上限。

（3）随着地下采场跨度的增加，坡脚的最大振动速度也在增长，但坡脚位置与地下采场的顶板未形成较大的塑性区贯通面。

我国《爆破安全规程》（GB 6722—2003）规定矿山巷道的安全允许振速为15 ~30cm/s，本书的数值计算表明，当塑性区贯通时，拐角测点的振动速度均已超过或达到安全允许振速的上限，而顶板中点的振动速度已超过了安全允许振速的下限。由于顶板的位置不同，其受力和破坏的形式也必然不同，因而需要针对剪、拉破坏形式分别讨论。通过矿房采高的变化，可以得到最大剪、拉应力与最大振动速度的统计关系。以 12m 跨度矿房为例，$y=ax+b$ 的形式，如图 8-21 所示，图中速度为顶板中点的振动速度，应力为附加拉伸应力的峰值。可以看出，三者之间基本为线性关系，表明采用质点最大值振动速度作为安全判据是合理的。对各方案的计算结果进行统计，得到不同顶板厚度 D、最大振动速度 v 和附加剪应力 τ 或者拉应力 σ_t 的线性拟合关系，如表 8-2 和表 8-3 所示。

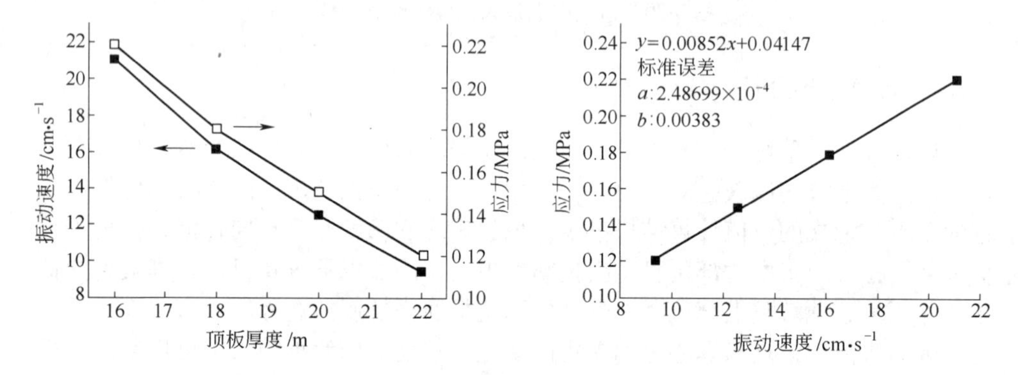

图 8-21 应力、振动速度及顶板厚度统计规律

表 8-2 顶板厚度与最大振动速度拟合关系

类别	下盘拐角		顶板中点	
	方程	标准误差	方程	标准误差
进路式回采	$D=-2.64v+63.6$	a：0.23/b：4.23	$D=-1.33v+34.16$	a：0.12/b：2.34
8m 跨度矿房	$D=-2.95v+79.2$	a：0.35/b：6.43	$D=-2.24v+58.3$	a：0.21/b：3.785
12m 跨度矿房	$D=-3.64v+89.5$	a：0.095/b：1.82	$D=-1.93v+51.44$	a：0.15/b：2.9

表 8-3 附加应力与最大振动速度拟合关系

类别	下盘拐角		顶板中点	
	方程	标准误差	方程	标准误差
进路式回采	$\tau=0.053v+0.27$	a：0.006/b：0.11	$\sigma_t=0.011v+0.011$	a：0.001/b：0.011
8m 跨度矿房	$\tau=0.061v-0.4$	a：0.006/b：0.17	$\sigma_t=0.006v+0.065$	a：0.0/b：0.0053
12m 跨度矿房	$\tau=0.045v+1.0$	a：0.1/b：0.2	$\sigma_t=0.009v+0.041$	a：0.0/b：0.004

8.4 小结

境界矿柱稳定性分析是露天转地下矿山经常遇到的问题，对于矿山进行地下开采的安全生产极其重要。针对归来庄金矿露天转地下开采的实际情况，采用FLAC 软件，分别考虑静态和动态荷载，建立了三维数值分析模型，对具有代表性的境界矿柱进行了分析计算，对境界矿柱稳定性分析方法进行了验证和补充，同时也为露天转地下境界矿柱厚度设计施工提供依据和指导。

（1）对爆破荷载的施加方法进行分析，选取目前应用广泛的三角形波荷载形式，通过 C-J 爆轰模型计算了冲击荷载峰值压力，以法向压应力的形式施加于炮孔粉碎区边界上。虽然在计算炮孔周边受到的压力时采用了平面应变假设，进行了一定的简化，但是数值计算则是采用三维的模式，与现场的生产实践比较接近。

（2）考虑 4m 跨度的进路式开采和 8m、12m 跨度的上向水平分层充填式开采三种方案，首采水平设为-76m，以上向回采的方式逐步减小境界矿柱的厚度，然后于坑底深孔中施加爆破冲击荷载，研究境界矿柱的稳定性。

（3）动力荷载作用后，顶板振动速度的普遍规律表现为：拐角部位的垂向速度要大于横向速度，而中点的横向速度大于垂向速度。拐角点的垂向速度受第 1 排炮孔爆破的影响明显，对第 2 排炮孔爆破的响应较弱，而横向速度对两排炮孔爆破的响应都比较明显。顶板中点的横向振动速度要略大于垂向振动速度。随着采场跨度的增加，关键位置点的振动速度呈递增的趋势。

爆破对边坡脚的影响表现为：因为自由面布置在靠近边坡的一侧，所示起到了很大的减振作用，坡脚的振动速度小于 42cm/s，接近于标准中规定的边坡允许振动速度上限。由于一排 4 个炮孔同时起爆，振动速度存在一定的叠加效应，横向的振动速度略大于垂向。坡脚的最大振动速度随着地下采场跨度的增加而增长，但坡脚位置与地下采场的顶板未形成较大的塑性区贯通面。

（4）数值计算表明，当塑性区贯通时，拐角测点的振动速度均已超过或达到安全允许振速的上限，而顶板中点的振动速度已超过了安全允许振速的下限。对各方案的计算结果进行统计，得到不同顶板厚度 D、最大振动速度 v 和附加剪应力 τ 或者拉应力 σ_t 的线性拟合关系，可以看出三者之间基本为线性关系，表明采用质点最大值振动速度作为安全判据是合理的。计算结果可以为现场的生产实践提供参考。

9 塔山煤矿特厚煤层采动压力控制

9.1 塔山煤矿特厚煤层开采的基本情况

塔山煤矿井田位于山西省大同煤田东翼中东部边缘地带，口泉河两侧，鹅毛口以北，七峰山西侧，距大同市约30km。井田东西走向长24.3km，南北倾斜宽11.7km，面积约170.91km^2。井田上部的侏罗系煤层已基本采完，塔山煤矿开采石炭二叠纪煤系，井田地质储量50.7亿吨，工业储量47.6亿吨，可采储量30.7亿吨，设计生产能力1500万吨/年，矿井服务年限为140年。井田内煤层赋存基本稳定，倾角平缓，可采煤层厚度很大，煤炭储量丰富，地质构造条件相对简单，埋藏深度中等，具有良好的开采技术条件。

塔山煤矿的主采煤层为3~5号煤，平均煤厚为19m，属特厚煤层，采用综采放顶煤开采技术一次采全高。矿井的首采面8102工作面已经采完，8103工作面2007年9月开始开采。在8102工作面开采过程中存在以下几个问题：

（1）发生了多起顶板来压压架事故，上覆岩层运动规律的机理尚不清楚。

（2）虽然采取了预抽放等措施，上隅角瓦斯仍时有超限。因此，如何评价支承压力对顶煤的破裂作用以及裂隙带发育规律，是确定抽放瓦斯位置的关键。

（3）8102工作面开采过程中，尚没有获得煤层侧向支承压力的分布规律，缺乏设计合理护巷煤柱宽度的依据。

（4）没有进行工作面超前支承压力分布规律的观测，因而缺乏设计超前支护段距离和确定停采线位置的依据。

因此，拟通过高精度微地震监测，得到超厚煤层综放工作面三维的围岩破裂规律和科学可靠的数据，为工作面支护装备选型提供依据。

9.2 国内外微地震监测技术简介

9.2.1 国外研究现状

美国矿业局在20世纪40年代就开始提出应用微震法监测采矿引起的冲击地压，但由于所需仪器价格昂贵且精度不高以及监测结果不明显而未能引起人们的足够重视。随着电子技术、高灵敏传感器研究取得突破性进展，特别是这些年来计算机技术的飞跃式发展，使得岩层运动监测进入了一个新纪元。地球物理学的进展以及数字化地震监测技术的应用更为小范围内的、信号较微弱的微地震研究提供了必要的技术基础。近年来美国一些公司的研究机构和大学联合研究开发的微地震监测技术，在地下岩石工程（如地热水压致裂、水利大坝、石油、采矿核废料处理等）中进行了一些重大工程应用实验，并获得了巨大成功，使人们重新认识了这一方法的巨大潜力，其使用价值和应用前景也得到了学术界和工程界的广泛关注，并已在石油、水利、土建、采矿等工程中逐步开展起来。

澳大利亚联邦科学与工业研究院（CSIRO）从1992年开始，对采矿引起的微地震现象进行了研究，主要针对长壁采煤工作面附近岩层的破坏及冒落。在对昆士兰州的高登斯通矿以及其他几个矿区的微地震研究后发现，在采煤工作面连续推进过程中，其周围岩层的微地震活动表现出一种规律性的模式，表明在采矿过程中，其周围岩层的地质缺陷及其断层会受到采动的影响而被激活，并产生相应的运动，这种结构性的运动会影响到整体响应，以至于在远离工作面几百米的地方也会发生微地震活动。总的来说，这些微地震观测属于经验性的定性研究，在实践中尚缺乏定量化手段。1998年，该研究院在进行三维（主动）地震探测中发现了一次较明显的由采矿引发的微地震，并进行了初步定位，后来得到证实。这一偶然发现，使人们相信微地震在现场可以进行观测，并能进行比较精确的定量研究。此后，1998年8月到2000年6月，研究院在多个煤矿对采矿引发的微地震进行了布网监测，为采矿工作提供了大量有用的信息，极大地激发了矿业公司投资进行此类监测及研究的积极性。到目前为止，澳大利亚联邦科学与工业研究院（CISRO）已完成众多矿的微地震监测实验，积累了大量的现场经验，为微地震监测工作的广泛开展和进一步研究打下了良好的基础。

加拿大金斯顿的工程地震组织（ESG，Engineering Seismology Group）的主要成员是出自女王大学的Paul Young教授的门下，他们的主要研究方向为岩石地下工程微地震系统的构建、信号采集、处理、分析，最后进行微地震事件定位及微地震事件的其他参数计算（如震源半径、震矩、应力降等），并对微震事件分布及时序进行三维可视化。ESG和加拿大原子能公司的研究机构合作，开展了微地震研究，主要课题是地下坚硬围岩开挖引发的隧道损伤，主要目的是保证置放核燃料的地下结构的稳定性，重点内容是依据现场实测结果研究了微地震事件分布、能级、机理及其与岩石变形的关系，还据此进行了深入的研究，分析和建立了数学模型。

波兰开展微地震监测研究较早，主要用于监测冲击地压和矿震。从2007年的资料看，波兰的监测系统采用地面4个、井下8~12个检波器，这种系统对监测区域震动有效，对高精度岩层破裂监测则密度不够。另外，整套系统价格昂贵。

总之，微地震技术在国外进行得较早，相对也比较成熟，并在不同领域取得了一系列开创性成果，甚至在有些领域，微地震技术成为不可或缺的核心手段。

但是，在井工煤矿利用该技术解决实际问题的研究较少。

9.2.2 国内研究现状

20世纪90年代以来，在地震部门和原煤炭部联合支持下，微地震技术在矿震研究领域取得了一批研究成果。后来，澳大利亚联邦科学与工业研究院与我国的兴隆庄煤矿进行了微地震方面的研究与合作，并取得了导水裂隙带分布的成果。微地震在兴隆庄煤矿监测的结果与在澳大利亚监测的结果存在明显不同的特征，表明不同矿区、不同地质条件、不同采煤方法，其微地震特征也各不相同，实践中应当区别对待，不可生搬硬套。另外，中南大学和有色金属设计院合作在冬瓜山铜矿也进行了微震监测的研究。

北京科技大学在国内率先进行了微震精确定位研究，并开发了拥有自主知识产权的煤矿井下微震监测仪，同时开发出相关软件。成功地在山东省鲁西煤矿完成了导水裂隙带高度的微地震监测，同时在山东省华丰煤矿进行冲击地压的微地震监测，在河北峰峰梧桐庄煤矿进行底板突水预测预报，均取得了很好的效果。需要指出的是，地震行业研究煤矿微地震的思路与达到的精度，与煤矿生产有较大的差距，原因之一是地面布置检波器没有考虑离层对弹性波传播的影响；原因之二是井下少量的检波器以及平面形布置方式决定了定位精度只能达到100 ~500m。

背景资料1：微地震监测技术的原理

微地震监测技术（MS，microseismic monitoring technique）的基本原理是：岩石在应力作用下发生破坏，并产生微震和声波；通过在采动区顶板和底板内布置多组检波器实时采集微震数据；经过数据处理后，采用震动定位原理，可确定破裂发生的位置，并在三维空间上显示出来。与传统技术相比，微震定位监测具有远距离、动态、三维、实时监测的特点，还可以根据震源情况进一步分析破裂尺度和性质。它为研究覆岩空间破裂形态和采动应力场分布提供了新的手段。

背景资料2：微地震监测技术的分类

（1）分布式矿井地震监测系统。用于监测矿震，特点是只注重监测大震级破裂事件，定位精度在500m左右，一般不适合用于采掘工程。

（2）分布式微地震监测系统。用于监测小型矿震，特点是可监测小震级破裂事件，由于主机不防爆，因此采用分布式结构，定位精度在50~100m左右。一般只适合采区尺度。

（3）集中式高精度防爆型微地震监测系统。用于监测矿震和岩层破裂，特点是主机防爆，既可以安装于井下，也可以安装在地面。检波器集中式布置，可以布置深孔检波器，矿震和破裂事件的定位精度达到5~10m，适合采掘工程尺度。

背景资料 3：影响定位精度的主要因素

微地震定位监测的精度是决定监测成果能否应用于采矿工程的关键，经过对影响精度因素的系统分析，较好地控制了主要误差因素，提高了定位的精度。主要影响因素分为开采因素、地质因素、测站因素、监测因素和算法因素五类。

开采因素对定位精度的影响是指开采后引起的地层离层和形成的采空区，是微地震监测必须避开的区域。地质因素对定位精度的影响是指煤系地层一般比较软弱，为了提高信号的质量，应尽可能将检波器布置在坚硬岩层中。测站对定位精度的影响因素主要有以下四个：检波器的分量数、检波器间距、检波器的空间性和检波器与破裂区的相对位置；期望通过平面型测区获得高精度定位结果是很困难的；检波器与破裂区的相对位置是指检波器在空间上能够“包含”破裂区，特别是能够包含重点的目标区。监测因素对定位精度的影响主要包括事件记录和背景信号抑制的阈值设置、P 波到时拾取的统一标准和失效检波器的判断三个因素。算法因素对定位精度的影响是指复合定位的算法对定位精度的影响；复合定位算法的结果是破裂产生的一个区域，而人们习惯于把破裂面看成一个点震源，因此需要用合适的方法处理定位的结果，减少算法产生的误差。

背景资料 4：高精度定位软件和系列工程应用软件

高精度定位软件和系列工程应用软件是监测系统的重要组成部分，通过研究煤矿工作面尺度与微地震监测控制尺度的关系，需要掌握提高小尺度监测精度的传感器布置方法和定位技术，并研制定位软件。

为了将微地震监测的结果转化成采矿工程师能够直接应用的成果，需要开发系列应用软件。有代表性的软件为：将微地震定位结果直接合成到开拓开采平面图和剖面图上的软件，通过它可以直观地看到破裂过程与开采过程的关系；在破裂点分布的平面图上，作出任意位置剖面图的软件，通过它可以了解和观察顶底板的破裂情况和矿山压力的分布特征；破裂过程的动态显示软件；微地震事件的统计分析软件。

9.3 8103 工作面微地震监测方案

9.3.1 8103 工作面基本情况

8103 工作面的基本情况如下：

(1) 地面位置。地面为黄土沟、麻皮泊沟沟谷与三道叶山梁，尾切以北为雁崖长胜里住宅区。

(2) 井下位置及相邻采掘情况。工作面以东与大同市南郊区塔山矿为界，南面以 1070 回风巷为界，连通 1070 皮带巷、辅运巷，西面为设计的 8104 工作面未开拓，北邻雁崖矿长胜里住宅区保护煤柱。上覆侏罗系 11、14 号煤层，局部为同煤麻地湾矿区与胡家湾煤矿等小煤窑开采区，层间距为 290~370m。

8103 工作面地表标高 1408 ~1561m，工作面底板标高 1010 ~1045m，煤层埋深 363 ~ 551m。

(3) 工作面情况。8103 工作面走向长 2793m，倾向长 230.5m，面积为 643855.7m^2。煤层平均厚度 18.46m，倾角 2° ~ 5°，平均 3°。地质构造简单。

9.3.2 测区布置方案

9.3.2.1 测点布置原则

8103 工作面的微地震监测目的有以下几点：揭示上覆岩层运动规律；评价支承压力对顶煤的破裂作用以及裂隙带发育规律；获得煤层侧向支承压力的分布规律与超前支承压力分布规律；得到特厚煤层综放工作面三维的围岩破裂规律和科学可靠的数据。

根据以上要求，确定 8103 工作面微地震监测的原则为：

(1) 考虑到工作面倾角较小，四周是实体煤，开采后两巷道周围岩层运动与应力分布相对于工作面走向中线来说，是对称的。因此，只要在一条巷道内（8103 回风巷）布置测区即可。

(2) 为了能够精确监测破裂位置，同时考虑到可靠性，在距离开切眼 230m 处设第一个钻孔，向上垂深 30~50m，钻孔向煤柱侧倾斜，这样可以使钻孔寿命延长。每隔 30~50m 左右布置一个钻孔，共布置 20 个三分量检波器，监测控制的距离达到 500m，包括监测工作面见方和正常推进期间的岩层破裂规律。

由于微地震监测信号的有效区域一般在 200 ~ 300m，坚硬岩层断裂的监测距离可以达到 1000m 以上，因此目前的测区可以覆盖走向 800m、顺槽两侧各 300m 的区域。

9.3.2.2 钻孔设计参数

本测区共布置 20 个钻孔。钻孔编号分别为 1 ~ 20 号。其中，10 号钻孔为炮孔，且在放完定位炮后在此钻孔中也安装一个检波器。其余各钻孔各安装一个三分量检波器。钻孔直径为 97mm。钻孔的施工参数如表 9-1 所示。

表 9-1 钻孔及检波器布置参数

钻孔编号	检波器编号	检波器类型	在工作面前方/m	与水平面夹角/(°)	钻孔深度/m	备 注
1	1 号	三分量	150	60	60	顶板孔
2	2 号	三分量	180	60	40	顶板孔
3	3 号	三分量	180	-45	15	底板孔
4	4 号	三分量	210	60	40	顶板孔
5	5 号	三分量	240	60	60	顶板孔

续表 9-1

钻孔编号	检波器编号	检波器类型	在工作面前方/m	与水平面夹角/(°)	钻孔深度/m	备 注
6	6 号	三分量	240	-45	15	底板孔
7	7 号	三分量	270	60	60	顶板孔
8	8 号	三分量	300	60	40	顶板孔
9	9 号	三分量	300	-45	15	底板孔
10	10 号	三分量	330	60	40	顶板孔
11	11 号	三分量	360	60	60	顶板孔
12	12 号	三分量	360	-45	15	底板孔
13	13 号	三分量	390	60	60	顶板孔
14	14 号	三分量	420	60	40	顶板孔
15	15 号	三分量	420	-45	15	底板孔
16	16 号	三分量	450	60	40	顶板孔
17	17 号	三分量	480	60	60	顶板孔
18	18 号	三分量	480	-45	15	底板孔
19	19 号	三分量	510	60	60	顶板孔
20	20 号	三分量	540	60	40	顶板孔

微地震监测系统检波器（钻孔）平面布置图如图 9-1 所示，剖面布置图如图 9-2~图 9-6 所示。

9.3.3 高精度微地震监测系统配置简介

微地震监测系统包括硬件系统和软件系统两大部分。8103 工作面微地震监测系统的组成如图 9-7 所示。

9.3.3.1 硬件配置

微地震监测系统硬件主要由以下部分组成：

（1）防爆计算机（见图 9-8）；

（2）前置放大器；

（3）数据采集板（卡）；

（4）三分量检波器（见图 9-9）与电缆；

（5）数据通讯光电交换机；

（6）信号电缆（见图 9-10）等。

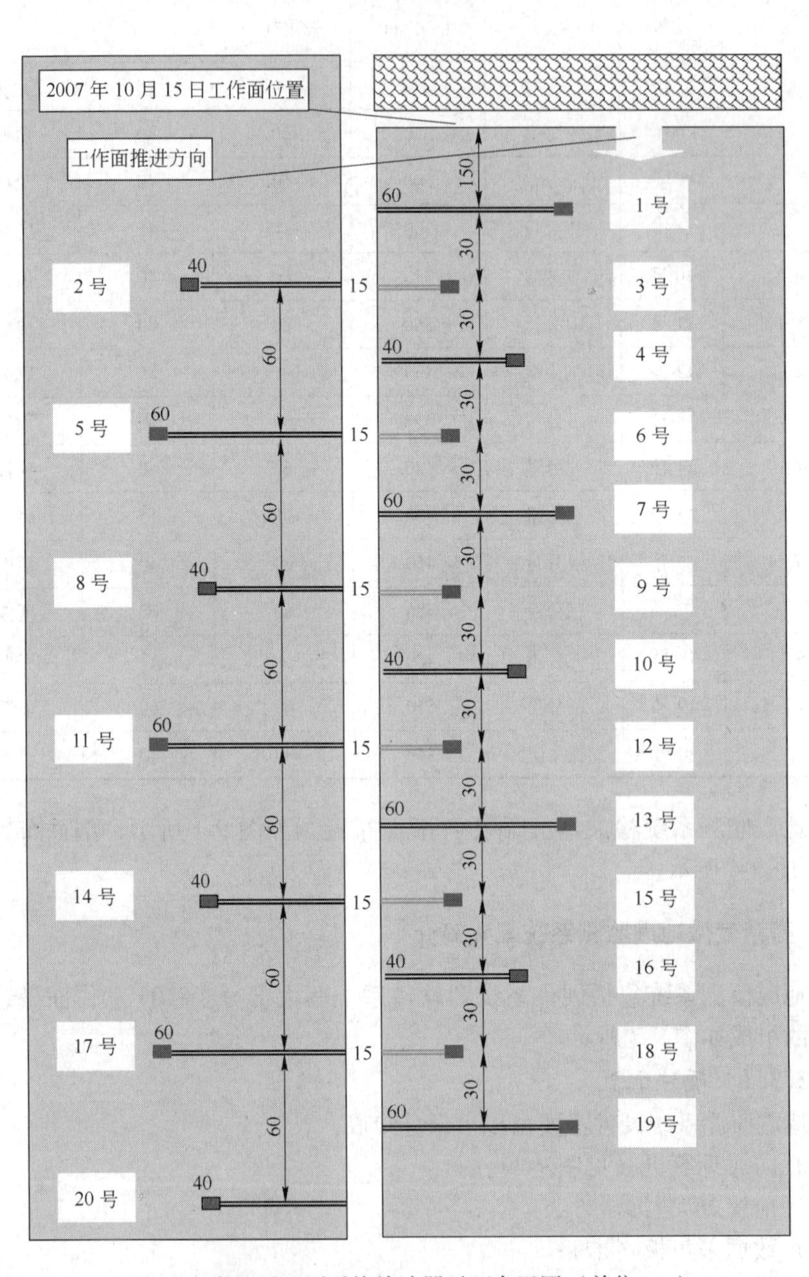

图 9-1 微地震监测系统检波器平面布置图（单位：m）

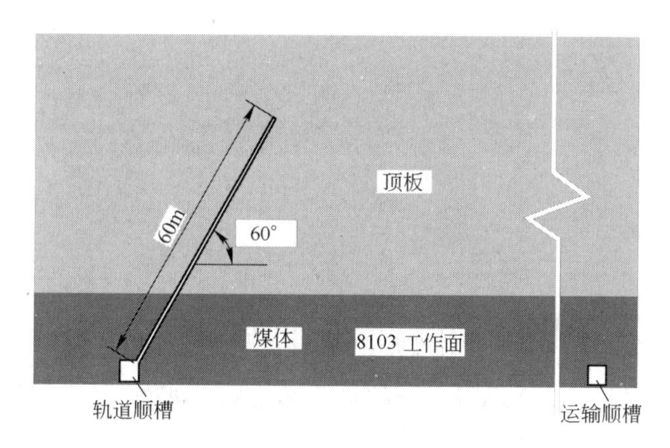

图 9-2　钻孔 1、7、13、19 剖面图

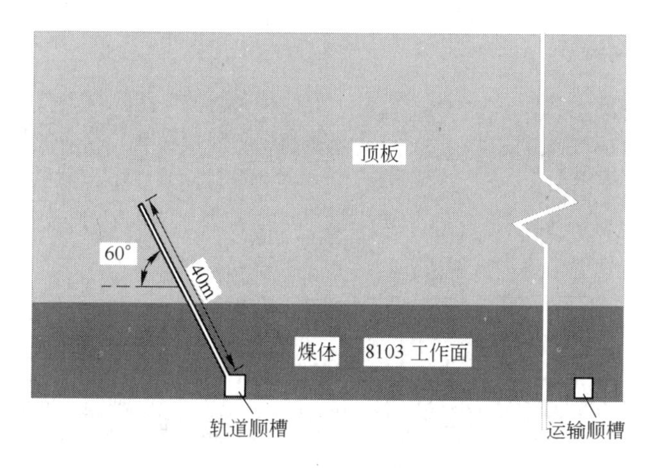

图 9-3　钻孔 2、8、14、20 剖面图

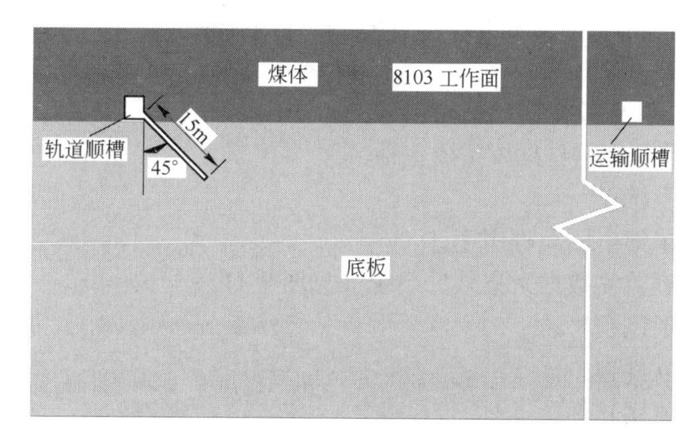

图 9-4　钻孔 3、6、9、12、15、18 剖面图

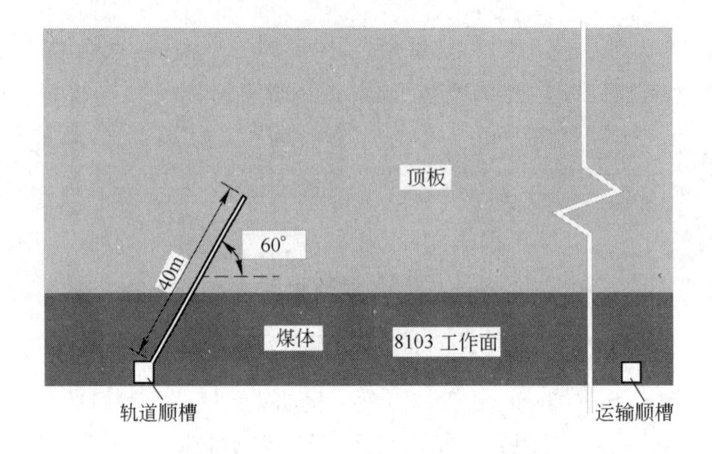

图 9-5 钻孔 4、10、16 剖面图

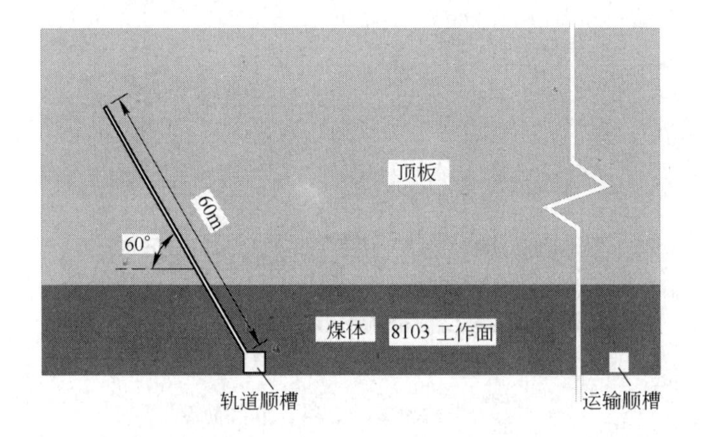

图 9-6 钻孔 5、11、17 剖面图

9.3.3.2 软件配置

微地震监测系统软件配置主要包括：

（1）操作系统；

（2）数据采集卡驱动程序库；

（3）微地震监测数据采集软件系统（见图 9-11）；

（4）数据通讯程序；

（5）定位软件包；

（6）工程应用软件。

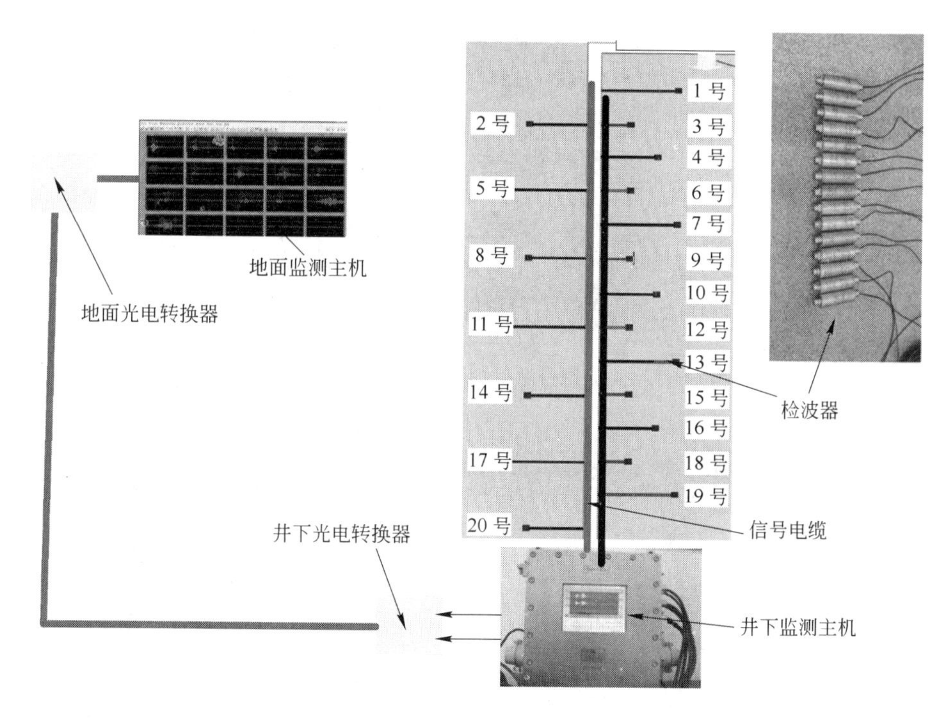

图9-7　8103工作面微地震监测系统的组成

图9-8　防爆计算机

图9-9　三分量检波器

图 9-10 信号电缆与接口

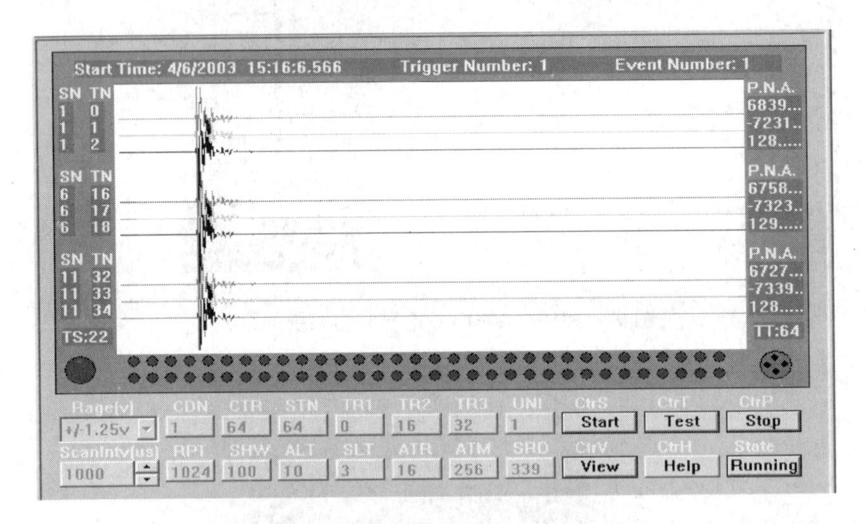

图 9-11 微地震监测数据采集软件界面

9.4 微地震监测的主要成果

9.4.1 塔山煤矿微地震监测系统的标定

系统标定的通常做法是放标定炮，即把起爆位置当成一个已知的点震源，然后进行反演分析，从而达到系统标定的目的。

9.4.1.1 微地震波的塔山传播模式及传播速度

在塔山煤矿，高位岩层破裂产生的微地震波在煤岩层中以煤岩分裂的模式传播，典型的塔山煤矿微地震波波形如图 9-12 和图 9-13 所示，微地震传播特征如图 9-14 所示。震源定位采用课题组研制的“四-四”定位法，计算原理采用非线性最小二乘法。

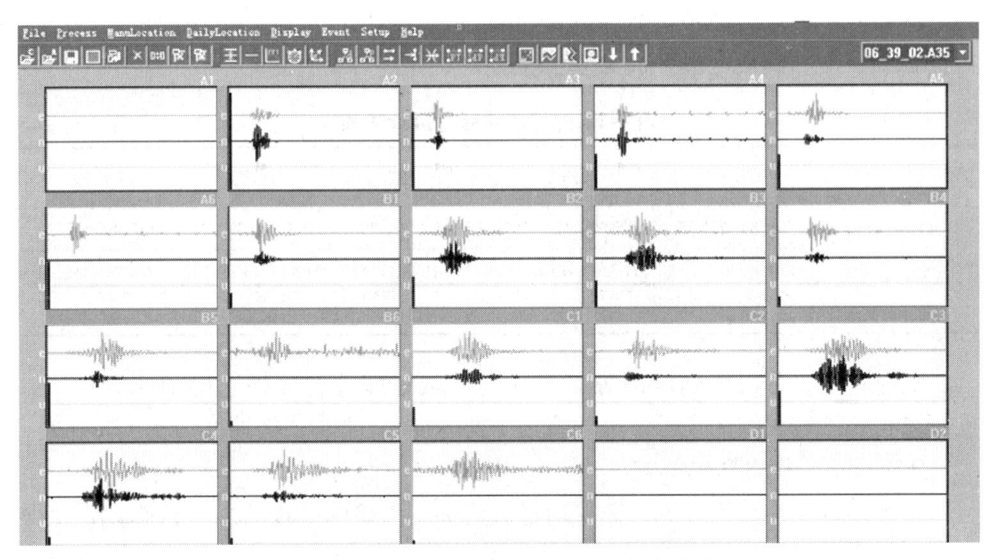

图 9-12　岩层破裂诱发的微地震波波形图

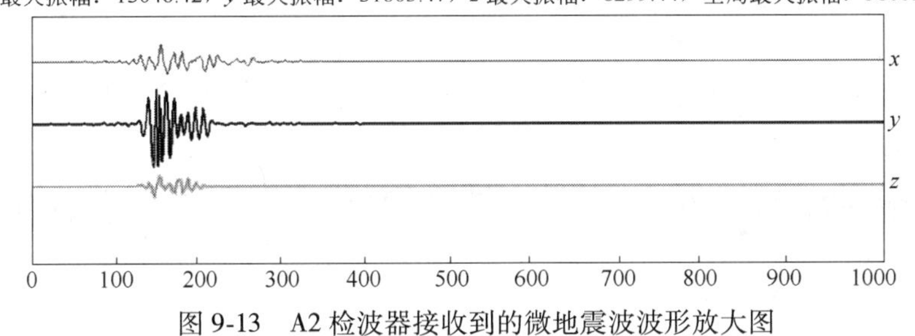

图 9-13　A2 检波器接收到的微地震波波形放大图

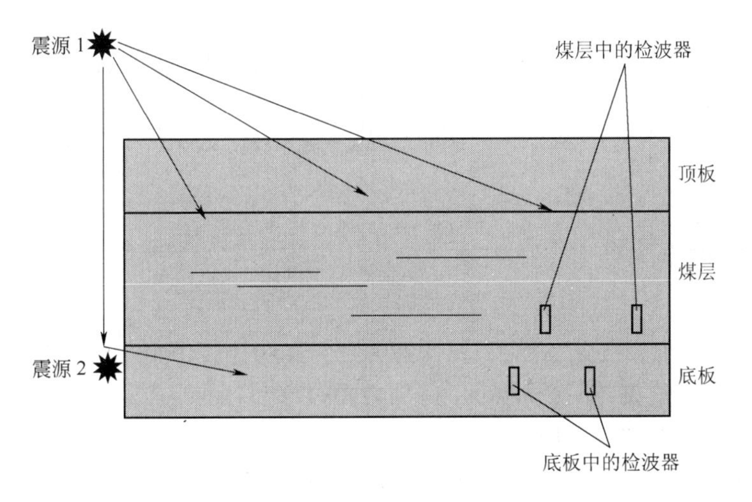

图 9-14　塔山煤矿微地震传播特征

任意两个检波器的距离差除以它们的到时差都可以得到一个速度值，这样就可以得到一系列的速度值，如表 9-2 所示。

表 9-2　弹性波传播速度计算表

组　合	C1/E2	C1/F2	D1/E2	D1/F2	E2/F2
距离差/m	96. 87/23. 75	152. 64/23. 75	96. 87/33. 79	152. 64/33. 79	152. 64/96. 87
到时差/ms	150. 19/133. 12	163. 27/133. 12	150. 19/135. 11	163. 27/135. 11	163. 27/150. 19
速度值/m · ms^{-1}	4. 28	4. 27	4. 18	4. 22	4. 26

通过计算，可以得到塔山煤矿底板岩层微地震波的传播速度为 4. 24m/ms。同理可得，微地震波的顶板传播速度为 3. 99m/ms，平均传播速度为 4. 12m/ms。

9. 4. 1. 2　监测系统标定

监测系统在井下安装后，需要通过放炮标定，检验系统的工作状态，并获得微地震波在岩层中传播的参数，包括微地震波在各种煤矿岩层介质中的传播速度、平均传播速度、能量衰减速率、标定定位精度等。

放炮过程及波形特征：2007 年 11 月 18 日下午，标定炮在 15 点 11 分 31 秒成功起爆。放炮后，各检波器都记录到了有效波形。从图 9-15 和图 9-16 可以清楚地看出，所有检波器均收到质量很好的信号，表明检波器安装和整个监测系统工作状态良好。

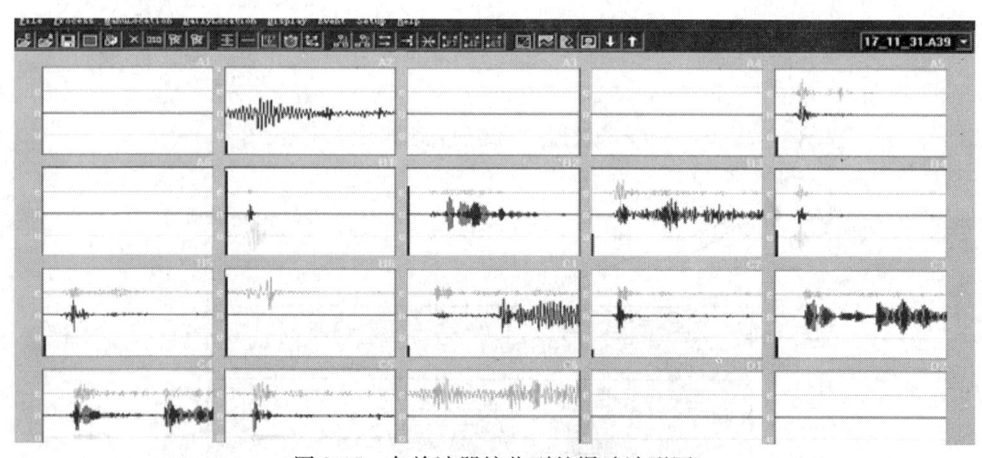

图 9-15　各检波器接收到的爆破波形图

复合定位结果：（x，y，z）=（3899. 3，5089. 3，1009. 1），坐标变换后的炮点定位的结果为（543899. 3，4425089. 3，1009. 1），实际炮点坐标（543900. 9，4425097. 5，1009. 3）。

误差为：x 方向 0. 6m，y 方向 8. 2m，z 方向 0. 2m，平均误差 3. 0m；误差在预计的范围内，定位精度能够满足工程应用。实际定位时，由于震源性质和传播

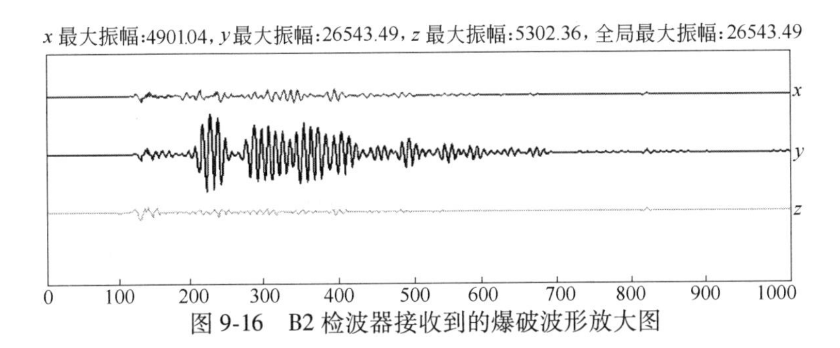

图 9-16 B2 检波器接收到的爆破波形放大图

介质性质的差别，定位精度将出现波动，平均能够达到 10m 以内的精度。

9.4.2 随工作面推进微地震事件的显现规律

为了能够得到正常推进阶段特厚煤层的顶板结构参数及其运动规律，选取 2007 年 11 月 2~29 日期间的微地震监测数据作为研究顶板岩层运动规律的基础，期间工作面推进了 230.9m。

9.4.2.1 微地震事件揭示的 8103 工作面岩层破裂过程

2007 年 11 月 2~29 日期间，随工作面的推进，微地震事件的分布呈现出明显的阶段性和分区性。红色圆点代表岩层诱发微地震波的震中位置（即微地震事件的位置）。

每日微地震事件在平面上的分布如图 9-17 所示，从图中可以看出，随工作面的推进，微地震事件分布总体上超前工作面一定距离发展，局部微地震事件密集分布。

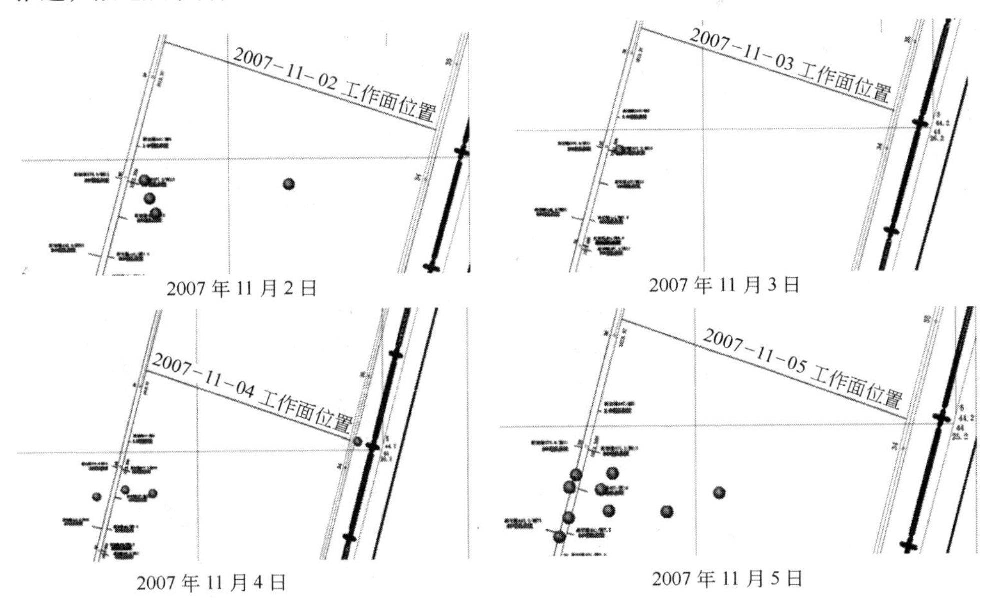

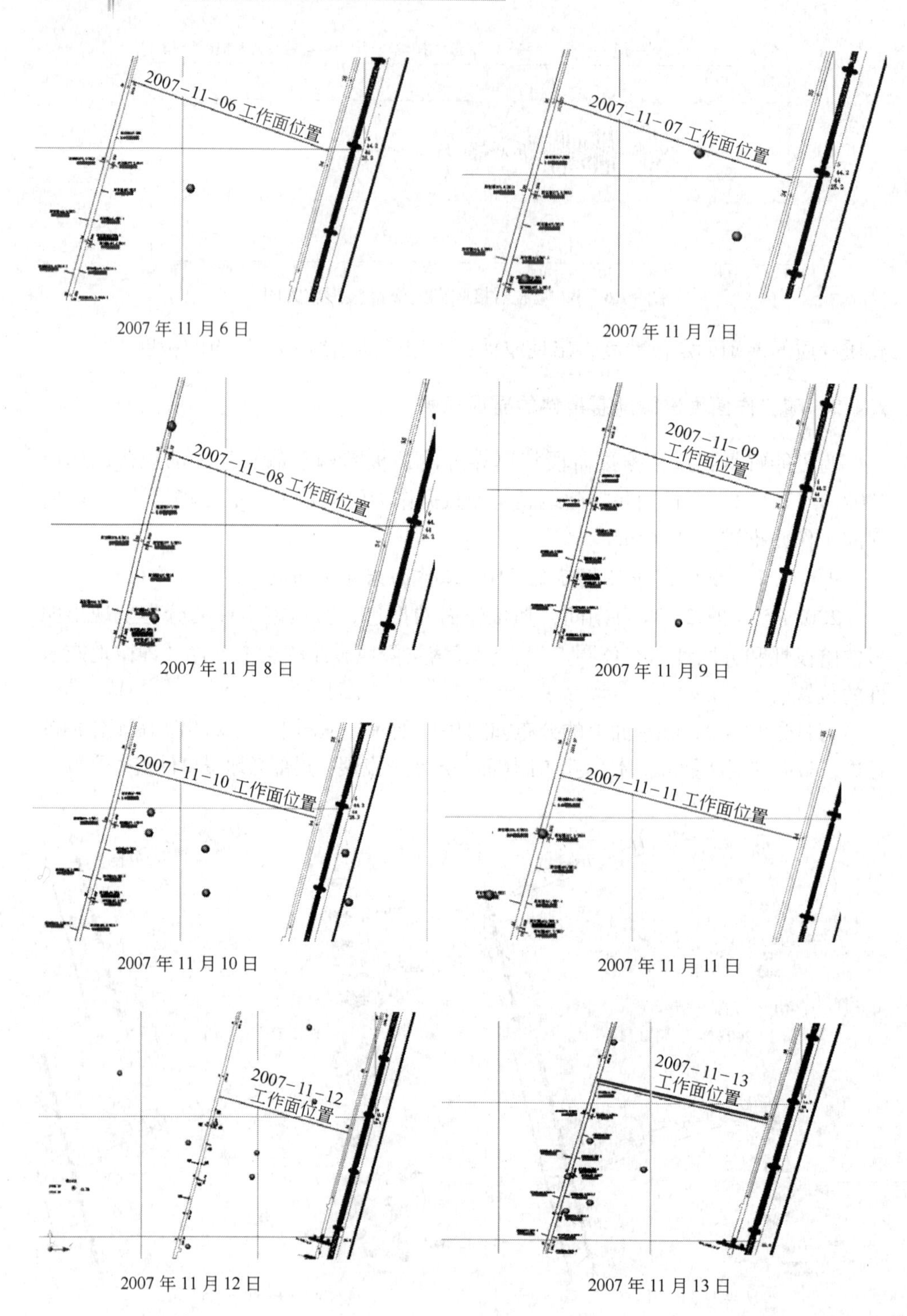

2007 年 11 月 6 日

2007 年 11 月 7 日

2007 年 11 月 8 日

2007 年 11 月 9 日

2007 年 11 月 10 日

2007 年 11 月 11 日

2007 年 11 月 12 日

2007 年 11 月 13 日

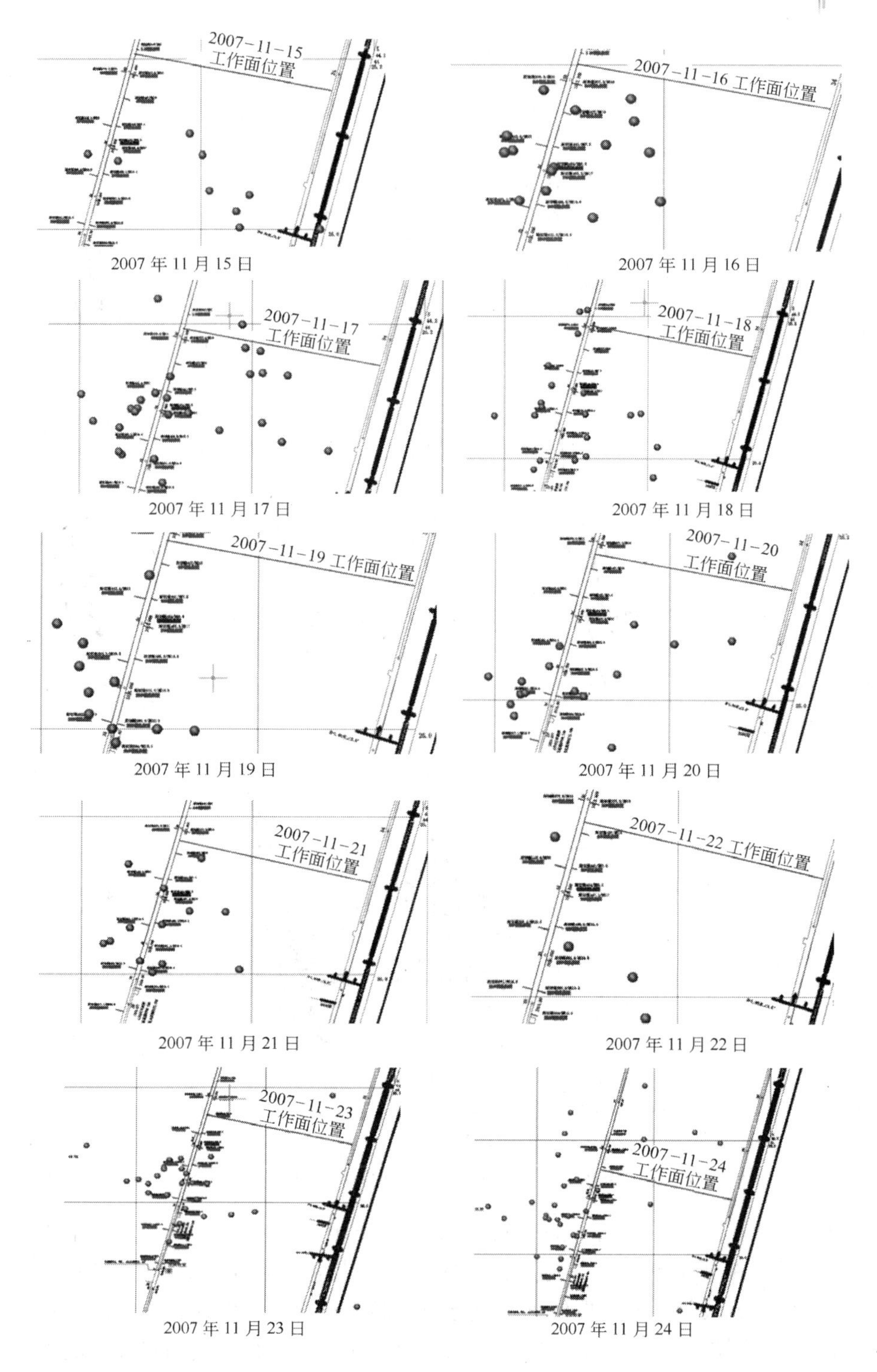

2007年11月15日　2007年11月16日

2007年11月17日　2007年11月18日

2007年11月19日　2007年11月20日

2007年11月21日　2007年11月22日

2007年11月23日　2007年11月24日

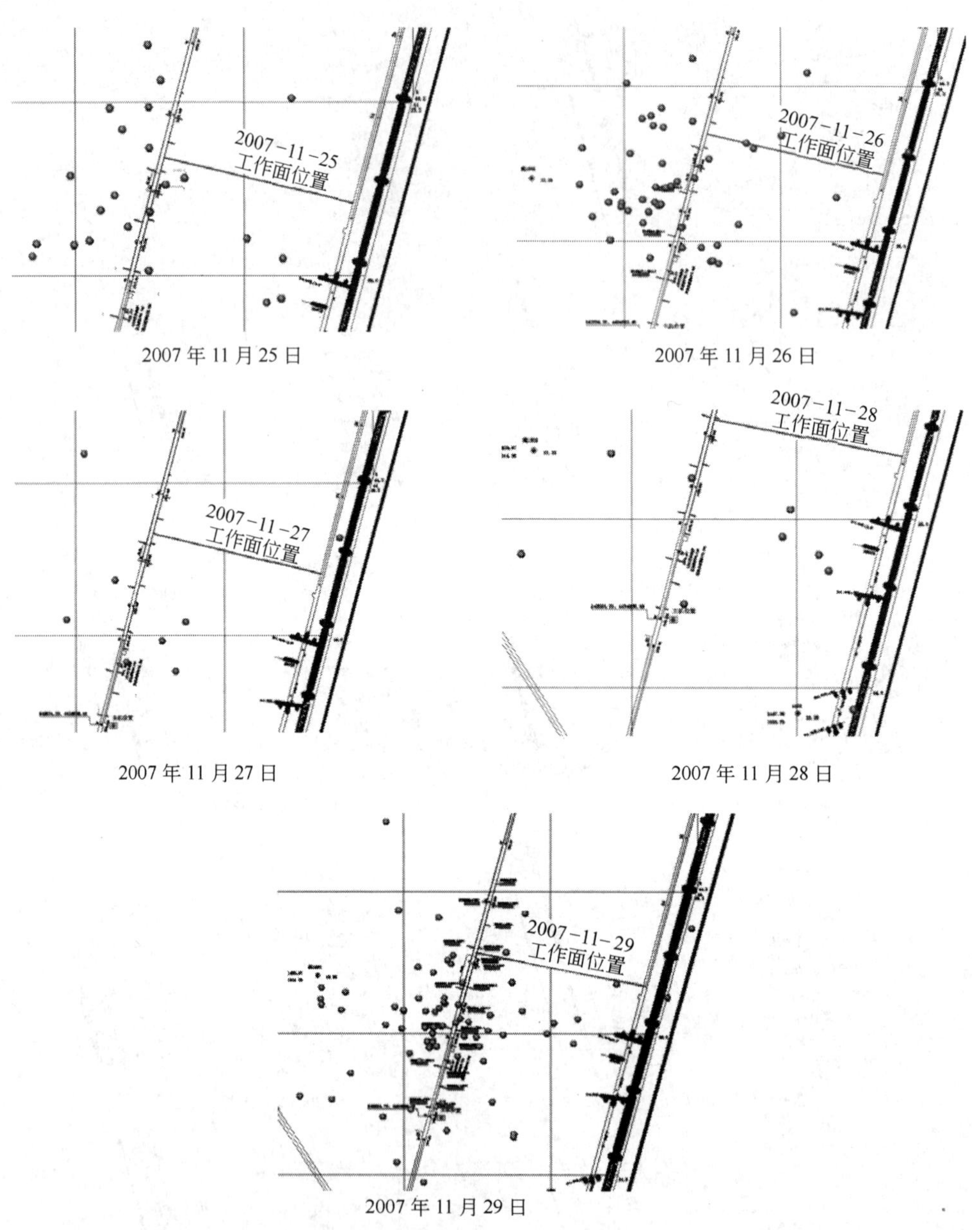

图 9-17 每日微地震事件平面分布图（2007 年 11 月 2~29 日）

每日微地震事件在倾向上的分布如图 9-18 所示，从图中可以看出，工作面附近覆岩微地震事件在高度上的分布呈现分区性发展的规律，高度在 75~150m 左右，而低位岩层的微地震事件则密集分布。煤柱附近覆岩微地震事件的分布则固定在一定范围内。在时间上，每隔几天便会出现一次分布范围相对较大的微地震事件，反映了岩层周期性运动的规律。

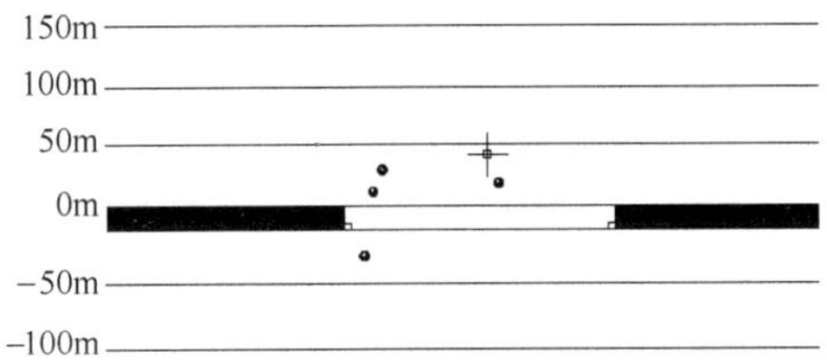

150m
100m
50m
0m
−50m
−100m

2007 年 11 月 2 日

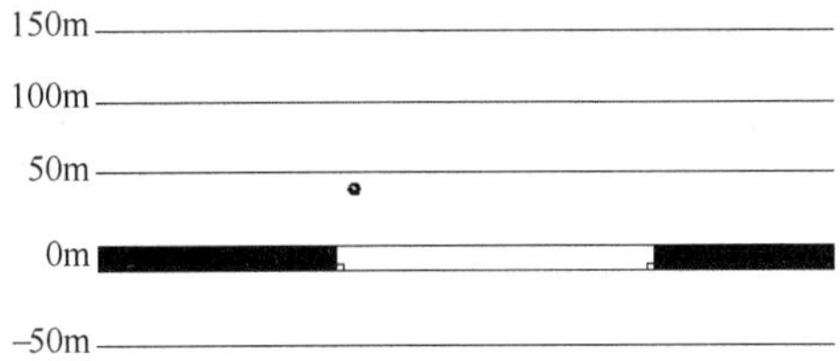

150m
100m
50m
0m
−50m

2007 年 11 月 3 日

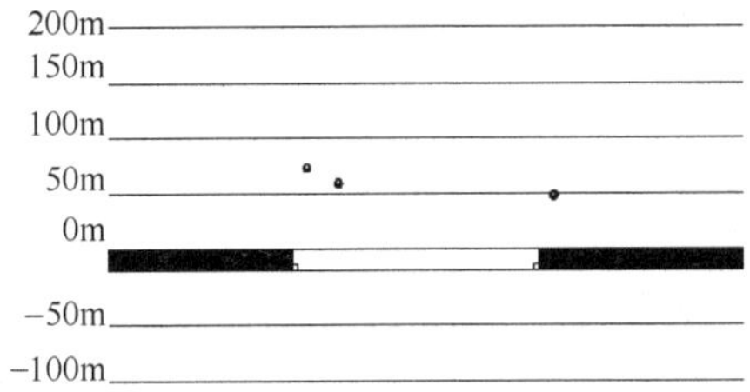

200m
150m
100m
50m
0m
−50m
−100m

2007 年 11 月 4 日

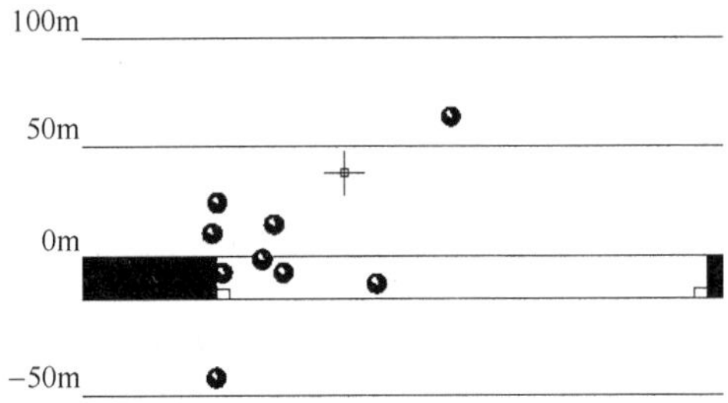

100m
50m
0m
−50m

2007 年 11 月 5 日

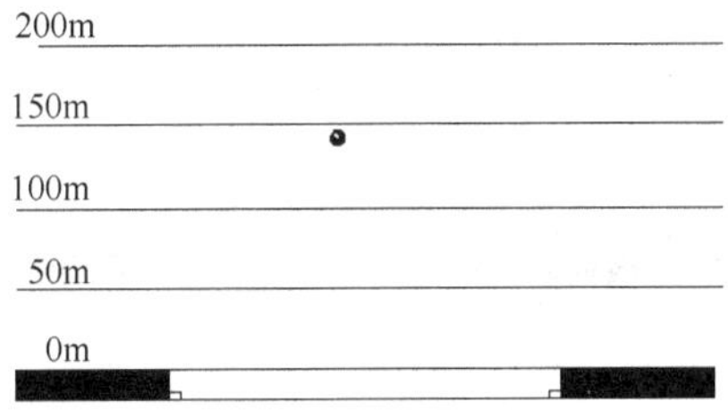

200m
150m
100m
50m
0m

2007 年 11 月 6 日

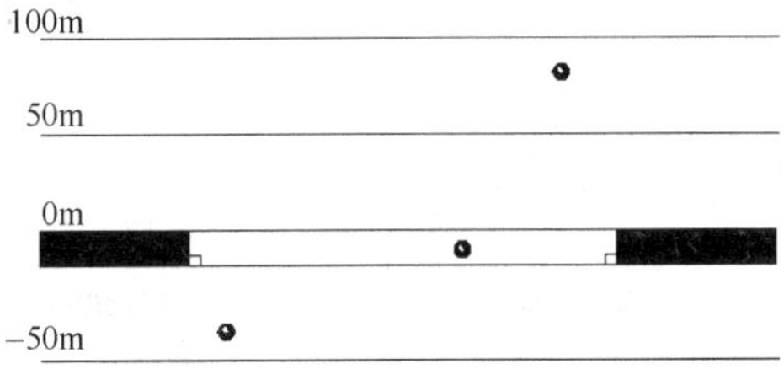

100m
50m
0m
−50m

2007 年 11 月 7 日

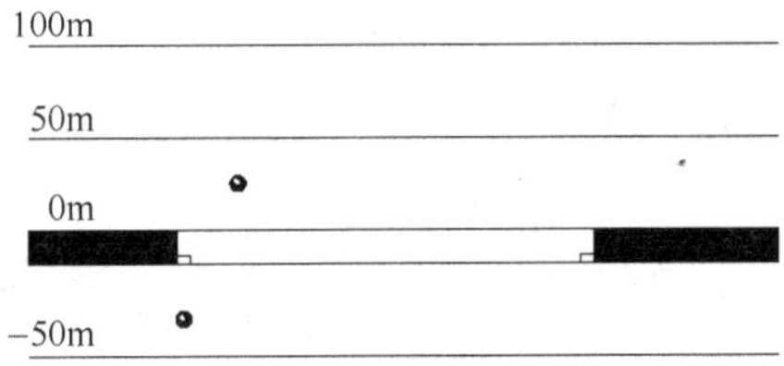

100m
50m
0m
−50m

2007 年 11 月 8 日

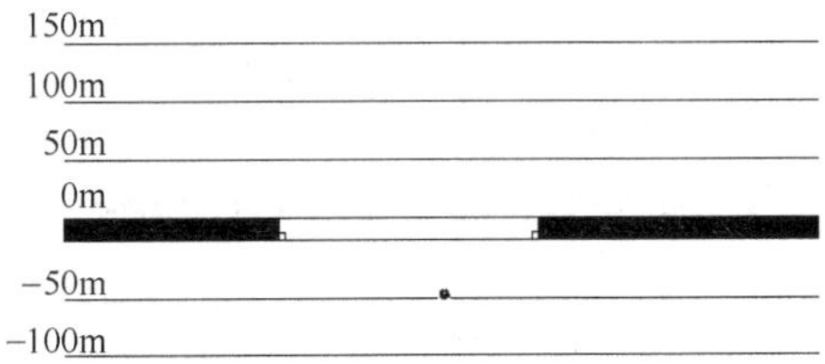

150m
100m
50m
0m
−50m
−100m

2007 年 11 月 9 日

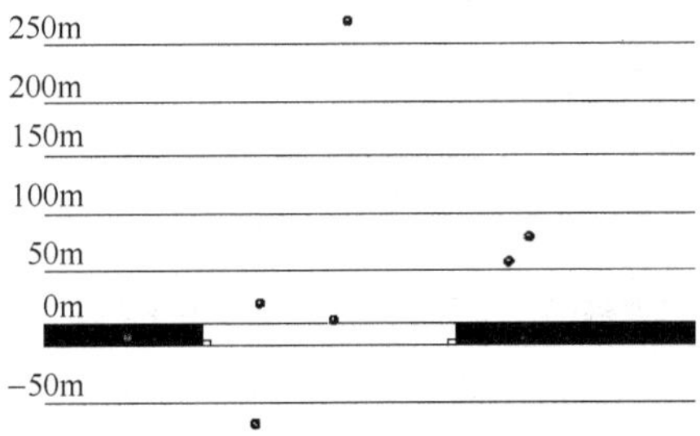

250m
200m
150m
100m
50m
0m
−50m

2007 年 11 月 10 日

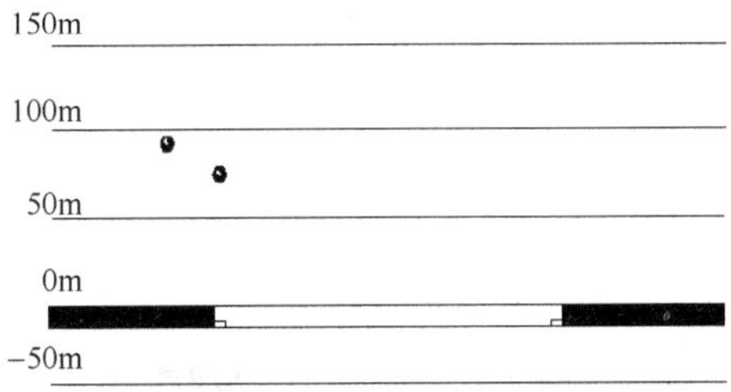

150m
100m
50m
0m
−50m

2007 年 11 月 11 日

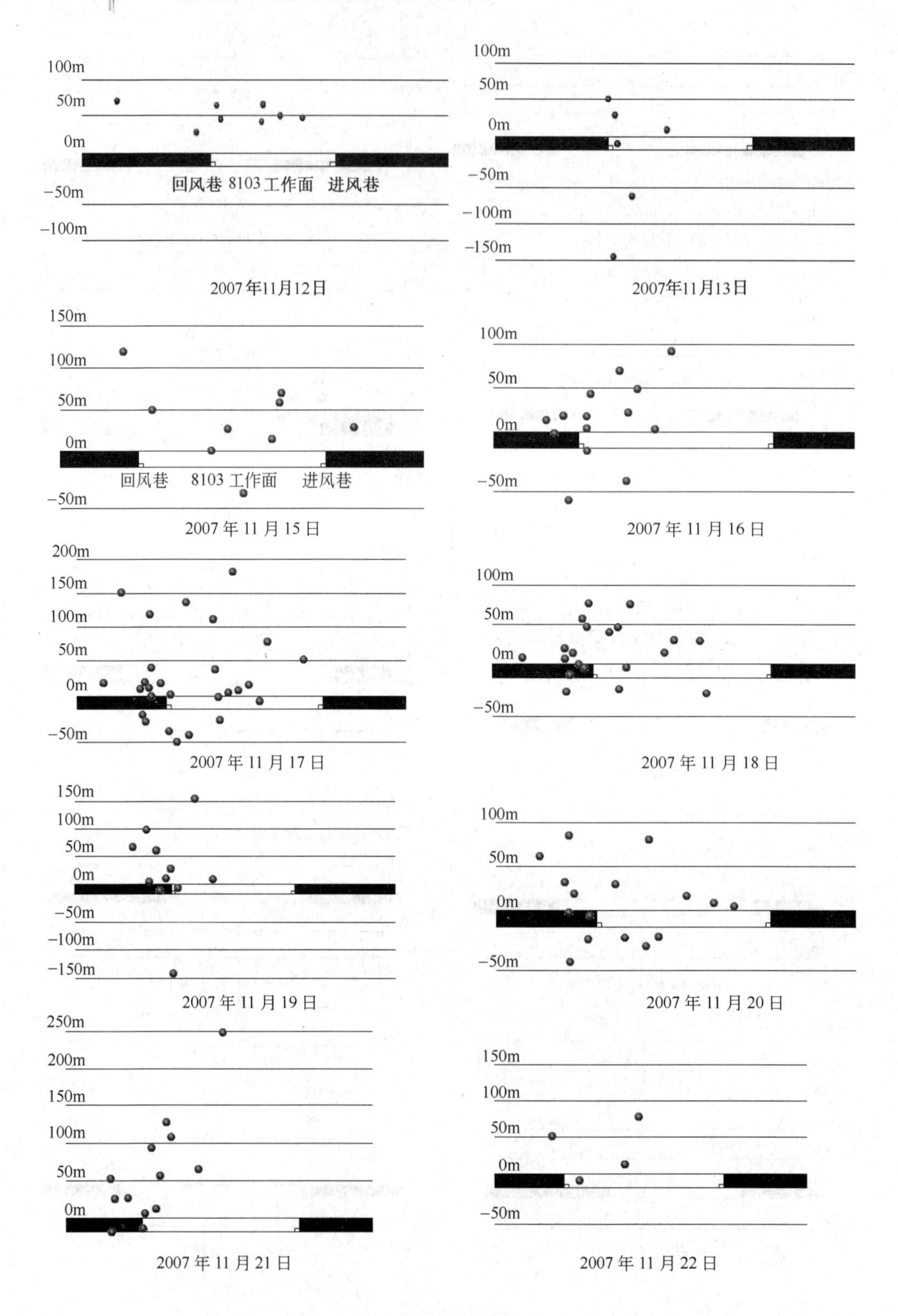

2007年11月12日 2007年11月13日

2007 年 11 月 15 日 2007 年 11 月 16 日

2007 年 11 月 17 日 2007 年 11 月 18 日

2007 年 11 月 19 日 2007 年 11 月 20 日

2007 年 11 月 21 日 2007 年 11 月 22 日

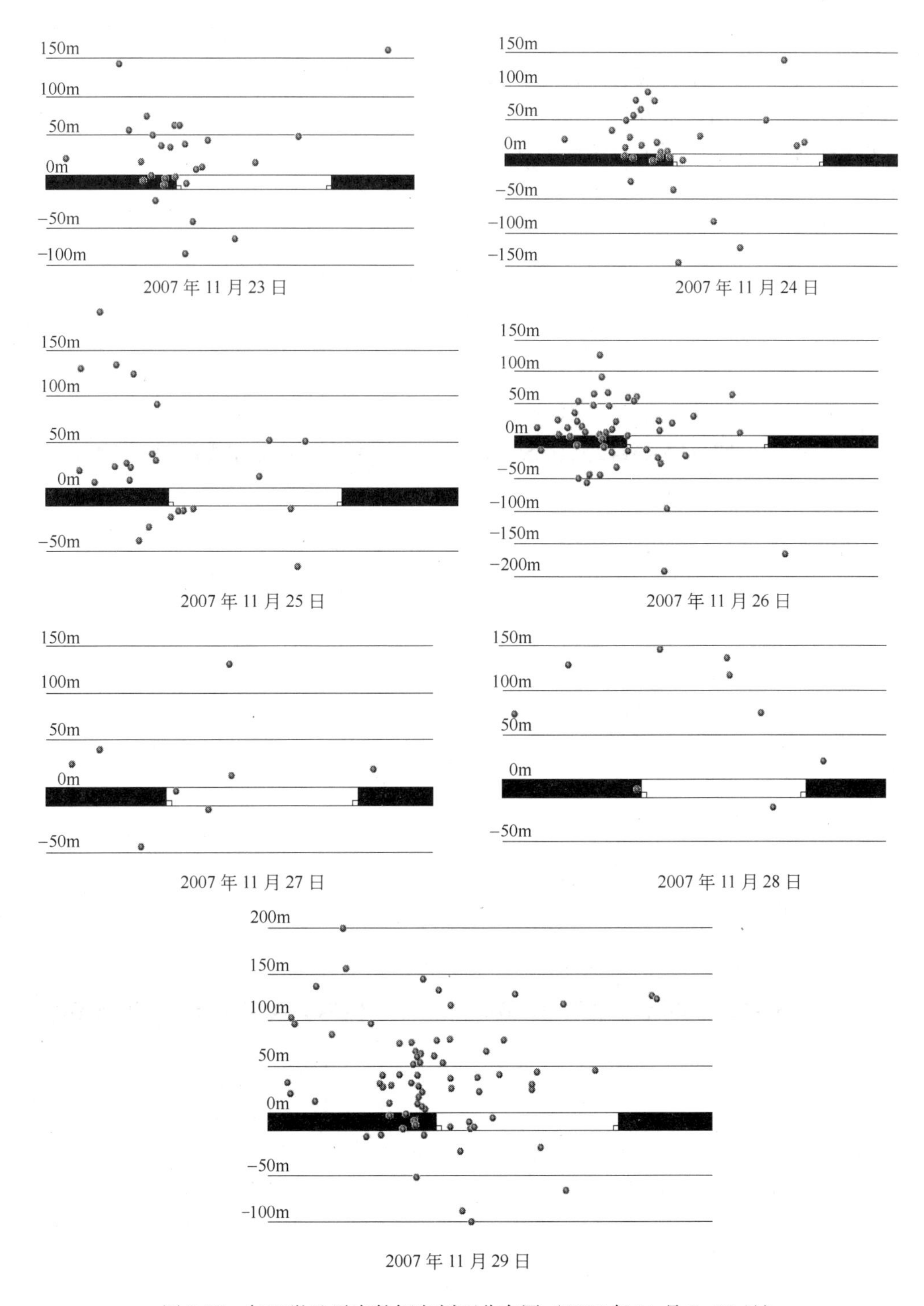

图9-18 每日微地震事件倾向剖面分布图（2007年11月2~29日）

每日微地震事件在走向上的分布如图 9-19 所示，从图中可以看出，微地震事件在高度上的分布呈现阶段性发展的规律，高度在 75～150m 左右，而低位岩层的微地震事件则密集分布。在时间上，每隔几天便会出现一次分布范围相对较大的微地震事件，反映了岩层周期性运动的规律。

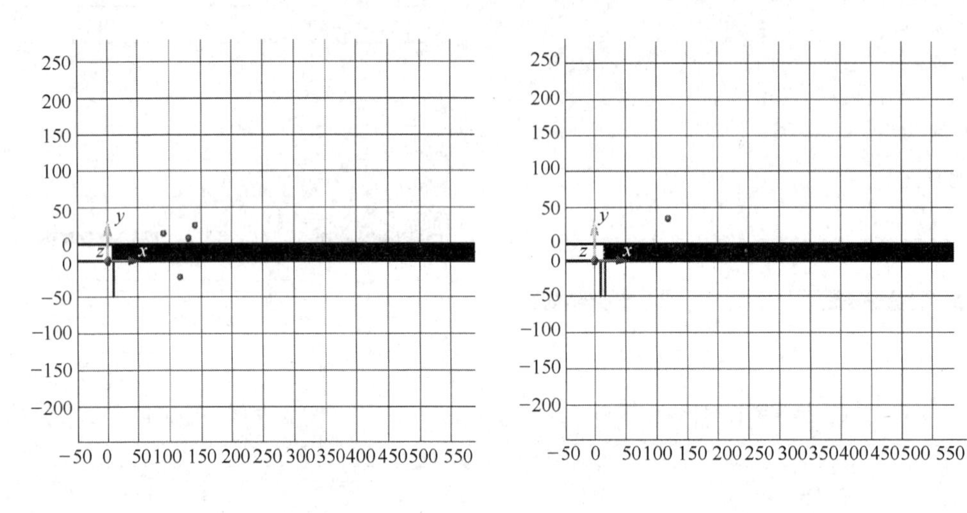

2007 年 11 月 2 日　　2007 年 11 月 3 日

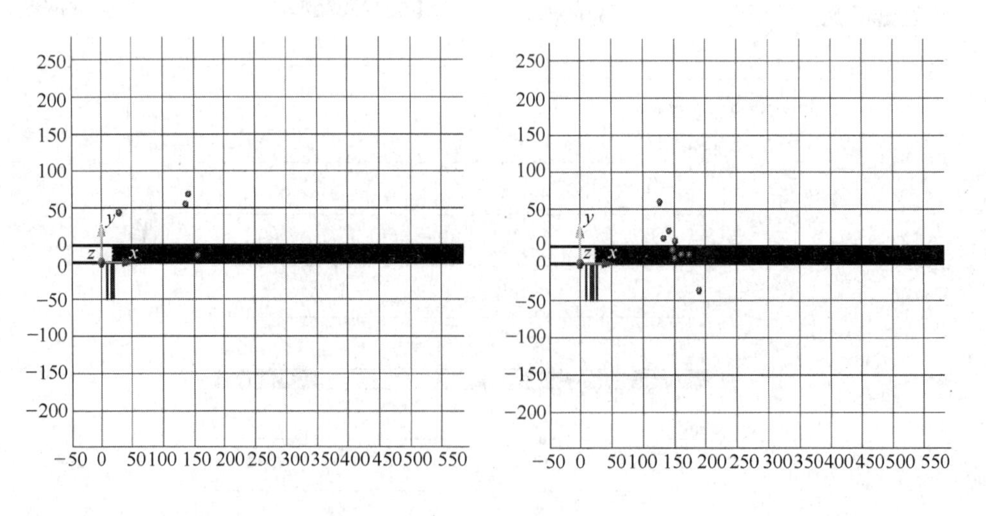

2007 年 11 月 4 日　　2007 年 11 月 5 日

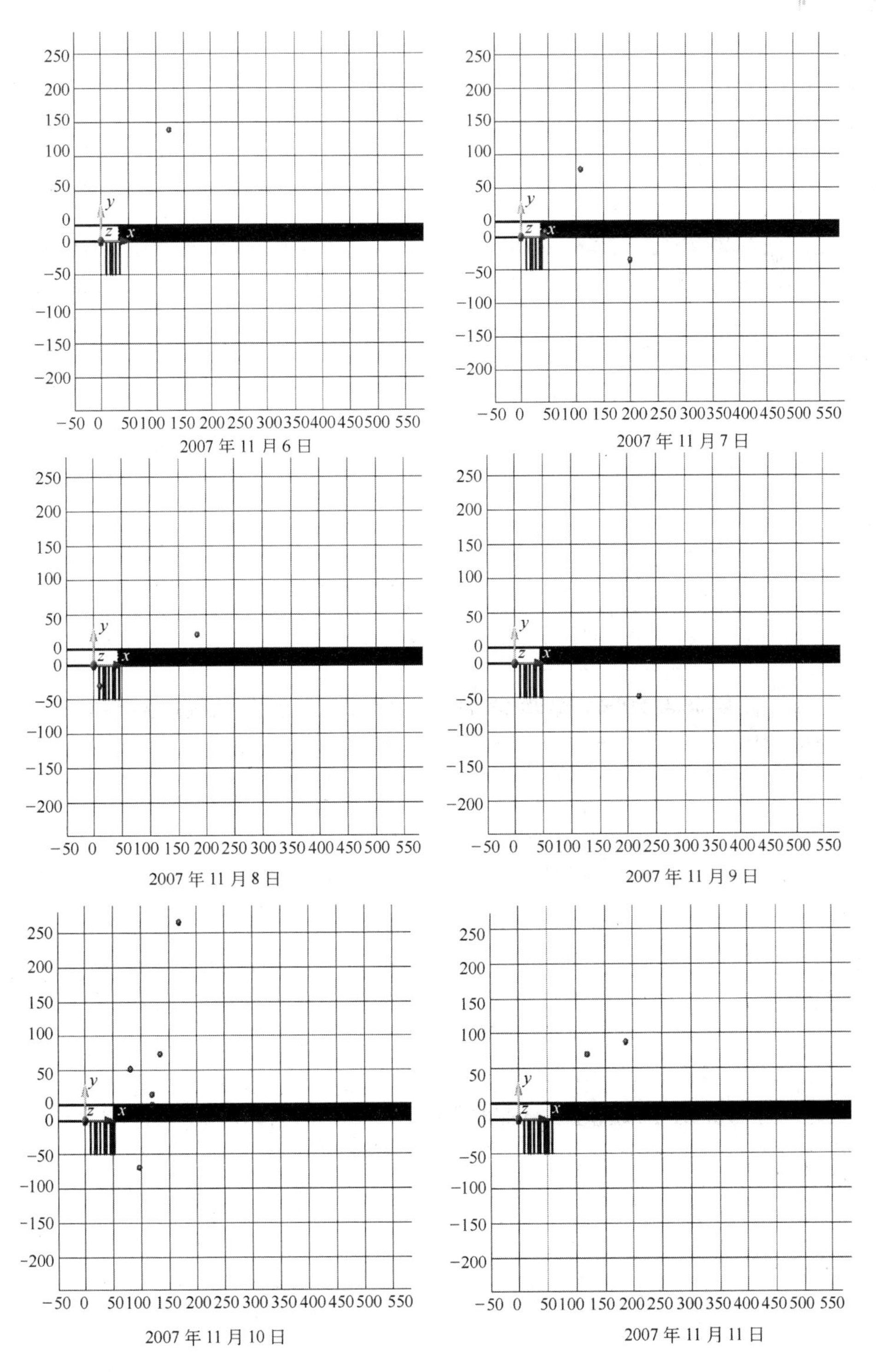

2007 年 11 月 6 日

2007 年 11 月 7 日

2007 年 11 月 8 日

2007 年 11 月 9 日

2007 年 11 月 10 日

2007 年 11 月 11 日

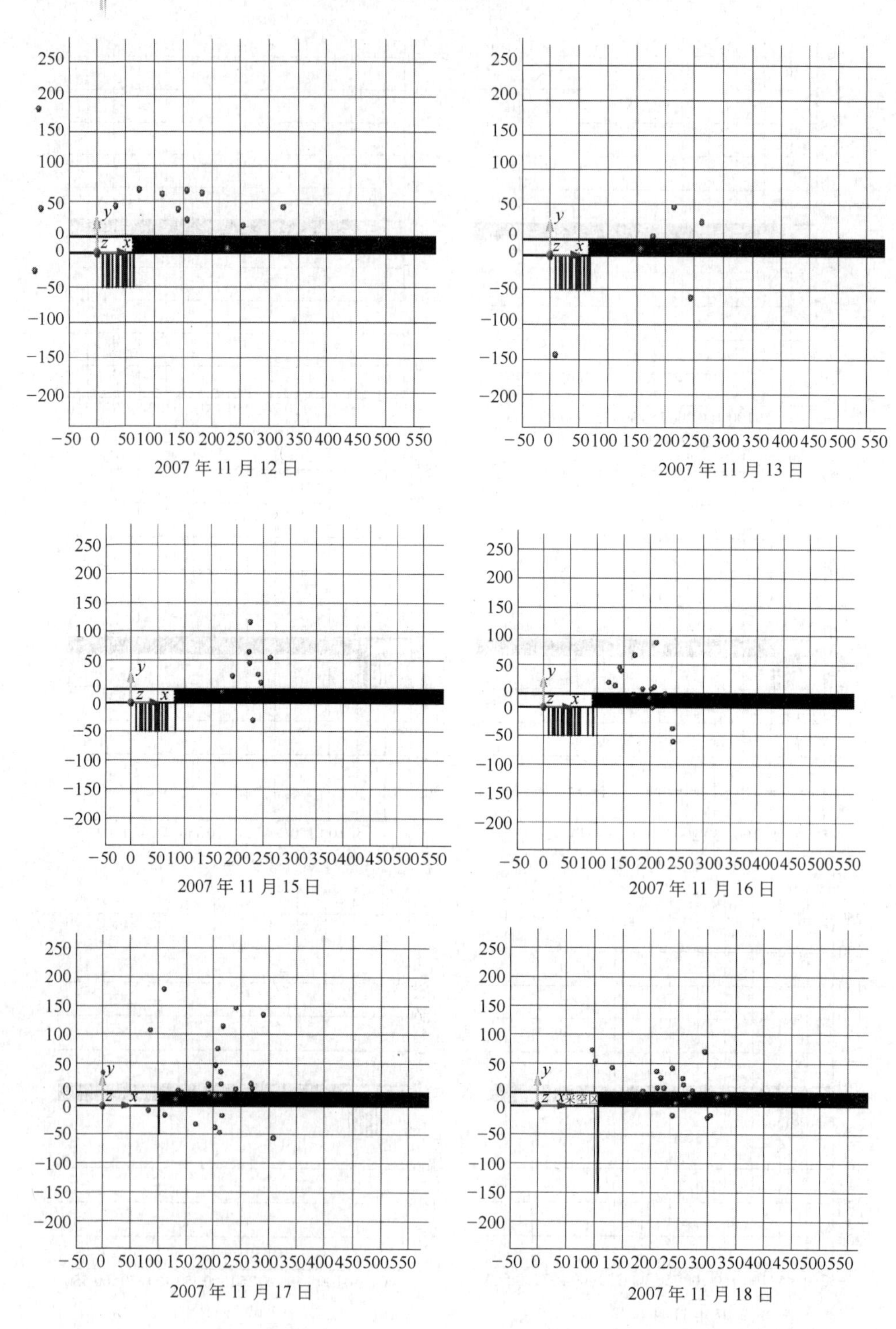
2007 年 11 月 12 日
2007 年 11 月 13 日
2007 年 11 月 15 日
2007 年 11 月 16 日
2007 年 11 月 17 日
2007 年 11 月 18 日
采空区

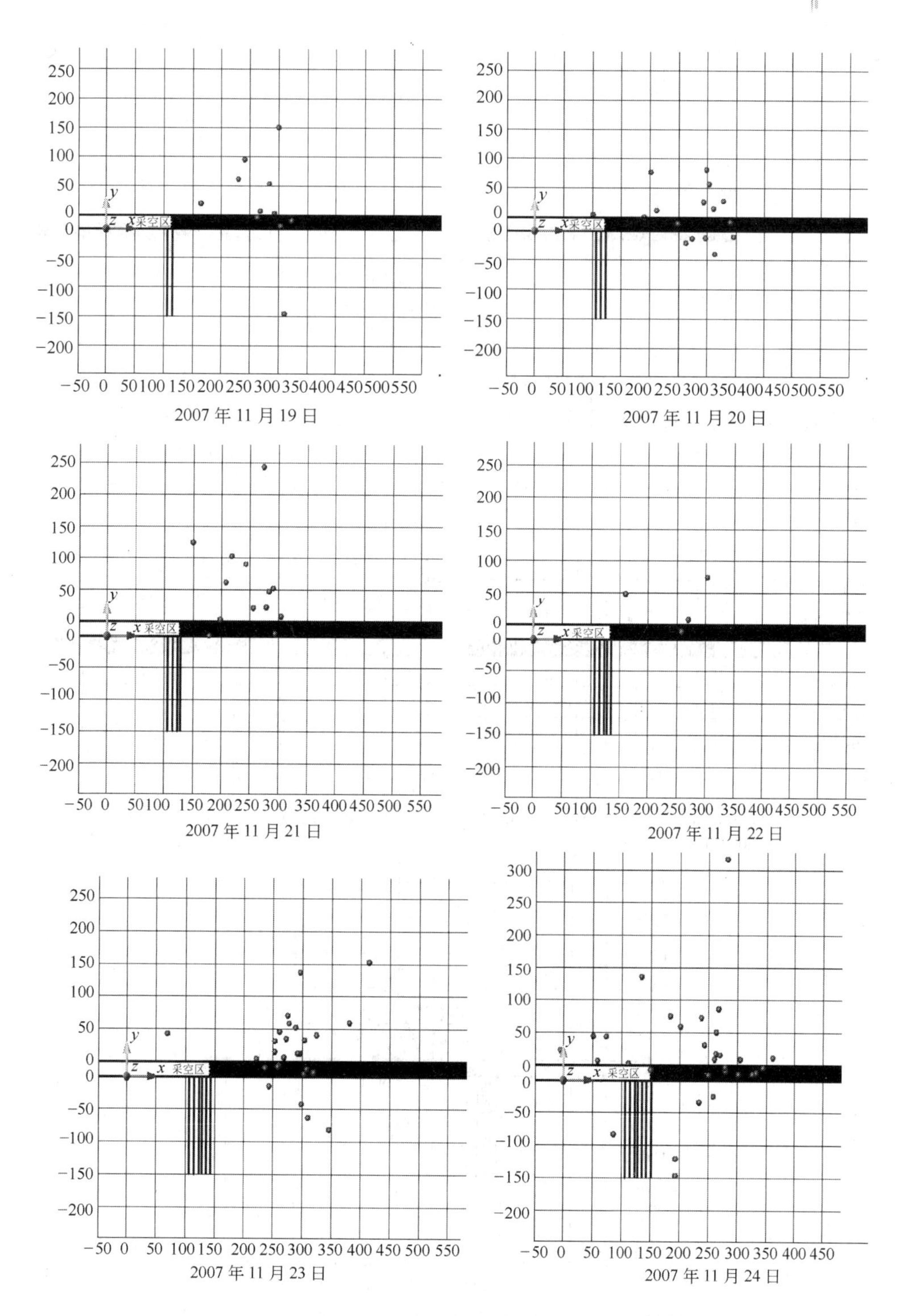
2007 年 11 月 19 日
2007 年 11 月 20 日
2007 年 11 月 21 日
2007 年 11 月 22 日
2007 年 11 月 23 日
2007 年 11 月 24 日
采空区

2007 年 11 月 25 日

2007 年 11 月 26 日

2007 年 11 月 27 日

2007 年 11 月 28 日

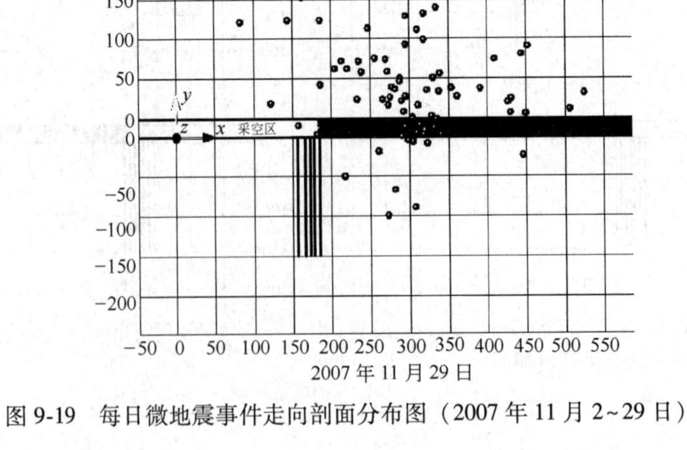

2007 年 11 月 29 日

图 9-19 每日微地震事件走向剖面分布图（2007 年 11 月 2~29 日）

结合图 9-17~图 9-19 可以看出，随工作面的推进，岩层运动范围逐渐扩大，直至一定范围。在垂直方向上，微地震事件的分布规律揭示了岩层的破裂规律：可以分为低位破裂区和高位破裂区，低位岩层破裂区的范围是在工作面上方距离煤层 75m、距离顺槽 35m 范围的区域内，高位破裂区的范围是在工作面上方距离煤层 150m、距离顺槽 60m 范围的区域内。

9.4.2.2 微地震揭示的 8103 工作面岩层超前破裂

图 9-20~图 9-22 是 2007 年 11 月 2~29 日所有微地震事件平剖面分布图。从图中可以看出，8103 工作面高位顶板超前煤壁 75m 左右开始断裂，两条“穿面”断层在工作面前方 227m 处开始活化。微地震事件密集分布区破裂高度 50m（直接顶），正常破裂高度 75m（老顶），周期性最大破裂高度 150m，局部达到 200m（上位空间结构）。

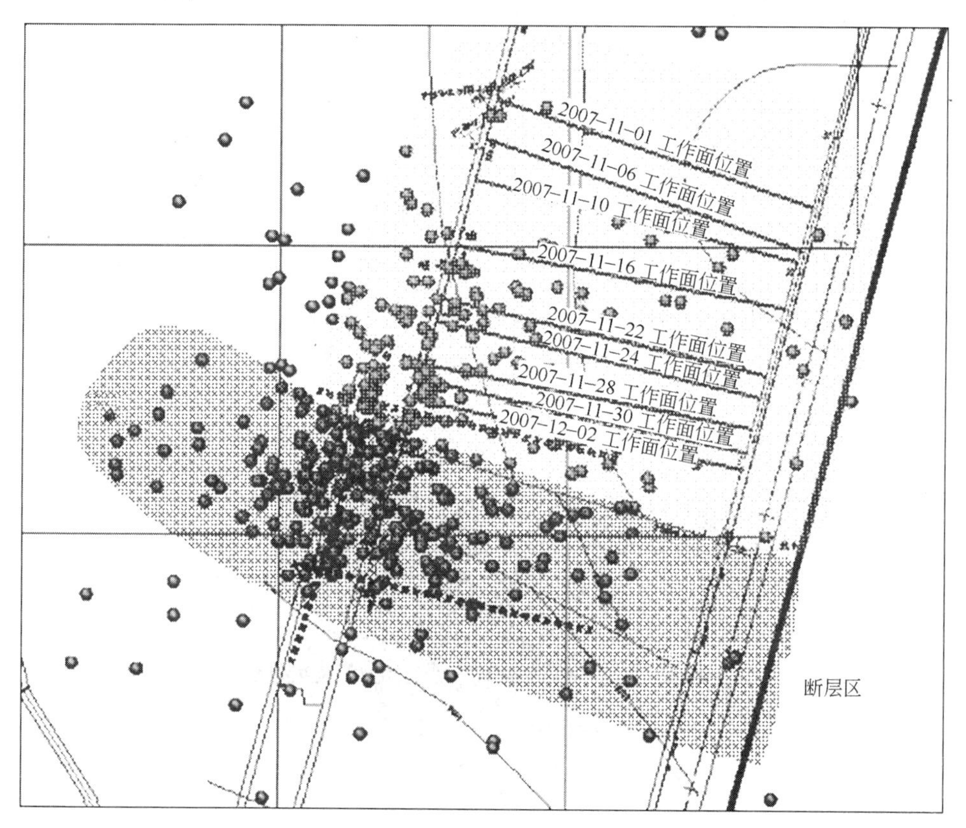

图 9-20 工作面开采影响微地震事件分布平面图

从固定工作面微震事件走向分布规律可知（见图 9-22），工作面超前破裂范围为 100m 左右。

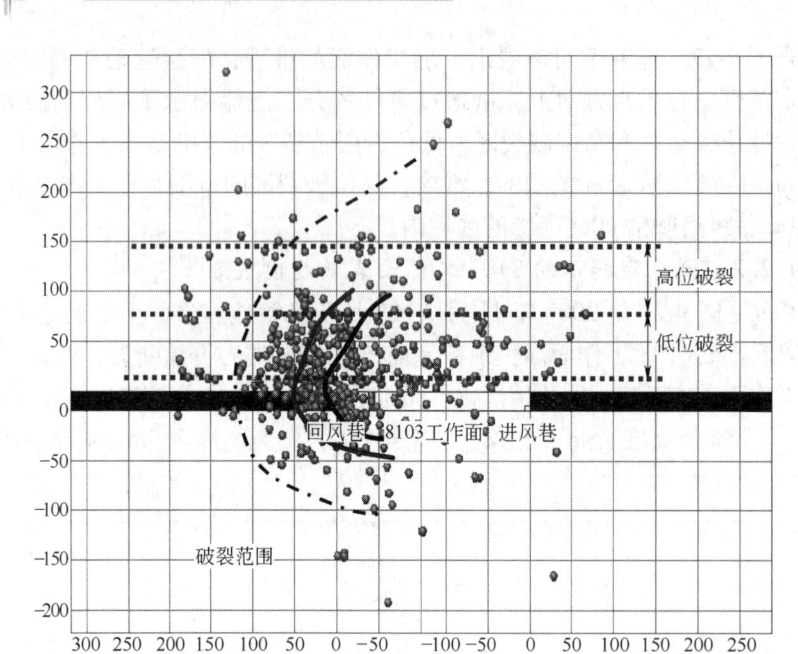

图 9-21 工作面开采影响微地震事件分布倾向剖面图（单位：m）

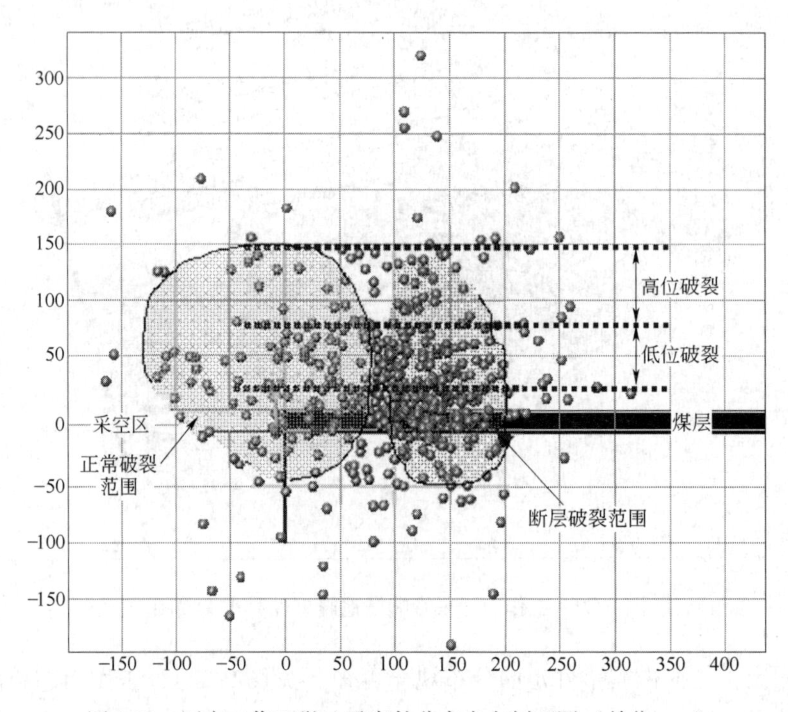

图 9-22 固定工作面微地震事件分布走向剖面图（单位：m）

9.4.2.3 微地震揭示的8103工作面走向超前支承压力分布

由微地震事件分布规律可知（见图9-23和图9-24），8103工作面超前影响范围为75m左右。

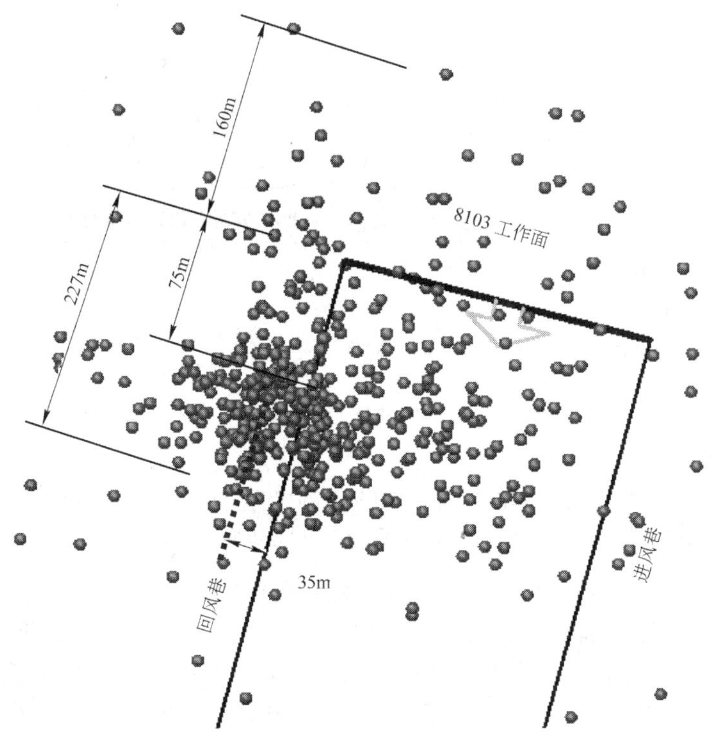

图9-23 固定工作面微地震事件平面分布规律

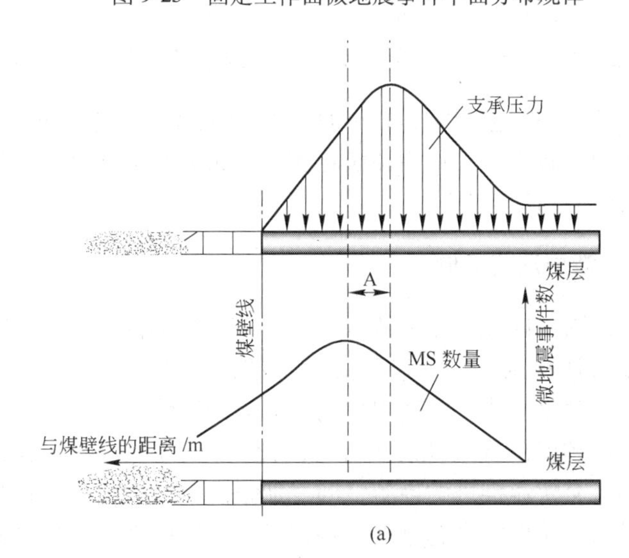

(a)

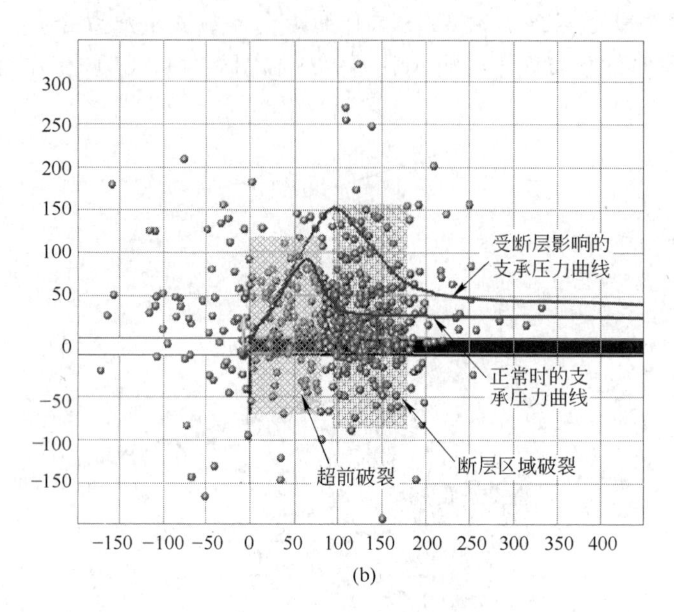

图 9-24 固定工作面微地震事件揭示的超前支承压力分布规律
（a）微地震事件分布与支承压力的相互关系；（b）微地震事件走向分布图（单位：m）

由固定工作面微地震事件分布规律推断的支承压力分布曲线可看出（见图 9-24），微地震监测准确地揭示出断层区域的位置，工作面前方的两个微地震事件集中区为：一是工作面前方 0~100m 范围内正常开采引起的岩层破裂区；二是工作面前方 100~227m 范围内的断层影响区。微地震监测得到的断层区域与 8103 工作面地质物探所得断层位置是一致的。

9.4.3 8103 工作面侧向煤岩层破裂及侧向支承压力分布

图 9-25 和图 9-26 是微地震事件在 8103 工作面回风巷侧的显现情况，其中，高位岩层的破裂范围比较大，工作面顶板在侧向 35m 以内开始断裂，密集分布区破裂范围为 60m，破裂高度为 75m。

9.4.4 8103 工作面断层活化区域

随工作面开采，断层区域活化频繁（见图 9-27 中大椭圆区域），微地震事件分布较为集中，断层活化区产生的微地震事件超前工作面较大距离，达 227m。一般来说，断层属不完整岩体，两侧岩体内应力向断层传递，在断层附近形成应力集中，导致此区域频繁出现微地震事件。因此，当工作面推临至断层位置时，采取工作面与断层斜交快速推进的措施，同时加强两平巷的超前支护强度。微地震监测为掘进施工和工作面安全越过地质构造异常区域提供了科学可靠的依据和有效指导。

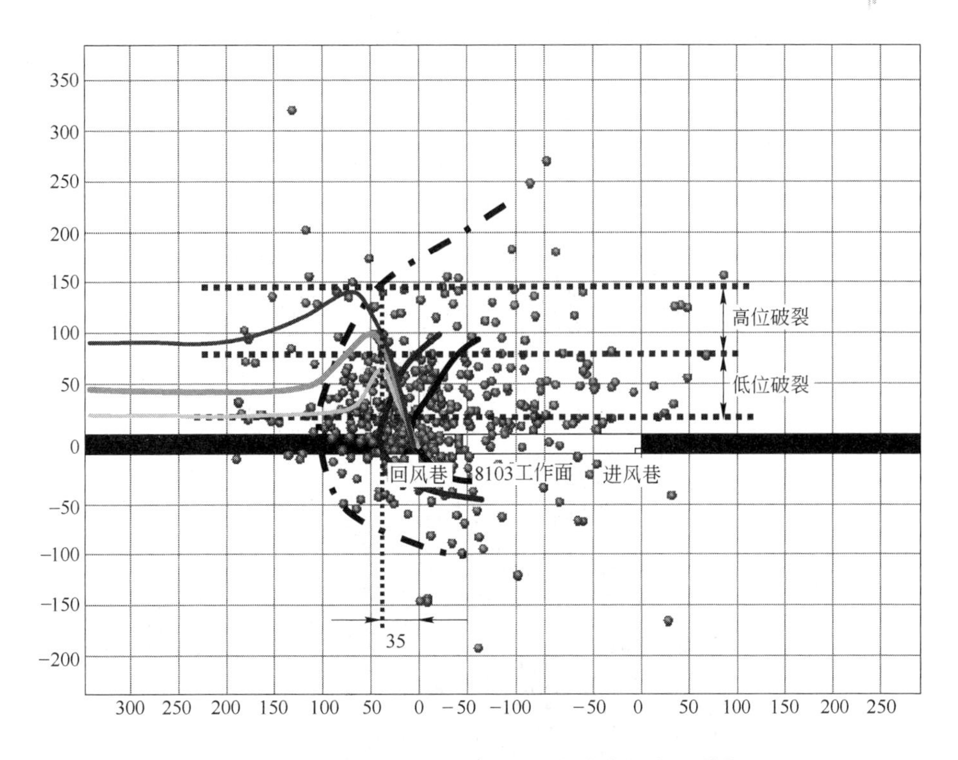

图 9-25 微地震事件揭示的侧向支承压力分布规律（单位：m）

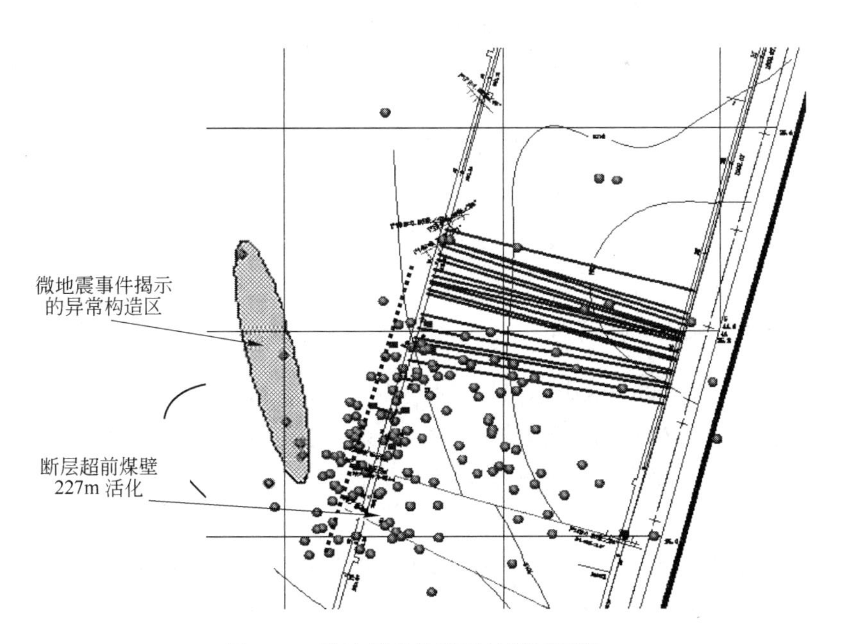

图 9-26 微地震事件揭示的断层区域

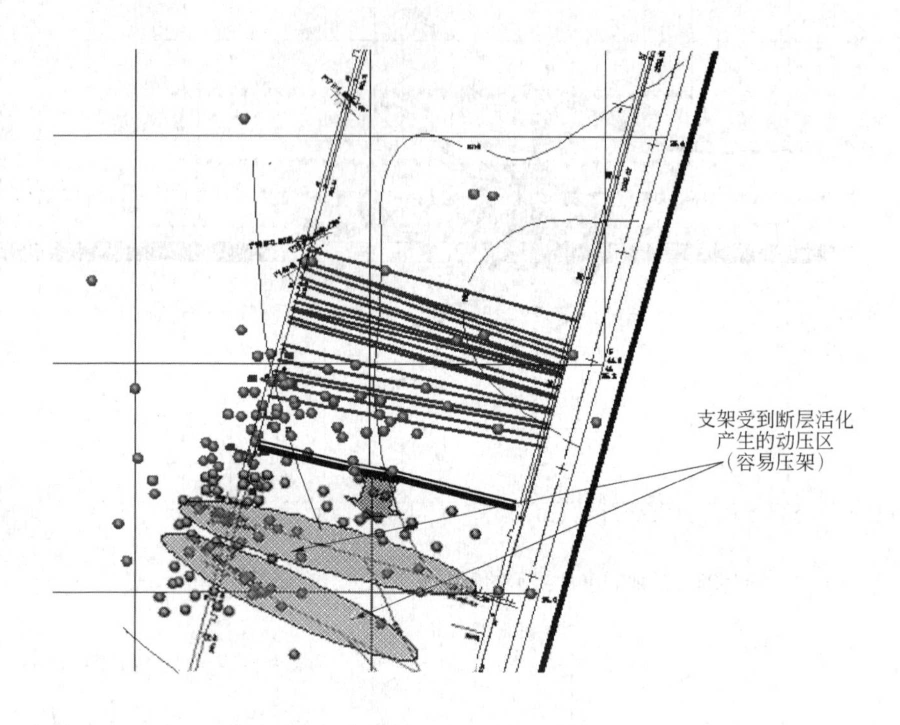

图 9-27 两条断层产生的动压区

9.4.5 8103 工作面动压区域

图 9-28 中椭圆形区域内，是微地震事件分布盲区，说明此区域内的岩体完整性较好，没有断裂。当工作面进入图 9-29 中红色区域时，高位和低位顶板在短时间内几乎同时断裂，工作面支架将会受到很大动压，压力显现非常明显，甚至压死支架。

矿压观测规律表明，整个工作面支架静压相近，但靠近运输巷动压很大，与微地震事件分区边界吻合。

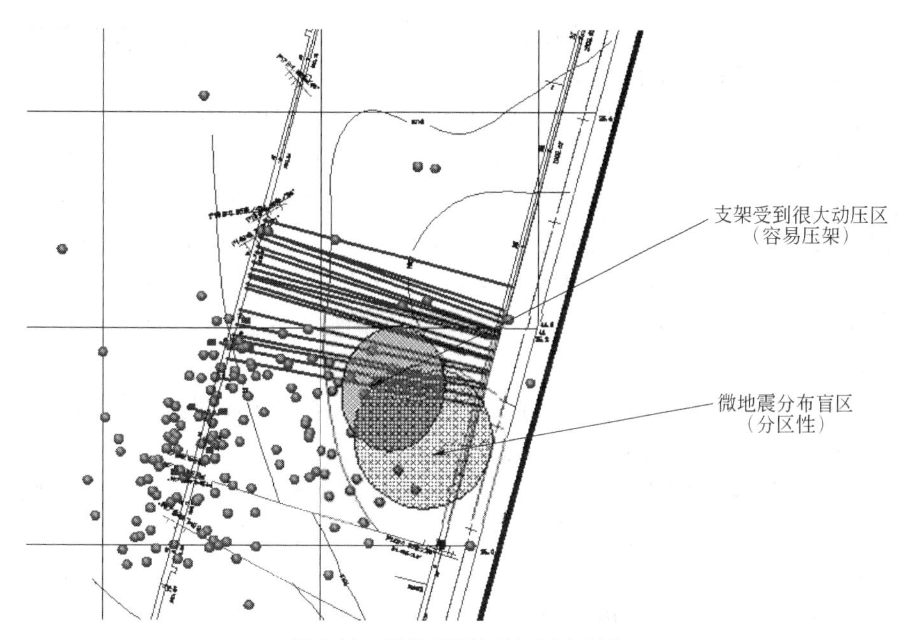

图 9-28 微地震揭示的动压区域

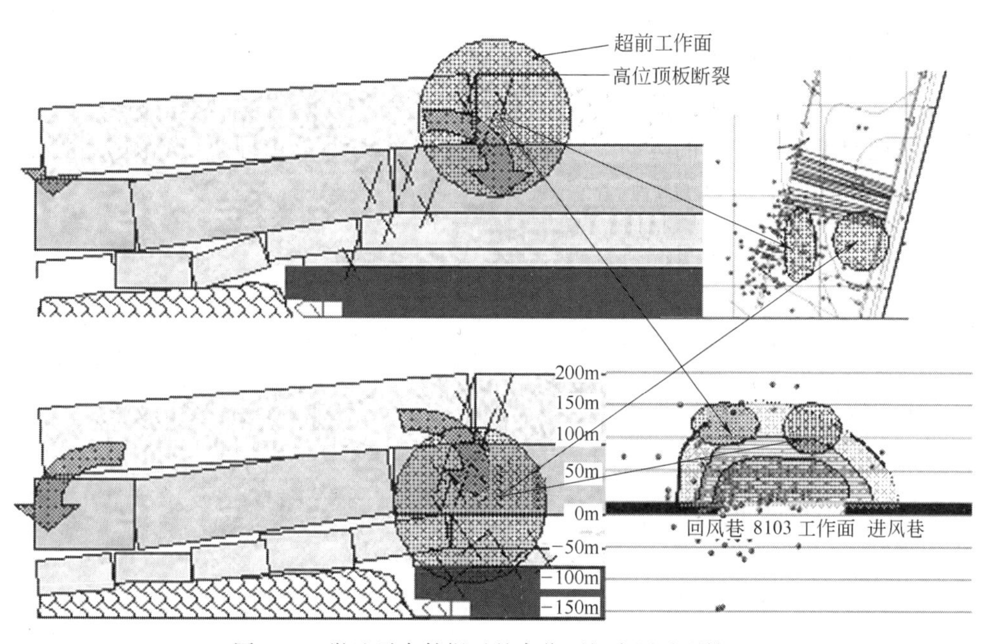

图 9-29 微地震事件揭示的高位顶板岩层破裂情况

9.5 小结

(1) 塔山煤矿微地震波以煤岩分裂的模式传播，底板岩层微地震波的传播速度为4.24m/ms，顶板岩层微地震波的传播速度为3.99m/ms，平均传播速度为4.12m/ms。标定炮检验证明，系统平均定位误差为3.0m，误差在预计的范围内，定位精度能够满足工程应用，平均能够达到10m以内的定位精度。

（2）微地震事件显现规律再现了岩层运动破裂的整个过程，揭示了岩层运动的范围和围岩应力分布规律。在平面上，工作面附近顶底板、两条断层带是微地震事件集中发生的区域，断层在工作面前方227m就开始活化；在超前层位上，先是高位顶板岩层发生破裂，然后是低位岩层发生破裂。

（3）微地震事件显现规律揭示了工作面超前破裂情况和超前支承压力的分布规律。

（4）微地震监测表明，正常情况时工作面前方0~100m范围为正常开采引起的岩层破裂区，工作面超前影响范围为75m。

（5）微地震事件表明，8103工作面顶板在侧向35m以内开始断裂。侧向煤柱高位岩层的破裂范围比较大，微地震事件密集分布区破裂范围60m，破裂高度75m。

（6）微地震事件显现规律揭示了工作面开采过程中的地质构造异常区域（断层区和动压区），为掘进施工和工作面安全越过地质构造异常区域提供了科学可靠的依据。

（7）微地震监测技术的监测结果表明，该监测技术完全能够对特厚煤层综放工作面的围岩运动进行监测，并了解围岩破裂情况，结合矿压理论将对工作面地质构造异常带、围岩的运动及应力分布进行科学可靠的指导。该监测技术较常规的监测手段具有明显的优势。

参考文献

［1］阳军生，阳生权．岩体力学［M］．北京：机械工业出版社，2008.

［2］赵兴东．井巷工程［M］．北京：冶金工业出版社，2010.

［3］东兆星，吴士良．井巷工程［M］．徐州：中国矿业大学出版社，2004.

［4］于学馥．地下工程围岩稳定性分析［M］．北京：煤炭工业出版社，1983.

［5］朱维申，何满潮．复杂条件下围岩稳定性与岩体动态施工力学［M］．北京：科学出版社，1995.

［6］王思敬，杨志法，刘竹华．地下工程岩体稳定分析［M］．北京：科学出版社，1984.

［7］中国科学院地质研究所．岩体工程地质力学问题［M］．北京：科学出版社，1985.

［8］孙钧，侯学渊．地下结构（上、下册）［M］．北京：科学出版社，1985.

［9］李世辉．隧道围岩稳定系统分析［M］．北京：中国铁道出版社，1991.

［10］王思敬，傅冰俊，杨志法．中国岩石力学与工程的世纪成就［M］．南京：河海大学出版社，2003.

［11］谷兆祺，彭守拙，李仲奎．地下洞室工程［M］．北京：清华大学出版社，1994.

［12］朱维申，李术才，陈卫忠．节理岩体破坏机理和锚固效应及工程应用［M］．北京：科学出版社，2002.

［13］谷德振．岩体工程地质力学基础［M］．北京：科学出版社，1979.

［14］王永才．金川矿区工程地质研究——工程地质力学进展［M］．北京：地震出版社，1994.

［15］蔡美峰，何满潮，刘东燕．岩石力学与工程［M］．北京：科学出版社，2004.

［16］古德生，李夕兵，等．现代金属矿床开采科学技术［M］．北京：冶金工业出版社，2006.

［17］刘同有．充填采矿技术与应用［M］．北京：冶金工业出版社，2001.

［18］李元辉，等．玲珑金矿倾斜中厚破碎矿体高效采矿技术研究报告［R］．山东黄金矿业（玲珑）有限公司，东北大学，2011.